Media
TECHNOLOGY
传媒典藏

音频技术与录音艺术译丛

AUDIO
A
ES

Audio
Engineering
Society
Presents

ROUTLEDGE

沉浸式声音

双耳声和多声道音频的艺术与科学

Immersive Sound

THE ART AND SCIENCE OF BINAURAL AND MULTI-CHANNEL AUDIO

[美] 阿格妮丝卡·罗金丝卡（Agnieszka Roginska） [美] 保罗·格卢索（Paul Geluso） 编著 | 冀翔 译

人民邮电出版社

北京

图书在版编目（CIP）数据

沉浸式声音：双耳声和多声道音频的艺术与科学 /
（美）阿格妮丝卡·罗金丝卡（Agnieszka Roginska）编
著；（美）保罗·格卢索（Paul Geluso）编著；冀翔译
. -- 北京：人民邮电出版社，2021.7
（音频技术与录音艺术译丛）
ISBN 978-7-115-55839-8

Ⅰ. ①沉… Ⅱ. ①阿… ②保… ③冀… Ⅲ. ①音频技
术—研究 Ⅳ. ①TN912

中国版本图书馆CIP数据核字(2020)第268241号

◆ 编　　著　[美]阿格妮丝卡·罗金丝卡（Agnieszka Roginska）
　　　　　　 [美]保罗·格卢索（Paul Geluso）
　 译　　　　冀　翔
　 责任编辑　宁　茜
　 责任印制　陈　犇

◆ 人民邮电出版社出版发行　　北京市丰台区成寿寺路 11 号
　 邮编　100164　电子邮件　315@ptpress.com.cn
　 网址　https://www.ptpress.com.cn
　 廊坊市印艺阁数字科技有限公司印刷

◆ 开本：787×1092　1/16
　 印张：23.25　　　　　　　　　　2021 年 7 月第 1 版
　 字数：430 千字　　　　　　　　 2025 年 2 月河北第 6 次印刷

著作权合同登记号　图字：01-2018-2899 号

定价：169.80 元
读者服务热线：**(010)53913866**　印装质量热线：**(010)81055316**
反盗版热线：**(010)81055315**

内容提要

　　本书为双耳声和多声道理论和应用提供了全面的指南，集合了来自顶级录音工程师、学者和行业专家的成果，对与空间音频相关的物理学和心理声学理论及实际应用进行了深入的阐述。本书内容包括空间声音的感知、三维声的历史、立体声、通过耳机获得双耳音频、通过扬声器重放双耳音频、环绕声、高度声道、基于对象的音频、声场、波场合成以及多声道技术的扩展应用。与空间音频和多声道音频的发展、理论和实践相关的知识对快速发展的三维声录音、增强现实和虚拟现实、游戏和电影声音、音乐制作和后期制作等高级研究和应用是十分必要的。

　　阿格妮丝卡·罗金丝卡（Agnieszka Roginska）是一位音乐学副教授，同时也是纽约大学音乐科技专业的副主任。她的研究主要集中在沉浸式音频和三维音频的分析、仿真和应用领域。

　　保罗·格卢索（Paul Geluso）是纽约大学音乐科技专业的助理教授。他的工作主要集中在录音及声音重放的理论、实践以及美学等方面。

译者序

　　《沉浸式声音：双耳声和多声道音频的艺术与科学》由纽约大学的 Agnieszka Roginska 和 Paul Geluso 编著，是一本集合了多位专家的理论和技术精华的著作。随着"沉浸式"这一理念在空间音频采集、制作和重放领域的不断深入，新的技术层出不穷，内容创作者、制作者和消费者对其重视和接受程度也到达了前所未有的高度。在这个重要的时间节点上，通过梳理技术性、非商业性的知识来提升整个行业对沉浸式音频技术的认识和理解就显得尤为重要。只有建立正确的概念，技术和市场的结合才有可能进入良性循环。

　　受人民邮电出版社委托，本人于 2018 年 9 月正式启动本书的翻译工作，于 2019 年 10 月完成初稿，并于 11 月完成了校对工作。

　　到目前为止，本书是我翻译过的难度最大、复杂程度最高的专业著作，单凭一个人的力量是无法高质量地完成的。在此我要感谢宁茜女士在本书的版权接洽、编辑排版及出版发行过程中所做的大量工作。我的学生孙璟瑶和赵思宇共同完成了本书所有的公式录入以及第 1 次、第 2 次校对工作，她们的辛勤工作对本书的高质量呈现起到了至关重要的作用，在此向她们致以最由衷的感谢。

　　本书的翻译工作还集合了众多老师和朋友们的智慧：感谢陈小平老师对本书部分数学术语的校对和把关；感谢空军总医院吴腾云医生对第 1 章生理听觉部分的校对；感谢郑越之女士对第 2 章中有关宗教历史部分给予的指点；感谢王鑫、张岩老师对第 8 章音频编解码部分给予的帮助。他们的工作是对我知识盲区的重要补充。当然，最终的内容仍然是由我确认成稿，因此如果出现一些瑕疵和疏漏，请不要责怪这些帮助过我的朋友们。

　　本书涉及的多数内容已经超出了传统专业音频的范畴，其中一部分内容超出了我的知识体系。因此对于一些较新的、尚未约定俗成的，或是归属于其他学科领域的专业术语，我以括号形式保留了英文原文，以便于读者进行更加深入的检索和学习；此外，我还针对原文中隐含的或无法通过简洁语言进行翻译的内容做了少量的注释，以帮助读者更加顺畅地阅读。希望中文版的《沉浸式声音：

双耳声和多声道音频的艺术与科学》能够为读者带来良好的阅读体验。

谨以此书献给我的妻子龚夔、女儿泓如、儿子泓亦，他们是我奋斗和前进的无穷动力。

冀翔

2019 年 11 月于北京

致谢

我们想对所有对这个项目给予鼓励和贡献的人表示感谢。首先，我们要对 Routledge 出版社出色的团队表达感激之情，感谢 Lara Zoble 和 Kristina Ryan 在整个过程中给予的持续的支持和指导。我们要向审稿人和读者表达特别的谢意，感谢他们的批评和建议，尤其感谢 Wieslaw Woszczyk 无价的指导，他还为本书贡献了深思熟虑的审稿意见和前言。我们要感谢各章节的作者，感谢他们能够贡献时间，分享自己的经验和洞见，他们无价的奉献最终构成了这本书。没有他们的奉献、热情和专注，这本书也无法成型。对于我们来说，与这些具有无与伦比的天赋和奉献精神的专家共事是真正的荣耀和精神鼓舞。最后，我们要以个人身份感谢支持我们的家人、同事和朋友们。

撰稿人

Durand R. Begault 来自美国国家航空航天局艾姆斯研究中心（NASA Ames Research Center，以下简称"艾姆斯研究中心"），他的研究领域主要集中在关于航天和空间应用的三维音频和多模态技术，包括心理声学、人为因素评估、声音质量、声学建模以及通信工程。从 1988 年起，他便与艾姆斯研究中心的人类系统综合部（Human Systems Integration Division）保持着紧密的联系。

Braxton Boren 来自美利坚大学（American University），他是一位声学和音频技术研究者，致力于研究科技在音乐和人文学科的应用。他在纽约大学（New York University）的音乐与音频实验室（Music and Audio Lab）获得博士学位，同时担任美利坚大学音频技术专业（Audio Technology Program）的助理教授。

Karlheinz Brandenburg 来自 Fraunhofer 数字媒体技术研究所（Fraunhofer Institute for Digital Media Technology IDMT，位于德国伊尔姆瑙市），他是伊尔姆瑙理工大学（Technische Universität Ilmenau）的教授，同时担任 Fraunhofer 数字媒体技术研究所的所长。他因在音频编码（MP3、AAC）领域的贡献而被人们所熟知。在众多项目中，他目前正在监督指导与双耳听觉、沉浸式音频和音乐信息检索相关的研究。

Sandra Brix 来自 Fraunhofer 数字媒体技术研究所。2000 年，她以虚拟声学领域负责人的身份加入 Fraunhofer 数字媒体技术研究所，并于 2012 年起负责主持声学部门的工作。Brix 博士深入参与了波场合成技术的研发工作。她自 2007 年起在伊尔姆瑙理工大学任教。

Edgar Choueiri 是普林斯顿大学（Princeton University）应用物理学教授。他同时作为电气化驱动实验室（Electric Propulsion Lab）和等离子体动力学实验室（Plasma Dynamics Lab）的负责人进行高级航天器推进技术研究，还在三维音频和应用声学实验室（3D Audio and Applied Acoustics Lab，3D3A Lab）进行心理声学和虚拟现实三维音频的研究。

Paul Geluso 来自纽约大学，他的工作主要集中在录音及声音重放的理论、实践以及美学等方面。他是一位活跃的录音工程师，目前在纽约大学担任音乐科技专业助理音乐学教授，教授音乐制作、电子技术、听音训练和沉浸式声音技术等课程。

Martine Godfroy-Cooper 来自艾姆斯研究中心。自 2005 年起，她作为助理研究员参与到艾姆斯研究中心人类系统综合部与圣何塞州立大学（San Jose State University）心理学系的合作项目中，她还负责为缓解恶劣视觉环境项目研发三维音频和多模态交互界面。

Sungyoung Kim 是来自罗切斯特理工学院（Rochester Institute of Technology）的一位研究员、教师、录音硕士（Tonmeister）和吉他演奏家。在加入罗切斯特理工学院前，他曾供职于韩国广播公司（KBS）（1996—2001）和 Yamaha 公司（2007—2012）。他的研究领域为跨文化空间听觉感知差别（Cross-Cultural Difference in Spatial Hearing）和通过虚拟现实（VR）技术进行空间听觉康复。

Brett Leonard 来自 BLPaudio，他是一位音频教育家、研究者、顾问和自由职业音频工程师，擅长原声音乐的制作。他的研究集中在对空间音频干涉复杂性的理解、人类感知和小房间声学，他与包括 NHK、SwissAudec 和 Skywalker Sound 在内的众多专业机构展开了广泛的合作。

Rozenn Nicol 来自 Orange 实验室，自 2000 年起，她就一直致力于声学、三维音频和声音感知在远程通信领域应用的相关研究。在法国，她参与了面向勒芒大学（Le Mans）和布雷斯特大学（Brest）以及国立高等电信工程学院（ENST）和国立高等戏剧学院（ENSATT）等院校举办的空间音频课程。

Agnieszka Roginska 任纽约大学音乐学副教授，并于 2006 年起担任音乐科技专业的副主任。她的研究主要集中在沉浸式音频和三维音频的分析、仿真和应用，包括听音环境的捕捉、分析与合成，听觉显示（Auditory Displays）以及它们在增强声学感知（Augmented Acoustic Sensing）方面的应用。

Francis Rumsey 来自 Logophon 有限公司，他是一位技术作家、风琴演奏家和顾问，担任 AES 技术委员会主席和《音频工程学会杂志》（Journal of the Audio Engineering Society）的首席编辑。2009 年以前，他一直在萨里大学（University of Surrey）音乐与录音系担任教授，带领团队进行心理声学和声音重放方面的研究。

Christoph Sladeczek 来自 Fraunhofer 数字媒体技术研究所，他致力于空间音频和声学领域的研究工作，发表或联合发表了若干篇论文。他目前担任 Fraunhofer 数字媒体技术研究所虚拟声学研究小组的负责人，主要负责基于对象音频技术的研发。

Thomas Sporer 来自 Fraunhofer 数字媒体技术研究所，他致力于三维音频、音频质量评估和声学应用领域的研发工作。他于 1988 年加入 Fraunhofer 数字媒体技术研究所，曾参与 MP3、ACC 和 MPEG-H 的研发工作。

Nicolas Tsingos 来自杜比实验室（Dolby Laboratories），担任虚拟现实和增强现实研究小组负责人。他曾为 Dolby Atmos 影院声音系统及格式设计授权和渲染工具。Nicolas 同时还有法国国家计算机科学研究院自动化研究所（INRIA）的终身研究员的职位。

Elizabeth M. Wenzel 来自艾姆斯研究中心，自 1986 年起在该中心人类系统综合部担任研究型心理学家，负责研究三维音频和多模显示技术，指导面向航天领域的听觉感知、虚拟声学显示定位、多模信息呈现技术的基础理论和应用研究。

前言

　　通过扬声器或耳机回放的沉浸式声音能够为我们呈现接近现实的幻象，改变我们与声音的关联方式和与声音相关的行为习惯。它会对我们与音乐的互动、聆听和接受带来革命性的影响，能够重新定义我们娱乐、沟通及合作的方式，创造了我们从未想象过的创新的可能性，并具有改善生活质量的潜力。沉浸式声音将战略性地与未来的通信及娱乐紧密结合在一起。

　　在本书中读者将阅读到丰富的信息，相信许多音频领域的研究者或实践者都会热情地将本书纳入个人的图书收藏。Agnieszka Roginska 和 Paul Geluso 成功地将众多专家集合在一起，他们在沉浸式音频的感知、技术和应用方面具有权威性。

　　本书的目的是让众多读者扩展知识，了解以多通道和双耳技术为基础，通过扬声器和耳机进行沉浸式声音呈现的基本原理和工作方法。虽然空间音频技术具有丰富的历史背景，但直到最近，研发者才能够通过信号处理和高品质的数字音频流为消费者提供全新的听觉体验。我们即将来到重大变革的前沿，人们获取音频信息、与音频信息互动的方式将会发生极大的改变。

　　本书面向希望全面了解沉浸式声音理论和实践基础的学生、研究者和实践者。信息的价值无法估量，每一章节都为本书贡献了不可或缺的部分。毫无疑问，这本书的出版将帮助读者获取这一领域的知识和精彩观点。

Wieslaw Woszczyk

引言

Agnieszka Roginska 和 Paul Geluso

沉浸声

将听觉、视觉、触觉、嗅觉和味觉这些感官整合到同一场景中即能够制造一种沉浸式的体验。沉浸声能够通过声音为听音者带来身临其境的感受。与视觉相比，声音能够提供完整的沉浸式体验，并且同时能够从各个方向上被感知。事实上，声音具有在其他感官信息同时发生改变的情况下稳定听音者方位的作用。电影创作者非常重视这种效应，通常在画面视角频繁变化的场景中使用声音来建立一个固定的方位。

让我们暂时仅考虑使用声音营造的沉浸式体验。听音者、声源和房间界面之间的关系所产生的听觉提示传递出对空间的感知。一种连续但看上去毫无方向的声音海洋（例如使用混响等环境元素）能够将听音者"封装"在特定的空间内。以这种方式使用声音，可以构建一种声音景象（Sound-Scape），让指向性和无指向性声源环绕在听音者四周，从而获得沉浸式的感观。

例如，纽约的中央车站就构建了一种自然的沉浸式音频环境，它将近处的指向性声源（例如谈话和脚步声）和远处的声源（例如广播、声学环境所产生的混响及封闭式环境）整合在一起。这种声源的整合与封闭式包围的环境创造了沉浸式的听觉体验。一个声源既可以成为环境包围声，也可以保持点声源的特性，这取决于听音者的关注点和感知方式。

听音体验

自然的听音环境可以被定义为我们在日常生活中所占据的声学空间。一个虚拟的听音空间是通过扬声器或耳机营造的声学环境来替代或增强自然的听音环境。通过技术手段，来自自然听音环境的声音可以被捕捉、处理、存储和/或传递，以此在一个虚拟的听觉空间中进行重放。自然听音环境和虚拟听觉空间都会对听音者的体验产生影响。

自然的听音定义了我们在没有扬声器辅助情况下的听音方式。通过本书中描述的多种技术，使用扬声器和耳机可以创造虚拟听觉空间来模拟自然听音环境。沉浸式声音的目标就是再现一个与真实世界尽可能接近的声学环境，或者创造一种仅在虚拟空间出现的、经过增强的现实世界体验。为了创造一种听音者的虚拟体验，可以捕捉 / 合成和处理自然声音，再通过沉浸式声音重放系统进行再现。

听音者视角

在一个虚拟的听音环境中，我们依赖分析和心理声学能力来理解那些通过扬声器或耳机进行重放的声音。假设一个通过 1 只传声器获得的单声道录音通过 1 只扬声器来进行重放，在这种情况下，我们可以想象声源与传声器的大致距离，通过分析录音所捕捉的每个声源的相对音量、音色和房间反射来获得对录音空间的大致印象。如果在系统中增加第 2 只传声器和扬声器，此时我们的听觉系统可以对 2 个信号进行分析，有更多的物理信息被处理，进而提取更多的空间信息来构建听音者的视角。

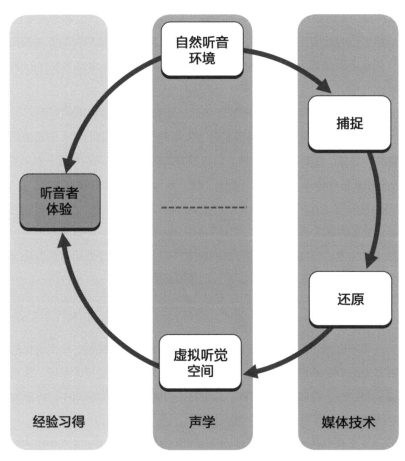

图 0.1　听音体验。

通过单声道或立体声的声音图景可以获得一个固定的视角，这种虚拟的声音图景以扬声器的正平面（Frontal Plane）为边界。环绕声则将这种包括听音环境在内的视角扩展为一种全景化的虚拟声音图景，或者让听音者置身于虚拟声源包围的声音图景当中。这些基于声道（Channel Based）的系统有赖于扬声器摆位及扬声器与听音者关系的先验知识。声场和波场系统从基于声道的模型中脱离，致力于使用多只扬声器还原自然听音环境中可能出现的物理波阵面。

双耳音频重放技术借助人类自然空间听觉提示（Human Natural Spatial Auditory Cues），通过耳机或模拟耳机重放的扬声器来重建虚拟听觉空间。这会带来一种"你在那里"的第一人称视角，区别于上文所描述的扬声器系统所带来的"它们在这里"的感观。

由于我们的录音和重放系统变得愈发复杂，更好地模拟自然听音环境的重放系统能够引领沉浸式的听音体验。这也将使人们在理解所听到的声音时更少地依赖他们的先验知识，进而向更为自然的听音体验发展。这会创造一个更加引人入胜且更加轻松的虚拟听觉空间。

关于本书

本书面向的读者群体包括音乐科技、录音与制作、声音设计、声音艺术和电影专业的在读本科生、研究生以及高等学术研究机构的学生，同时还有发烧友、游戏设计师、增强现实和虚拟现实专业人士、后期制作专业人士和娱乐产业的专业人士。我们假设读者已经对声音的物理特性、数字音频和录音的重放原理有了基本的了解。

本书各章节均由在沉浸式音频相关领域从事研究工作的专家撰写，这些研究者分别来自学术机构、行业研发实验室和美国政府机构。本书内容主体植根于理论研究和实证工作，每个章节都涵盖了某种重放技术的演进和历史发展过程。

本书第 1 章为 Elizabeth Wenzel、Durand Begault 和 Martine Godfroy-Cooper 3 位作者合作的，本章节阐述关于空间听觉的生理学、心理学和声学原理，内容包括空间声音的感知、双耳听觉提示（Binaural Cues）、感知可塑性、距离感知和沉浸式声音的环境脉络。在第 2 章中，Braxton Boren 将带领读者展开一场历史之旅，从沉浸式声音对史前人类先祖的影响开始，到乐器声学隔离的使用、在 15 世纪作为作曲工具的合唱，再到现代沉浸式声音的技巧与技术。在第 3 章中，Paul Geluso 介绍了立体声扬声器系统，讨论声音捕捉和重放的技巧以及立体声增强的手段。第 4 章由 Agnieszka Roginska 撰写，描述双耳声的获取、合成以及通过耳机进行重放的问题，包括双耳声的扩展技术和应用。在第 5 章中，Edgar Choueiri 描述使用串扰抵消（Crosstalk Cancellation）方式通过扬声器进行双耳音频重放的原则。随后在第 6 章，Francis Rumsey 通过分布在水平面上的扬声器讨论环绕声的演进及原则。这些技巧在第 7 章中得到了扩展，Sungyoung Kim 在这一部分描述了通过高度扬声器进行环绕声重放的方法，包括与高度感知相关的心理声学、扬声器设置及录音技巧。在第 8 章中，Nicolas Tsingos 讨论基于对象音频的原理，详细描述音频对象及其再现、高级元数据、音频对象捕捉和渲染问题。在第 9 章中，Rozenn Nicol 讨论声场捕捉和还原的理论及应用，从最初声场解决方案的研发到高阶 Ambisonics 均有涉及。第 10 章的主要内容是波场合成，Thomas Sporer、Karlheinz Brandenburg、Sandra Brix 和 Christoph Sladeczek 讲述了波场合成技术的研发，从 Steinberg 与 Snow 最初于 1934 年研发的声学幕（Acoustic Curtain）到波场合成还原技术的理论及实践，再到波场合成在当代制作技巧与信号处理影响下的局限性及应用。Brett Leonard 在第 11 章中对多声道扩展技术应用的描述为本书做了总结，在讨论更为广泛概念的同时，他还为从事沉浸声工作的工程师们介绍了实际的混音技巧。

目录

第 6 章　环绕声 ┈┈┈┈┈┈┈┈┈┈┈┈┈┈┈┈┈┈┈┈┈┈┈┈┈┈┈┈┈┈┈ 178

Francis Rumsey

第 7 章　高度声道 ┈┈┈┈┈┈┈┈┈┈┈┈┈┈┈┈┈┈┈┈┈┈┈┈┈┈┈┈┈ 219

Sungyoung Kim

第 8 章　基于对象的音频 ┈┈┈┈┈┈┈┈┈┈┈┈┈┈┈┈┈┈┈┈┈┈┈ 242

Nicolas Tsingos

第 9 章　声场 ·· 276

Rozenn Nicol

第 10 章　波场合成 ··· 308

Thomas Sporer、Karlheinz Brandenburg、Sandra Brix 和 Christoph
Sladeczek

第 1 章

空间声音的感知

Elizabeth M. Wenzel、Durand R. Begault 和 Martine Godfroy-Cooper

从声学角度来说，沉浸式意味着声音来自听音者周围的各个方向，这是人类在空气介质中听音的必然结果。在现实环境中，声波在传递过程中在听音者周围的界面上发生反射，这使得可闻声源无处不在。即使在消声室这种最为安静的环境中，每个人自身所发出的声音也能够被听到。尽管如此，音频和声学上的沉浸式通常意味着一种被特定声源或环境声所包围的心理感知。

从声学角度来说，一个声音能够从多个方向上到达听音者，它的空间特征可以被分为非真实的（Unrealistic）、静态的（Static）或受限的（Constrained）三类。例如，一个传统的高质量音乐厅的声学特性总是与听音者被交响乐队所包围的沉浸感相关联，而存在距离感和隔离感的声音则不被人们所喜好。空间音频技术，尤其是三维音频能够让听音者感觉到来自其周围空间的任何位置的虚拟声源和声反射，进而提供一种沉浸式的体验。本章介绍听音者获得这些感知的生理学、心理声学和声学基础。

1.1 听觉生理学

听觉接收是一种复杂的现象，它取决于生理听觉系统，同时受到认知过程的影响。听觉系统将频谱内容、时间属性和空间位置等声音刺激信号独有的特征转化为独特的神经活动模式。这些模式会导致音高、响度、音色和定位等质量性体验的发生。它们最终会和来自其他感官系统的信息进行整合，进而组成统一的感知呈现，提供包括对声音刺激信号定位和物种内（人类）交流等行为的指导。

1.1.1 听觉功能：外周（Peripheral）处理

功能性的听觉系统从耳部延伸到大脑额叶，随着神经系统层级的上升而具有更复杂的功能（见图 1.1）。听觉系统所执行的不同功能通常可以被分为外周听觉处理和中枢听觉处理两大类。

外周听觉系统包含从外耳到耳蜗神经之间的各个处理层级。它所执行的前期处理起到了至关重要的信息转换作用，这种转换通常被比作对输入声波进行的傅里叶分析，它决定了听觉系统在后续更高层级上如何处理这些声音。声音以压强波动的形式进入人耳。在外周系统中，外耳和中耳分别收集声波并对其压强进行选择性放大，使它们顺利地传送到内耳中注满液体的耳蜗当中。

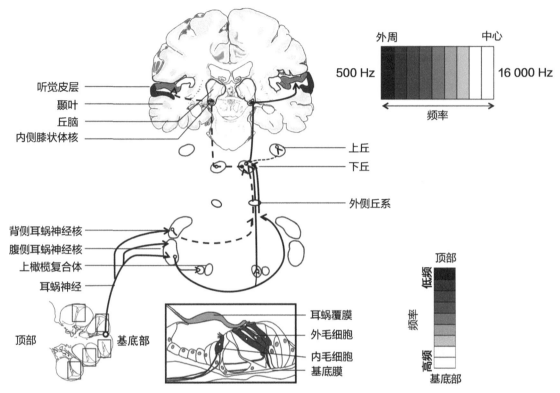

图 1.1　主要听觉路径示意图。注意听觉系统涉及若干平行的路径，来自每只耳朵的信息会到达系统的两侧（虚线：身体同一侧的；实线：身体对侧的）。右上方：听觉皮层的频率拓扑表征。高频在皮质地图的中部得到呈现，而低频在皮质地图的边缘得到呈现。左下方：耳蜗。中下方：柯蒂氏器。右下方：听觉系统通过基底膜（BM）的不同部分对声音信息进行编码。

外耳包含耳郭和耳道，它们收集压力波并将其集中到耳道末端的鼓膜上。人耳耳道构造带来的一个结果，以无源共振的方式选择性地将 3 kHz 左右声音的声压提升 30 ～ 100 倍。这种放大使得人类对频率范围为 2 ～ 5 kHz 的声音尤为敏感，而这一频率范围与语音的感知直接相关。耳郭的第 2 个重要功能就是选择性地对声音频率进行滤波，以此对声源的上 / 下和前 / 后（Shaw，1974）方位进行提示。耳郭在垂直方向上产生的非对称卷积效应会导致外耳在处理声音时，更高方位的声源相比与耳朵等高的同一声源能够传递更多的高频能量。同样，相比于位于人耳前方的声源，来自人耳后方声源的高频能量会被更多地衰减，这是声源方向和耳郭构造共同导致的（Blauert，1997）。

中耳是一个小型空腔，它将外耳和内耳分开。这个空腔包含了人体中最小的 3 块骨头（锤骨、砧骨和镫骨），这些听小骨柔韧、灵活地连接在一起。该空腔的主要功能是将外耳空气介质较低的阻抗（此处"阻抗"指介质对运动的阻碍作用）与内耳液体介质较高的阻抗进行匹配。如果这个环节缺失，声音的传输损失会达到 1 000：1，等同于灵敏度损失了 30 dB。中耳还有鼓膜张肌和镫骨肌两小块肌肉，它们具有保护功能。当声压超过响度阈值（对于听力正常的人类来说，大约为 85 dB HL[1]）时，一个受感官影响的传入信号通过耳蜗神经发送到脑干，由它释放一个传出[2]信号，导致镫骨肌的反射性收缩，这种现象被称为镫骨肌反射或声学中耳反射。对中耳肌肉的刺激会导致听骨链的振动到达耳蜗时低频（1 kHz 以下）被衰减，衰减程度则受到刺激强度的影响（Wilson 和 Margolis，1999）。

耳蜗的传导机制

位于内耳的耳蜗是周围听觉路径中最为重要的结构。耳蜗是一个小型、弯曲的、形状类似蜗牛的结构，它对声音引入的振动产生响应，将其转换为电脉冲（Electrical Impulse），这个过程是机械能向电能的转换过程。耳蜗进行的信号转换包含信号放大和分解（将复杂的声波分解为不同的频率分量）。

两个隔膜，基底膜（BM：Basilar Membrane）和前庭膜（VM：Vestibular Membrane）将耳蜗分隔为 3 个充满液体的腔室。柯蒂氏器位于基底膜上，它包含大量的感知毛细胞，这些细胞与耳蜗覆膜（TM：Tectorial Membrane）相连。耳蜗覆膜在听觉系统中扮演了多种重要的角色，包括与耳蜗内各部分进行耦合、协助行波（Travelling Wave）的传递和确保耳蜗反馈的增益和时间为最优状态（Richardson，Lukashkin 和 Russell，2008）。感知毛细胞负责机械能向电能的转换，也就是将机械刺激转换为电化学活动（Electrochemical Activity）。声学刺激信号通过使毛细胞发生位移来产生行波，同时导致听觉神经纤维通过脑电活动对原始声音刺激信号的频率、振幅和相位进行编码。基底膜的位移会导致负责定位感知的内毛细胞毛丛[3]（静纤毛，毛细胞顶部微小的突起）发生扭曲，进而产生电流，最终形成动作电位。由于位于耳蜗不同部分的基底膜硬度有所不同，由入射声音导致的基底膜位移取决于它的频率。具体地说，靠近基底膜底部的硬度要高于靠近螺旋中部（即"顶部"）的硬度。这就导致了高频声音（20 kHz）在基底膜底部制造位移，而低频声音（20 Hz）对基底膜顶部造成扰动。因此，基底膜上的每一个位置都可以与其特征频率（CF：Characteristic Frequency）相对应，整个基底膜可以被描述为一系列交叠的滤波器（Patterson 等人，1987；Meddis 和 Lopez-Poveda，2010）。由于基底膜的位移方式与频率相关，相应的毛细胞则与声音频率对应起来。因此这些间隔紧密的声音频率（"听觉位置理论"，von Békésy，1960；"位置编码"模型，Jeffress，1948）被称为"频率拓扑"

---

[1]　对于一个特定的信号来说，听感级（HL：Hearing Level）指以分贝为单位的，描述听音者单耳或双耳的听觉阈值超出特定等效参考阈值的量级。这一参考值基于大量 18 ～ 25 岁之间听力正常的男女青年所给出的数据（ANSI/ASA S1.1–1994，S3.6–2010）——作者注

[2]　此处的"传出"（Efferent）和前文的"传入"（Afferent）为生理学术语，指生理上的、神经上的刺激输入或输出——译者注

[3]　"负责定位感知的内毛细胞毛丛"原文为"hair bundles of hair cells of location-matched inner hair cells"。毛细胞不仅负责感知声音，也负责感知头部运动——译者注

（Tonotopy）或者更确切地说是"耳蜗频率拓扑"（Cochleotopy）。这一频率拓扑的结构贯穿听觉系统各个层级，直至大脑皮层（Moerel 等人，2013；Saenz 和 Langers，2014），并且定义了每一个中继器官的功能性拓扑图[4]。

1.1.2　听觉功能：中枢处理

听觉中枢处理系统由若干神经核与脑干中分布的复杂通路构成。最初级的中枢处理发生在耳蜗神经核（即背侧耳蜗神经核 DCN 与腹侧耳蜗神经核 VCN），它保持了耳蜗的频率拓扑结构。耳蜗神经核的输出则有若干相应的目的地。

首先是上橄榄复合体（SOC：Superior Olivary Complex），这是双耳信息最先发生相互作用的地方。上橄榄复合体最容易被理解的功能就是声音定位。根据刺激信号的频率成分，人类至少通过两种不同的策略，以及两种不同的通路来进行声源的水平定位。对于 3 kHz 以下的频率，听觉神经可以通过一种锁相（Phase-Locked）模式进行跟随，双耳时间差（ITD：Interaural Time Difference）被用于声源定位；在 3 kHz 以上的频率则利用双耳强度差（IID：Interaural Intensity Difference）作为定位提示（King 和 Middlebrooks，2011；Yin，2002）。双耳时间差由内侧上橄榄核（MSO：Medial Superior Olive）处理，双耳强度差则由外侧上橄榄核（LSO：Lateral Superior Olive）处理。这两个通路最终在中脑的听觉中枢合并。声源的高度则由外耳郭施加的频率滤波决定。实验结果表明，由耳郭形状造成的频率缺失会被位于背侧耳蜗神经核的神经元感知。关于这些定位提示的更多讨论，详见人耳声音定位部分的内容。

用于声音定位的双耳通路仅是耳蜗神经核输出的一部分。从耳蜗神经核输出的第 2 个重要通路跳过了上橄榄复合体，终止于脑干对侧的外侧丘系（LL：Lateral Lemniscus）的神经核。这些特定的通路仅对应到达单耳的单声道声音。外侧丘系神经核的一些细胞针对声音的起始发出信号，无论其强度和频率如何。其他细胞则对时间长度等与声音相关的时间信息进行处理。

上橄榄复合体的输出从外侧丘系通过神经通路映射到被称为下丘（IC：Inferior Colliculus）的中脑听觉中枢。这里是重要的整合中心，双耳输入信息在此汇聚后经计算生成听觉空间的频率图谱。在这个层级上，神经元通常对多种定位提示都具有敏感性（Chase 和 Young，2006），并且对特定空间区域产生的、在特定高度和方位上的声音具有最佳响应。因此，这是听觉信息与运动系统产生关联的第一个节点。下丘的另一个重要特征是它能够处理具有复杂时间模式的声音。下丘中的很多神经元仅能够对频率调制的声音做出响应，而其他神经元仅能够对特定时长的声音做出响

---

[4]　"定义了每一个中继器官的功能性拓扑图"的原文为"defines the functional topography in each of the intermediate relays"，可以理解为听觉系统各个层级之间相互衔接的器官在不同层级上对不同声音频率的响应——译者注

应。这些声音通常是与生物学相关的声音组成部分，例如捕食者（Predators）或人类发出的声音，即语音。

下丘将听觉信息传递至丘脑的内侧膝状体核（MGN：Medial Geniculate Nucleus），丘脑是所有上升信息送往大脑皮层必经的中继环节，是听觉通路中对组合频率内容体现出显著选择性的第一站。内侧膝状体核中的细胞同样对不同频率间的特定时间间隔具有选择性。对声音在谐波和时间组合上的感知是处理语言的重要因素。

除了大脑皮层的投射外，一个通往上丘（SC：Superior Colliculus）的通路产生了对双耳时间差和双耳强度差的有序呈现，将听觉空间以点对点图谱的方式展示出来（King 和 Palmer，1983）。多种感官形式（视觉、听觉和体觉）的"地图"被整合起来，进而确定某个声音在特定空间内的位置和运动方向（King，2005）。

1.1.3　听觉功能：听觉皮层

听觉皮层（AC：Auditory Cortex，见图 1.2）是来自 MGC 的上行神经纤维的主要目标，对于声音感知起到了本质性作用，包括理解语音这种人类社交活动最具代表性的刺激信号。

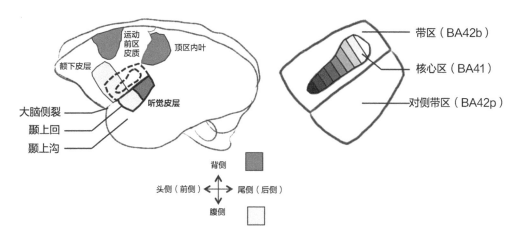

图 1.2　左图：听觉皮层在大脑中的位置。颞上回（STG：Superior Temporal Gyrus）以大脑侧裂（SF：Sylvian Fissure）为明显分界。颞上回位于颞上沟（STS：Superior Temporal Sulcus）的下方。背侧通路：顶区内叶，运动前区皮质。腹侧通路：额下皮层。右图：主听觉皮层被表示为人类的布罗德曼氏听觉 41 区（BA41）。听觉联合皮层被划分为侧带皮层和对侧带皮层（Parabelt 皮层 BA42）。图片以俯视角观察颞上回，去除上层皮层，显示出颞上平面。

听觉皮层包含若干分区，可以大体将其分为主区域和次级区域。主听觉皮层（BA41，核心区域）位于额叶上的颞上回，它接收来自 MGC 的点对点输入，包含 3 个不同频率拓扑区域（Saenz

和 Langers，2014）。BA41 中的神经元具有精密的音调功能（Tuning Functions），对音调刺激具有最佳反应，因此能够支持频率分辨和声音定位等基本的听觉功能。同时它还在处理物种内（人类间）交流声音时起到了相应的作用。

听觉皮层的带区从 MGC 和 BA41 接收更多的离散输入信息，但是在频率拓扑感知结构上则相对不那么精确。带区（BA42b）的神经元具有更加宽泛的频率调节功能，对复杂声音，如介导交流（Mediate Communication）具有更好的响应。带区的侧面是被称为对侧带区（BA42p）的皮层区域，这里的神经元对带通噪声等复杂刺激信号、移动中的刺激信号和非语言发声（Vocalizations）具有更好的响应（Rauschecker、Tian 和 Hauser，1995）。

从听觉皮层对侧带区（Parabelt）发出投射随后进入高阶皮层结构，这些投射定义了听觉系统的背侧处理流和腹侧处理流（如图 1.2）。根据听觉系统的双流模型，空间信息（即"哪里"）主要在背侧流中进行处理，非空间信息（对象特征，即"什么"）则在腹侧流中进行处理（Rauschecker 和 Tian，2000；Romanski 和 Goldman-Rakic，2002）。听觉系统的腹侧流支持着对听觉对象的感知和识别，参与对音调变化、对词语和音调的听觉记忆以及语义的处理。不同研究者对于听觉系统背侧流的功能还没有一致的看法。最早的模型认为它在空间听觉过程中扮演了一定的角色，但近期的研究则显示听觉系统背侧流支持着与运动系统的交互。事实上，背侧 / 腹侧流之间的分化更多是相对的而非绝对的。对声音的识别和空间的分析更像是背侧流和腹侧流共同工作的结果（Gifford 和 Cohen，2005；Lewald 等人，2008），人对空间信息的处理则与音调感知功能紧密联系在一起（Douglas 和 Bilkey，2007）。

听觉皮层和额叶之间的联结在语言、对象识别和空间定位等若干功能之间进行转译。额叶皮层是一个异质性（Heterogeneous）区域，具有包括前额叶皮层（PFC: Prefrontal Cortex）在内的多个功能性分区，同时也是联合皮层的一部分。通过规划响应、持续刺激或记忆信息，额叶联合皮层深度参与了对复杂行为的引导。总的来说，联合皮层对大脑的认知功能进行调节，包括语音处理和注意力、工作记忆、计划和决策等执行功能（Fuster，2009；Plakke 等人，2014）。

1.2　人耳声音定位

1.2.1　主要定位提示

听觉空间感知指在三维空间中对独立声源或同时出现的多个声源进行定位的能力。与视觉和躯体感觉系统不同，空间信息并不是直接呈现在听觉系统的感觉接收器官中。相反，空间定位是通过整合神经系统双耳特性和与频率相关的耳郭滤波效应来进行的估算行为（双耳与单耳提示，Yost 和

Dye，1997）。

声源位置通常以水平方位角、垂直高度角和距离构成的坐标系统进行定义，听音者正面方向被定义为 0° 水平方位角和 0° 垂直高度角。水平方位角被定义为声源位置与 0° 方位角正中面（在水平面上投影）之间的夹角（θ），垂直高度角则是声源位置与 0° 高度角水平面（在正中面上投影）之间的夹角（δ）。

听音者右侧的水平方位角为正值，左侧为负值，正后方被定义为 180°[5]。同样，相对听音者来说，高度角在上方位为正值，下方位为负值。距离被定义为声源水平方位角和垂直高度角在矢量上的半径投影。另一个与双耳间定位提示进行区分的重要术语是同侧耳和异侧耳。同侧耳是距离声源最近的耳朵，声音以更大的强度首先到达同侧耳。异侧耳距离声源较远，因此声音以较小的强度较晚到达异侧耳。

声源在水平维度（水平方位角）的定位是双耳对于时间差和强度差感知的结果（Middlebrooks 和 Green，1991）。这些提示同时能够帮助听音者在背景噪声环境下提升语言可懂度（Culling、Hawley 和 Litovsky，2004）。为了定位垂直维度（高度角）的声源并解决前后位置的混淆，听觉系统依赖耳郭精细的几何形状，它能够使声波发生衍射或与入射方向相关的反射（Blauert，1997；Hofman 和 Van Opstal，2003）。对声源在空间中位置的两种不同模式的间接编码（相比于视觉刺激的直接空间编码）导致了两个方向上空间解析度的不同。

1.2.2　水平维度的声音定位

很多对人耳在水平方向声音定位的研究都源于 Rayleigh 的"二元理论"（1907），该理论强调了两个主要的听觉提示所扮演的角色（见图 1.3 上图的两部分）：双耳间时间差（ITD）和双耳间强度差 [IID，在以 dB SPL 为单位进行标定时，又称为双耳声级差（ILD）]。由于该理论主要基于单频率（正弦波）声音所展开的实验，最初的研究表明头部遮挡所导致的双耳间强度差决定了高频的定位（对于较大的人头尺寸来说约为 2 000 Hz），而双耳间时间差则被认为仅在低频段起重要作用，因为相位在频率高于 1 000 ～ 1 500 Hz 后开始变得混乱。Brughera、Dunai 和 Hartmann（2013）证明了人类对于声音的双耳间时间差精细结构（时间精细结构 TFS；声压波形）的敏感度以 1 400 Hz 为上限。对于宽频带声音来说，情况更为复杂，双耳间时间差可以在 4 000 Hz 以下的频率范围内对高频声音定位作出贡献（Bernstein，2001）。

---

[5]　或者，有时水平方位角也会通过一个 360° 的坐标系统来进行呈现，0° 为正前方，90° 为正右侧、180° 为正后方，270° 为正左侧——作者注

双耳间时间差（ITD）

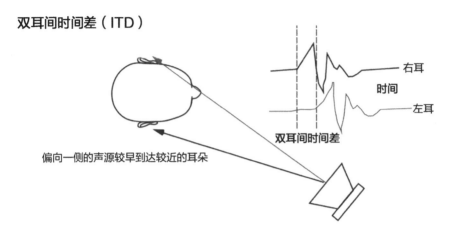

偏向一侧的声源较早到达较近的耳朵

双耳间强度差（IID）

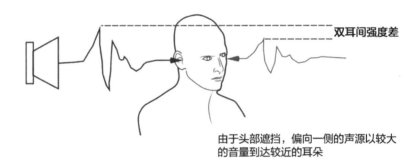

由于头部遮挡，偏向一侧的声源以较大
的音量到达较近的耳朵

由耳郭（外耳）结构造成的频率整形

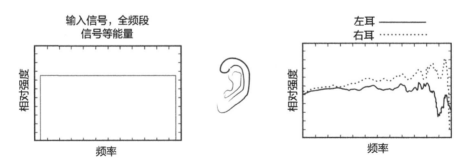

图 1.3   人类声音定位主要听觉提示示意图。

　　自然空间听觉中所呈现的双耳间差别可以通过将听音者头部视为一个简化的刚性球体模型来进行理解，该模型使用一个标准的圆球且没有外耳结构（球状头部模型，Woodworth，1938）。这个球体被置于消声室中，并在距其固定距离上放置与"眼部"同高的宽频段声源（见图 1.4）。

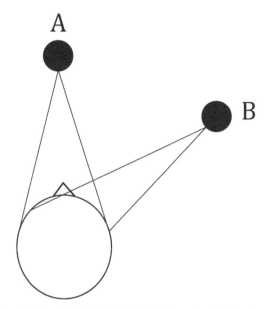

图 1.4　一个位于消声室中的听音者，声源直接面向头部位于正中面上的 A 点（A，0°）以及偏离 +60° 水平方位角的 B 点。

　　对这一情况进行建模需要分别计算声源波阵面中心到达代表双耳耳道入口的路径。对这个模型做进一步简化，可以认为这些点的位置恰好位于球体的中线，处在双耳坐标轴的末端。对于 0° 水平方位 A 上的声源来说，两条路径等长，波阵面以相同的强度同时到达双耳鼓膜。

　　在位置 B，声源以 +60° 水平方位角位于听音者右侧，它到达左右耳的路径不同；这会导致声源波阵面到达左耳的时间晚于右耳。这种声音路径差是双耳间时间差提示的基础，它与听觉系统感知 1 000 Hz 以下频率的双耳间相位差联系在一起。如果声音为纯音，一个简单的频率系数就可以将双耳间时间差和双耳间相位差联系在一起，我们所了解的双耳间相位差等压分界线（90°、180°……）定义了空间感知的区域。虽然受到刺激信号特性和测量方法的影响，但对于普通人的头部来说，将 650 μs（低频声音为 750 μs，Kuhn，1977）作为最大值是很好的实验估算取值。图 1.5 展示了双耳间时间差如何随声音入射角的变化而发生改变。

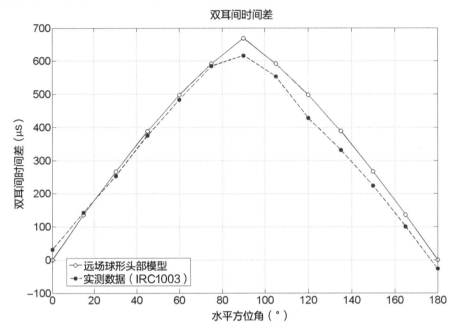

图 1.5　双耳间时间差随声源入射角产生的变化图（与 Feddersen 等人在 1957 年公布的数据相似）。空心点表示根据球形头部模型计算出的双耳间时间差，实心点表示在 0° 高度角上实测 IRCAM 听音数据库中 IRC_1003 的数据。双耳间时间差的计算根据 Miller、Godfroy-Cooper 和 Wenzel（2014）所描述的方法进行。

　　听觉系统具有锁相功能，即根据刺激信号波形的峰值改变神经放电的速率（需要波形峰值之间的时间间隔在 1 ms 以上），这种锁相功能对正弦波或者复杂信号的包络同样适用。某一理论认为，双耳间时间差是听觉系统通过比较双耳的神经放电速率来进行估算的，这种模式被称为相关性感知（Coincidence Detection），又称位置编码（Place Code）或图谱模型（Topographic Model Jeffress，1948），这种神经机制造就了双耳间的相互关联。近期，更多的数据则支持人类听觉空间的反通道编码（Opponent Channel Coding）理论（van Bergeijk，1962；Magezi 和 Krumbholz，2010；Salminen 等人，2010），该理论表明双耳间时间差可以通过一个非局部解剖学的总体相关码 [6] 来表示，仅由 2 个相反的（左和右）通道参与，通过粗略地调谐（Tune）大致得到两个听觉半区内的双耳间时间差。数据显示，两个脑半球中多数对双耳间时间差敏感的神经，均通过身体对侧半区的调谐得到双耳间时间差。

---

[6]　"非局部解剖学的总体相关码"的原文为"nontopographic population rate code"——译者注

　　图 1.4 中位于 B 点的声源同时也造成了显著的双耳间强度差提示，但仅对尺寸小于头部直径的波形分量（如 2 000 Hz 以上的频率）有效。这些较高的频率会在左耳出现衰减，因为头部扮演了障碍物的角色，在声源对侧产生"头部遮挡"效应。一个固定尺寸障碍物对波阵面形成的遮挡效应随着频率的升高（即波长减小）而变得愈发显著。但是在 2 000 Hz 以下，双耳间强度差作为空间听觉提示则不再有效，因为较长的波长在头部障碍物表面会发生衍射（"弯曲"），进而削弱强度差。图 1.6 通过展示双耳间强度差与水平方位位置及激励信号频率之间的关系描述了这种头部遮挡效应。根据描述双耳间强度差的相关文献所提供的测量数据，3 000 Hz 正弦波在 90° 水平方位上会被衰减约 10 dB，同一角度上的 6 000 Hz 正弦波会被衰减约 20 dB，10 000 Hz 正弦波则被衰减约 35 dB（Feddersen 等人，1957；Middlebrooks 和 Green，1991）。通过个体听音者获得的双耳间强度差测量数据也显示在图 1.6 下图。需要注意的是，双耳间强度差的模式随着声源频率和水平方位的变化会变得十分复杂。

　　抛开频率内容的影响，左侧和右侧鼓膜声音强度差别的整体变化会被转换为听音者视角下声源方位的变化。同样的原理被用于立体声录音调音台中主要的空间听觉提示装置——声像电位器（Panpot，全称为 Panoramic Potentiometer）。通过耳机，声像电位器在不考虑频率的条件下制造双耳间强度差，它在绝大多数应用场合下都能起到区分声源方向的作用。这是因为常规声音包含了双耳间强度差和双耳间时间差截止频率以上和以下的频率内容，而听音者对双耳间强度差提示的敏感性也贯穿了可闻频率范围的绝大部分，低至 200 Hz（Blauert，1997）。

　　近几十年来对双耳听觉的研究却指出二元理论存在严重的局限性。例如，对于近距离声源，双耳间强度差即使在低频范围也起作用（Shinn-Cunningham，2000）。类似地，我们知道基于高频振幅包络相对时间关系（双耳间时间差包络）的双耳间时间差提示也可以被用于双耳间相关性感知等机制（Henning，1974，1980；van de Par 和 Kohlrausch，1997；Bernstein 和 Trahiotis，2010）。最终，从理论上来说，声源的水平方位可以通过单耳来进行感知，因为相比于低频分量而言，声音的高频分量在声源移动至身体对侧时发生的衰减要严重得多（Shub、Durlach 和 Colburn，2008）。

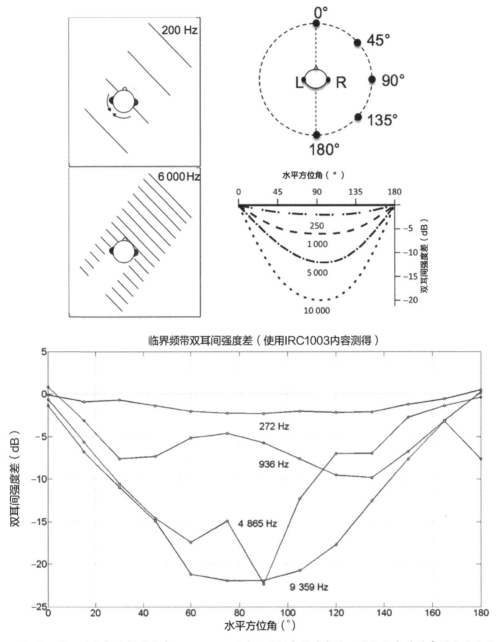

图 1.6　上图：展示了头部遮挡效应在 70 dB SPL 下对不同频率所造成的双耳间强度差随声源水平方位的变化而发生的变化（改编自 Gulick、Gescheider 和 Frisina，1989，p324）。下图：通过 IRCAM 听音数据库中 IRC_1003 内容实测得到的双耳间强度差与临界频带中心频率及水平方位角之间的关系。临界频带的选择参照图 1.6 上图内容，采用 Miller、Godfroy–Cooper 和 Wenzel（2014）所描述的方法计算得到。

1.2.3　垂直维度上的声音定位

二元理论无法解释被试者在正中面（被试者正前方）垂直方向上对声音进行定位的问题，因为这个方位上双耳间的差别提示几乎不起作用。同样，当被试者通过耳机接收激励信号时，虽然通过人为的方式制造双耳间时间差和强度差以模仿某一外部声源的位置，但听音者对声音方位的感知却出现在头部内侧。

众多研究结果表明，这些二元理论的局限性反映了一个重要的问题：即声波与外耳、耳郭以及肩膀和躯干等身体结构发生的相互作用会导致与声波入射方向相关的滤波效应，该效应对声音在垂直方向上的定位具有重要的贡献。

人类听觉系统判断声源高度所依赖的主要提示是声音与耳郭共同作用所得到的单声道频谱（Wightman 和 Kistler，1997）。尽管如此，头部细微的非对称性也可能提供微弱的双耳高度提示。随着声源从 0°（听音者正前方）移动至 90°（听音者头顶），由于耳郭滤波所导致的陷波频率会大约从 5 kHz 移动至 10 kHz，这种频谱上的陷波现象被认为是主要的高度提示（Musicant 和 Butler，1985；Moore、Oldfield 和 Dooley，1989）。随着声音从声源传递到听音者的耳朵，反射和衍射效应会以精细的方式改变声音，这种改变取决于频率。例如，对于某一特定位置，一组以 8 kHz 为中心频率的窄带信号被衰减的程度可能高于另一组以 6 kHz 为中心频率的窄带信号。这种受频率影响的效应或滤波处理还因声源方向不同而产生巨大的区别。因此，对于另一个声源位置来说，对 6 kHz 中心频率能量的衰减可能要多于对 8 kHz 中心频率能量的衰减。显然听音者通过这种与频率相关的效应来区分不同的位置。实验显示，由耳郭造成的频率整形与声源方向关联程度极高，缺少耳郭提示会降低定位的准确性，且耳郭提示也对声音外化，即"头外定位"感知产生一定的作用（Gardner 和 Gardner，1973；Oldfield 和 Parker，1984a，b；Plenge，1974；Shaw，1974）。

直达声与混响声的能量比值为我们提供了另一种单耳听觉提示，它表示在封闭空间中直接从声源到达人耳的能量和经过墙壁反射后到达人耳的能量之比（Larsen 等人，2008）。总而言之，相比于双耳提示，单耳提示是一种更为模糊的空间提示，因为听觉系统必须对原始声音的声学特征进行先验性的假设，在此基础上再根据单耳听觉空间提示对环境所导致的滤波效应进行预估。我们会在后面对环境提示做更为细致的讨论。

1.2.4　影响定位判断能力的因素

定位判断能力通常指听音者识别和/或区别声源位置的准确性的能力，它可以通过针对多种不同实验模型所做的不同类型的响应测量来获得。例如，在直达声定位的实验中，一个声源（实际声源、通过录音得到的声源或虚拟声源）被呈现给听音者，他 / 她需要判断声源的方位，包括他 / 她认为声源所在的水平方位角、垂直高度角和距离。

在对定位感知的研究过程中，听音者要在自由场环境下判断静态声源的位置，这一实验过程通常会出现若干误差。其中之一是由 Blauert（1997）提出的定位模糊，即范围为 5° ～ 20° 的相对较小的精确度误差。最小可闻角（MAA：Minimum Audible Angle）是一个衡量定位精确度的指标，它表示两个相邻声源之间能够被听觉系统所感知的最小角度差。最小可闻角在声源位于听音者正前方时约为 1°，且随着偏离正中面程度的增加而不断增加，在声源正对左耳或右耳时约为 20°（Mills，1958；Perrott 和 Saberi，1990）。最小可闻运动角（MAMA：Minimum Audible Movement Angle）是一个持续运动的声源能够被听觉系统所感知的最小角度差（Perrott 和 Tucker，1988）。最小可闻运动角取决于运动声源的速度，且随着速度变快而不断增加，当速度为 90°/s 时约为 8°，当速度为 360°/s 时约为 21°。

另一类误差，即前后"反转"现象（见图 1.7 右图），在绝大多数定位感知的研究过程中都会出现。一些听音者面对来自前方半球的声源，但感知的方位却好像来自后方半球。在偶然情况下，后方到前方的混淆也会发生（如 Oldfield 和 Parker，1984a，b）。对垂直高度方向的感知混淆，如误认为位置较高的声源处于较低的位置（或者相反）的情况也有发生（Wenzel，1991）。

尽管出现这些认知反转的原因并没有得到完全的解释，但它们可能在很大程度上受到刺激信号静态特征以及所谓混淆锥（Woodworth，1938；Woodworth 和 Schlosberg，1954；Mills，1972）所导致的不确定性的影响。假设一个稳定的头部球体模型上对称分布着耳道（没有耳郭），一个特定的双耳间时间差或强度差与声源方向的关联会变得含糊不清，声源可能存在的所有位置所形成的轨迹恰好是一个圆锥形的外壳（见图 1.7 左图）。这些圆锥表面与球体表面相交形成一个表示固定双耳间时间差或强度差的圆环形轮廓线（即假设声源在任意固定距离上）。当刚性球体模型不是唯一要考虑的因素时，对这些等时间差和等强度差曲线进行观察所得到的模式告诉我们：刺激信号在听觉系统中呈现出的双耳特性根本就是模糊不清的。在缺少其他提示的情况下，前后反转和上下反转的情况是很有可能出现的。

研究认为，某些听觉提示被认为有助于解决混淆锥问题。其中之一就是耳郭针对不同方向的入射声音所造成的复杂频率整形，我们在前文已经对其进行了描述。例如，由于耳郭的朝向和贝壳状的结构，来自其后方的高频能量会比前方产生更大的衰减 [例如，可参见 Blauert（1997）关于"提升频段"的讨论，p111 ～ 116]。对于静态声音来说，这一提示实质上变成了分辨声源位置的唯一线索。而对于动态刺激信号来说，情况则要好得多。多个研究均表明，听音者移动头部会从本质上改善他们对定位的分辨能力，几乎可以完全消除定位感知反转的现象（如 Wallach，1939，1940；

Thurlow 和 Runge，1967；Fisher 和 Freedman，1968；Wightman 和 Kistler，1999；Begault、Wenzel 和 Anderson，2001）。通过头部运动，听音者显然可以通过不断追踪双耳听觉提示的幅度变化来确认前后位置；对于一个特定的头部侧向运动来说，前方声源与后方声源到达双耳的时间差和强度差的变化趋势是相反的（Wallach，1939，1940）。由移动声源提供的随时间变化的听觉提示也有助于对声源方位的判断，尤其是在对声源运动方向具有先验认知的情况下（Wightman 和 Kistler，1999），但本书中关于声源移动的话题研究甚少。

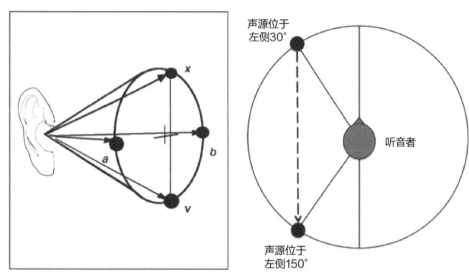

图 1.7　混淆锥效应（左图）导致对具有相同或类似双耳间时间差和／或强度差的声源（右图）位置感知出现反转。

　　除了主要定位提示外，声音的位置是否容易被判断还取决于其他因素，如声源本身的频谱内容：窄带（纯）音通常难以被定位，而宽带的、脉冲性的声音则最容易被定位。对声源的熟悉程度与对声源的定位判断的难易程度紧密相关。从逻辑上来说，听觉系统对声源的定位基于空间提示而非双耳提示，例如，由于耳郭造成的频率整形在很大程度上取决于听音者对于声源频谱的先验认知。听音者必须在一开始就"知道"这个声音的频谱是何种情况，才能判断同样的声音在不同的位置上被听音者的耳朵结构整形后所产生的影响。因此，对于高度信息和相对距离信息的感知在很大程度上都依赖于对频谱差异的感知，人们对信号（如语言）越熟悉，识别能力就越强（如 Plenge 和 Brunschen，1971，in Blauert，1997，p104；Coleman，1963）。同样，也可以通过训练的方式提高对于频谱结构的熟悉程度（Batteau，1967）。

　　一个声学环境中会出现多个声学物体，房间混响也会导致空间提示出现失真。当听音者位于房间或其他混响丰富的环境中，耳朵所接收到的直达声混合了声音通过墙壁反射后的多个副本。混响不仅改变了声音的单耳接收频谱，同时也改变了信号到达听音者的双耳间强度差和相位差（Shinn-Cunningham、Kopco 和 Martin，2005）。这些影响取决于声源和听音者的相对位置及听音者在房间中所处的位置。从另一方面来说，声音能量的直混比本身就能够提供空间提示。

　　这种现象揭示了听觉系统具有神经可塑性，能够逐渐适应感知体验和感官环境的变化。我们会在后续章节对神经可塑性进行讨论。

1.3　头部相关传递函数与虚拟声学

　　主要听觉定位提示显示的数据告诉我们，如果由耳郭和其他身体结构以及双耳间信息提示所造成的频率整形能够通过一套三维声音系统或虚拟声学展示系统进行恰当的还原，那么通过耳机来获得真实的定位感知是可能实现的。在声音从外耳到达鼓膜的过程中，听觉效果会进行一系列累积，但所有这些效应都能够通过一个单独的滤波处理来表达，如同一个立体声系统使用图示均衡器。这个滤波器的本质特征可以通过一个简单的实验来测量获得，将一个脉冲（一个独立的、时长很短的声音波动或咔哒声）或其他宽频带激励信号通过位于特定位置的扬声器来进行重放。双耳所造成的声学整形效应就会通过安装在耳道内的微型传声器测得（见图 1.8）。如果对双耳同时进行测量，那么获得的响应就能够代表一对滤波器，它们包含了双耳间的时间差和强度差信息。因此，这种技术能够让我们针对特定声源位置、特定听音者和特定房间或环境中所有与空间相关的提示作出测量。

　　图 1.3 下图描述了这种人耳传递函数效应。左图展示的是通过一种被称为傅里叶变换的数学方法得到的频域信息，它表示了一个时域的声学脉冲在与外耳和其他身体结构作用前的响应。右图则展示了一个位于听音者正右方扬声器发出的脉冲与外耳结构相互作用后得到的频率响应，实线和虚线分别展示了左耳和右耳耳道的测量结果。代表左耳和右耳强度的曲线之差就是各个频率上的双耳间强度差。频率相位效应（与频率相关的相位或延时）信息也通过测量予以呈现，但为了图示清晰，在此不做显示。根据这些与人耳相关的特征所构建的滤波器就是一种有限脉冲响应滤波器，它们被称为时域的头部相关脉冲响应（HRIRs：Head-Related Impulse Responses）或频域的头部相关传递函数（HRTFs：Head-Related Transfer Functions）。频域的滤波是一种逐点进行的乘法运算，而时域上的滤波则需要通过某些更为复杂的卷积计算［请参见 Brigham（1974）给出的关于滤波和卷积的讨论图示］来完成。通过这些基于头部相关传递函数的滤波器对任意声音进行滤波处理，将空间特性施加在某个信号上，使其听上去好像来自被测量信号所发出的位置。如果这种滤波计算能够实时进行，声源运动和听音者头部运动的效果也可以得到模拟。

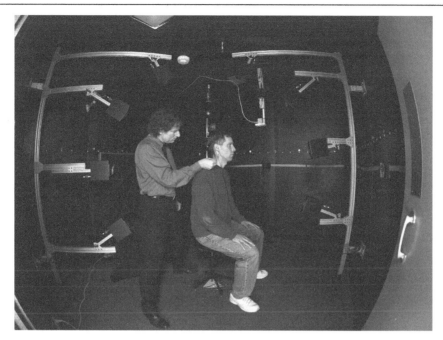

图 1.8　这是美国宇航局艾姆斯研究中心空间听觉展示实验室中用于测量头部相关脉冲响应的设施。12 只扬声器所组成的系统被放置在配有双层墙壁的隔声房间里，能够以 10° 间隔的精度测量 432 个位置。测量信号为戈莱码（Foster，1986），测得的响应为"准消声室"响应，即这些响应需要通过时间窗来去除可能引入的反射。脉冲响应（从 96 kHz 采样率下转换至 44.1 kHz）以 700 Hz 为截止频率进行了高通滤波处理，以避免反射带来的影响。由于衍射效应的存在，700 Hz 以下频率的振幅不会受到头部的显著影响。该系统可以计算出一个与频率无关的双耳间时间差，将其施加给经过测量得到的头部相关脉冲响应（最小相位），具有平坦频率响应并延伸至 700 Hz 以下的头部相关脉冲响应。

　　图 1.9 提供了通过测量头部相关传递函数得到的左耳和右耳幅度响应实例。图中上半部分显示了声源在 0° 垂直高度角，水平方位角分别为 −90°、0° 和 +90° 时的频率响应。可以看到幅度响应在 0° 时十分相似，在声源偏向身体同侧耳朵时（左耳的 −90° 和右耳的 +90°）幅度增强。左右耳响应的差别展示了不同频率上的双耳间强度差。双耳间的整体强度差和时间差会在不同频率之间作出平均，不同被试者的情况趋于相同。因此，无论被试者听到的激励信号是来自他本人的头部相关传递函数，还是来自一个具有普遍特性的头部相关传递函数（Wightman 和 Kistler，1989；Wenzel 等人，1993），他 / 她对水平方位上的声源感知精确度通常十分相似。图中下半部分显示了 +45° 水平方位角上垂直高度角分别为 −45°、0° 和 +45° 时的情况。我们可以看到，随着声源方位在身体同侧（右耳）的垂直高度角从 −45° 向 +45° 变化，幅度频率响应上陷波出现的中心频率会如何发生改变。这种频率上的陷波现象被认为是声源高度的主要提示（Hebrank 和 Wright，1974；Middlebrooks，

1992）。由于这些陷波出现的位置在很大程度上取决于特定的耳郭结构，因此不同被试者在同一方位上出现的频率陷波会有很大的不同。因此，一个来自被试者本人的头部相关传递函数通常对于高度信息的还原更加准确。

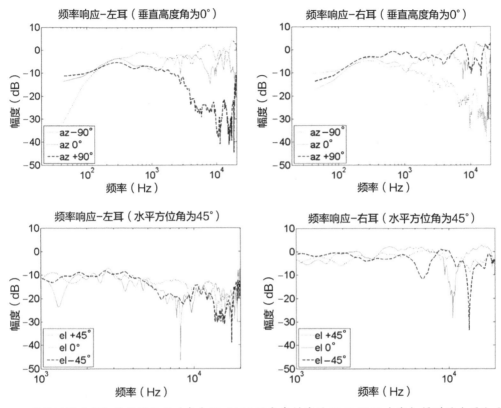

图 1.9　通过测量头部相关传递函数（来自 IRCAM 听音素材库的 IRC_1003 内容）得到的左耳和右耳的幅度响应实例。图中上半部分展示了在 0° 垂直高度角上，水平方位角分别为 −90°、0° 和 +90° 的频率响应。图中下半部分展示了在 +45° 水平方位角上，垂直高度角分别为 −45°、0° 和 +45° 的频率响应。

　　值得一提的是，由头部相关传递函数所提供的空间提示，尤其是那些在简单消声（自由场或无回声）环境下获得的函数，并不是获得逼真虚拟声源定位呈现的唯一听觉提示。消声环境下的模拟仅仅是第一步，通过使用一个复杂程度较低且易于处理的激励信号，它使得我们能够系统性地研究合成空间提示[7]所需要满足的技术要求和感知结果。在"距离与环境的情境感知"部分我们将会进一步讨论环境提示对于声源定位、距离感知和沉浸感的影响。

[7]　合成空间提示（Synthesizing Spatial Cues），即将声源相对于听音者在空间中某一位置具有的全部特性，通过头部相关传递函数的方式进行整合，形成一个综合性的提示——译者注

1.4　声音定位的神经可塑性

在自然环境中，神经系统必须通过不断更新来反映感官接收和行为目标的变化。关于声音定位的近期研究表明：神经系统的适应和学习包含多种机制。配合与其他感官和与运动机能相关的感官接收，这些机制在不同的时间尺度和处理阶段上执行，在声音定位过程中扮演了关键角色。近年来，关于声音定位的研究提供了相应的证据，以支持神经处理需要处于快速更新状态以反映感官条件变化这一观点。

1.4.1　空间提示的重新映射

研究听觉空间处理可塑性的一个常见方法是将激励信号位置和双耳听觉提示之间的关系做可逆性的改变。通过遮挡一只耳朵的方式来对声学输入进行衰减和延时处理，以此改变双耳间强度差和时间差来匹配空间中的各个方向。在仓鸮的听觉系统中，这个过程会带来对异常双耳提示的适应，神经元以补偿遮挡所带来的单耳效应的方式改变了对这种提示的敏感度（Gold 和 E. I. Knudsen，2000；E. I. Knudsen、P. F. Knudsen 和 Esterly，1984）。近期研究表明，哺乳动物也能够针对异常的双耳间强度差进行可发展式的空间定位重新映射，这种能力可以通过观察行为反应和主要听觉皮层的神经元反应得到证明（Keating、Dahmen 和 King，2015）。这种适应变化频谱提示的能力不仅限于发育完全的成年人类，他们可以学习如何通过变化的双耳提示（Bauer 等人，1966；Mendonça 等人，2013）或频谱位置提示（Hofman、Van Riswick 和 Van Opstal，1998；Hofman 和 Van Opstal，1998；Carlile 和 Blackman，2014；Majdak、Walder 和 Laback，2013）进行准确的声音定位。有趣的是，成年人类根据变化听觉提示作出的适应并不具有残留效应，这意味着不同的空间提示可以被映射到同一位置上（Hofman 等人，1998；Hofman 和 Van Opstal，1998；Carlile 和 Blackman，2014；Majdak 等人，2013）。

1.4.2　空间提示的重新加权

在某些情况下，部分但并非全部空间提示被改变，神经系统会通过另一种形式的可塑性来对听觉提示进行重新映射，它会降低那些发生变化的听觉提示所提供的空间信息的权重，更多地依赖于那些没有发生变化的听觉提示。在单耳被遮挡所导致的单耳听觉损失这一特定例子中，多项研究均显示：无论是处于发育中还是已经成年的哺乳动物，其听觉定位行为都会通过增加未发生改变的正常单耳所提供的空间提示的权重来进行适应（Agterberg 等人，2014；Kumpik、Kacelnik 和 King，2010；Keating 等人，2013）。

1.4.3　行为环境的重要性

除了适应定位提示发生的变化外，在其行为重要性增加时，即便声学输入保持不变，听觉处理也会重新定义所处环境。对于人类的相关研究表明，通过训练所获得的空间处理能力提升对于每个个体的双耳听觉提示都存在差异，这种差异性可能是非对称的。一项研究显示，对于双耳间强度差的训练会扩展到双耳间时间差的效能提示，但反之则不成立（Sand 和 Nilsson，2014）。成年人针对声音定位准确性和响应方面的训练甚至可以逆转由于主要听觉皮层不良发育所带来的负面影响（Guo 等人，2012；Pan 等人，2011），并且能够改善听觉受损人群在声音定位方面的表现（Firszt 等人，2015）。尽管神经可塑性受到训练方式的影响且进展缓慢，但近期研究表明，针对空间处理进行特定目的的学习能够获得快速的进展，这也可能对上下定位感知的混淆产生影响（Du 等人，2015）。

1.4.4　视觉对听觉空间可塑性的影响

声源通常同时具有可视性和可听性，视觉信息能够改善对声音定位判断的准确性（Tabry、Zatorre 和 Voss，2013），甚至能够在充满混响的听音环境中起到抑制回声的作用（Bishop、London 和 Miller，2012）。双耳提示的分辨率也会因为被试者在保持头部不动的情况下对声源进行观察而得到增强（Maddox 等人，2014），这为视觉位置信号能够调整听觉系统活跃程度（Bulkin 和 Groh，2012）的观点提供了证据。意料之中的是，如果视觉出现障碍，听觉定位能力也会随之发生改变。最为常见的情况是，相比于受到视觉信息控制的被试者来说，某些盲人展示出极为出众的听觉空间感知能力（Hoover、Harris 和 Steeves，2012；Lewald，2013；Jiang、Stecker 和 Fine，2014）。有趣的是，与单耳失聪所进行的神经适应活动相比，盲人通过频率提示所获得的声音定位能力更强，更为准确（Voss 等人，2011）。但是，这种对于频率提示在水平声音定位方面的精确使用是以牺牲这些提示对垂直平面的定位能力为代价的（Voss、Tabry 和 Zatorre，2015）。

1.5　距离与环境的情境感知

1.5.1　声源距离的基础提示

对于声源距离的感知主要由声级和混响的声学属性作为提示。声源通常不会仅包含一个不受遮挡的波阵面（被称为直达声），还会包含来自周围物体（例如地面、墙壁或其他界面）的反射和衍射（被称为非直达声，或混响）。事实上，对于距离的判断是将多种感知提示综合在一起的处理过程，这些感知包括响度（感知声级）、音色（主要受到频率内容的影响），振幅包络（建立和延续）、混响和认知熟悉程度。

　　对于声源距离的感知与听到声源时所感知的环境紧密相连，对于听音者来说，对声音事件完整的沉浸式体验是一个多维度的认知。对于声源的环境情境（Environment Context）来说，我们可以对混响产生的特定原因进行建模或识别：周围导致混响产生的物理界面（无论是室内还是室外环境）。环境情境中通常包含多个声源，包括与特定声源结合在一起的背景声（"噪声"）。如果听音者熟悉这种环境情境，那么它将提供重要的认知提示。

　　对于声源距离的相对感知和绝对感知有一个重要的区别。绝对距离感是指听音者在接收新的或者熟悉的声音时，对声源到达他们本人距离进行判断的准确性。相对距离感知是指对于两个虚拟声源之间距离的判断，更多地包括在不同时间、不同距离下，在一个特定的环境中聆听声源所获得的效果。在空间音频还原的大多数情况下，人们通常对相对距离的判断更感兴趣。在一个合理范围内改变重放系统的整体音量时，仍然能够保证不同虚拟声源之间的相对距离关系不变，这是音频制作具有的重要优势。

　　在缺少其他声学提示的情况下，声源的声级（可以解读为响度）是听音者所能利用的主要距离提示。Coleman（1963，p302）对于距离感知提示的观点是，"声波的振幅或压强的确是对听觉纵深感知的提示，这是声音随距离传播而发生衰减这一现象所决定的。"从某一方面来说，听觉距离是人通过视觉和听觉观察进行终身学习所获得的，它将声源的物理位移与声压级的增加或减少关联在一起。这是我们每天赖以生存的主要手段，例如，听到汽车从身后驶来并予以躲避。与其他在现实世界中较少发生的提示相比，声级可能在陌生声源距离感知方面扮演了比熟悉声源距离感知更为重要的角色。在不同距离下接收特定声源需要在不同时间整合多个提示以进行距离感知，但如果对声源的接收不满足上述条件，那么响度以外的提示就无法起到相应的作用。

　　声源距离和到达听音者时声级变化之间的关系可以在消声环境下通过平方反比定律来进行预测，距离越远，声音强度的衰减就越大。在没有明显反射的情况下，一个全指向点声源几乎完全遵循"距离加倍，声级衰减 6 dB"的规律。如果声源并非全指向性声源，而是像高速公路那样的线声源，那么距离加倍时，声级衰减约为 3 dB。上述规律告诉我们，从多个维度来描述一个声源模型的声功率特性是何等重要。

　　将平方反比定律作为有效的距离感知提示存在一个理论上的问题，即人对于响度的感知尺度是无法被知晓的。假设存在对响度的感知尺度，当响度是距离感知的唯一提示时，对于相对距离加倍的预估映射就会遵循"响度减半"而非"声级减半"的原则，使得映射更加有效。研究表明，人对于响度减半的预估和听觉系统感知的距离加倍是基本匹配的（Stevens 和 Guirao，1962；Begault，1991）。以宋（Sone）为响度坐标，距离加倍所对应的声级衰减为 10 dB 而非 6 dB。

通过电平调整来创造不同声音的相对响度关系显然是音频世界独有的。面对多轨录音机中不同通道上的若干声源时，录音工程师的任务就是将这些声源有所区别地分布在若干不同远近的位置上，并且通过调整每个通道的音量来完成这一创造性的工作。从视觉领域引入的术语（例如"前景"和"背景"）通常会被用在这种情境当中；尽管在实际工作中，多轨录音各个通道之间的距离 - 强度关系是十分复杂的，但是大多数专业音频工作者所获取的口头信息都不会比上述词汇更加具体。

与物理声学或声学工程研究相反，测定不同声源之间的电平关系并非电影或音乐艺术声音设计中需要经常考量的问题。一位好的声音设计者必须要兼顾情感对叙事的影响和有限动态范围的限制，而不是真实重现现实世界的声级。通常，在电影声音中所使用的声级和相应的听觉距离提示都是为了表达语言、脚步声、枪声和环境声等声音元素的艺术性而非现实属性。在音乐录制中，录音工程师通常在交响乐录音时使用"近距离拾音"技巧以改变不同乐器和人声之间的平衡比例，而在绝大多数流行音乐中则会在不同声源之间创造出完全由人工合成的、在现实空间中绝不存在的距离关系。尽管如此，为了让声音作品对于听音者来说具有意义，一个基于现实世界的参考是十分必要的，它为特定的艺术声音创作打下了基础边界。

1.5.2 距离感知的熟悉程度和认知提示

距离感知提示会受到对声源预期或熟悉程度的影响，尤其是语音（Coleman，1962；Gardner，1969）。即使没有空间提示，人们也可以分辨不同声音的距离以及它们所处的情境；例如你可以在单耳听音时根据经验判断声源距离，也可以通过电话中的背景噪声类型分辨出对方在什么样的环境下和你通话。但是三维声音技术和空间混响提示的组合能够极大地增强这种模拟的沉浸体验，同时提升整体质量，增强不同环境和情境差别的呈现精细度。

将临睡前在熟悉环境和不熟悉环境下所获取的不同听音体验进行对比是诠释熟悉程度对距离感知产生影响的好例子。在熟悉的环境中（如城市中的公寓里），你熟悉的公交车开过的声音和厨房里钟表滴答声分别代表了不同的声源距离。虽然公交车开过的声音大于钟表的声音，但如果此时声级是唯一的提示，那么对环境熟悉程度会让你做出与声级关系相反的预判。但如果是在不熟悉的环境下进行野外露营，对于不同陌生动物声音的距离感知则主要受到声级的影响。

将距离提示植入一个三维声音系统需要对特定声源进行认知关联（Cognitive Associations）评估。如果声源是一个完全人工合成或不被人们所熟悉的，那么听音者则可能需要更多的时间对模拟不同距离提示所做的响度参数和其他参数的改变进行熟悉。如果声源位置与一系列重复的听音体验相关联，那么这种距离感的模拟就会比预期外的、不被人所熟悉的声源模拟更加容易。有迹象表明，听音者对于特定音量下的语言具有非常好的距离判断能力（Zahorik，2002；Zahorik、Brungart 和

Bronkhorst, 2005)。

　　尽管如此, 讲话人说话的方式会作为认知提示起到距离判断的偏置作用。男性在 1 m 距离下说话的平均声级从随意发出的 52 dBA 到叫喊发出的 89 dBA 不等(Pearsons、Bennett 和 Fidell, 1977), 这些不同讲话音量所存在的频谱和语音上的区别可以作为提示。耳语(Whispering)这种通过口腔气压流动而非声带振动所导致的语音, 可以获得和语音同样的响度, 但它会立即和近距离(相比普通对话)进行的亲密谈话关联在一起。

　　Gardner(1969)主持了一系列针对语音刺激的研究, 以描述熟悉程度和预期在距离评估中所扮演的角色。在一个实验中, 一个位于 0° 水平方位角的声源作为被试者的绝对评估参考, 通过在消声室中选择标有编号的, 距离分别为 3 英尺(1 英尺≈30.48cm)、10 英尺、20 英尺和 30 英尺的位置。当扬声器播放预先录好的常规语音时, 听音者感知的距离总是和声压级而非扬声器的位置相关。但是当一个真人在消声室内说话时, 被试者对于距离的评估则依据说话者的语音语态而非实际距离进行。图 1.10 展示了上述结果。在以常规语音为参考的情况下, 听音者会高估叫喊者的位置(即听音者认为说话人比实际距离更远), 会低估耳语者的位置(即听音者认为说话人比实际距离更近), 但是如果以声音强度作为相关提示, 应该会得出相反的结论。

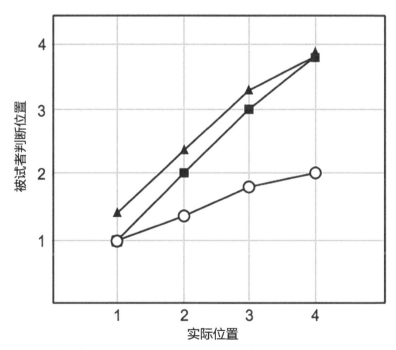

图 1.10　Gardner (1969) 在消声室内, 以 0° 水平方位角放置扬声器进行的语言播放实验所获得的结果。圆圈代表耳语; 实心方块代表低声级和常规对话音量下的语言; 三角形代表叫喊。

1.5.3 混响提示

在存在混响的环境下，直达声和混响声的比例会随着声源与听音者之间的距离变化而发生改变。通常以平方反比定律进行声压衰减的情况仅仅出现在声源的声学"近场"，在这个区域中直达声能量占据主导，远超过非直达声的能量。随着距离的增加，声音接收点所获得的声压级受到非直达声的影响会越来越大。在某一点上，声源到达一个临界距离（也被称为"混响距离"或"混响半径"），此处直达声和反射声的能量相等。在临界距离或更远的距离上，整体声压级趋于相同，因为接收点所获得的声音基本上都由非直达声构成，见图 1.11。

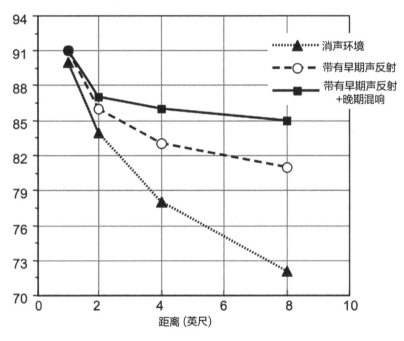

图 1.11　消声环境和混响环境下声级随距离加倍（1 英尺、2 英尺、4 英尺和 8 英尺）而出现的衰减情况。ER 表示早期声反射；LR 表示晚期混响。注意在存在混响的情况下，平方反比定律的衰减趋势在距离超过 2 英尺时就不再起作用了。

为了以音频手段进行相对粗糙（但有效）的距离模拟，可以通过调整调音台进行音量控制来改变混响和直达声的比例来实现。这种比例是对某一个特定接收位置上反射声和直达声能量配比的衡量。当一个人在封闭空间内逐渐向远离声源的方向移动，直达声的声级会逐渐减少，而混响声的声级则保持不变。声源直达声和混响声之间的干涉随着距离的改变而发生的变化十分复杂，无法在距

离感知和混响声 / 直达声比例之间建立精确的预测。

混响声和直达声（R/D）的比例在众多研究中都被作为距离感知提示而得到应用，但对其重要程度的认定有所不同（Coleman，1963；von Békésy，1960；Sheeline，1983；Mershon 和 King，1975；Mershon 和 Bowers，1979）。Sheeline（1983，p71）指出混响是构建距离感知时对声音强度的重要辅助和补充，并认为"混响提供的空间感使得听音者从响度判断向距离判断转变"。

Von Békésy（1960，p303）进行的观察结果表明，当改变混响 / 直达声比例时，声音的响度保持不变，但感知距离却发生了改变。他指出，"虽然直达声和混响声比例的改变的确能够用于制作可被感知的声像移动，但它并不是听觉距离的基础。因为在一个消声室中，对于距离的感知仍然存在，甚至比在其他环境下体现的更为明显。"他还观察到，声像的宽度会随着混响的增加而增强："随着这种距离的增加，声源振动表面的尺寸也显著增加……在直达声场中声源听上去尺寸极小，密度很大，而在混响场中则具有更为离散的特征。"这体现了声源"定位"的多元特性与声级和情境之间的关系。声源所体现出的宽度被定义为声像被感知的大小或尺寸，它与听觉空间的概念相关。Blauert（1997，p348）将听觉空间描述为"……以角色性的方式考量听觉事件，就是它们的感知被延伸到了一个扩展的空间区域"，同时指出低声级的、随时间不断变化的双耳间相关信息（"时间非相关性"）是造成这种情况的主要原因。

1.5.4　头中定位

在使用耳机听音的过程中经常会出现一种声像仅仅出现在头部以内，而非听音者之外的感知现象。头中定位（IHL：Inside-The-Head Locatedness）被认为是一种对于声源距离进行正确模拟的"外化失败"，特指通过耳机进行的双耳或三维声音还原过程（扬声器重放极少出现这种情况）。例如，在一个三维音频的模拟中，如果双耳提示几乎相同，那么声源几乎会直接出现在听音者的面前，这与双耳声音呈现（Diotic Sound Presentation）十分相似，两只耳朵接收了相同或几乎相同的声音。与发生在听音者头部之外的声源体验相比，这是一种不自然的声音条件，它会影响人们对声音的认知性结论，认为声音来自自身或非常靠近自身，就像头脑中自言自语的声音那样。

尽管如此，即使使用耳机进行单耳聆听（例如通过老式调幅收音机收听一场棒球赛），声音事件也会被外化。作为一种幻象（Illusion），声像的"内化"与"外化"在很多情况下可以根据听音者的意愿进行切换，正如内克尔立方体[8] 或者其他类似的幻象那样（von Békésy，1960）。一项关于语

---

[8]　内克尔立方体（Necker Cube）是一个在二维平面上画出的三维立体方体。观察者可以根据自己的主观意愿来判断它究竟是一个平面图形还是一个立体图形——译者注

音信号三维模拟的研究表明，在模拟过程中加入混响或头部追踪有助于缓解声音的内化（Begault、Wenzel 和 Anderson，2001）。

　　图 1.12 显示了经过头部相关传递函数处理的语音，在模拟 15 英寸（1 英寸≈2.54cm）声源距离时，由于模拟声源方向不同而产生的不同认知误差。这种误差也体现在通过实际声源和虚拟声源进行的测试当中（Holt 和 Thurlow，1969；Mershon 和 Bowers，1979；Butler、Levy 和 Neff、1980）。这种误差可能是测试信号中缺少混响所导致的。总体来说，这种误差可能与感知空间的范围相关，例如听觉视界（Auditory Horizon）。值得一提的是，图 1.12 中给出的标准差标记（Standard Deviation Bar）会因为不同的被试者出现很大的区别，即使给出相同的目标距离也是如此；考虑到人们对于语音具有普遍的熟悉性，我们原本以为不同的被试个体会表现出更为稳定的距离判断。

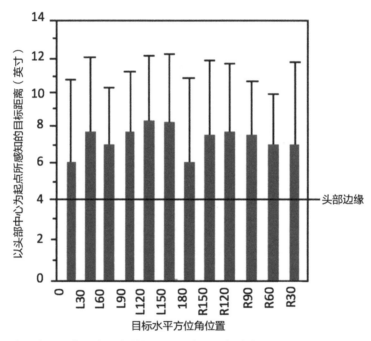

图 1.12　针对无混响环境下语音信号距离判断的平均差和标准差（Begault 和 Wenzel，1993）。

　　20 世纪 70 年代，出于改善双耳（人工头）录音的需求，消除头中定位效应的目标得以确立。很多听这些录音的人都会由于声音始终出现在头内或偏向某侧而被干扰。通过对耳郭和头部的精确复制以确保声音获得相应的滤波处理就变成了一个十分重要的考量。Plenge（1974）让被试者对通过单只传声器拾取的声音和通过配有人造耳郭的人工头传声器所拾取的声音进行比较；单只传声器拾取声音所出现的头中定位效应在人工头拾音方式下消失了。Laws（1973）和其他研究者认为造成上述现象的部分原因是人类沟通链路上不同部分所造成的非线性失真，以及使用自由场均衡调校的（Free-Field Equalized）耳机而非扩散场均衡调校的（Diffuse-Field Equalized）耳机。Durlach 和 Colburn（1978，p374）曾表示，声源的外化是很难进行精确预测（甚至是描述）的，但是"显然，这种外化的程度会随着我们对于自然状态模拟程度的提高而提高"。这些双耳间信息的自然属性可能来源于双耳间头部相关传递函数、头部运动和混响。很多研究者则持折中理论，认为头中定位是通过耳机听音的自然结果（由于骨传导或者头部压力造成的），因为在很多情况下，人们都能够通过耳机听到外化的声音。

1.5.5 环境情境提示

定义一种环境情境的特征使我们能够区分同一声源在不同尺寸的房间或者户外环境下的听感。虽然混响时间和混响 / 直达声比例承担了提示作用，环境情境中早期反射在听音时间范围内的空间分布往往也起到了同等重要的作用（Bronkhorst 和 Houtgast，1999；Kendall 和 Martens，1984）。这些属性能够对声源发出的情境特征及其潜在距离范围确认作出提示。环境还能够提供具有特征的背景噪声，帮助我们对声音的范围和情境进行定义。研究还指出，听音者最终会对房间中的混响产生适应性；相比初次接触某一环境而言，对于距离和方位角的判断都会随着时间的推移以及对环境情境的"学习"而得到改善（Shinn-Cunningham，2000）。

来自室内环境的不同空间 - 时间模式都会影响距离感知、声像展宽、"沉浸"感或声音包围感，有时也被称为"听觉空间感"（Beranek，1992；Kendall，Martens 和 Wilde，1990）。通过在一个特定的时间窗内测量双耳接收混响的相似度能够获得双耳间互相关（Cross-Correlation）值，它通常被认为是对沉浸感程度的一种衡量（Blauert 和 Cobben，1978；Ando，1985）。互相关分析显示了某一时间范围内两个时域波形的相似程度。例如，一个信号和该信号经过延时后的互相关特征会在一个分析窗口内显示一个峰值的提前或滞后（见图 1.13）。对于双耳间的互相关特征来说，对应提前或滞后时间的分析窗口代表着双耳间最大延时（通常为 0.7 ms）；变化的双耳间互相关特征[9]对应了后续一系列的互相关分析窗口。从感知层面来说，变化的双耳间互相关特征所给出的提前和滞后时间的变化程度对应了人们对听觉空间感的感知。

一些相关物理参数能够为特定的环境情境作出提示，包括房间的容积或尺寸、反射表面的吸声和扩散程度及房间形状的复杂程度。这种效应同样也会发生在"半封闭"的环境情境当中，例如在建筑外部悬吊的表面。环境情境的尺寸（容积）通常由混响时间和声级来进行提示。反射表面的吸

---

[9] "变化的双耳间互相关特征"的原文为"a 'running' interaural cross-correlation"，由于房间反射随时间不断发生着变化，双耳间互相关特征也在持续变化中，在不同的时间段对其分析会产生不同的结果——译者注

声和扩散程度与频率相关，听觉系统会基于音色修正以及（可能存在的）语言清晰度对其进行认知分类和对比。最后，房间形状的复杂程度将会影响反射相对于听音者的空间分布，尤其是早期反射。音乐厅声学领域有着大量的相关文献（例如 Beranek，1992）将物理手段与听觉感知联系在一起，但对于其他典型环境情境的研究则相对较少。

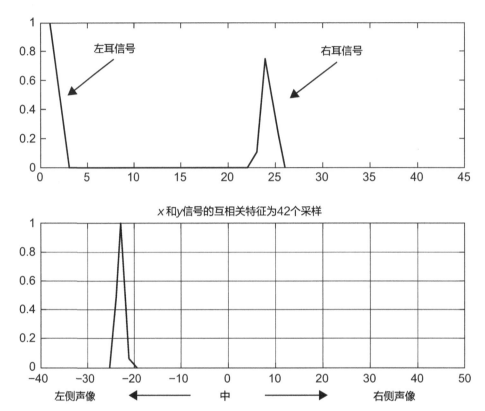

图 1.13　上图：信号 x 到达左耳的时间，随后是一个将 x 进行衰减并加入 24 采样延时的信号 y 到达右耳（在 44.1 kHz 采样率下为 0.54 ms，对应听音者左侧的声像）。下图：两个信号的互相关特征显示位于 −22 采样处的峰值，对应左侧声像。如果将 x 和 y 信号进行反转，该图则会显示一个位于 +22 采样处的峰值。

1.5.6　混响

混响对于声源所占据的特定空间的容积感知起到了信息提示的作用。当声源被"关闭"时表现最为明显，人们可以听到回声衰减至相对无声所需的时间，以及它随时间衰减的振幅包络形状。在语言或音乐连续播放的情况下，因为能量被持续不断地注入系统，只有最先发出的 10～20 dB 的衰减能够被听到。一定时间长度下的"房间频率响应"，即不同频率上的混响时间在环境情境的感知中占据了重要的位置。不同频率区间能量的相对衰减时间同时受到房间容积和环境中不同材料相对吸声特性的影响。例如，虽然一个铺有瓷砖的浴室容积小于普通的客厅，但由于瓷砖极低的吸声率导致其混响相对于设有地毯、沙发和其他吸声表面的客厅更亮、混响时间更长。

自 20 世纪初开始的音乐厅研究就着重强调，对于"温暖度"或"清晰度"至关重要的特定频率的混响时间是影响主观偏好的重要物理因素。事实上，虽然使用混响时间作为标准化的估算，但很多房间的能量衰减并不遵循指数规律。很多小空间（包括驾驶室在内）都不存在真正意义上的"混响时间"；它们的"声音"实际上是一个复杂的早期反射声场。复杂空间混响的另一个特征是其衰减结构的不规则和随机特质，这种特质会导致"参差不齐"的响应，对判断单一混响时间造成困难。通过对衰减做反积分（Reverse Integration）可以获得一个更加平滑的响应曲线（Schroeder，1965）。图 1.14 中的上图展示了一个通过刺破气球来获得的房间"脉冲响应"（通过发令枪或扫频等分析信号也同样可行）。在图 1.14 下图中，细线展示了以分贝为刻度的脉冲响应衰减曲线（对脉冲响应数值的平方做以 10 为底数的对数运算的 10 倍，即 $10\log_{10}$（脉冲响应）^{2}；请注意响应的参差不齐。为了获得一个确定的混响时间，需要在 15、20 或 30 dB 的衰减范围内获得一条直线（对应 T15、T20 或 T30）。通过对脉冲响应做反积分能够获得一个更加平滑的曲线（由粗线表示），它使得直线与衰减包络的匹配更加明显。反积分的作用等同于对多个脉冲响应做平均。

一个十分有趣的现象是通过门厅、中庭或其他通道相连接的多个房间相互干涉所产生的混响。这在声学上被称为"耦合空间"现象。

尽管混响时间能够对一个单独封闭空间进行恰当的描述，但两个拥有不同混响时间的空间的耦合会导致多个衰减斜率（见图 1.15）。这在不同尺寸和容积的房间相连接所构成的大型复杂空间中很容易被听到。在这样的一些空间中（例如大教堂），混响的感知同时受到振幅和空间位置的调制作用（Woszczyk、Begault 和 Higbie，2014）。

对于距离相对较远的（尤其是室外）声源而言，大气环境、空气分子吸收和波阵面曲率所带来的影响都能够改变虚拟声音的频率内容。从心理声学的角度来说，这些提示相比响度、对声源的熟悉以及混响提示来说影响相对微弱。因为在空间音频模拟过程中所使用的声源位置始终处于动态的变化当中，它们的频率特性也不断地发生着改变，这使得我们很难建立任何一种"频率参考"来进行距离感知。"由于我们寄希望于通过纯粹的物理考量为基础来进行距离感知，如果去除响度变化和混响结构变化所带来的提示，那么双耳听觉系统对于声源距离的判断能力就会变得极为微弱"（Durlach 和 Colburn，1978，p375）。

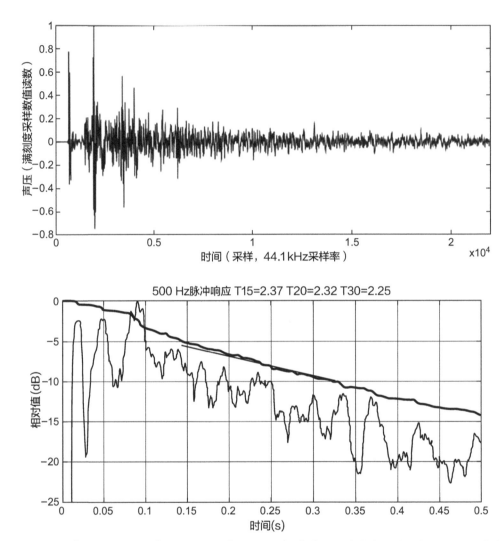

图 1.14　上图：房间脉冲响应所表示的混响衰减。下图：细线展示了将脉冲通过一个以 500 Hz 为中心频率，宽度为一个倍频程的带通滤波器所获得的脉冲响应，以分贝为刻度来呈现数据。请注意响应的参差不齐。粗线表示对同一个脉冲响应做反积分后的结果，这条更为平滑的曲线使我们对混响时间的判定更为容易。

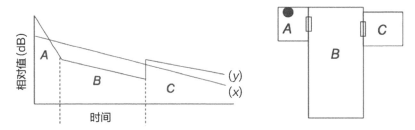

图 1.15　左图：通过一个理论上的脉冲响应获得的混响时间斜率 *A*、*B*、*C* 以及它们所对应的房间容积，通过通道进行耦合（右图）。这个模型的混响时间可能可以通过平均来得到衰减斜率 *x*，但事实上它包含了 *A*、*B*、*C* 各自不同的衰减（斜率 *y*[10]）。

1.6　结论

　　一个听音者所获得的沉浸感受到人与声波之间复杂相互作用的影响，它始于外周听觉系统，止于人类在信息处理层面的认知。这些相互作用都对空间属性感知的总体判断做出了贡献，包括对声学沉浸感的感知和特定声源位置的感知。当我们理解了相关的心理声学和声学提示，并将其植入信号处理设计之中，对于空间音频的虚拟模仿才能够得到最佳的效果。本章大致介绍了听觉处理和心理声学数据在一个成功的、能够为听音者提供多种沉浸式体验的空间音频技术中所扮演的角色。

　　录音工程师致力于传递（声音的）空间形象，同时也会受到来自数量不断增长的发行格式和硬件的挑战：耳机或扬声器、传统的双声道系统、22.2-9.1-7.1 和其他系统、波场合成、流媒体音频或是高质量封装压缩（Archival Compression）等。如果工程师的创造性想象是空间形象的来源，而听音者就是这个形象的接受者，那么我们就能够通过目标形象的传递成功与否来评判一个特定系统所呈现出的品质以及所带来的挑战。无论使用本书其他章节所讨论的何种声音还原手段，本章所讨论的所有感知因素都会在虚拟听音环境中对听音者的体验产生影响。从更长远的角度来说，它们还会对包括音频工程师、声音设计师和数字信号处理效果设计者在内的不同领域的专业研究和实践带来不同的挑战。

1.7　参考文献

ANSI/ASA S3.6-2010 "Specification for Audiometers".

ANSI/ASA S1.1-1994 "Acoustical Terminology".

Agterberg, M. J., Hol, M. K., Van Wanrooij, M. M., Van Opstal, A. J., & Snik, A. F. (2014). Single-sided deafness and directional hearing: Contribution of spectral cues and high frequency hearing loss in the hearing ear.

---

[10]　此处斜率 *y* 实际上是 3 条不同的曲线所代表的变化斜率——译者注

Frontiers in Neuroscience, 8, 188.

Ando, Y. (1985). *Concert Hall Acoustics*. Berlin: Springer-Verlag.

Batteau, D. W. (1967). The role of the pinna in human localization. *Proceedings of the Royal Society of London B: Biological Sciences, 168*(1011), 158-180.

Bauer, R. W., Matuzsa, J. L., Blackmer, R. F., & Glucksberg, S. (1966). Noise localization after unilateral attenuation. *Journal of the Acoustical Society of America, 40*(2), 441-444.

Begault, D. R. (1991). Preferred sound intensity increase for sensation of half distance. *Perceptual and Motor Skills, 72*, 1019-1029.

Begault, D. R., & Wenzel, E. M. (1993). Headphone localization of speech. *Human Factors, 35*, 361-376.

Begault, D. R., Wenzel, E. M., & Anderson, M. R. (2001). Direct comparison of the impact of head tracking, reverberation and individualized head-related transfer functions on the spatial perception of a virtual speech source. *Journal of the Audio Engineering Society, 49*, 904-916.

Békésy, G. von. (1960). *Experiments in Hearing*. New York: McGraw-Hill.

Beranek, L. L. (1992). Concert hall acoustics. *Journal of the Acoustical Society of America, 92*, 1-39.

Bergeijk, W. A. van. (1962). Variation on a theme of Békésy: A model of binaural interaction. *Journal of the Acoustical Society of America, 34*(9B), 1431-1437.

Bernstein, L. R. (2001). Auditory processing of interaural timing information: New insights. *Journal of Neuroscience Research, 66*(6), 1035-1046.

Bernstein, L. R., & Trahiotis, C. (2010). Accounting quantitatively for sensitivity to envelope based interaural temporal disparities at high frequencies. *Journal of the Acoustical Society of America, 128*, 1224-1234.

Bishop, C. W., London, S., & Miller, L. M. (2012). Neural time course of visually enhanced echo suppression. *Journal of Neurophysiology, 108*(7), 1869-1883.

Blauert, J. (1997). *Spatial Hearing: The Psychophysics of Human Sound Localization*, Rev. ed. (J. Allen, Trans.). Cambridge, MA: MIT Press.

Blauert, J., & Cobben, W. (1978). Some consideration of binaural cross correlation analysis. *Acustica, 39*, 96-104.

Brigham, E. (1974). *The Fast Fourier Transform*. New Jersey: Englewood Cliffs.

Bronkhorst, A., & Houtgast, T. (1999). Auditory distance perception in rooms. *Nature, 397*, 517-520.

Brughera, A., Dunai, L., & Hartmann, W. M. (2013). Human interaural time difference thresholds for sine tones: The high-frequency limit. *Journal of the Acoustical Society of America, 133*, 2839-2855.

Bulkin, D. A., & Groh, J. M. (2012). Distribution of eye position information in the monkey inferior colliculus. *Journal of Neurophysiology, 107*(3), 785-795.

Butler, R. A., Levy, E. T., & Neff, W. D. (1980). Apparent distance of sounds recorded in echoic and anechoic chambers. *Journal of Experimental Psychology: Human Perception and Performance, 6*(4), 745.

Carlile, S., & Blackman, T. (2014). Relearning auditory spectral cues for locations inside and outside the visual field. *Journal of the Association for Research in Otolaryngology, 15*(2), 249-263.

Chase, S. M., & Young, E. D. (2006). Spike-timing codes enhance the representation of multiple simultaneous sound localization cues in the inferior colliculus. *Journal of Neuroscience, 26*(15), 3889-3898.

Coleman, P. D. (1962). Failure to localize the source distance of an unfamiliar sound. *Journal of the Acoustical Society of America, 34*(3), 345-346.

Coleman, P. D. (1963). An analysis of cues to auditory depth perception in free space. *Psychological Bulletin, 60*(3), 302-315.

Culling, J. F., Hawley, M. L., & Litovsky, R. Y. (2004). The role of head-induced interaural time and level differences in the speech reception threshold for multiple interfering sound sources. *Journal of the Acoustical Society of America, 116*(2), 1057-1065.

Douglas, K. M., & Bilkey, D. K. (2007). Amusia is associated with deficits in spatial processing. *Nature*

Neuroscience, 10(7), 915-921.

Du, Y., He, Y., Arnott, S. R., Ross, B., Wu, X., Li, L., & Alain, C. (2015). Rapid tuning of auditory "what" and "where" pathways by training. *Cerebral Cortex, 25*(2), 496-506.

Durlach, N. I., & Colburn, H. S. (1978). Binaural phenomena. In E. C. Carterette & M. P. Friedman (Eds.), *Handbook of Perception* (pp. 365-466). New York: Academic Press.

Feddersen, W. E., Sandel, T. T., Teas, D. C., & Jeffress, L. A. (1957). Localization of high frequency tones. *Journal of the Acoustical Society of America, 29*(9), 988-991.

Firszt, J. B., Reeder, R. M., Dwyer, N. Y., Burton, H., & Holden, L. K. (2015). Localization training results in individuals with unilateral severe to profound hearing loss. *Hearing Research, 319*, 48-55.

Fisher, H. G., & Freedman, S. J. (1968). The role of the pinna in auditory localization. *Journal of Auditory Research, 8*(1), 15-26.

Foster, S. (1986). Impulse response measurement using Golay codes. *IEEE 1986 Conference on Acoustics, Speech and Signal Processing, 2*, 929-932. New York: IEEE.

Fuster, J. M. (2009). Cortex and memory: Emergence of a new paradigm. *Journal of Cognitive Neuroscience, 21*(11), 2047-2072.

Gardner, M. B. (1969). Distance estimation of 0 degree or apparent 0 degree-oriented speech signals in anechoic space. *Journal of the Acoustical Society of America, 45*, 47-53.

Gardner, M. B., & Gardner, R. S. (1973). Problem of localization in the median plane: Effect of pinnae cavity occlusion. *Journal of the Acoustical Society of America, 53*, 400-408.

Gifford III, G. W., & Cohen, Y. E. (2005). Spatial and non-spatial auditory processing in the lateral intraparietal area. *Experimental Brain Research, 162*(4), 509-512.

Gold, J. I., & Knudsen, E. I. (2000). Abnormal auditory experience induces frequency-specific adjustments in unit tuning for binaural localization cues in the optic tectum of juvenile owls. *Journal of Neuroscience, 20*(2), 862-877.

Gulick, W. L., Gescheider, G. A., & Frisina, R. D. (1989). *Hearing: Physiological Acoustics, Neural Coding, and Psychoacoustics*. New York: Oxford University Press, Inc.

Guo, F., Zhang, J., Zhu, X., Cai, R., Zhou, X., & Sun, X. (2012). Auditory discrimination training rescues developmentally degraded directional selectivity and restores mature expression of GABA A and AMPA receptor subunits in rat auditory cortex. *Behavioural Brain Research, 229*(2), 301-307.

Hebrank, J., & Wright, D. (1974). Spectral cues used in the localization of sound sources on the median plane. *Journal of the Acoustical Society of America, 56*, 1829-1834.

Henning, G. B. (1974). Detectability of interaural delay in high-frequency complex waveforms. *Journal of the Acoustical Society of America, 55*(1), 84-90.

Henning, G. B. (1980). Some observations on the lateralization of complex waveforms. *Journal of the Acoustical Society of America, 68*, 446-454.

Hofman, P. M., & Van Opstal, A. J. (1998). Spectro-temporal factors in two-dimensional human sound localization. *Journal of the Acoustical Society of America, 103*(5), 2634-2648.

Hofman, P., & Van Opstal, A. (2003). Binaural weighting of pinna cues in human sound localization. *Experimental Brain Research, 148*(4), 458-470.

Hofman, P. M., Van Riswick, J. G. A., & Van Opstal, A. J. (1998). Relearning sound localization with new ears. *Nature Neuroscience, 1*(5), 417-421.

Holt, R. E., & Thurlow, W. R. (1969). Subject orientation and judgement of distance of a sound source. *Journal of the Acoustical Society of America, 46*, 1584-1585.

Hoover, A. E., Harris, L. R., & Steeves, J. K. (2012). Sensory compensation in sound localization in people with one eye. *Experimental Brain Research, 216*(4), 565-574.

Jeffress, L. A. (1948). A place theory of sound localization. *Journal of Comparative and Physiological*

Psychology, 41, 35-39.

Jiang, F., Stecker, G. C., & Fine, I. (2014). Auditory motion processing after early blindness. *Journal of Vision, 14*(13), 4.

Keating, P., Dahmen, J. C., & King, A. J. (2015). Complementary adaptive processes contribute to the developmental plasticity of spatial hearing. *Nature Neuroscience, 18*(2), 185-187.

Keating, P., & King, A. J. (2013). Developmental plasticity of spatial hearing following asymmetric hearing loss: Context-dependent cue integration and its clinical implications. *Frontiers in Systems Neuroscience, 7*, doi: 10.3389/fnsys.2013.00123.

Kendall, G. S., & Martens, W. L. (1984). Simulating the cues of spatial hearing in natural environments. *Proceedings of the 1984 International Computer Music Conference*. San Francisco: International Computer Music Association.

Kendall, G., Martens, W. L., & Wilde, M. D. (1990). A spatial sound processor for loudspeaker and headphone reproduction. *Proceedings of the AES 8th International Conference*. New York: Audio Engineering Society.

King, A. J. (2005). Multisensory integration: Strategies for synchronization. *Current Biology, 15*(9), 339-341.

King, A. J., & Middlebrooks, J. C. (2011). Cortical representation of auditory space. In J. A. Winer & C. E. Schreiner (Eds.), *The Auditory Cortex* (pp. 329-341). New York: Springer.

King, A. J., & Palmer, A. R. (1983). Cells responsive to free-field auditory stimuli in guinea-pig superior colliculus: Distribution and response properties. *Journal of Physiology, 342*(1), 361-381.

Knudsen, E. I., Knudsen, P. F., & Esterly, S. D. (1984). A critical period for the recovery of sound localization accuracy following monaural occlusion in the barn owl. *Journal of Neuroscience, 4*(4), 1012-1020.

Kuhn, G. F. (1977). Model for the interaural time differences in the azimuthal plane. *Journal of the Acoustical Society of America, 62*(1), 157-167.

Kumpik, D. P., Kacelnik, O., & King, A. J. (2010). Adaptive reweighting of auditory localization cues in response to chronic unilateral earplugging in humans. *Journal of Neuroscience, 30*(14), 4883-4894.

Larsen, E., Iyer, N., Lansing, C. R., & Feng, A. S. (2008). On the minimum audible difference in direct-to-reverberant energy ratio. *Journal of the Acoustical Society of America, 124*(1), 450-461.

Laws, P. (1973). Auditory distance perception and the problem of "in-head localization" of sound images [Translation of "Entfernungshören und das Problem der Im-Kopf-Lokalisiertheit von Hörereignissen." *Acustica, 29*, 243-259]. NASA Technical Translation TT—20833.

Lewald, J. (2013). Exceptional ability of blind humans to hear sound motion: Implications for the emergence of auditory space. *Neuropsychologia, 51*(1), 181-186.

Lewald, J., Riederer, K. A., Lentz, T., & Meister, I. G. (2008). Processing of sound location in human cortex. *European Journal of Neuroscience, 27*(5), 1261-1270.

Lopez-Poveda, E., Fay, R. R., & Popper, A. N. (2010). *Computational Models of the Auditory System*. New York: Springer Verlag.

Lord Rayleigh (Strutt, J. W.) (1907). XII: On our perception of sound direction. *The London, Edinburgh, and Dublin Philosophical Magazine and Journal of Science, 13*(74), 214-232.

Maddox, R. K., Pospisil, D. A., Stecker, G. C., & Lee, A. K. (2014). Directing eye gaze enhances auditory spatial cue discrimination. *Current Biology, 24*(7), 748-752.

Magezi, D. A., & Krumbholz, K. (2010). Evidence for opponent-channel coding of interaural time differences in human auditory cortex. *Journal of Neurophysiology, 104*(4), 1997-2007.

Majdak, P., Walder, T., & Laback, B. (2013). Effect of long-term training on sound localization performance with spectrally warped and band-limited head-related transfer functions. *Journal of the Acoustical Society of America, 134*(3), 2148-2159.

Meddis, R., & Lopez-Poveda, E. A. (2010). Auditory periphery: From pinna to auditory nerve. In Meddis et al. (Eds.), *Computational Models of the Auditory System* (pp. 7-38). New York: Springer.

Mendonça, C., Campos, G., Dias, P., & Santos, J. A. (2013). Learning auditory space: Generalization and long-term effects. *PloS one, 8*(10), e77900.

Mershon, D. H., & Bowers, J. N. (1979). Absolute and relative cues for the auditory perception of egocentric distance. *Perception*, 8(3), 311-322.

Mershon, D. H., & King, L. E. (1975). Intensity and reverberation as factors in the auditory perception of egocentric distance. *Perception & Psychophysics, 18*(6), 409-415.

Middlebrooks, J. C. (1992). Narrow-band sound localization related to external ear acoustics. *Journal of the Acoustical Society of America, 92*, 2607-2624.

Middlebrooks, J. C., & Green, D. M. (1991). Sound localization by human listeners. *Annual Review of Psychology, 42*(1), 135-159.

Miller, J. D., Godfroy-Cooper, M., & Wenzel, E. M. (2014). Using published HRTFS with Slab3D: Metricbased database selection and phenomena observed. *Proceedings of the International Conference on Auditory Display*, New York, June 2014.

Mills, A. W. (1958). On the minimum audible angle. *Journal of the Acoustical Society of America, 30*, 237.

Mills, A. W. (1972). Auditory localization (Binaural acoustic field sampling, head movement and echo effect in auditory localization of sound sources position, distance and orientation). *Foundations of Modern Auditory Theory, 2*, 303-348.

Moerel, M., De Martino, F., Santoro, R., Ugurbil, K., Goebel, R., Yacoub, E., & Formisano, E. (2013). Processing of natural sounds: Characterization of multipeak spectral tuning in human auditory cortex. *Journal of Neuroscience, 33*(29), 11888-11898.

Moore, B. C. J., Oldfield, S. R., & Dooley, G. (1989). Detection and discrimination of spectral peaks and notches at 1 and 8 kHz. *Journal of the Acoustical Society of America, 85*, 820-836.

Musicant, A. D., & Butler, R. A. (1985). Influence of monaural spectral cues on binaural localization. *Journal of the Acoustical Society of America, 77*(1), 202-208.

Oldfield, S. R., & Parker, S. P. (1984a). Acuity of sound localization: A topography of auditory space: I: Normal hearing conditions. *Perception, 13*, 581-600.

Oldfield, S. R., & Parker, S. P. (1984b). Acuity of sound localization: A topography of auditory space: II: Pinna cues absent. *Perception, 13*, 601-617.

Pan, Y., Zhang, J., Cai, R., Zhou, X., & Sun, X. (2011). Developmentally degraded directional selectivity of the auditory cortex can be restored by auditory discrimination training in adults. *Behavioural Brain Research, 225*(2), 596-602.

Par, S. van de, & Kohlrausch, A. (1997). A new approach to comparing binaural masking level differences at low and high frequencies. *Journal of the Acoustical Society of America, 101*(3), 1671-1680.

Patterson, R. D., Nimmo-Smith, I., Holdsworth, J., & Rice, P. (1987). An efficient auditory filterbank based on the gammatone function. *A Meeting of the IOC Speech Group on Auditory Modelling at RSRE, 2*(7).

Pearsons, K. S., Bennett, R. L., & Fidell, S. (1977). *Speech Levels in Various Noise Environments*. Office of Health and Ecological Effects, Office of Research and Development, US EPA.

Perrott, D. R., & Saberi, K. (1990). Minimum audible angle thresholds for sources varying in both elevation and azimuth. *The Journal of the Acoustical Society of America, 87*(4), 1728-1731.

Perrott, D. R., & Tucker, J. (1988). Minimum audible movement angle as a function of signal frequency and the velocity of the source. *Journal of the Acoustical Society of America, 83*, 1522.

Plakke, B., & Romanski, L. M. (2014). Auditory connections and functions of prefrontal cortex. *Frontiers in Neuroscience, 8*, 199.

Plenge, G. (1974). On the differences between localization and lateralization. *Journal of the Acoustical*

Society of America, 56, 944-951.

Rauschecker, J. P., & Tian, B. (2000). Mechanisms and streams for processing of "what" and "where" in auditory cortex. *Proceedings of the National Academy of Sciences, 97*(22), 11800-11806.

Rauschecker, J. P., Tian, B., & Hauser, M. (1995). Processing of complex sounds in the macaque nonprimary auditory cortex. *Science, 268*(5207), 111-114.

Richardson, G. P., Lukashkin, A. N., & Russell, I. J. (2008). The tectorial membrane: One slice of a complex cochlear sandwich. *Current Opinion in Otolaryngology & Head and Neck Surgery, 16*(5), 458.

Romanski, L. M., & Goldman-Rakic, P. S. (2002). An auditory domain in primate prefrontal cortex. *Nature Neuroscience, 5*(1), 15-16.

Saenz, M., & Langers, D. R. (2014). Tonotopic mapping of human auditory cortex. *Hearing Research, 307,* 42-52.

Salminen, N. H., Tiitinen, H., Yrttiaho, S., & May, P. J. (2010). The neural code for interaural time difference in human auditory cortex. *Journal of the Acoustical Society of America, 127*(2), 60-65.

Sand, A., & Nilsson, M. E. (2014). Asymmetric transfer of sound localization learning between indistinguishable interaural cues. *Experimental Brain Research, 232*(6), 1707-1716.

Schroeder, M. R. (1965). New method of measuring reverberation time. *Journal of the Acoustical Society of America, 37,* 409-412.

Shaw, E. A. G. (1974). The external ear. In W. D. Keidel & W. D. Neff (eds.), *Handbook of Sensory Physiology, Vol. 5/1, Auditory System* (pp. 455-490). New York: SpringerVerlag.

Sheeline, C. W. (1983). *An Investigation of the Effects of Direct and Reverberant Signal Interaction on Auditory Distance Perception,* Doctoral dissertation, Stanford University.

Shinn-Cunningham, B. (2000). Learning reverberation: Considerations for spatial auditory displays. *Proceedings of the International Conference on Auditory Display, Atlanta, Georgia USA, April 2000,* 126-134.

Shinn-Cunningham, B. G., Kopco, N., & Martin, T. J. (2005). Localizing nearby sound sources in a classroom: Binaural room impulse responses. *Journal of the Acoustical Society of America, 117*(5), 3100-3115.

Shub, D. E., Durlach, N. I., & Colburn, H. S. (2008). Monaural level discrimination under dichotic conditions. *Journal of the Acoustical Society of America, 123*(6), 4421-4433.

Stevens, S. S., & Guirao, M. (1962). Loudness, reciprocality, and partition scales. *Journal of the Acoustical Society of America, 34,* 1466-1471.

Tabry, V., Zatorre, R. J., & Voss, P. (2013). The influence of vision on sound localization abilities in both the horizontal and vertical planes. *Frontiers in Psychology, 4,* 932. doi: 10.3389/fpsyg.2013.00932

Thurlow, W. R., & Runge, P. S. (1967). Effect of induced head movements on localization of direction of sounds. *Journal of the Acoustical Society of America, 42,* 480-488.

Voss, P., Lepore, F., Gougoux, F., & Zatorre, R. J. (2011). Relevance of spectral cues for auditory spatial processing in the occipital cortex of the blind. *Frontiers in Psychology, 2*(48). doi: 10.3389/fpsyg.2011.00048

Voss, P., Tabry, V., & Zatorre, R. J. (2015). Trade-off in the sound localization abilities of early blind individuals between the horizontal and vertical planes. *Journal of Neuroscience, 35*(15), 6051-6056.

Wallach, H. (1939). On sound localization. *Journal of the Acoustical Society of America, 10*(4), 270-274.

Wallach, H. (1940). The role of head movements and vestibular and visual cues in sound localization. *Journal of Experimental Psychology, 27,* 339-368.

Wenzel, E. M. (1991). *Three-dimensional Virtual Acoustic Displays.* NASA-Ames Research Center, NASA Technical Memorandum 103835.

Wenzel, E. M., Arruda, M., Kistler, D. J., & Wightman, F. L. (1993). Localization using nonindividualized head-related transfer functions. *Journal of the Acoustical Society of America, 94,* 111.

Wenzel, E. M., Miller, J. D., & Abel, J. S. (2000). Sound lab: A real-time, software-based system for the study of spatial hearing. *Proceedings of the 108th Audio Engineering Society Convention.* New York: Audio

Engineering Society.

Wightman, F. L., & Kistler, D. J. (1989). Headphone simulation of free-field listening: II: Psychophysical validation. *Journal of the Acoustical Society of America*, *85*, 868-878.

Wightman, F. L., & Kistler, D. J. (1997). Monaural sound localization revisited. *Journal of the Acoustical Society of America*, *101*(2), 1050-1063.

Wightman, F. L., & Kistler, D. J. (1999). Resolution of front-back ambiguity in spatial hearing by listener and source movement. *Journal of the Acoustical Society of America*, *105*, 2841-2853.

Wilson, R. H., & Margolis, R. H. (1999). Acoustic-reflex measurements. In F. E. Musiek & F. E. Rintelmann (Eds.), *Contemporary Perspectives in Hearing Assessment*, *1*, 131. Boston, MA: Allyn and Bacon.

Woodworth, R. S. (1938). *Experimental Psychology*. New York: Holt.

Woodworth, R. S., & Schlosberg, H. (1954). *Experimental Psychology*. New York: Holt.

Woszczyk, W., Begault, D. R., & Higbie, A. G. (2014). Comparison and contrast of reverberation measurements in Grace Cathedral San Francisco. *Audio Engineering Society 137th Convention*, ebrief 178.

Yin, T. C. (2002). Neural mechanisms of encoding binaural localization cues in the auditory brainstem. In D. Oertel, R. R. Fay & A. N. Popper (Eds.), *Integrative Functions in the Mammalian Auditory Pathway* (pp. 99-159). New York: Springer.

Yost, W. A., & Dye, R. H. (1997). Fundamentals of directional hearing. *Seminars in Hearing*, *18*(4), 321-344. New York: Thieme Medical Publishers.

Zahorik, P. (2002). Assessing auditory distance perception using virtual acoustics. *Journal of the Acoustical Society of America*, *111*, 1832-1846.

Zahorik, P., Brungart, D. S., & Bronkhorst, A. W. (2005). Auditory distance perception in humans: A summary of past and present research. *Acta Acustica United with Acustica*, *91*, 409-420.

第 2 章

三维声的历史

Braxton Boren

2.1 引言

三维声这个概念看上去像一个 20 世纪晚期出现的技术热门词汇，但它完全不是一个新的术语。Jens Blauert 的著名观点提醒着我们，"非空间听觉并不存在"（Blauert，1997），我们所处世界的本质也说明声音原本就是三维的（Blauert，2000）。在人类历史的大多数时间——荒野中的猎人、石窟般教堂中吟唱的信徒，或是现场演出中的观众——都在感知声音以及它附带的空间设定。

从这个角度来说，20 世纪晚期建立的声音感知的观念其实是落后于历史发展的。19 世纪录音技术的出现推动了从零维度（单声道）声音到一维声音（立体声），再到二维声音（四方声和其他环绕声格式）还原技术的发展。由于人类听觉系统在水平平面上更加灵敏，早期技术也自然而然地将注意力集中在这个方面。与我们塑造声音内容和表演空间的较长历史相比，通过物理方式合成完整的三维听音环境是近期才具备的能力。

物理空间对于听觉感知的影响并不局限于声源位置的感知——不同的空间能够在时域（例如晚期反射路径）或频域（滤除高频内容）上影响音乐。对于听音者来说，空间施加给声音的影响——例如在浴室唱歌或在充满混响的教堂中聆听合唱——往往与非定位特征相关，即通过单声道录音就能够或多或少地对其进行捕捉。虽然空间始终是现场演出中不可或缺的部分，但对于大多数作曲家来说，尽管技术进步引领着这一领域发展，空间的作用也仅仅是这块频率 / 时间调色板上额外的装饰（当然也有一些值得注意的例外）。

目前，另一个将注意力集中在三维声上的领域是虚拟听觉空间（VAS：Virtual Auditory Space），它可以被用于构建虚拟现实或整合增强现实，将三维声植入现有的听音环境当中。与强调音乐性的领域不同，这些应用的目标从根本上需要具有说服力的空间沉浸感，在多数情况下将空间的重要性提升至频率或时间之上。从某种程度上来说，这一领域的快速发展正试图重新建立声音和空间的关联，这种关联恰恰是被早期的录音和声音还原技术所切断的。接下来，在展望三维声的未来之前，让我们先回顾一下历史上众多关于声音和空间的应用和体验。

2.2　史前历史

　　由于声音转瞬即逝的本质，绝大多数过去的声音是如今的观察者所无法了解的。对于史前历史——即书面语言或历史出现之前——即使是对声音的主观描述都无迹可寻，我们只能依赖考古学工具来重塑早期人类所处的声学世界。Hope Bagenal 有过一个著名的论断，即所有厅堂的声学都来源于野外或洞穴（Bagenal，1951）。对于人类最早的先祖来说的确如此，他们花费大多数时间在类似于自由场的室外环境下进行打猎和采集活动。他们的三维声音定位能力是在这种空旷的无混响环境下打磨出来的，这使得他们能够躲避捕食者，并且寻找自己的猎物。

　　但是当这些早期的猎人 - 采集者进入洞穴这种扩散场后，他们会发现这里与外面的声学环境截然不同。反射面墙壁和封闭的空间会产生可闻的回声、共振和混响——使得听音者置身于成千上万个他们自己声音的副本当中，进而获得一种沉浸的、放大的，并且在某种程度上神秘的体验。即使在我们已经习惯了流行音乐适量混响的今天，初次进入一个长混响时间的石结构教堂所获得的三维包围感也是最出色的环绕声系统无法比拟的。对于不具备这种体验或知识的史前人类来说，这种空间可能会带来超脱凡尘的感觉——完全将他们从已知的世界当中剥离出来。

　　这种体验如何影响早期人类对于洞穴的使用呢？对于英国、爱尔兰和法国的旧石器时代洞穴研究揭示了岩壁绘画的位置与强声学共振（尤其是在男性歌唱的频率范围内的共振频率）之间的联系（Jahn 等人，1996；Reznikoff，2008）。在秘鲁 Chavín de Huántar 发现的 20 只螺号也显示此处曾经被用于宗教仪式的音乐表演。因为 Chavín 主要由石刻艺术品构成（建于公元前 600 年左右），这些较小的内部空间会产生较短的混响时间，但由于广泛分布的反射模式和非相干性的能量密度，它仍然能够提供声学上的沉浸感（Abel 等人，2008）。这一独特的声学环境既不是自由场，又不像大多数自然洞穴，它可以被视为是现代音乐厅的先导。它将双耳接收的压力信号相关性最小化，在制造出一个具有包围感的声场的同时，仍然保持了足够的声学清晰度以分辨演奏的音乐内容（Kendall，1995b）。

2.3　古代历史

　　从游牧社会的狩猎采集转向定居农业社会，建筑空间也从自然洞穴或粗糙的人造洞穴转变为更加先进的庆典场所。室外环境衍化为古希腊圆形剧场，古希腊圆形剧场可以追溯到公元前 2000 年的米诺斯剧场，这些古希腊剧场的典范被认为出现于公元前 5 世纪（Chourmouziadou 和 Kang，2008）。这些空间为西方文化中的剧场设计设置了标准，通过强早期反射来获得绝佳的语言可懂度，同时也避免了混响所造成的混淆感。近期的分析还指出，古希腊竞技场波纹座位结构所带来的衍射效应会优先放大那些和语言可懂度相关的频率，同时减少低频噪声（Declercq 和 Dekeyser，2007）。罗马建筑师 Vitruvius 的著作是对罗马和希腊建筑知识的最佳记录，他曾提到有很多剧场在座位下方放置青铜器，通过其共振来增强演员的语音（Vitruvius，1914）。尽管人们怀疑 Vitruvius 并未亲眼见到过这些青铜器起作用（Rindel，2011b），但这的确是一种早期将声源分布在表演空间当中的惊人案例。

随着这些古典剧场逐渐让位给希腊以及后来罗马时期的剧场，伴随而来的是混响的增加以及语言可懂度的下降（Chourmouziadou 和 Kang，2008；Farnetani、Prodi 和 Pompoli，2008）。这种特性使得这些室外剧场在某种程度上成为了古典圆形剧场和 Odea（遍布希腊，用于音乐表演的室内厅堂）之间的桥梁（Navarro、Sendra 和 Muñoz，2009）。这些厅堂具有更长的混响时间和更低的音乐清晰度，但是对于希腊里拉琴这些音量较弱的乐器有着更好的声音增强作用（Rindel，2011a）。希腊的 Odeon（Odea 的另一种说法）是根据音乐需求来进行建筑设计的独特案例，因为在古代世界的其他地方并不遵循这种模式：其他地方的音乐表演必须去适应出于语言可懂度等非音乐目的而设计的剧场或公共场所，有时甚至要适应出于非声学目的而设计的场所，例如将座位数量最大化，或者使用尽可能便宜的材料。

由于建筑声学作为一门科学的发展主要集中在西方，因此绝大多数历史上的声学分析都集中在从希腊古迹开始的西方文明当中。尽管如此，在世界各地都能够发现封闭的沉浸式庙宇，近期的研究已经开始涉及非西方文化和信仰传统的声学现象（Prasad 和 Rajavel，2013；Soeta 等人，2013）。而近千年来，西方基督教堂始终承担着音乐表演主要场所的角色（Navarro、Sendra 和 Muñoz，2009）。

2.4　空间与复调

在公元一世纪时期，空间对于音乐发展起了重要的作用，基督教堂的兴起深远地影响着这一时期的音乐作曲。最初传道者布道的讲述或咏唱都通过单声部的形式来完成（Burkholder、Grout 和 Palisca，2006）。早期的基督崇拜保留了这种以语言为主的礼拜仪式，这和他们所处的物理环境相匹配：由于基督徒拒绝敬奉罗马皇帝，他们只能在家中礼拜，这种声学环境和他们的礼拜仪式相匹配。但是自君士坦丁在公元 313 年发布米兰敕令（Edict of Milan）起，基督徒被没收的财产被归还，罗马建筑师也开始为基督教建造大型的、混响时间更长的石头材质长方形会堂（Basilicas）。围绕这一变化，基督礼拜仪式变得更加注重咏唱礼拜，僧侣和信众之间的距离很远，两者之间的沟通通道（Comunication Channel）在时间上非常分散（Time-Dispersive），咏唱这一礼拜形式则减缓了（声音内容）频率变化的速率（Lubman 和 Kiser，2001）。随着这一变化的发生，我们可以通过 Bagenal 的时间线了解到，西方音乐出现了第一次重大转向：当家庭教会拥有与室外空间十分相似的清晰度时，教堂却发现自己身处"洞穴"，这将宗教仪式从语义性的文字内容转向被咏唱音乐和诸多反射所包围的美学体验。

随着基督教堂的规模和影响力不断扩大，多种不同形式的咏唱开始生根，但是最广为人知的曲目则是在 8 世纪早期编纂的格列高利圣咏。虽然这一咏唱形式被认为是格列高利一世（590—604 年在位）的杰作，但它在格列高利二世（715—731 年在位）治下得到了标准化（Burkholder、Grout 和 Palisca，2006）。在这一时期建造的原始罗马式教堂使用了反射性很强的石材，其巨大的容积确保单声部咏唱能够和之前一句甚至更多句咏唱的反射同时被听到。Navarro 认为，随着时间的推移，这种形式"促进了人们对于单声部音乐的学习和熟悉程度。事实上，这种旋律中不同音符所发生的声音滞留也带来了音乐旋律的发展，同时出现的音符可以被分解为若干和声"（Navarro、Sendra 和 Muñoz，2009，p782）。Lubman 和 Kiser（2001）甚至作出进一步的论断，认为多个音符在充满混响的教堂环境中的堆积是西方复调音乐发展的催化剂。

最简单的复调——在旋律之下保持一个单一的"低音"——在东方和西方的远古时期已经出现。但是，最早使用多个变化声部的音乐通常被认为是奥尔加农（Organum，古代复调音乐）。最简单、最早的奥尔加农的形式是与咏唱的主旋律一起进行的平行旋律，这在 9 世纪时已经成为一种标准的做法（Burkholder、Grout 和 Palisca，2006）。诚然，"奥尔加农"这一术语并不等同于复调音乐本身，但它和自然现象下同时存在的多个声音完全不同（Fuller，1981）。现代的听音者可能会使用"有机（Organic）"一词来描述这种关系，它体现了奥尔加农和混响之间存在的早期联系，将直达声和非直达声融合为一个单一的感知对象。由于没有直接证据，现代复调音乐产生于反射声的假设无法被明确证实，但对于最早的、多个变化音符同时出现的实验性环境来说，它仍然是引人注目的候选者。如果这种假设成立，那么声音的沉浸属性并不仅仅影响了音乐的空间配置，还影响了音乐理论本身发展的脉络。

即使在复调音乐发展的过程中，教堂设计也持续对音乐创作施加重要的影响：罗马时期之后的哥特式教堂通常会"携带"一个单一频率的共振，又称为教堂"音符"。因为在这个"音符"上，教制基督教（Institutional Christianity）通常会在弥撒的过程中加入器乐伴奏（Burkholder、Grout 和 Palisca，2006），教堂的自然"音符"起到了参考音的作用，同时通过增强合唱中的某一个单音，教堂本身也在某种程度上成了阿卡贝拉人声音乐的自然伴奏（Bagenal，1951）。关于建筑空间对西方音乐作曲产生影响的更多详尽历史可以参见 Forsyth（1985）的著作。

2.5　文艺复兴时期的空间分离

"文艺复兴"（Renaissance）一词意味着"重生"，它象征着经历了中世纪的倒退后重拾古希腊和古罗马文化。但至少在音乐领域，这一措辞并不准确：正如我们所见，中世纪的奥尔加农基于古典时期[1]的音乐传统不断发展，在文艺复兴时期，复调音乐的发展在广度和复杂程度上均超过了中世纪和古典时期。然而乍看之下，威尼斯文艺复兴时期复杂的复调音乐似乎并不适合 Palladio 和其他建筑师在该时期设计的大混响的教堂（Howard 和 Moretti，2010）。但是计算机模拟的结果显示，在这种为庆典场合创作的音乐被演奏时，大量的观众和墙壁上的挂毯几乎会降低一半的混响能量，显著地提升了演奏的清晰度（Boren 和 Longair，2011；Boren、Longair 和 Orlowski，2013）。

除了复调音乐在这一时期的发展外，恐怕对于现代听音者来说最为惊艳的莫过于分离式合唱（Cori Spezzati）了，这是一种为多个分散在不同位置上的合唱团创作的音乐类型。这种音乐实践出现于 15 世纪晚期的意大利北部，在 16 世纪初期扩散至整个地区，并随着 Adrian Willaert、Andrea Gabrieli 和 Claudio Monteverdi 等人的创作在威尼斯迎来了巅峰（Arnold，1959；Howard 和 Moretti，2010）。Willaert 是第一个采用这种风格的主流作曲家，他在作曲过程中采用了类似于立体声混音的手法：他为两个合唱队都编配了宽频率（音高）范围以确保听众在特别靠近某个合唱队时能够听到完整的频率内容，同时他还为两个合唱团编写了双低音旋律线，这也是这种创作手法最早的记录之一。这种多声部合唱的例子还包括 Willaert 于 1550 年创作的《晚祷》（Vespers），以及 Gabrieli 于 1585 年创作的三重合唱弥撒（Zvonar，2006；Arnold，1959）。我们再次看到：即使在这么早的时间节点上，除了对定位的影响之外，空间因素还极大地影响着西方音乐的声音发展。

除了这些声音上的影响外，这些合唱团在空间上的分离可以被认为是 Coro Spezzato 音乐审美中不可或缺的组成部分。简单的呼应轮唱、朗诵和咏唱可以回溯至古代（Slotki，1936），但是为空间上分离的合奏合唱所创作的更为复杂的作品则是文艺复兴时期首次在威尼斯得到了完全的认可。虽然有证据显示，在某些时候合唱队也会在同一个位置上进行表演（Fenlon，2006），Gioseffo Zarlino 认为将合唱团进行物理空间分隔的做法"对这种特定风格的音乐创作来说是结构性的、不可或缺的，它并不仅仅是若干可能性中的一种"（Moretti，2004，p154）。当时威尼斯的统治者 Doge Andrea Gritti 过于肥胖，这导致他无法登上圣马可大教堂（Basilica San Marco）的王座。在 1530 年，他将自己的座位挪到了原先主教所在的圣坛（Howard 和 Moretti，2010）。在这次迁移后，因为先前放置合唱团的楼座位置太低，会被圣坛中的木质座椅所遮挡，教堂的首席建筑师 Jacopo Sansovino 在新王座的两侧建造了两个升高的合唱台（Pergoli）。Moretti 认为，这些合唱台的作用就是为 Doge 所在

---

[1]　此处的"古典"指与古希腊和古罗马文化相关的内涵，本段相关论述均表达此含义——译者注

的位置提供合唱表演的立体声效果（Moretti，2004）。实地声学测量则显示这些合唱台能够在 Doge 所处的位置上达到清晰度和混响几乎完美的融合，而在教堂中厅的信众们则只能获得更加浑浊的声音（Howard 和 Moretti，2010）。进一步分析显示，Sansovino 所建造的合唱台所带来的效果得益于它始终位于 Doge 所处位置的视线当中，如果不是这样，那么合唱台也可能带来多数教徒所听到的浑浊不清的声音（Boren 等人，2013）。

在意大利之外，这一时期的另一个著名多声部合唱作品来自 Thomas Tallis 的《歌唱与赞美》（*Spem in alium*，也译为"寄希望于他人"或"相信他人"），这首需要 40 人，将合唱队分散在 8 个位置（每组合唱队 5 人）进行演唱的赞美诗于 1570 年左右创作于英格兰。Tallis 的创作很可能是受到了 Alessandro Striggio 的影响，这位意大利作曲家创作过一首十分类似的、由 40 人合唱的赞美诗，他曾于 1567 年到访伦敦。关于 Tallis 的作品最初被表演的细节我们不得而知，但它被公认于 1571 年前后在伦敦的 Arundel House 首演（Stevens，1982）。虽然我们无法了解这些作品在空间布局上的安排，但这种大规模的合唱团会不可避免地制造一些空间分离。至少在 1958 年，《歌唱与赞美》通过将 8 个合唱团排列成一个圆环的方式进行表演，观众被安排在圆环的中心（Brant，1978）。而 Tallis 的赞美诗在空间声音历史中所扮演的最重要的角色，是作为 2001 年由 Janet Cardiff 所设置的《40 声部赞美诗》（*40 Part Motet*）声音系统的根基。这个系统展示了 40 通道近距离拾音所获得的录音，它们都是 Tallis 赞美诗中每一个歌唱演员的演唱内容，这些人声分别通过 40 个环形分布的扬声器进行播放（MacDonald，2009）。这套系统面世之初，绝大多数消费者还只能接触到 5 通道的环绕声系统，它被认为是专业音频领域之外的、最早致力于模拟真实空间表演声场的尝试之一。

2.6 原声音乐中的空间创新

2.6.1 巴洛克时期

在巴洛克时期的晚期（1600—1750），由 Martin Luther（马丁·路德）于 1517 年发起的宗教改革使当时的德意志处于历史转型期。在众多问题之中，使路德教会教徒尤其感到急迫的是使用德语进行布道和唱诵，因为多数信徒都不懂拉丁文。这使得宗教改革者意识到在教堂中获得足够的语言清晰度和可懂度的迫切性和重要性：曾经的天主教堂由路德教会教徒接管，他们就语言清晰度对整个空间做出了改进。在 1539 年路德教会教徒接管莱比锡的圣托马斯教堂（Thomaskirche）后，他们通过一系列方式显著地减少了混响（Lubman 和 Kiser，2001），使其更像是一个"宗教用途的歌剧院"（Bagenal，1930，p149）。这个教堂最为人所熟知之处，是作为 Johann Sebastian Bach（巴赫，1685—1750）主要的创作地——从 1723 年起一直到作曲家去世。这种从"洞穴"回归"室外"的转变使得"声学条件为 17 世纪康塔塔和受难曲的发展打下了基础"（Bagenal，1930，p149）。大混响的教堂十分适合于速度缓慢且稳定的咏唱音乐，而教会改革所带来的较干的声学环境使得巴赫能够创作节奏显著变化的作品，例如著名的《马太受难曲》（*St. Matthew Passion*）（Bagenal，1951）。神学导致了建筑领域的发展，进而，巴赫非凡的音乐生涯塑造了音乐的发展，他被公认为西方历史上最具影响力的作曲家之一。

与此同时，欧洲南部的天主教区情况大不相同，但却同样无法脱离空间的话题：值得一提的是罗马的圣彼得大教堂为一种被称为"巨型巴洛克（Colossal Baroque）"的音乐风格提供了空间基础。这种音乐表演配备了 12 个独立的合唱团，每一个合唱团都有一个单独的风琴进行伴奏（Dixon，1979）。这种奢华的音乐风格最广为人知的例子就是 Heinrich Biber 于 17 世纪晚期创作的萨尔茨堡弥撒（Missa Salisburgensis），它使用了 5 个独立的合唱团，每个都有不同的伴奏乐器，此外还有两个位于萨尔茨堡天主教堂（Salzburg Cathedral）楼座的铜管和定音鼓乐队（Hintermaier，1975；Holman，1994）。莱比锡较干的声学环境使得巴赫能够在音色和节奏层面对音乐进行探索，而在南欧清晰度较低的教堂中，对演奏演唱者进行物理空间的分隔能够帮助听音者在较长混响的环境下感受不同的演唱和演奏。

2.6.2 古典主义时期

人们试图假设萨尔茨堡天主教堂夸张的声学效果曾被其最著名的作曲家 Wolfgang Mozart（莫扎特，1756—1791）所用，因为他曾在 Biber 时代的 100 年后为该教堂谱曲。然而，作为对巴洛克时期夸张声学效果的回应，萨尔茨堡主教（Prince-Archbishop）在 1729 年发布了一条禁止将合唱合奏位置进行分离的法令，限定所有的音乐都必须由正前方的主合唱团来进行表演（Rosenthal 和 Mendel，1941）。萨尔茨堡天主教堂的参观者往往会惊叹于它的 5 台风琴：4 台靠近前方的圣坛（但与莫扎特时代的风琴不同），较大的主风琴位于后方。但是根据莫扎特父亲对于演奏活动的叙述，似乎并不存在同时使用多个风琴的情况（Harmon，1970）。尽管莫扎特无法针对教堂的内部环境进行创作尝试，但他所创作的世俗音乐仍然使用了空间分隔的手法：在其歌剧《唐璜》（*Don Giovanni*）的创作中，莫扎特为 3 个独立的管弦乐队谱曲：一个位于乐池、一个在舞台上，另一个在后台。每个乐队在相隔一定距离下演奏截然不同的内容，这要求非常准确的节奏协调（Brant，1978）。莫扎特还在其《四管弦乐队小夜曲》（*Serenade for Four Orchestras*，K. 286）中采用了更大间距的空间分隔。该作品为萨尔茨堡的室外集会活动所做（Huscher，2006），在不同管弦乐队之间制造回声效果，这种作品很容易受到室内厅堂中混响的影响而变得混淆，但是非常适合室外的自由场环境，每个管弦乐队都可以为另一个的初始动机提供"反射"。

回声效果是古典主义时期十分流行的一种空间效果——莫扎特的朋友 Joseph Haydn（海顿，1732—1809）在其第 38 号交响曲的第二乐章中使用了非空间隔离式的回声，因此这一作品有时也被称为"回声"交响曲。在这一作品中，小提琴以正常弓法演奏回声的源头，然后再使用弱音弓法演奏"回声"。海顿在其弦乐六重奏作品 "Das Echo"（Hob. II:39）中对这一概念进行了更为充分的运用，这个作品要求两个三重奏在分隔的空间，通常是在不同的房间里演奏（Begault，2000）。在这个作品中，海顿不断改变着回声的间隔时间，从全音符延时到半音符延时，再到四分之一音符延时，最后缩短到八分之一音符延时。这种手法虚拟了一个房间，起到改变房间大小而非乐队大小的美学效果——这可能是已知最早的通过改变音乐属性对表演空间施加动态变化的案例。无论是现实的还是模拟的，今天我们仍然能够在一些葬礼上听到回声效果：当葬礼的安息号演奏时，人们常常先听到一个单独的号声，然后再听到另一个更远的号声。如果演奏人员数量不够，就需要一个号手通过转身吹奏或者跑到另一处吹奏以模拟回声的效果。

2.6.3　浪漫主义时期

虽然古典主义时期的作曲家使用回声效果庄重地表达着抽象的声学空间，浪漫主义趋势下的标题化音乐则讲述主题明确的故事，进而对空间化有着更为充分的使用。或许没有任何一位作曲家比浪漫主义标题音乐大师 Hector Berlioz（柏辽兹，1803—1869）更擅长空间化的故事讲述方法。在柏辽兹之前，François Joseph Gossec 曾在他的作品《纪念亡灵大弥撒曲》（*Grande messe des morts*）（1760）中通过隐藏在教堂高处不同位置上的铜管组获得最后审判的突兀效果，这种方式也让观众感到震惊和恐慌。这一作品被认为对柏辽兹产生了影响，他进一步使用面对面布局且轮流演奏的 4 个铜管组，以此在 1837 年的《安魂曲》（*Requiem*）中表现最后审判。与远处传来的出人意料的召唤不同，观众被铜管组尖锐的音头所包围，各个铜管组之间的时间差和表演空间中产生的不可避免的反射为观众制造出幻象。事实上，柏辽兹十分了解这种空间效果，在该作品面世前两年他曾写道：

多次失败让我意识到音乐呈现的建筑本身也是一件乐器，演奏者之于空间，就像小提琴、中提琴、大提琴、贝斯、竖琴和钢琴的琴弦之于乐器面板那样。

（Bloom，1998，p84）

如此看来，柏辽兹似乎不仅仅将《安魂曲》构思为空间中的声源，还将其设想为一个三维的沉浸声环境，其空间特征能够通过精细的管弦乐编配和乐队摆位进行某种程度上的控制。

后来在其作品《幻想交响曲》（*Symphonie Fantastique*）中，柏辽兹在后台配置了乐队，并通过一个非常明确的叙事性标题使观众能够听见音乐出现在"这里"和"那里"（Begault，2000）。他将双簧管设置在后台，并在第三乐章以回声的方式回应英国管的旋律，表示两个牧羊人在山谷中相互吹奏笛子。除了舞台幕布造成的低通滤波效果外，双簧管还在音乐初始主题上做了少许改动，这是对近处的牧羊人和远处友人的明确划分。在这一乐章的结尾，英国管不断重复着召唤但却得不到应答。这使得观众注意聆听远去的声音，但取代友好的双簧管进行回应的却是第四乐章中著名的《赴刑进行曲》（*March to the Scaffold*）所带来的不详恐慌，行刑者的队伍逐渐向主角靠近（Ritchey，2010）。柏辽兹通过后台乐队布局来获得远去声源的手法也被浪漫主义晚期的作曲家 Giuseppe Verdi（威尔第，1813—1901）和 Gustav Mahler（马勒，1860—1911）所采用，威尔第在其创作的《安魂曲》（1874）中在后台设置了乐队，而马勒则于 1895 年在其《第二交响乐》（"复活"）的首演中在后台设置了铜管（Zvonar，2006）。

2.6.4　20 世纪原声音乐

尽管很多当代空间创作的进步都是依赖技术进步而出现的，但仍然有一些 20 世纪作曲家延续了纯粹的、可以追溯至 Willaert 和文艺复兴时期的声学空间传统。让我们先介绍一下这些作曲家，然后再探讨 19 世纪之后出现的电声空间技术手段。浪漫主义时期所使用的空间表达手段在美国实验音乐运动（American Experimental Movement）时期得到了延续，以 Charles Ives（1874—1954）为典型代表。

Charles Ives 从小跟随父亲 George Ives 学习，George 曾担任军乐队指挥，对于另一种典型的运动声源形式——行进乐队（Marching Band）有着十分丰富的经验。事实上，George 曾做过一项实验，让两支不同的乐队在城市广场上反方向行进（Zvonar，2006）。他的儿子 Charles 以将冲突性音乐素材并列而闻名，并且在其作品《未被回答的问题》（*The Unanswered Question*，1908）中将空间分隔作为创作工具来使用。在这个作品中，Ives 将小号和木管设置在舞台上，并且分别提出"关于存在的、亘古不变的问题"和多种不同答案。同时，Ives 还在后台设置了一个单独的弦乐四重奏，它代表"德鲁伊的沉默——一个不了解、看不见也听不到任何事物的人"，被广泛认为是"深不可测的宇宙的代表"（McDonald，2004，p270-271）。Ives 使用空间分离来表示"我们"——艺术家、思考者、提问与回答者——和"它"——宇宙，在我们停止发问很久之后步入沉寂——之间的隔离。此后由 Henry Brant 创作的作品也将发问者和回答者分离开，或许也预示了这些个体间存在的超自然距离（Brant，1978）。

Brant（1913—2008）受到 Ives 对空间应用，尤其是在《未被回答的问题》中对空间应用的深刻影响。对于前文所述的多数作曲家而言，空间仅产生很小的影响，而 Brant 则在很多方面和他们相反：尽管并不在 20 世纪音乐中占据统治地位，Brant 的一批作品在使用和探索空间音乐方面超过了之前任何一位原声音乐作曲家。在第一首轮唱赞美诗（Antiphony I，1953）开始后的 50 年中，Brant 一直在为空间分离的乐队创作音乐（Harley，1997）。虽然承认电学还原方式能够为空间表演增加便利，但由于扬声器的指向性与真实的器乐演奏者和演唱者截然不同，所以 Brant 不喜欢扬声器（Brant，1978）。Ives 在乐队之间做出了大致的空间分隔，Brant 则严格地规定了不同乐队在表演空间中所放置的位置（Harley，1997）。

　　Brant 不仅在作曲领域有着卓越的贡献，同时也是一位十分活跃的空间音乐理论研究者。他认为特定的物理空间使得乐队能够在更为狭窄的频率范围内演奏，这可以为作曲家提供更大程度的自由：一般处于同一位置的乐队中不同乐器的齐奏会引起听觉混淆，而物理位置分散开的不同乐器演奏同一个音符则是一种优势而非劣势（Brant，1978）。虽然 Brant 没有接受过正式的科学教育，但他通过贯穿整个人生的音乐实验认识到了很多重要的心理声学概念（更多讨论内容请参见第 1 章）。值得一提的是，Brant 和 Ives 都提及了"鸡尾酒会效应"，即当声源在空间上相互分隔时，听音者的注意力非常容易在具有高度对比性的素材之间发生转移（Harley，1997）。除此之外，Brant 还对多年后针对定位模糊问题进行的研究作出了预估，并提出当扬声器放置在房顶时其指向性较小的问题；同时他还提出了与高度相关的传递函数的频率变化，认为高音和低音会分别被较高和较低的声源位置"增强"（详见第 7 章）（Brant，1978）。虽然其作品被称为"空间音乐"，但并没有将空间作为主要的组织维度。相反，他始终从一个功利性的视角来看待空间，认为调性作曲所受到的传统限制能够通过一个扩展的空间来进行缓解。

2.7　三维声技术

　　随着时间来到 19 世纪，三维声的历史开始越来越紧密地和当代科技发展联系在一起。虽然对于声学的研究可以追溯到古代（Lindsay，1966），但严谨的、关于二维声音定位的理论直到 19 世纪晚期才被提出来，并在随后的一个世纪得以逐渐完善，为三维声音定位打下了基础（Strutt，1875；Blauert，1997；Kendall，1995a）。尽管如此，在通常情况下，获得空间听感效果所需技术的出现总是远远早于人们对声音处理背后科学的充分理解。

2.7.1　双耳还是立体声？

　　也许有人会说，三维声技术始于双耳，也将止于双耳（参见第 4 章），但我们即将认识到，对这一术语的定义是需要略加小心的。"双耳"一词，在最为基础的层面，指通过两只耳朵进行听音，但对它的后续解读还包含了来自听音者耳朵、头部和身体的所有空间提示。这一奇特的轨迹（Odd Trajectory）来源于一个事实，即双耳音频可能是最容易捕捉的空间效果，但在后期制作中却最难实现。在 Alexander Graham Bell 发明电话仅 4 年后，他就使用 2 个电话接收器和发射器进行了一些早期的实验（Davis，2003）。次年，一位名叫 Clément Ader 的法国工程师设计了一套系统，并在巴黎歌剧院和国际电力博览会的听音间之间架设一套长度超过 1 英里（1 英里 ≈ 1.61 km）的传输系统（Hospitalier，1881；MacGowan，1957；Torick，1998；Paul，2009）。这一发明被称为"电话戏剧（Theatrophone）"，它在舞台上使用了多组发射器，然后将其送往展会听音间的电话接收器。出席人员将两个接收器举在双耳边，通过电话线路传递的双耳间信息差来感知声源的空间位置。虽然这套系统受到重放功率不足和振动阻尼的影响，但这一服务被证明足以满足家庭用户的需求。在众多服务用户中，最为人熟知的是 Marcel Proust（马塞尔·普鲁斯特）和大不列颠维多利亚女皇。尽管这一技术在 20 世纪早期风靡富人群体，但随着更为廉价的单声道无线广播的出现，声音以较差的质量覆盖了更多的人口，这种电话戏剧播出服务于 1932 年终止。直到 30 年后，立体声广播的到来才回归了这种早已出现的、最为基础的空间听觉特征。

在探讨 Ader 的创举之时，我们需要考虑这种技术实际上代表了什么：由于它传输的是来自歌剧院舞台波阵面上的多个点，因此可以被认为是波场合成（参见第 10 章）的一种早期形式。当然，由于它将双耳间信息差传递到听音者的双耳中，有人也将其视为最早出现的"双耳"声（Sunier，1986），或者在那个时代也曾被称为"双耳郭的（Binauricular）"，有太多的、可能为了赢得公众接受度而提出的绕口令般的称谓（Collins，2008）。

值得一提的是，那时"双耳"的概念主要指通过两只耳朵来听音，而非通过真人头或合成人工头进行录音。现代词汇中对于"双耳"和"立体声"的区分直到 20 世纪 30 年代才开始出现，而这两种不同概念在 20 世纪 70 年代之前都没有得到广泛的使用（Paul，2009）。因此，将 Ader 的成就视为最早的、在 19 世纪所理解的"双耳"声音重放系统可能是最为严谨的说法。因为当时的信号传输并没有使用人工头来获取声级差、时间差或头部滤波效应所带来的频率提示；而今天对于"双耳"的理解则可以让我们将电话戏剧归类为一种十分有效的、分布在若干听音点上的双声道立体声。

尽管存在区别，立体声音响和严格意义上的双耳声的发展还是快速到来。在第一次世界大战（1914—1918）期间，双耳听音设备被用于追踪敌机（Sunier，1986），并且通过双水下话筒（Hydrophone）获取的信号来追踪潜水艇（Lamson，1930）。有人声称人工头早在 1886 年就在贝尔实验室得到了应用，但出于若干原因，这种观点让人十分怀疑，并且至今未能得到证实（Paul，2009）。事实上，最早通过某种形式的简陋人工头进行双耳信息传输的 2 个案例都在 1927 年进行了专利注册，一个来自 Harvey Fletcher 和 Leon Sivian，另一个则是由 W. Bartlett Jones 制造的用于录音和重放的系统（Fletcher 和 Sivian，1927；Paul，2009）。这 2 个专利都使用了非常简单的椭球体作为人工头，但 Fletcher 在贝尔实验室的研究使他在 1931 年研发出了一套更加复杂的双耳录音设备，他所使用的时装模特模型被昵称为"奥斯卡（Oscar）"。对于奥斯卡的耳道来说，放置 1.4 英寸的话筒太大了，因此话筒被放置在了模特耳朵前方的颧骨上。来自费城音乐学院的听音者们惊讶于奥斯卡对声音定位的捕捉和还原程度——Fletcher 记录道"获得这种定位效果的机制目前并未被完全了解，但双耳之间所产生的干涉看上去与这种效果高度相关，因为堵住一只耳朵就几乎破坏了这种效果"（Fletcher，1933，p286-287）。尽管尚未完全理解空间听觉的机制，但人们广泛认为双耳听觉会具有更为良好的体验：在 Fletcher 的实验中，即使对听音内容做 2.8 kHz 低通滤波处理，也仍有三分之一的听音者认为双耳声比单声道具有更好的听感（Fletcher，1933）。随后奥斯卡被用于芝加哥世界博览会的展览，听众们十分惊奇地在没有声源出现的情况下听到移动的声源（Paul，2009）。尽管 Fletcher 冒失地声称"除了成本之外，通过电子传输系统获得声学的逼真还原已经不存在任何限制"（Fletcher，1933，p289），但事实上这套系统存在很多前后位置混淆和距离错误，这在一个非个性化的静态双耳传输系统中是可以被预见的问题，尤其考虑到奥斯卡的耳郭对于话筒产生的有限影响，情况更是如此。后来，诸如 KEMAR 和 Neumann KU-100 等著名的人工头相继被开发出来，尽管有诸多进步，但双耳技术在 20 世纪的绝大多数时候都局限在一个狭小的范围内踏步。关于双耳录音的详细历史可以参考 Stephan Paul 的著作（2009）。

2.7.2　扬声器：从立体声到多声道

尽管这些早期通过双耳方式进行的录音方法有所不同，但它们的共同之处在于通过早期的耳机重放将粗略的双耳间信息差直接传递到听音者的耳道中。而扬声器技术也在同一时期得到了快速的发展，这一领域也进行了很多的空间实验。早在 1911 年，Edward Amet 注册的一项专利技术就可以对一个单声道录音做声像定位处理，配合一个胶片投影机，在若干扬声器之间分配演员的声音使其方位能够和大屏幕上的位置相匹配（Amet，1911）。正如 Davis 评价的那样，"这是一个极具远见的发明，它的出现比商业电影使用单声道声音还早了十多年"（Davis，2003，p556）。在上述实验中，Thomas Edison（托马斯·爱迪生）的留声机仅被用于单声道重放，但听众在 1916 年的演示中感知到了非常真实的效果，当然这也可能和演示场地卡耐基音乐厅（Carnegie Hall）充满混响的声学环境有关（Davis，2003）。

人们为了存储和还原立体声信息做了大量努力，前文所述的各种双耳实验的成功在某种程度上促成了这些研究。康涅狄格州的一位名为 Franklin Doolittle 的广播工程师注册了用于录音（1921）和广播（1924）的 2 声道录音专利，他所拥有的广播台 WPAJ 开始播出由 2 只话筒拾取的声音内容，并通过 2 个独立的频率进行播出（Paul，2009）。在 1931 年，英国工程师 Alan Blumlein（1903—

1942）注册的一项专利被人们广泛认为是立体声（参见第 3 章）诞生的标志，同时也是现在人们达成的共识（Blumlein，1931）。正如我们所了解的，Blumlein 并不是第一个同时进行两声道录音或广播的人，尽管他的专利同时包含了这两个方面。我们应该以一个全面的视角来看待 Blumlein 的专利所带来的影响，他预见到立体声（从广播）向音频领域的转化。他创造的夹角为 90° 的 X/Y 立体声拾音制式（也称为 Blumlein 话筒对）、双通道输出的强度差声像电位器系统，以及通过唱盘凹槽的两侧容纳立体声录音的特殊唱盘切割技术都是极具创造力的发明。

Blumlein 的工作远远超前于他所处的时代，38 岁死于飞机失事时，他的大多数事迹和成就均不为人所知。他的立体声唱盘切割技术在相当程度上超越了时代且不为人知，以至于该技术分别被贝尔实验室和 Westrex 公司"重新发明"了两次后才真正得到了商业化（Davis，2003）。

对于那时的普通家庭来说，即使是一台单声道的收音机都是非常高昂的消费，很多针对多声道声音重放所展开的商业研究都来自电影公司，它们能够负担最为前沿的技术，以此为听音者打造一个过去在家庭环境中无法企及的多媒体体验。很多早期的尝试都使用了昂贵的设备原型，但它们最终都被放弃了。在纽约，电影 *Fox Movietone Follies of 1929* 的一场试映使用了与 Amet 在 18 年前的专利相同的概念：通过一个控制设备将单声道电影音轨在左右扬声器之间来回移动，但在这次试映后，Fox 放弃了这个想法（MacGowan，1957）。指挥 Leopold Stokowski 曾经参与到 Harvey Fletcher 使用人工头"奥斯卡"所进行的实验当中。1933 年，他与 Fletcher 合作，让费城交响乐团通过一套三声道的传输系统为华盛顿特区的观众进行声音还原（Torick，1998）。相比 Clement 发明的电话戏剧来说，这种 3 只话筒与 3 只扬声器逐一对应的设计是一种更为完善的波场合成技术先驱。Stokowski 的实验也为 1940 年迪士尼电影《幻想曲》中对环绕声的首次使用铺平了道路，他本人也为电影担任指挥（MacGowan，1957）。为这个项目所设计的全新音频系统被称为"Fantasound"，它使用了和 1933 年实验相似的三声道音频传输系统。这套系统还使用了一个单独的光学控制轨道来将 3 个音频通道送往 10 组扬声器：其中 9 组以水平方式环绕在观众四周，1 组位于房顶（Torick，1998）。后方扬声器和高度扬声器并没有得到过多的使用，但是当电影尾声出现舒伯特的《万福玛利亚》时，它们被用来为观众营造一种合唱队从后向前移动的效果，这恐怕是那个时代的商用系统所能提供的最为完善的环绕式沉浸体验了（Malham 和 Anthony，1995）。但是这套系统在获得如此技术成就之后仍旧难逃报废的命运，播放设备不幸在海运过程中丢失了（Davis，2003）。Stokowski 则终其一生保持了对音频技术探索的热切信念，他于 1964 年向音频工程师协会（AES）宣告，音频技术再现了"人类已知的、最伟大的音乐性体验"（Torick，1998，p27）。虽然 Stokowski 本人并未接受任何技术培训，但他的声誉和影响力极大地帮助了 Fletcher 和其他音频科学家及工程师进行三维声音技术的早期研发工作。

随着立体声技术在 20 世纪 50 年代晚期在商业上步入成熟，相关的研究已经将注意力转移到更具野心的多声道音频格式上。在 20 世纪 60 年代早期，商业市场上曾出现一种试图从一个标准的立体声录音中提取反相信号成分并馈送到一对后方扬声器的技术。Peter Scheiber 在 1968 年提出了最早的四方声系统，出于存储目的，他曾研发出一种将 4 个模拟声道压缩至 2 个模拟声道的系统，但在还原声道的过程中却在某种程度上受到通道间隔离度和相位失真的限制（Torick，1998；Davis，2003）。随之而来的是各种各样的四方声矩阵格式，可能受到"商业上先发制人这一理念的影响，相关产品和系统在成熟之前过早进入了市场"（Davis，2003，p561）。无论如何，尽管 20 世纪 70 年代充满了各种四方声格式的激进市场行为，但都无法获得商业上的成功，进而导致很多人对三维声技术发展的未来丧失了信心。

尽管早期四方声系统遭遇了商业层面的失败，但从尘埃中脱颖而出的若干技术为我们今天所了解的空间音频技术的崛起做出了重要的贡献。1976 年杜比实验室采用了 4-2-4 通道矩阵并将其应用于电影声音（Davis，2003）。杜比并没有采用对称的扬声器布局，而是使用了 3 个前方声道和 1 个环绕通道（Torick，1998）。投资这种技术，尤其是来自杜比的这种技术，"被认为是消费音频市场从立体声向环绕声衍进的标志"（Davis，2003，p563）。随着存储能力的提高，用分离声道存储取代矩阵声道存储开始变得可行，系统的输出通道数量也得以增加：1978 年发行的《超人》标志着电影首次使用 5.1 声道音轨（Allen，1991）。杜比持续引领着多声道音频的扩展，同时为影院和家庭影院提供环绕声编码格式。近期，包括 7.1、10.2 和 22.2 声道在内的具有更多独立输出的格式被提出并且在不同程度上投入应用（Davis，2003；Hamasaki 等人，2005）。杜比工程师 Mark Davis 撰写了 20 世纪以来空间音频编码格式发展的完整历史（2003）。

在商业领域之外（大多在学术界），更多通用的多声道音频格式被陆续推出，并在某些领域获得了成功。首屈一指的就是 Ville Pulkki 提出的基于矢量的振幅声像定位（VBAP：Vector Base Amplitude Panning，1997），由 Lossius 和 Pascal Baltazar（2009），Kostadinov 和 Reiss（Kostadinov、Reiss 和 Mladenov，2010）这两对科学家分别提出的基于距离的振幅声像定位（DBAP：Distance-Based Amplitude Panning）。VBAP 将 Blumlein 的振幅声像定位扩展到三维空间，通过一个闭合阵列中的扬声器组成一个矢量基，以此还原高度精确的空间形态。DBAP 的还原精度虽然较低，但是更为灵活，不受扬声器或听音者布局的限制，因而在声音系统安装领域得到了广泛的使用。

2.7.3　波场方式

尽管 VBAP 和 DBAP 都能够在某些条件下获得具有说服力的空间效果；从根本上来说，两种方式对音频输出的编码都与特定的扬声器布局相关联，因此它们被归类为多声道方式。我们把"波场方式"这一术语留给这样一种空间音频格式：它们力求对整个声场进行编码，与输出换能器的空间布局没有任何关系。这种格式依据惠更斯原理（Huygens Principle）得以实现，它认为一个传播中的波阵面上的每一点都可以被认为是一个独立的声源，并通过其频域方程式 Kirchoff-Helmholtz 积分方程来进行表达（Berkhout、de Vries 和 Vogel，1993）。波阵面方式可以被宽泛地划分为：（1）Ambisonics（详见第 9 章），它涉及还原听音者周围的输入声场（Incoming Sound Field）；（2）波场合成（Wave Field Synthesis），它涉及还原一个或多个声源辐射所形成的声场。

Ambisonics

Ambisonics 的出现是四方声遗迹中的另一个珍宝：1973 年，一位名为 Michael Gerzon（1945—1996）的数学家兼音频狂热爱好者发布了一种编码方案，随即从众多矩阵方案的竞争中脱颖而出（Davis，2003）。Gerzon 发明的这种方案随后被命名为 Ambisonics，此名称源于它所使用的球面谐波基函数（Spherical Harmonic Basis Function）能够把来自多个不同方向的、被听音者所接收的声场进行编码[2]（Gerzon，1973）。尽管 Gerzon 的计算表明这套系统能够具有任意数量的基（即 n 阶 Ambisonics），但在他协助下研发的著名话筒 Sound Field Microphone 仅限于 1 阶 Ambisonics，包括 1 个全指向信号和 3 个正交极子项（Orthogonal Dipole Term）。低阶 Ambisonics 包含了更为严重的球面谐波分解截断，进而导致对空间的还原精确度较低。以 Gerzon 的工作为起始，音频领域日益发展的微型化技术使得 32 通道（Manola、Genovese 和 Farina，2012）和 64 通道（O'Donovan 和 Duraiswami，2010）Ambisonic 话筒，以及使用高阶 Ambisonics（Malham，1999；Kronlachner，2014）的空间音频软件工具的研发成为可能。由于 Ambisonics 编码不受任何特定重放系统的限制，在人们对三维声重燃热情的今天，Ambisonics 作为一种便捷的三维音频内容制作和重放格式，其使用需求也在日益增长 (Frank、Zotter 和 Sontacchi，2015)。

波场合成

波场合成使用与 Ambisonics 相同的原理来实现相反的目的：假设在声源周围有无数个话筒和无数个布局相同的扬声器，每个扬声器都重放对应话筒所拾取的信号，那么这两种情况[3]所生成的波场应该完全相同。如前文所述，Ader 的电话戏剧可以说是对这种理念的简单实现，而 Fletcher 和 Stokowski 使用的 3 声道交响乐信号传输则是一种略好的、一维的，且经过极度简化后的波场合成应用。波场合成背后的基础理论由 William Snow 于 1955 年简略地提出，而其现代的数学表达则由

---

[2]　该句原文为 "...that could encode the portions of a sound field originating from many different directions around a listener's position"——译者注
[3]　即仅由声源形成的波场和由无数扬声器重放相应话筒拾取信号所形成的波场——译者注

Berkhout 等人在 1993 年提出。在实际应用中，当使用有限数量的换能器时，会导致空间奈奎斯特频率（Spatial Nyquist Frequency）之上出现空间混淆（Spatial Aliasing），对于实际换能器阵列来说大约出现在 1.7 kHz 附近（Berkhout 等人，1993）。

从那时起，有多种方法被提出以减少这些缺陷所产生的影响，使得波场合成能够实现二维和三维空间的还原（Spors，Rabenstein 和 Ahrens，2008）。

2.7.4　回到双耳

双耳方式从理念上来说是最为简单的三维音频技术，但目前还存在一些细节上的困难和问题有待解决。正是由于这些问题的存在，双耳音频虽然是人们最早进行探索的三维声音，但却在成熟的道路上刚刚起步。尽管人体模型和录音设备在 20 世纪晚期有了长足的发展（Paul，2009），但我们今天所使用的人工头与 Fletcher 在 20 世纪 30 年代所进行的双耳传输并无绝对区别。虽然这些人工头模型对于标准耳郭的模拟更为准确，能够获得更为精确的头部相关传递函数，但它也不可避免地和终端用户的头部相关传递函数发生偏差，进而导致前后和上下感知体验的劣化（Wenzel 等人，1993），同时不利于耳机重放条件下的声源外化 [4]（Hartmann 和 Wittenberg，1996）。由于测量每个个体的头部相关传递函数一直是一个耗时且成本高昂的过程，很多工作都致力于研究如何快速获得终端用户的个人头部相关传递函数以提供三维音频的模拟。目前可行的解决方案包括波动方程模拟（Wave Equation Simulations，Katz，2001；Meshram、Mehra 和 Manocha，2014）、数据库匹配技术（Andreopoulou，2013）以及逆向头部相关传递函数测量（Reciprocal HRTFs Measurement），一种将发射器而非接收器放置在被测者耳道中的方法（Zotkin，2006）。

听觉传输（Transaural）

还有一个完全脱离耳机来进行双耳内容重放的技术：听觉传输技术（详见第 5 章），它使用串音抵消的方式通过一对立体声扬声器直接为一个听音者提供双耳音频内容。听觉传输技术需要立体声系统的每一个声道发出来自另一个扬声器的、经过延时和反相处理的内容，以此抵消左耳听到的来自右侧扬声器的声学"串音"，反之亦然（Schroeder、Gottlob 和 Siebrasse，1974）。第一套串音抵消系统由 Atal 和 Schroeder 在 1962 年发明，它当时的用途是对不同音乐厅的声学环境做出快速的 A/B 比较，以此研究听音者对于音乐表演声学环境的喜好。这套系统存在不稳定性，即使微小的头部移动也会引入严重的频率染色，具体情况则视具体播放信号而定。1985 年，Kendal 等人使用听觉传输技术对最早的三维声广播（CBS 播出的 The Twilight Zone）进行了编码（Gendel，1985；Wolf，

---

[4]　即缓解头中定位效应——译者注

1986；Kendall，2015）。后来，Bauck 和 Cooper（1996），Choueiri（2008）都对上述问题进行了改进。现在我们已经能够获得没有染色的听觉传输重放，在克服耳机所带来的头中定位效应的同时，保持足够的双耳间强度差来获得具有说服力的三维声效果。这里必须指出，前文所介绍的多种系统并非相互排斥的——一个三维音频系统可能使用 Ambisonic 素材作为基础，通过听音者头部相关传递函数进行的双耳声音合成，然后在一套听觉传输系统中进行重放，协同这些不同技术的优势和力量以获得最具说服力的三维声效果。

2.8　技术与空间音乐

2.8.1　艺术音乐（Art Music）

电声技术的出现——话筒、录音带、功率放大器和扬声器——对音乐创作产生了巨大深远的影响，这种影响不仅仅限于频率和时间内容，还延伸到了音乐的空间化方式中。John Cage（1912—1992）作为 Ives 引领的美国实验音乐运动的继承者之一，迅速看到了留声机唱片和无线广播的潜力，他曾于 1939—1951 年间分别在其作品《幻想风景》1 号和 4 号，以及 1985 年的装置展览 "Writings Through the Essay: On the Duty of Civil Disobedience" 中使用了这种空间分隔技术。Cage 和另一位偶然音乐作曲家 Morton Feldman 使用多台录音机，将每个录音带输出分配到分布在空间各处的扬声器中（Zvonar，2006）。

与 Cage 和 Feldman 利用空间来拥抱混乱不同，欧洲的电声传统开始将空间视为另一种参数，认为它能够被序列化，以此参与到具有高度确定性音乐结构中。Pierre Schaeffer 和 Pierre Henry 为他们的具象音乐（Musique Concrete）制造了一个四面体扬声器播放系统，该系统通过一个电位器将不同的音频通道分配到特定的扬声器中（Zvonar，2006）。与此同时，在德国，Karlheinz Stockhausen（斯托克·豪森）标志性的《少年之歌》被认为开创了现代电声传统的先河，这一作品在观众周围布置了 5 只扬声器，并将空间方向作为作品的众多参数之一进行了严格的序列化（Stone，1963）。事实上，斯托克·豪森与 Brant 持相反的空间哲学，他认为距离效果会影响音色，因而不应被采用。出于这种原因，斯托克·豪森坚信声音方向是"声音中唯一值得引起作曲家注意的要素，因为它能够被序列化"（Harley，1997，p74）。尽管斯托克·豪森在作曲界拥有巨大的影响力，但是他对于空间的观点没有被广泛采纳，一方面因为序列化作曲的高潮开始逐渐减退，另一方面也因为人们对于声音方向产生了新的认识，通过听音者头部相关传递函数的频率滤波作用，声音方向不可避免地和音色关联在一起。

在经历了初期的多声道空间探索活动后，更多雄心勃勃的播放环境被打造出来。最为著名的可能就是 1958 年世界博览会中的飞利浦展馆（Philips Pavilion），这套系统由 Iannis Xenakis 设计

（1922—2001），他使用了 Edgard Varèse（1883—1965）创作的作品《电子诗》（*Poeme Electronique*）的磁带。Varèse 将作品录在 4 个独立的录音机上，由于播放速度的差别，它们逐渐不再同步（Kendall，2006）。最终这一作品通过 425 只扬声器在展馆中呈现，设计了 9 条不同的预定路线来进行声音的轨迹移动（Zvonar，2006）。在这个标志性的安装项目之后，人们陆续设计出更具雄心也更加便捷的系统，包括法国声学与音乐研究所（IRCAM）、加州大学圣地亚哥分校（UCSD）和斯坦福大学的系统（Forsyth，1985；Zvonar，2006）。作曲家 Roger Reynolds（1934—）在加州大学圣地亚哥分校中探索空间音频布局，从四方声开始一直到 6-8 通道的系统（Zvonar，2006）。在斯坦福大学，John Chowning 研发出能够控制声音在多声道扬声器阵列中运动的软件，包括使用频率调制来模拟多普勒频移（Chowning，1977）。随着个人计算机和多声道声卡的普及，作曲家和声音装置艺术家开始大量采用前文所述的各种空间音频技术。对于空间音乐的探索和理解仍然是音乐研究中持续发展的领域：身为作曲家和理论家的 Denis Smalley 指出，由于幻听音乐的进行"总是指向某个方向"（Smalley，1986，p73），因此"空间应该来到舞台的中心，成为分析的焦点而非研究内容的边缘"（Smalley，2007，p54）。

2.8.2　流行音乐

众所周知，甲壳虫乐队受到斯托克·豪森的影响，他的头像也出现在专辑 *Sergeant Pepper's Lonely Hearts Club Band* 的封面上（Richardson，2015）。但这种影响并未扩展到声音的空间化——1967 年甲壳虫甚至没有推出这张专辑的立体声混音版本，尽管立体声版本的制作比单声道要快得多。George Harrison 认为使用两只扬声器似乎是没有必要的，它甚至使音乐听上去十分"裸露"（Komara，2010）。随着经济的发展，立体声广播和重放设备的普及终于让立体声重放变成了流行音乐的常态。身为作曲家和制作人的 Brian Eno 在其氛围专辑 *Music for Airports*（1978）和 *On Land*（1982）中接受了这种观念，并且增强了重放环境和景观的自然空间特征，虽然这些专辑仅使用了 2 声道的立体声重放系统。实验 / 迷幻乐队 The Flaming Lips 则更进一步，他们曾在停车场进行过一次演出实验，这个停车场停满了乐队"粉丝"的汽车，所有汽车音响都在播放预先录好的内容。这一尝试也促成了他们后来的冒险，专辑 *Zaireeka*（1997）虽然没有取得商业上的成功，但它发行的 4 张独立 CD 必须同时通过 4 个不同的 CD 播放机来播放。这种传播方式使得 *Zaireeka* 具有一种类似于音乐会的公共性质，因为听这张唱片至少需要 4 人同时在场。如同 Varèse 用来播放《电子诗》的录音机那样，不同 CD 机读碟的速度略有不同，这使得每次聆听 *Zaireeka* 的体验都有所不同，因此为专辑带来了少量但专注的"粉丝"基础。

由于缺少多声道音频的压缩格式，Phillips/Sony 和 JVC 在 20 世纪 90 年代末期分别推出了 8 声道的 Super Audio CD 和 6 声道的 DVD Audio（Verbakel 等人，1998；Funasaka 和 Suzuki，1997）。事实上，Flaming Lips 的下一张专辑 *Yoshimi Battles the Pink Robots*（2003）包含了一个 Dolby Digital 5.1 的 DVD 版本，它借助家庭影院系统日益增长的市场需求，为单一听音者在家庭环境中提供沉浸式的内容（Rickert 和 Salvo，2006）。但是，这两种格式在高保真市场之外都无法流行起来。2007 年，《卫报》宣告了 DVD Audio 的绝迹和 Super Audio CD 的灭亡（Schofield，2007）。如今，用于家庭和剧院的大型多声道重放格式多种多样，这其中包括 Dolby Atmos 和 DTS:X 等基于对象的系统（详见第 8 章），也包括 Auro 3D 这种传统的、基于通道的格式（Dolby，2014；Claypool 等人；Fonseca，2015）。

2.9　总结与对未来的思考

在人类文化中，对三维声的使用及建立的经验始终与所处时代的技术水平关联在一起：对于人类历史的大多数时间来说，技术手段被限制在建筑空间和音乐作曲范畴内。自 19 世纪以来，越来越多的技术使我们能够将真实世界的声音景象和声学空间在一个与之毫无关系的物理空间中进行准确的再现。这种较早出现的探索趋势被用于当下虚拟现实声音的快速发展，这种使用头戴显示器和耳机的技术依赖于双耳重放方式（Begault，2000；Xie，2013）。随后出现的技术趋势致力于对于非物理空间音频的探索，它已经在增强现实系统中得到了证明，能够利用空间听觉素材来呈现超越现实世界的信息。尽管这些系统可能在某些控制条件下使用多声道或波场扬声器方式（Boren 等人，2014），它们也需要具备双耳重放的能力以进入人们的日常生活，尤其在现代社会入耳式耳机和耳塞大行其道的情况下更是如此（Sundareswaran 等人，2003）。目前，多声道方式仍然占据电影和家庭影院系统的主流，但随着个体化头部相关传递函数方法的进步，这一市场必将迎来双耳音频和听觉传输技术的激烈竞争。

三维声的历史对于这一领域的未来有何启示？我们无法做出准确的预测，因为历史展示出太多相互对立的趋势，它们可能引领快速的发展和标准化构建，也可能消散殆尽或停滞不前。毫无耐心的投机性投资可能造成类似于四方声那样的失败情形，也会导致公众不再关注这一领域，进而导致更为出色的空间音频格式登上历史舞台的时间被推迟。可能一些可怜人将会勾画出下个世纪的发展景象，但却像 Blumlein 那样因默默无闻而饱受折磨。从另一方面来说，科学家和内容创意者之间的合作，如 Fletcher 和 Stokowski 那样，将有可能使这个领域以超出预期的速度发展。一个颇具希望的标志，是近期多家音频研究机构联合创立的 SOFA（Spatially Oriented Format for Acoustics）格式，这一标准化的文件格式能够使多年来在全世界范围内针对众多被试者进行的头部相关传递函数的研究得以整合（Majdak 等人，2013）。如果这一格式能够被音乐家、游戏设计者、音频工程师和其他音频内容创意者所采纳，它很有可能引领三维声音使用和体验的"文艺复兴"。尽管历史中有太多让我们对未来做出悲观预测的例子，但我们应该继续保持乐观的愿景，在这个领域中，无论是科学家还是艺术家都应继续努力工作，以此让愿景成为现实。

2.10 致谢

感谢 Durand Begault、Gary Kendall 和 Agnieszka Roginska 为这个巨大的课题提供了诸多出发点。感谢 John Krane 在多年前让我通过 *Zaireeka* 专辑的听音派对接触到了空间音频，当时我们 4 个人按下播放键的时间可真是异常同步。

2.11 参考文献

Abel, J., Rick, J., Huang, P., Kolar, M., Smith, J., & Chowning, J. (2008). On the acoustics of the underground galleries of ancient Chavin de Huantar, Peru. *Acoustics '08*, Paris.

Allen, I. (1991). Matching the sound to the picture. *Proceedings of the 9th Audio Engineering Society International Conference* (pp. 177-186). Detroit, Michigan.

Amet, E. H. (1911). *Method of and Means for Localizing Sound Reproduction*. US Patent 1,124,580.

Andreopoulou, A. (2013). *Head-Related Transfer Function Database Matching Based on Sparse Impulse Response Measurements*, Doctoral Dissertation, New York University.

Arnold, D. (1959). The significance of "cori spezzati." *Music & Letters*, *40*(1), 4-14.

Atal, B. S., & Schroeder, M. R. (1962). *Apparent Sound Source Translator*. US Patent 3,236,949.

Bagenal, H. (1930). Bach's music and church acoustics. *Music & Letters*, *11*(2), 146-155.

Bagenal, H. (1951). Musical taste and concert hall design. *Proceedings of the Royal Musical Association*, *78*(1), 11-29.

Bauck, J., & Cooper, D. H. (1996). Generalized transaural stereo and applications. *Journal of the AudioEngineering Society*, *44*(9), 683-705.

Begault, D. R. (2000). 3-D Sound for *Virtual Reality and Multimedia*. Moffett Field, CA: National Aeronautics and Space Administration.

Berkhout, A. J., de Vries, D., & Vogel, P. (1993). Acoustic control by wave field synthesis. *The Journal of the Acoustical Society of America*, *93*(5), 2764-2778.

Blauert, J. (1997). *Spatial Hearing: The Psychophysics of Human Sound Localization* (3rd ed.). Cambridge, MA: The MIT Press.

Bloom, P. (1998). *The Life of Berlioz*. Cambridge, UK: Cambridge University Press.

Blumlein, A. D. (1931). *Improvements in and Relating to Sound-transmission, Sound-recording, and Sound Reproducing Systems*. Great Britain Patent 394,325.

Boren, B. B., & Longair, M. (2011). A method for acoustic modeling of past soundscapes. *Proceedings of the Acoustics of Ancient Theatres Conference*. Patras, Greece.

Boren, B. B., Longair, M., & Orlowski, R. (2013). Acoustic simulation of renaissance Venetian Churches. *Acoustics in Practice*, *1*(2), 17-28.

Boren, B., Musick, M., Grossman, J., & Roginska, A. (2014). I HEAR NY4D: Hybrid acoustic and augmented auditory display for urban soundscapes. *Proceedings of the 20th International Conference on Auditory Display (ICAD)*. New York, NY.

Brant, H. (1978). Space as an essential aspect of musical composition. In E. Schwartz & B. Childs (Eds.), *Contemporary Composers on Contemporary Music* (pp. 223-242). New York: Da Capo Press.

Broderick, A. E. (2012). *Grand Messe Des Morts: Hector Berlioz's Romantic Interpretation of the Roman Catholic Requiem Tradition*, Master's Thesis, Bowling Green State University.

Burkholder, J. P., Grout, D. J., & Palisca, C. V. (2006). *A History of Western Music* (7th ed.). New York, NY: W. W. Norton and Company.

Choueiri, E. (2008). *Optimal Crosstalk Cancellation for Binaural Audio with Two Loudspeakers*. Princeton University.

Chourmouziadou, K., & Kang, J. (2008). Acoustic evolution of ancient Greek and Roman theatres. *Applied Acoustics*, *69*(6), 514-529.

Chowning, J. M. (1977). Simulation of moving sound sources. *Computer Music Journal*, *1*(3), 48-52.

Claypool, B., Van Baelen, W., & Van Daele, B. (n.d.). *Auro 11.1 versus Object-based Sound in 3D*.

Collins, P. (2008). Theatrophone: The 19th-century iPod. *New Scientist*, January 12, 44-45.

Davis, M. F. (2003). History of spatial coding. *Journal of the Audio Engineering Society*, *51*(6), 554-569.

Declercq, N. F., & Dekeyser, C. S. A. (2007). Acoustic diffraction effects at the Hellenistic amphitheater of Epidaurus: Seat rows responsible for the marvelous acoustics. *The Journal of the Acoustical Society of America*, *121*(4), 2011-2022.

Dixon, G. (1979). The origins of the Roman "colossal baroque". *Proceedings of the Royal Musical Association*, *106*(1), 115-128.

Dolby Laboratories. (2014). *Authoring for Dolby Atmos Cinema Sound Manual*. San Francisco, CA.

Eno, B. (1978). Liner Notes, "*Ambient 1: Music for Airports.*"

Eno, B. (1982). *Liner Notes, "Ambient 4: On Land.*"

Farnetani, A., Prodi, N., & Pompoli, R. (2008). On the acoustics of ancient Greek and Roman theaters. *The Journal of the Acoustical Society of America*, *124*(3), 1557-1567.

Fenlon, I. (2006). The performance of cori spezzati in San Marco. In D. Howard & L. Moretti (Eds.), *Architettura e Musica Nella Venezia Del Rinascimento*, 79-98. Bruno Mondadori, Milan.

Fletcher, H. (1933). An acoustic illusion telephonically achieved. *Bell Laboratories Record*, *11*(10), 286-289.

Fletcher, H., & Sivian, L. J. (1927). *Binaural Telephone System*. US Patent 1,624,486.

Fonseca, N. (2015). Hybrid channel-object approach for cinema post-production using particle systems. *Proceedings of the 139th Audio Engineering Convention*. New York, NY.

Forsyth, M. (1985). *Buildings for Music: The Architect, the Musician, and the Listener from the Seventeenth Century to the Present Day*. Cambridge, MA: The MIT Press.

Frank, M., Zotter, F., & Sontacchi, A. (2015). Producing 3D audio in Ambisonics. *Proceedings of the 57th AES International Conference*. Hollywood, CA.

Fuller, S. (1981). Theoretical foundations of early Organum Theory. *Acta Musicologica*, *53*(1), 52-84.

Funasaka, E., & Suzuki, H. (1997). DVD-Audio format. *Proceedings of the 103rd Audio Engineering Society Convention*. New York, NY.

Gendel, M. (1985, September 24). Hearing is believing on new "twilight zone." *Los Angeles Times*.

Gerzon, M. A. (1973). Periphony: With-height sound reproduction. *Journal of the Audio Engineering Society*, *21*(1), 2-10.

Gerzon, M. A. (1975). The design of precisely coincident microphone arrays for stereo and surround sound. *Proceedings of the 50th Audio Engineering Society Convention*. London, UK.

Hamasaki, K., Hiyama, K., & Okumura, R. (2005). The 22.2 multichannel sound system and its application. *Proceedings of the 118th Audio Engineering Society Convention*. Barcelona, Spain.

Harley, M. A. (1997). An American in space: Henry Brant's "spatial music." *American Music*, *15*(1), 70-92.

Harmon, T. (1970). The performance of Mozart's church sonatas. *Music & Letters*, *51*(1), 51-60.

Hartmann, W. M., & Wittenberg, A. (1996). On the externalization of sound images. *The Journal of the Acoustical Society of America*, *99*(6), 3678-3688.

Hintermaier, E. (1975). The Missa Salisburgensis. *The Musical Times, 116*(1593), 965-966.

Holman, P. (1994). Mystery man: Peter Holman celebrates the 350th anniversary of the birth of Heinrich Biber. *The Musical Times, 135*(1817), 437-441.

Hospitalier, E. (1881). The telephone at the Paris opera. *Scientific American, 45*, 422-423.

Howard, D., & Moretti, L. (2010). *Sound and Space in Renaissance Venice.* New Haven and London: Yale University Press.

Huscher, P. (2006). *Program Notes: Wolfgang Mozart, Notturno in D, K.286, Chicago Symphony Orchestra.*

Jahn, R. G. (1996). Acoustical resonances of assorted ancient structures. *The Journal of the Acoustical Society of America, 99*(2), 649-658.

Katz, B. F. G. (2001). Boundary element method calculation of individual head-related transfer function: I: Rigid model calculation. *The Journal of the Acoustical Society of America, 110*(5), 2440.

Kendall, G. (1995a). A 3-D sound primer: Directional hearing and stereo reproduction. *Computer Music Journal, 19*(4), 23-46.

Kendall, G. (1995b). The decorrelation of audio signals and its impact on spatial imagery. *Computer Music Journal, 19*(4), 71-87.

Kendall, G. S. (2006). Juxtaposition and non-motion: Varèse bridges early modernism to electroacoustic music. *Organised Sound, 11*(2), 159-171.

Kendall, G. (2015). *Personal communication.*

Komara, E. (2010). The Beatles in mono: The complete mono recordings. *ASRC Journal, 41*(2), 318-323.

Kostadinov, D., Reiss, J. D., & Mladenov, V. (2010). Evaluation of distance based amplitude panning for spatial audio. *Proceedings of the IEEE International Conference on Acoustics, Speech, and Signal (ICASSP).* Dallas, TX.

Kronlachner, M. (2014). *Spatial Transformations for the Alteration of Ambisonic Recordings,* Master's Thesis, University of Music and Performing Arts, Graz, Austria.

Lamson, H. W. (1930). The Use of Sound in Navigation. *The Journal of the Acoustical Society of America, 1*(3), 403-40.

Lindsay, B. (1966). The story of acoustics. *Journal of the Acoustical Society of America, 39*(4), 629-644.

Lossius, T., & Pascal Baltazar, T. (2009). DBAP-Distance-Based Amplitude Panning. *Proceedings of International Computer Music Conference (ICMC).* Montreal, Quebec.

Lubman, D., & Kiser, B. H. (2001). The history of western civilization told through the acoustics of its worship spaces. *Proceedings of the 17th International Congress on Acoustics.* Rome, Italy.

MacDonald, C. (2009). Scoring the work: Documenting practice and performance in variable media art. *Leonardo, 42*(1), 59-63.

MacGowan, K. (1957). Screen wonders of the past: And to come? *The Quarterly of Film Radio and Television, 11*(4), 381-393.

Majdak, P., Iwaya, Y., Carpentier, T., Nicol, R., Parmentier, M., Roginska, A., . . . Noisternig, M. (2013). Spatially oriented format for acoustics. *Proceedings of the 134th Audio Engineering Society Convention.* Rome, Italy.

Malham, D. G. (1999). Higher order Ambisonic systems for the spatialisation of sound. *Proceedings of the International Computer Music Conference* (pp. 484-487). Beijing, China.

Malham, D. G., & Anthony, M. (1995). 3-D sound spatialization using Ambisonic techniques. *Computer Music Journal, 19*(4), 58-70.

Manola, F., Genovese, A., & Farina, A. (2012). A comparison of different surround sound recording and reproduction techniques based on the use of a 32 capsules microphone array, including the influence of panoramic video. *Audio Engineering Society 25th UK Conference: Spatial Audio in Today's 3D World.* York, UK.

Meshram, A., Mehra, R., & Manocha, D. (2014). Efficient HRTF computation using adaptive rectangular decomposition. *AES 55th International Conference*. Helsinki, Finland.

McDonald, M. (2004). Silent narration? Elements of narrative in Ives's the unanswered question. *19th-Century Music*, *27*(3), 263-286.

Moretti, L. (2004). Architectural spaces for music: Jacopo Sansovino and Adrian Willaert at St Mark's. *Early Music History*, *23*(2004), 153-184.

Navarro, J., Sendra, J. J., & Muñoz, S. (2009). The Western Latin church as a place for music and preaching: An acoustic assessment. *Applied Acoustics*, *70*(6), 781-789.

O'Donovan, A., & Duraiswami, R. (2010). Audio-visual panoramas and spherical audio analysis using the audio camera. *Proceedings of the 16th International Conference on Auditory Display (ICAD2010)* (pp. 167-168). Washington, DC.

Paul, S. (2009). Binaural recording technology: A historical review and possible future developments. *Acta Acustica United with Acustica*, *95*, 767-788.

Prasad, M. G., & Rajavel, B. (2013). Acoustics of chants, conch-shells, bells and gongs in Hindu worship spaces. *Acoustics 2013* (pp. 137-152). New Delhi, India.

Pulkki, V. (1997). Virtual sound source positioning using vector base amplitude panning. *Journal of the Audio Engineering Society*, *45*(6), 456-466.

Reznikoff, I. (2008). Sound resonance in prehistoric times: A study of Paleolithic painted caves and rocks. *Acoustics '08* (pp. 4137-4141), Paris.

Richardson, C. E. (2015). *Stockhausen's Influence on Popular Music: An Overview and a Case Study on Björk's Medúlla*, Master's Thesis, Texas State University.

Rickert, T., & Salvo, M. (2006). The distributed Gesamptkunstwerk: Sound, worlding, and new media culture. *Computers and Composition*, *23*(3), 296-316.

Rindel, J. H. (2011a). The ERATO project and its contribution to our understanding of the acoustics of ancient theatres. *The Acoustics of Ancient Theatres Conference*. Patras, Greece.

Rindel, J. H. (2011b). Echo problems in ancient theatres and a comment to the "sounding vessels" described by Vitruvius. *The Acoustics of Ancient Theatres Conference*. Patras, Greece.

Ritchey, M. (2010). Echoes of the Guillotine: Berlioz and the French fantastic. *19th-Century Music*, *34*(2), 168-185.

Rosenthal, K. A., & Mendel, A. (1941). Mozart's Sacramental litanies and their forerunners. *The Musical Quarterly*, *27*(4), 433-455.

Schofield, J. (2007). No taste for high-quality audio. *The Guardian*.

Schroeder, M. R., Gottlob, D., & Siebrasse, K. F. (1974). Comparative study of European concert halls: Correlation of subjective preference with geometric and acoustic parameters. *Journal of the Acoustical Society of America*, *56*(4), 1195-1201.

Slotki, I. W. (1936). Antiphony in ancient Hebrew poetry. *The Jewish Quarterly Review, 26*(3), 199-219.

Smalley, D. (1986). Spectro-morphology and structuring processes. In S. Emmerson (Ed.), *The Language of Electroacoustic Music*, pp. 61-93. New York: Harwood Academic.

Smalley, D. (2007). Space-form and the acousmatic image. *Organised Sound*, *12*(1), 35-58.

Snow, W. (1955). Basic principles of stereophonic sound. *IRE Transactions on Audio*, *3*(2), 42-53.

Soeta, Y., Shimokura, R., Kim, Y. H., Ohsawa, T., & Ito, K. (2013). Measurement of acoustic characteristics of Japanese Buddhist temples in relation to sound source location and direction. *The Journal of the Acoustical Society of America*, *133*(5), 2699-2710.

Spors, S., Rabenstein, R., & Ahrens, J. (2008). The theory of wave field synthesis revisited. *Proceedings of the 124th Audio Engineering Society Convention*. Amsterdam, The Netherlands.

Stevens, D. (1982). A songe of fortie parts, made by MR. Tallys. *Early Music*, *10*(2), 171-182.

Stone, K. (1963). Karlheinz Stockhausen: Gesang der Junglinge (1955/56). *The Musical Quarterly*, *49*(4),

551-554.

Strutt, J. W. (1875). On our perception of the direction of a source of sound. *Proceedings of the Musical Association*, *2*, 75-84.

Sundareswaran, V., Wang, K., Chen, S., Behringer, R., McGee, J., Tam, C., & Zahorik, P. (2003, October). 3D audio augmented reality: Implementation and experiments. *Proceedings of the 2nd IEEE/ACM International Symposium on Mixed and Augmented Reality* (p. 296). IEEE Computer Society.

Sunier, J. (1986). A history of binaural sound. *Audio*, March, 36-44.

T, H. W. (1930). The use of sound in navigation. *The Journal of the Acoustical Society of America*, *1*(3), 403-409.

Torick, E. (1998). Highlights in the history of multichannel sound. *Journal of the Audio Engineering Society*, *372*, 368-372.

Verbakel, J., van de Kerkhof, L., Maeda, M., & Inazawa, Y. (1998). Super audio CD format. *Proceedings of the 104th Audio Engineering Society Convention*. Amsterdam, The Netherlands.

Vitruvius, M. (1914). Vitruvius: The Ten Books on Architecture (M. Morgan, Ed.). Cambridge, MA: Harvard University Press.

Wenzel, E., Arruda, M., Kistler, D. J., & Wightman, F. L. (1993). Localization using nonindividualized head-related transfer functions. *Journal of the Acoustical Society of America*, *94*(1), 111-123.

Wolf, R. (1986, April 18). At Northwestern, they're reshaping world of sound. *Chicago Tribune*.

Xie, B. (2013). *Head-related Transfer Function and Virtual Auditory Display* (2nd ed.). Boca Raton, FL: J Ross.

Zotkin, D. N., Duraiswami, R., Grassi, E., & Gumerov, N. A. (2006). Fast head-related transfer function measurement via reciprocity. *The Journal of the Acoustical Society of America*, *120*(4), 2202-2215.

Zvonar, R. (2006). A history of spatial music. *eContact*, 7(4).

第 3 章

立体声

Paul Geluso

3.1　立体声系统

自 20 世纪 50 年代第一批立体声媒体进入市场以来，双声道立体声一直是高保真录音和重放系统的中流砥柱。立体声系统的设计就是为了制造具有空间感的声音景象，具有方向性的声源被定位在听音者前方的 2 只或更多扬声器之间。Snow 认为双耳系统将听音者带入录音发生的场景，而立体声系统则把声源带入听音者的房间当中（Snow，1953）。本章将主要探讨捕捉、创造、重放和增强立体声节目的方法。

3.1.1　Blumlein 的专利

Alan Blumlein 于 1933 年在英国获得的标志性专利为现代双声道立体声录音和重放系统打下了根基。他将这一立体声发明视为一个双耳信息传输系统，认为可以通过两条声学路径来实现一个真实的、多方向的声音印象。他还阐述了通过 2 个指向性传声器捕捉到的声学相位和振幅信息，仅需要 2 只扬声器就可以进行再现（Blumlein，1933）。基于这些原则，Blumlein 解释了一个 2 通道系统能够对原始声像进行近乎完全相同再现的原因。在他所处的时代，很多更加复杂、使用扬声器数量众多的声音系统概念（详见第 2 章）被提出来，但最终 2 通道立体声成了标准。

值得一提的是，Blumlein 的理念已经超出了 2 通道立体声重放的范畴。他提出了同时捕捉垂直方向和水平方向声音的方法，为后来的沉浸声系统打下了基础（Eargle，1986）。

3.1.2　单声道系统和距离定位

当一个单独的扬声器被用来还原声音时，这个系统被认为是单声道的。Snow 将单声道系统的效果描述为：仿佛"声音从墙上的一个洞里发出来"（Snow，1953，p44）。相比于立体声和双耳声音系统来说，单声道系统会出现极端的空间错误。当通过 1 只传声器对贯穿舞台的多个声源进行拾取时，来自不同方向的声音在被捕捉后会融合为一个信号。当单声道信号通过单独的扬声器进行重放时，录音环境中存在的方向性信息就丢失了。但引人注目的是，如果录音能够捕捉到足够的反射、混响和与位置相关的频率信息等空间信息，那么一个单声道系统就能够还原纵深和空间。诚然，通过换能器来捕捉若干声源是早期诸多蜡筒录音和唱盘录音的原理。每个声源的高频内容和直达声与扩散声之间的相对比例能够告诉听音者其距离传声器有多远。总的来说，近距离拾取的声源具有较多的音色细节，而远距离拾取声源则会发生音色上的改变且缺乏细节（Moylan，2007）。录音所捕捉的早期反射和混响能够起到空间提示的作用，提供录音场所的容积和声学处理等信息。虽然如此，在通过单声道系统进行重放的过程中，听音者所感知的声像始终位于扬声器所在的位置。换句话说，单声道系统是以扬声器为中心的系统。讽刺的是，与立体声和环绕声的重放系统不同，单声道系统拥有很宽的听音区，听众在此区域内听到的节目平衡能够始终保持正确。

3.1.3　立体声监听

以 2 只或更多扬声器为边界，一个立体声系统能够在听音者正前方对来自水平面上各个方向的声源进行真实的还原，而这种还原的范围甚至会超出边界（详见第 5 章）。我们把双声道立体声的最佳听音位置命名为甜点（Sweet Spot）。位于甜点的听音者处于 2 只扬声器的中心，并且直接面对扬声器的基准线（Dickreiter，1989）。ITU[1] 提供的立体声评价标准建议以相同的距离将扬声器面向听音者，偏离中轴线 30° 放置，以此进行双声道立体声监听（见图 3.1）。当听音者处于最佳听音区之外时，声像的方向和空间感体验都会发生失真，且变得不再稳定。即使稍稍转头也会改变到达双耳的声音路径，这足以影响立体声节目的频率、方向和空间属性。立体声听音区域和立体声声像可以通过调整扬声器间距、朝向（也称为内倾角度）、辐射指向性特征和频率响应来进行适应和优化（Eargle，1986）。听音房间的尺寸、设计和声学处理也会极大地影响对于立体声声像的感知。Griesinger（1985）发现，良好的低频响应对于制造空间感十分重要，而扬声器在房间中的放置位置不佳则可能导致立体声信号听上去比预想中更接近单声道。如果一个听音空间受到驻波、早期反射或混响所导致的严重频率滤波的影响，听音者很难分辨这种频率上的染色是来自信号本身还是由房间产生并施加给信号的。在这种情况下，耳机监听可以对录音中实际捕捉到的声音做出更好的还原。从另一方面来说，听音空间的特性也能够帮助立体声系统增加空间感和沉浸感，以此提升听音者的体验。当然，如果一个立体声节目以足够的响度在小房间或汽车中播放，即使声音仅由 2 只扬声器发出，它也能将听音者包裹起来。

---

[1]　国际电信联盟（ITU: International Telecommunication Union）是致力于协调电信领域标准化的机构——译者注

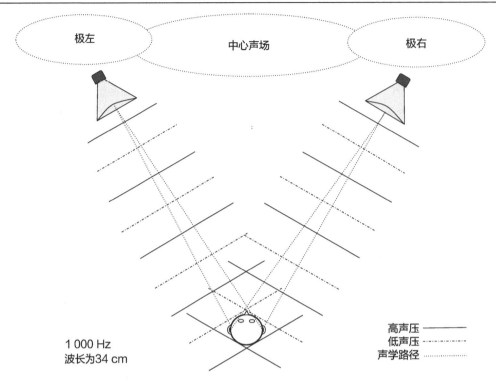

图 3.1　扬声器位于中轴线 ±30° 的立体声监听系统。虚拟声像在扬声器之间呈现了中心声场（Center Sound Stage）。声像分配完全在左侧或右侧声道的声音只能通过相应的扬声器来感知。1 kHz 信息高声压波阵面和低声压波阵面 [2] 之间的间隔通过点虚线和实线来表示（空气中的波长为 34 cm）。扬声器到达人耳的直接声学路径由虚线来表示。

　　方位信息可以通过声道间时间差（ICTDs：Inter-Channel Time Difference）和 / 或声道间强度差（ICLDs：Inter-Channel Level Differences）体现在立体声节目当中。由于低频波长比人头平均尺寸要大很多，所以声道间强度差在低频段效果并不明显（参见第 1 章）。对于扬声器放置在偏轴方向 30° 的双声道立体声系统来说，根据波阵面头部遮挡模型所展示的情况，Cooper 认为低于频率 327 Hz 的声音振幅就不再受到头部遮挡的影响（Cooper，1987），因为这些频率的声波会很轻松地围绕头部发生衍射。但是立体声扬声器所投射的声道间强度差也附带着双耳间时间差，由于扬声器被放置在听音者侧方，这种设置将会产生方向性的听觉感知。这种由声道间强度差向双耳间时间差的转化在耳机听音的情况下是无法出现的。当然，与稳态、持续的声音相比，不稳定的、瞬态的声音方向性感知更加明显（详见第 1 章）。

---

[2]　"高声压波阵面和低声压波阵面" 的原文为 "high- and low-pressure wave fronts"，此为声音传播的疏密变化特性——译者注

对于立体声系统来说，1 kHz 以下的有效定位仅通过声道间时间差来获得。这包括在空气介质中波长超过 34 cm（大约是人头直径的 2 倍）的频率。Blumlein 描述了一个以 700 Hz 为中心频率的交叠区域，在这个区域当中，相位差和强度差同时为大脑提供定位信息。对于高于 2 kHz 的频率来说，由于波长小于人头尺寸，大脑可能会对相位差产生误读，但同样在这个频率上，头部遮挡开始起作用，对于人头另一侧的高频能量有着显著的衰减（Blumlein，1933）。尽管如此，研究结果表明：一个结合了声道间时间差和强度差的声像定位系统能够提供最为自然的声源定位感（Theile，1991；Lee 和 Rumsey，2013）。

3.1.4　虚声像[3]（Phantom Sound Image）

通常，单声道声源被用于双声道立体声节目的缩混，通过 2 只扬声器来制造多重单声道（Multi-Mono）信号。将 1 个单声道信号分配到立体声系统的 2 只扬声器当中，会在扬声器之间形成一个虚拟中心声源。一个虚声源可能作为虚拟点声源被感知，也可能扩展至一定宽度。本章后面的内容会讨论如何通过电学方式获得一个对象的宽度。虽然通过 2 只扬声器产生的虚声像不如单一扬声器产生的声像清晰，空间定位准确性也较差，但是对于处于甜点的听音者来说，虚声像所呈现的效果是非常真实的。随着听音者从甜点向两侧移动，左右 2 只扬声器到达听音者的声学路径变得不再相等，虚声像也会随着听音者向距离较近的扬声器移动（见图 3.2）。直到某一点，当来自 2 只扬声器的声音强度和到达时间不再相等，虚中声像将会变得不稳定、不集中，并且随着听音者向距离较近的扬声器移动。在极端情况下，当听音者移动到听音区某一侧的边界时，所有的虚中声像听上去仅来自一只扬声器。与立体声扬声器还原的虚声像不同，被置于极左或极右的信号始终表现出单声道特性，无论听音者位于房间的什么位置，这些信号都始终停留在一个单独的扬声器中。

3.1.5　左中右立体声（LCR Stereo）

为双声道立体声系统增加一个单独的中置声道能够显著地改善中心声像的稳定性。左中右系统通常被用于大型场馆以覆盖很宽的观众席。在电影院中，中置声道为观众们固定了对白和其他所有画内声音的位置。出于这一原因，左中右扬声器布局作为前方声道被用在很多环绕声系统当中（见第 6 章）。如图 3.2D 所示，中置声道将声音锁定在声场（Sound Stage）的中心（即由屏幕所定义的图像中心），因此无论听音者/观影者身处任何位置，所有发送到中置声道里的信号始终会出现在声场的中心这一位置上。可以将单声道对白送入中置声道，同时将音乐和其他音效等立体声信号送入左右扬声器，以此将信号分配到左中右立体声系统当中。在实际应用中，一些双声道的音乐和音

---

[3]　此处将"Phantom Sound Image"译为"虚声像"，以便和 Virtual Sound Image（虚拟声像）进行区别——译者注

效可以送入中置声道以获得一定的稳定性。在中置声道介入的情况下，上述两种方式都能够让中置素材（如对白）获得出色的空间定位、稳定性和清晰度，同时让音乐和音效获得更宽的立体声声像。

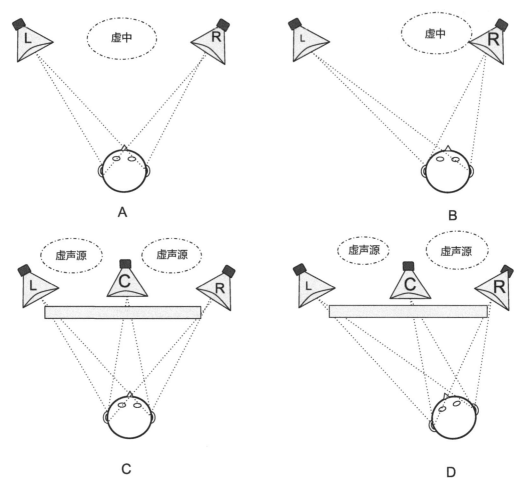

图 3.2　各分图展示了听音者位于甜点（A 和 C）和位于甜点之外（B 和 D）时，分别对双声道立体声系统（A 和 B）及三声道立体声系统（C 和 D）的虚声像呈现所产生的影响。虚线代表扬声器到每只耳朵的声学路径。

3.1.6　M/S 立体声（Middle/Side Stereo）

　　双声道立体声节目通常以一对左右信号的形式进行存储和播出。除此之外，立体声节目也可以存储为一对 M 信号和 S 信号。M 信号可以通过正对声场中心的单指向传声器获得，也可以通过叠加立体声节目的左右信号来获得；而 S 信号可以通过双指向传声器以灵敏度最低的位置正对声场中心来获得（见图 3.3），也可以通过电学方式提取左右信号差值来获得。S 信号有效地将来自正前方和正后方的声音进行抵消。通过一个和差矩阵（Sum and Difference Matrix），在与 M 信号配合使用的情况下，S 信号中存储的相位信息可以被用来对立体声声场中的方位信息进行解码（将在后文予以讨论）。

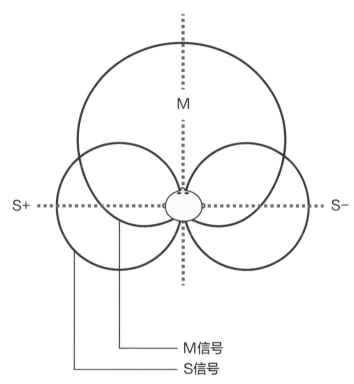

图 3.3　基于心形传声器的 M/S 系统极性图。S 信号为双指向，这也是构成 M/S 系统的要求。

　　如前文所述，我们可以将任意左右立体声（X/Y 立体声）节目转换为一个 M/S 立体声节目，M 信号通过叠加左右信号获得，而 S 信号则通过将右信号极性反转后再与左信号叠加获得，这种方式有效地获得了左右信号之差。M 信号和 S 信号的相对强度则取决于立体声目材的宽度。

　　M= 左 + 右

　　S = 左 - 右

　　从理论上来说，这一过程可以在不发生信号损失的情况下进行反转。左信号可以通过 M 信号和 S 信号的叠加来获得。同样，右信号则为 M 信号和 S 信号之差。

　　左 = M + S

右 = M - S

M 信号强调立体声声像的中心部分。任何多重单声信号在立体声节目中呈现的虚中声像都能够在 M 信号中完美叠加。与此同时，这些完美的虚中信号在 S 信号中会被完全抵消，仅留下两侧的、不同的或非相关（De-Correlated）的立体声节目素材，如立体声混响、立体声延时和声像定位到一侧的声源。我们将在本章后文详细讨论 M/S 录音和处理技巧。

3.1.7　相位相关表（Phase Correlation Metering）

"相位"这一术语通常被用来表示 2 个或更多基础音频信号（如正弦波）之间的时间关系。对于包含多个频率的复杂信号来说，群延时定义了信号各频率分量之间的相对延时，而信号的极性则决定了波形的方向。术语"相位翻转（Phase Flip）"或"反相（Phase Inversion）"意味着音频信号的极性被反转，与原始信号的波形形成镜像关系。相移（Phase Shift）意味着时间位移的发生。相位相关性（Phase Correlation）则与 2 个信号之间的反相程度或非反相程度相关。例如，一个同相的、双单声道（Dual-Mono）信号意味着两个声道中的信号完全相同，它们之间的相位相关性为 1（见图 3.4）。

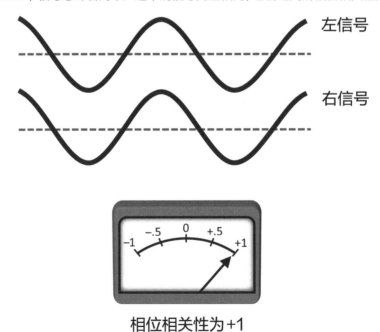

图 3.4　两个信号完美同相，相位相关性为 +1（Huber，1992）。

如果左信号与右信号完全不同，则相位相关性数值为 0。如果左信号为右信号反相后的结果，

那么相位相关性为 −1（见图 3.5）。

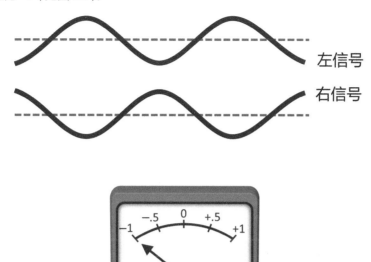

图 3.5 两个信号完全反相，相位相关性为 −1（Huber，1992）。

　　换句话说，相位相关性描述了两个信号之间同相或反相的程度；或者两个信号的一致程度，即相关或非相关的程度；或者两个信号的相似或非相似程度。左右信号间的相关程度可以通过相位相关表来进行监测（见图 3.4 至图 3.6）。表的读数范围从 −1 到 0 再到 +1。例如，相位相关性读数为 +1 意味着立体声节目完全是一个双单声道信号。读数为 +0.5 意味着它混合了左、右以及虚中声像。读数为 0 意味着左右信号之间缺乏相关性或者存在随机相关性，可能代表着很宽的立体声声像——例如，当两个非常不同的信号被定位到左右声道就会出现这种情况。当左右声道的音乐内容高度相似，但并非同一录音素材时也会出现这种情况——例如将同一内容重复录音若干次，并将不同次记录的素材分配到极左极右声道中。如果两个声道间的节目内容过于不同，那么立体声声像就会产生中空效应，这是由于左右信号之间缺少相同的元素而无法生成虚中声像所导致的。如果相位相关性跌落至 0 以下，则意味着立体声节目的某一个通道有一部分反相的内容。当声道之间出现反相内容时，它们所合并生成的单声道将会受到牵连，遭受频率染色和 / 或显著的增益损失。如果虚中声像和分离的立体声素材在一个节目中比例得当，那么相位相关表的读数应该在 +0.5 附近徘徊（见图 3.6）。总的来说，这是一个好的现象，意味着节目既拥有较宽的立体声声像，也不会出现中空的情况。

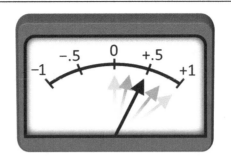

相位相关性为+0.5

图 3.6　相位相关性为 +0.5（Huber，1992）。

由于立体声节目是双单声道信号、分离信号和非相关立体声信号的复杂混合，相位相关表的读数并非总是和听音者感知的立体声宽度精确吻合。因此，在制作过程中通过耳朵来调整立体声节目的宽度仍然是一种安全的做法。即便如此，对于混音工程师、母带工程师和播出工程师来说，相位相关表是对立体声声像中空、过于单声道或者存在的单声道兼容度问题进行提示的有效工具。

3.2　获得立体声声像

立体声节目的 2 个通道之间包含着复杂的相位、电平和频率关系。立体声拾音方式和 / 或信号处理设备能够利用上述这些关系的组合或者其中之一，将方向和空间信息记录在双声道立体声节目当中。这种空间信息可以被用来模仿一个自然的听音体验，或者被用于创造一种另类的声音环境。诚然，这其中存在无尽的可能性，深度的艺术创作自由（Artistic License）以及创造性潜力等待我们去发掘。接下来，我们将对基本的立体声拾音技术、声像定位方法和立体声增强技术进行探讨。

3.2.1　立体声拾音技术

通过将 2 只或更多的传声器置于声场当中，一个具有方向性的声像就能够被其捕捉。有效拾音范围是传声器指向性特征、传声器间距、夹角和朝向共同决定的。下面是关于立体声录音的一些总原则。

- 应使用 2 只传声器来捕捉大量不同方向的声音，包括直达声、房间反射和混响，保证 2 只传声器所拾取的内容存在一定程度的非相关性。
- 传声器之间不应该完全隔离；所有被记录的声音都应该能够通过 2 只传声器进行有效的拾取。
- 2 只传声器之间的夹角不能超过 180°。

X/Y 拾音制式

X/Y 拾音制式使用了一对匹配的指向性传声器，其放置方式能够使两个传声器的极头（Capsule）在时间差最小的情况下捕捉强度差信息。因此 X/Y 拾音制式被认为是一种纯强度差拾音系统。在实际应用中，我们通常将 2 只传声器灵敏度最高的方向（它们的 0° 轴向）互为 90° 摆放。这一角度可以根据工程师对于声像宽窄的判断进行调整。从 2 只传声器中间入射的声音能够被 2 只传声器均匀地捕捉，在通过双声道立体声系统重放时呈现出一个虚中声像。偏离中间方向入射的声音被另一侧的传声器拾取，进而出现相应的能量衰减，因此在通过扬声器重放时能够获得相应的立体声印象。每只传声器产生的偏轴向衰减取决于其摆放角度和指向性特征。

当 X/Y 录音所记录的左右声道信号叠加时，所得到的信号与单只传声器具有类似的指向性特征。例如，将 2 只构成 X/Y 制式的心形传声器获取的信号叠加得到一个心形的单声道信号（见图 3.7）。同样，将一对 8 字指向构成的 X/Y 立体声制式（Blumlein 制式）进行叠加能够得到一个 8 字指向的单声道信号（Dickreiter，1989）（见图 3.8）。当使用 X/Y 录音制式时，下变换所得到的单声道信号不会出现有害的梳状滤波效应[4]（但是中间信息会被增强），相比于立体声状态来说，听音者会感觉到中间声场的距离变得更近了。

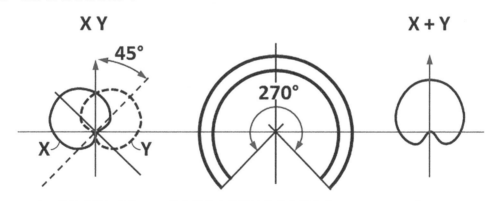

图 3.7　一对心形传声器组成的 X/Y 拾音制式及其等效单声道信号（Dickreiter，1989）。

M/S 拾音制式

M/S 拾音制式是另一种强度差立体声拾音制式。该系统包含了一个朝向声场中心的指向性传声器 M 和一个正极瓣面（Positive Lobe）指向左侧的 8 字指向传声器 S（见图 3.9）。虽然包括全指向传声器在内的任何传声器类型都是可行的，但 M 传声器通常为心形指向。在任何情况下，S 传声器

---

[4]　由于实际话筒振膜具有一定的物理尺寸，因此对于 X/Y 拾音制式进行单声道合并时仍然无法避免在高频区间内出现梳状滤波。总的来说，传声器极头尺寸越小，这种梳状滤波就越不明显——译者注

都必须具有真正的双指向特性以确保系统能够正常工作。前文已经提到，M/S 信号能够通过 M/S 和
差矩阵转换为左右立体声信号（Hibbing，1989）。

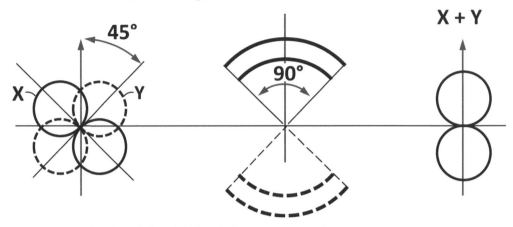

图 3.8　Blumlein 拾音制式及其等效单声道信号（Dickreiter，1989）。

　　使用 M/S 和差矩阵调整 S 信号的大小能够获得所需的立体声宽度。如果将 M/S 解码获得的立
体声信号再次叠加回单声道，所有的 S 信息都会被抵消，仅 M 信号得到还原。因此，相比于其立体
声版本而言，单声道信号具有的两侧信息要少得多，距离中间声场的听感也近得多（见图 3.9 右侧）。

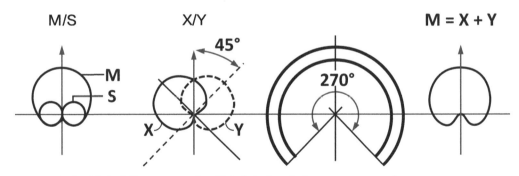

图 3.9　M/S 拾音制式与其等效 X/Y 信号及等效单声道信号（Dickreiter，1989）。

3.2.2　间隔式拾音制式 [5]（Spaced Pair Recording）

　　通过间隔式拾音制式能够捕捉时间差信息。在一个小 A/B 制式中，将 2 只传声器的间隔保持在
16.5 ～ 30 cm 之间能够将声道间时间差保持在一个自然的听觉范畴。由于间隔较近的 2 只传声器所

捕捉的强度差极小，因此小 A/B 制式被认为是一种纯粹的时间差立体声拾音制式。间隔更大的拾音制式能够捕捉到更大的振幅和相位差。将 AB 系统的间隔扩展到 1 ～ 2 m 或更大则会增加声道间时间差，导致更大的声道间强度差，进而获得一个宽度扩展的立体声节目。组成 A/B 制式的传声器摆位实际上模拟了双声道立体声监听扬声器的摆位（Zielinsky，2016）。这种系统的最大优势在于能够使用高品质的全指向传声器。全指向传声器以自然的音质、无近讲效应和良好的低频响应被人们所熟知。传声器间距虽然能够提供令人激动的空间立体声像，但需要谨慎使用。不良的传声器摆位可能导致声源在立体声声像中不经意地晃动，或者导致声道间相关性严重缺失，造成立体声声像的中空现象。尽管存在这些挑战，A/B 制式仍然是专业古典音乐制作人十分喜爱的拾音制式（见图 3.10）。

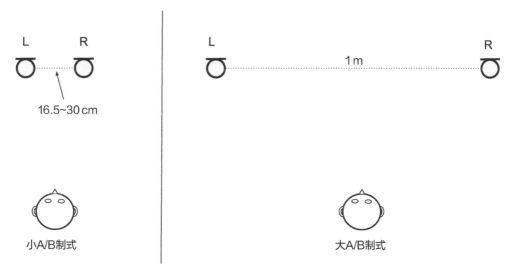

图 3.10　间隔式拾音制式。小 A/B 制式（左侧）的间隔模仿头部尺寸，能够在几乎没有强度差的情况下捕捉时间差信息。大 A/B 制式间隔更宽（1 ～ 2 m），能通过增大声道间时间差和强度差来增强空间感。

3.2.3　类强度差拾音制式（Near-Coincident Recording）

　　一组构成类强度差拾音制式的指向性传声器将时间差和强度差因素结合在了一起。通过声道间强度差和时间差混合的方式，立体声声像能够在获得稳定的定位和良好的纵深及空间感的同时，保持极佳的单声道兼容度。

O.R.T.F.

　　O.R.T.F. 立体声拾音制式由法国广播工程师于 20 世纪 60 年代发明。这种类强度差立体声拾音制式使用了一对间隔 17 cm、夹角为 110° 的心形传声器（见图 3.11 左侧）。数十年来，工程师们都通过这套系统来传递具有良好空间感和单声道兼容性的立体声声像。由于 17 cm 与多数人的双耳间距相近，这套系统能够通过耳机和扬声器传递非常熟悉和自然的空间感。同样，110° 的夹角有效地衰减了来自偏轴向的声音，模拟头部遮挡效应，为不同方向的声源提供了自然的定位提示。当合并左右声道制作单声道信号时，立体声节目中的整体电平、直达声与混响声的比例都能够在单声道状态下得到很好的保留，同时引入很少的频率染色，极佳的单声道兼容性成为 O.R.T.F. 系统十分特殊的优势。

N.O.S.

N.O.S. 系统（见图 3.11 右侧）是一个相似的类强度差拾音制式，由荷兰广播基金会（Dutch Broadcasting Foundation）研发。这套系统使用了 2 只间隔 30 cm、夹角为 90° 的心形传声器。由于 30 cm 大约是双耳沿头部表面弧形连线的长度，与 O.R.T.F. 类似，这套系统与我们自然的听音方式相关联，因此能够在提供自然立体声听感的同时保持极佳的单声道兼容性。

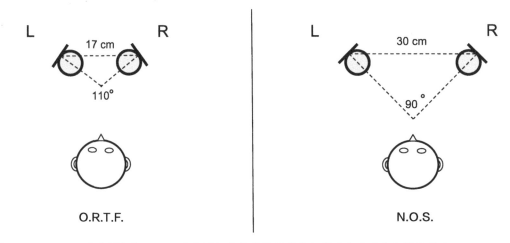

图 3.11 O.R.T.F.（左侧）和 N.O.S.（右侧）立体声录音制式与标准人头尺寸之间的关系。

声学障板拾音制式：球形制式（Sphere）和 OSS 制式

通过类强度差拾音制式获得的立体声声像可以通过在传声器之间设置声学障板来进行扩展和增强。Theile（1991）发现将实心球体放置在两个全指向性传声器之间能够获得一种自然的（与人类听觉系统相关的）双耳间相关性，进而使录音具有良好的纵深和空间感。将一个球体或者圆盘作为声学障板放置在一对类强度差拾音制式的传声器之间会起到类似于头部对声音的遮挡作用。障板的物理体积阻隔了高频，同时允许低频在其周围发生衍射，以此获得类似于头部遮挡的效果。低通滤波作用的强弱取决于入射声音的角度和障板的尺寸。通过人工头配合外耳郭制作的拾音系统能够记录包括高度在内的所有信息，但会在左右信号中引入尖锐的陷波效应。尽管精确度不如人工头，但是通过声学障板（无耳郭）能够根据声波入射方向提供自然的低通滤波，不会引入严重的染色（见图 3.12）。

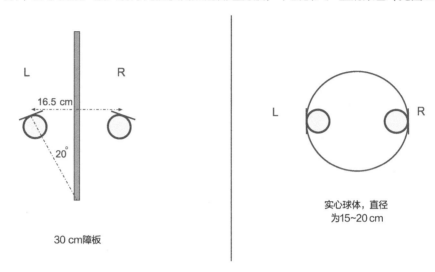

A. 最优立体声信号拾音制式（OSS：Optimal Stereo System）　　　B. 球形拾音制式

图 3.12　基于声学障板的立体声拾音系统的例子，OSS 圆盘（左侧）和使用实心球体的球形制式（右侧）。

3.2.4　左中右拾音制式（LCR Recording）

通过一只专门的中置传声器可以对间隔式拾音系统所还原的虚中声像进行增强。不仅如此，左右传声器的间距可以比传统立体声录音制式更大，进而捕捉更多的声学信息差。如果重放系统配备了专门的中置声道，那么中置信号就能够被直接分配到中置扬声器当中，与左右通道一起对统一的波阵面进行重放（见图 3.13）。

Decca Tree 制式和 OCT 制式

Decca Tree 制式包含了 1 个中置传声器以及左右两侧的 2 只传声器。与 OCT 制式（一个类似的 3 声道录音制式，将在第 7 章做详细介绍）使用的心形传声器不同，Decca Tree 制式使用了例如 Neumann M50 或者 M150。这 2 个型号的传声器都使用全指向的压强式极头设计并且直接固定在一个小型的球面上。这种设计能够在中高频逐渐增强传声器的指向性，同时在低频段保持全指向特性。对于交响乐录音来说，这种拾音制式通常会被放置在指挥的正上方（见图 3.14）。

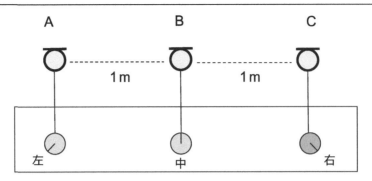

图 3.13　ABC 拾音制式。A 为左声道，B 为中置声道，C 为右声道。在双声道立体声重放系统中，中置 B 信号可以均匀地分配给左右声道。

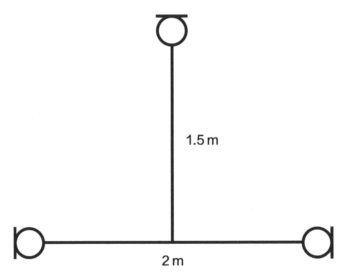

图 3.14　Decca Tree 拾音制式的传声器布局（Huber，1992）。

使用强度差立体声制式来对应中置声道的左中右拾音制式

　　左中右拾音制式中的中置单声道传声器可以由 X/Y、Blumlein 或 M/S 这种强度差立体声传声器制式来替代。中置立体声拾音系统能够在后期制作中为中间声像提供绝佳的宽度控制。根据作者的经验，应为中置信号使用强度差而非间隔式拾音制式，因为它能够在后期制作过程中提供一个高度集中且没有声染色的单声道信号。

侧展传声器（Flanking Microphones /Outriggers）

　　以非常宽的间距设置一对辅助性传声器能够对任何单声道或立体声拾音制式进行增强。通常，一组立体声传声器拾取的内容应该是相关信号和非相关信号的平衡，但使用一对侧展传声器的目标则是捕捉非相关程度极高的声音来扩展拾音范围和 / 或增强空间感。侧展系统始终应该搭配某种位于中间的拾音制式以避免立体声声像出现中空。侧展传声器还能够提供非相关程度很高的低频信息，这是通过近距离拾音所无法获得的。通常，通过侧展传声器拾取的信号会被分配到极左和极右，比中间的主立体声拾音制式电平衰减 6 dB（见图 3.15）。

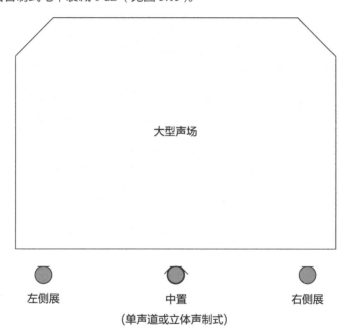

图 3.15　配合中间单声道或立体声拾音制式使用的侧展传声器来捕捉高度非相关信息。

3.2.5　立体声声像定位 [6]

基于电平 [7] 的声像定位

　　一个好的声像定位系统应该能够产生一个明确的虚拟声像，为固定或运动声源在扬声器之间提

[6]　"立体声声像定位"的原文为"Stereo Panning"，其中"Pan"为"Panorama"的缩写，意为"全景、全貌"——译者注
[7]　此处"电平""强度"均为"Level"的中文翻译，在不同语境下表示音频信号电压或声压的大小——译者注

供一个平滑连续的呈现，不应出现声像中空或者突然的跳变（Gerzon，1992）。立体声声像定位的效果能够通过声道间的电平差、延时或者均衡的方式来实现。

对于左右内容相同的双声道来说，如果将其中之一的电平进行衰减，则声像会开始向另外一侧偏移。对于大多数实际应用场合来说，声道间强度差足以为音乐、语音和大多数宽频带声源提供方向性信息。使用声像电位器（Panning Potentiometer）这种正弦 / 余弦定理的电学实现方式，能够在立体声的两个声道中获得恒定的声学功率：

左信号 $= \cos(\omega)^*$ 输入信号

右信号 $= \sin(\omega)^*$ 输入信号

其中，ω 为声像电位器从 0° 到 180° 之间的位置。

Griesinger（2002）认为对于高频或低频声源来说，使用正弦 / 余弦法则（扬声器偏离中轴线 ±45° 放置）会导致其实际定位超出所需角度。他进一步发现与语音相关的频率范围，即 700 ~ 1 000 Hz 左右的频段主导了人们对于声音定位的感知。

近期由 Lee 和 Rumsey（2013）进行的研究使用音乐作为声源，研究结果表明：无论在声源具有何种音高和时长的情况下，声道间强度差声像定位方式都能够获得良好的表现（见图 3.16）。

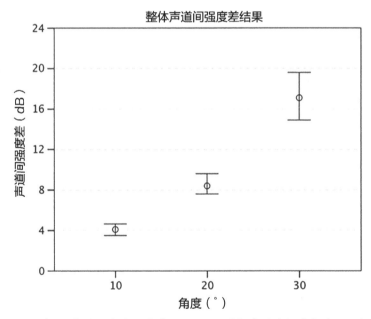

图 3.16　Lee 和 Rumsey（2013）使用音乐信号对位于 ±30° 的扬声器进行的声道间强度差研究。

基于延时的声像定位

最先到达听音者的波阵面能够决定声源的方位（详见第 2 章）。对于左右内容相同的立体声信号来说，对其中之一施加延时会导致虚中声源向另外一侧移动。施加的延时量应小于人耳对于回声的最小敏感度（Threshold of Echo Detection），否则延时后的信号会被听觉系统认为是另一个声音，进而导致声像定位失效。根据作者的经验，使用 0.2 ~ 2 ms 的延时最为有效。为延时信号施加低通滤波器可以在避免回声的情况下增加延时量。如前文所述，声音的瞬态和频率特征会影响定位的准确性，因此同样对声像定位手段有相应的影响。对于音乐声源来说，Lee 和 Rumsey（2013）认为基于延时的声像定位方式对于大多数声源有效，但对于高频持续信号来说效果并不理想（见图 3.17）。通过延时获得声像定位的问题在于，立体声节目下变换之后的单声道版本很可能出现不良的听觉梳状滤波效应。

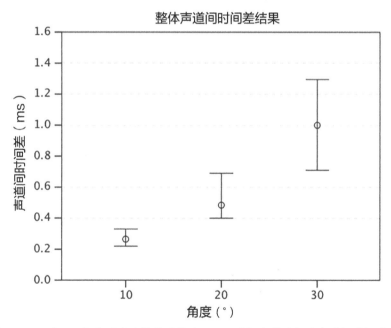

图 3.17　Lee 和 Rumsey（2013）使用音乐信号对位于 ±30° 的扬声器进行的声道间时间差研究。

强度延时混合声像定位方法[8]

如前文所述，相比于单独使用声道间强度差和声道间时间差之一而言，使用二者的结合能够

---

[8]　后文根据具体语境可能使用"混合式声像定位方法"这一术语——译者注

获得一个更为自然的定位（Theile，1991；Lee 和 Rumsey，2013）。在自然听音环境下，我们的双耳很少有机会接收完全相同的声学信号，但在使用耳机或扬声器进行立体声节目监听的时候，这种情况则经常发生。在自然听音环境下，当声源向头部某一侧运动时，另一侧的耳朵会接收到一个同时被延时、衰减和染色的声学信号。这一信号被称为串音（Cross-Talk）信号（详见第 5 章）。在立体声耳机重放时，声学串音信号可以通过为声像移动相反方向的耳朵施加适当延时和低通滤波的方式来进行模拟。0.5 ms 左右的延时能够对自然声学串音进行最佳模拟（Nacach，2014）。与耳机监听不同，通过扬声器进行监听时，使用头部相关的延时定位方法，会导致听音者接收到双重的串音信号（电子的和实际空间的），因为对于人耳来说，对侧扬声器同样会产生声学串音。即便如此，通过扬声器进行重放的系统仍然能够使用混合式声像定位方法获得一个空间感良好的自然定位效果。

混合式声像定位方法也可以使用较长的延时时间。Hass（1941，1951）认为，在通过立体声扬声器进行声音重放时，对其中一只扬声器施加 5 ～ 35 ms 的延时能够改变最先到达（先导）声音的感知定位，而对较晚发声的扬声器进行 10 dB 的增益提升则能够将这种定位的变化补偿回来。当更长的延时时间与被延时通道的增益补偿（也可能无需补偿）相结合时，我们能够获得更强的空间感和更宽的声像，最终转变为声像的分裂并出现回声。可以通过为延时信号施加低通滤波处理来缓解延时所带来的回声或双声现象。此外，相位（极性）反转、混响和变调都可以被引入延时信号中以进一步增强立体声声像的空间质量。

3.3   立体声增强

3.3.1   伪立体声（Pseudo Stereo）

通过 M/S 处理技术，能够利用一个单声道信号获得伪立体声空间印象（Faller，2005）。在这种情况下，未经处理的单声道信号变成了伪 M/S 立体声中的 M 信号。通过对单声道信号的处理获得一个人工的 S 信号。S 信号的获取路径详见图 3.18 所示的去相关处理器（De-Correlating Processor）。最终的伪立体声信号会通过一个传统的 M/S 转立体声（M/S 转 X/Y）解码器生成。如果伪立体声信号叠加为单声道，则人工生成的 S 信号被完全抵消，信号恢复为初始的单声道信号。下面介绍 3 种通过伪立体声 S 信号进行去相关处理的方法。

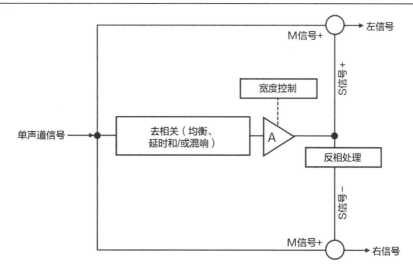

图 3.18　单声道转伪立体声处理器的框图。

分离均衡效果（Split Equalization Effect）

通过一个滤波器或均衡器能够有效地进行去相关处理以获得一个伪立体声声像（Janovsky，1948）。例如，在左声道使用低通滤波器，在右声道对同一信号使用高通滤波器，以此通过一个单声道信号来获得一个频率上的立体声分离。频率分离效果几乎可以通过包括多段、参量或图示均衡在内的任何类型的频率处理工具来获得。

分离梳状滤波效果（Split Comb Filter Effect）

采用类似的方式，可以将一个短延时插入伪立体声 S 信号通路来获得一个立体声梳状滤波效果。在 $Fc = \dfrac{1}{2*\text{延时时间(s)}}$ 时出现第一次分离，并以 nFc 为间隔依次出现（n 为整数 1、2、3……）。这种技术为左信号施加了一个梳状滤波器，右信号则是对其进行反极性处理后的结果，以此在左右立体声通道之间以等频率间隔获得了频率分离的内容。如果将这种方式获得的左右声道叠加在一起，两个梳状滤波信号会完全抵消，进而恢复初始的单声道信号。

延时和混响

同样，伪立体声的 S 信号也可以通过较长的延时（如 20 ~ 50 ms）和 / 或混响来获得。通过这些方法能够获得具有空间感的立体声效果。对于所有基于 M/S 处理的伪立体声效果来说，节目的单声道版本（将左右声道合并）会完全抵消空间感，进而获得一个比立体声版本"干"得多的听感。

3.3.2　立体声宽度增强

M/S 处理

当一个双声道立体声信号被转换为 M/S 信号（X/Y 转 M/S）之后，可以通过调整 M 信号和 S 信号之间的比例关系，对立体声声像宽度进行某种程度的调整（见图 3.19）。提升 S 信号能够使立体声声像变宽，反之则会使其变窄。同样的，M 信号和 S 信号可以通过若干不同的效果器分别进行处理，然后再变换回到双声道立体声。例如，提升 M 信号的高频能够在其还原为立体声节目后对定位在中间的素材起到突出作用。相似的，提升 S 信号的低频则能够增强空间感。几乎任何一种效果器，包括均衡、压缩、延时和混响在内，都能够分别处理 M 信号和 / 或 S 信号以获得一个动态或者静态的立体声效果。M/S 处理的效果和节目本身的内容相关度很高。如果一个立体声节目主要由双单声道信号组成 [9]，那么它几乎就没有什么 S 信号。

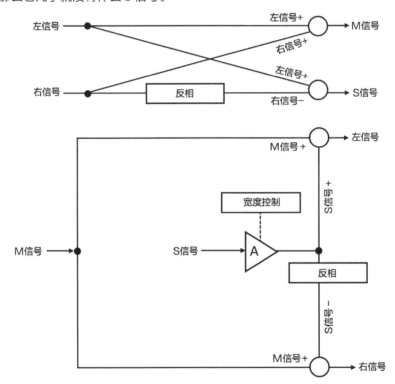

图 3.19　一个双声道立体声转 M/S 信号编码器（X/Y 转 M/S）（上图）。一个具有立体声宽度控制功能的 M/S 转双声道立体声解码器（M/S 转 X/Y）（下图）。

---

[9]　例如一个虚声像位于正中的人声，左右声道中的内容完全相同。这种立体声素材即使经过 M/S 变换也几乎无法获得有效的 S 信号——译者注

基于延时和混响的效果

从 20 世纪 50 年代开始，工程师们就不断通过混响室和磁带延时进行实验，试图通过混响和延时为单声道和立体声录音增强包络感。通常，这种基于时间的效果会引入不易察觉的音调变化，这是因为磁带转速和混响室的不稳定性会影响频谱的平衡和人们对于音高的感知。例如，在使用一个专门的混响和 / 或延时通道的同时，将干信号定位在与效果信号相反的方向上，以此获得一个自然的立体声宽度感知（见图 3.20）。此外，我们还可以通过对立体声效果的某一侧通道做反相处理来扩展感知空间的尺寸。Griesinger（1985）发现，立体声信号间存在一些相位差会有助于获得良好的空间感。

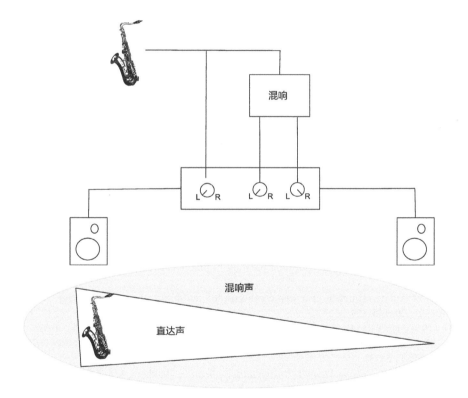

图 3.20　为定位在某一侧的单声道信号施加混响以获得一个立体声效果。

3.4　总结

正如本章所述，我们可以通过立体声方式来获得和感知沉浸式的效果。我们可以通过声学录音的方法捕捉方向、距离、频率、相位和环境信息的组合——或者通过电子方式将频率、延时、相位和混响等信号处理手段与立体声或 M/S 处理方式相结合，以此获得沉浸式的效果。在任何情况下，立体声空间和方向效果都基于听音者对声音的双耳感知，虚拟声源的声像和空间都是通过位于听音者前方的扬声器获得的，并非将实际声源置于听音者四周获得的。然而，当多只扬声器环绕在听音者周围（参见第 6、7、8、9 章）时，我们有可能通过物理方式从声学信号中获得沉浸感。即便如此，由于扬声器的数量存在技术上的限制，这些沉浸感必须依赖心理声学原则才能够被感知。因此，立体声原理同样也适用于更为复杂的多声道系统，我们可以将大型系统中的每一对扬声器视为一组立体声子系统。

3.5　参考文献

Blauert, J. (1997). Spatial Hearing: The Psychophysics of Human Sound Localization, Rev. ed. (J. Allen, Trans.). Cambridge, MA: MIT Press.ntations," German Federal Republic.

Blumlein, A. (1933). British Patent Specification 394,325. Reprinted, *Journal of Audio Engineering Society*, 6(2), 91.

Cooper, Duane H. (1987). Problems with Shadowless Stereo theory: Asymptotic spectral status. *Journal of Audio Engineering Society*, 35(9), 629-642.

Dickreiter, Michael. (1989). *Tonmeister Technology*. New York: Temmer Enterprises.

Eargle, J. (1986). An analysis of some off-axis stereo localization problems. *Presented at the 79th AES Convention*, New York.

Faller, C. (2005). Pseudostereophony revisited. *Presented at 118nd AES Convention*, Barcelona.

Gerzon, M. (1992). Panpot laws for multispeaker stereo. *Presented at 92nd AES Convention*, Vienna. Preprint 3309, Audio Engineering Society.

Griesinger, D. (1985). Spaciousness and localization in listening rooms: How to make a coincident recording sound as spacious as a spaced microphone arrays. *Presented at 79th AES Convention*, New York.

Griesinger, D. (2002). Stereo and surround panning in practice. *Presented at the 112th AES Convention*, Munich.

Hass, H. (1949). The influence of a single echo on the audibility of speech. Reprint, *Journal of Audio Engineering Society*, 20, 145-159.

Haas, H. (1951). Uber den Einfluss eines Einfachechos auf die Horsamkeit von Sprache. *Acustica*, 1, 49-58.

Hibbing, M. (1989). XY and MS microphone techniques in comparison. *Presented at 86th AES Convention*, Hamburg. Preprint 2811 (A-5).

Huber, D. (1992). *Microphone Manual: Design and Application*. Waltham, MA: Focal Press.

Janovsky, W. H. (1948) "An apparatus for three dimensional reproduction ..." Patent No. 973570 (cited in Blauert 1997).

Lee, H. K., & Rumsey, F. (2004). Elicitation and grading of subjective attributes of 2-channel phantom images. Presented at 116th AES Convention.

Lee, H. K., & Rumsey, F. (2013). Level and time panning of phantom images for musical sources. *Journal of Audio Engineering Society*, 61(12).

Moylan, W. (2007). *Understanding and Crafting the Mix: The Art of Recording*. Burlington: Focal Press.

Nacach, S. (2014). The Duplex Panner: Comparative testing and applications of an enhanced stereo panning technique for headphone reproduced commercial music. *Presented at the 137th AES Convention*, Los Angeles.

Snow, W. (1952). Basic principles of stereophonic sound. *Journal of Society of Motion Pictures and Television Engineers, 61*, 567-589.

Snow, W. (1953). Basic principles of stereo sound. *Society of Motion Pictures and Television Engineers.* Reprint, *Journal of SMPTE, 61*, 567-587.

Theile, G. (1991). On the naturalness of two-channel stereo sound. *Journal of Audio Engineering Society, 39*(10), 761-767.

Zielinsky, G. (2016). *Personal communication with the author.*

第 4 章

通过耳机获得双耳音频

Agnieszka Roginska

耳机为我们提供了传递音频内容最为直接的方式。正确地佩戴传统耳机意味着左声道对应左耳，右声道对应右耳。的确如此，因为我们只有两只耳朵，通过这种方式传递的音频应该（在理论上）能够还原和自然环境下几乎完全相同的声音体验。而我们通过耳机听音的体验却介于失望和绝对真实之间。本章集中讨论诸多通过耳机来获得沉浸式音频的声学和心理声学因素、理论和处理方法，以及它们对于最终听音体验的影响和贡献。

双耳声音（Binaural Sound）指进入听音者左耳和右耳的双声道声音。尽管很多人都指出"所有的立体声都是双耳的"，但是"双耳"这一术语专指进经过特殊滤波处理后进入人耳的声音，这种滤波处理综合了时间、强度和频率听觉提示因素，是对人耳听觉定位提示的模拟。这些听觉提示可以通过自然方式来实现（例如人工头录音），也可以通过信号处理方式来实现。

在第 1 章中我们曾讨论过，头部相关传递函数（HRTFs）[1] 是声音进入鼓膜之前的双耳听觉提示的叠加。在到达听音者的耳朵前，头部、躯干和耳郭的相互作用会对声源辐射的声波进行滤波处理，这导致不同方向入射的声音会出现不同的频率染色。这种系统性的声音频率成分"失真"成了一种独特的印记，它定义了声源的位置。听觉系统将不同的频率染色和物理位置对应起来，以此对混淆锥上的各点进行分辨，进而获得对声源的准确定位。

对双耳声的感知依赖双耳间时间差（ITD）提示和双耳间强度差 [2]（IID）提示。双耳间时间差和双耳间强度差共同构建了 Rayleigh 勋爵二元理论（1907）的基础。除了双耳间听觉提示之外，随位置发生变化的频率信息和其他变量也为听音者提供了关于声源位置的重要信息。HRTFs 整合了双耳间时间差、双耳间强度差和频率染色特征。头部相关传递函数（HRTFs，见图 4.2）是头部相关脉冲响应（HRIRs，见图 4.1）在频域上的表现。即便 HRTFs 包含了丰富的声学信息，对于人类感知的研究结果表明，听觉系统在进行声源方位的判断时对声学信息的使用是具有选择性的（Wenzel，1992）。

---

[1] 后文将根据语境对"HRTFs"和"头部相关传递函数"两个术语进行混用——译者注
[2] Interaural Intensity Difference (IID) 也被称为 Interaural Level Difference (ILD)——作者注，两者都被译为"双耳间强度差"——译者注

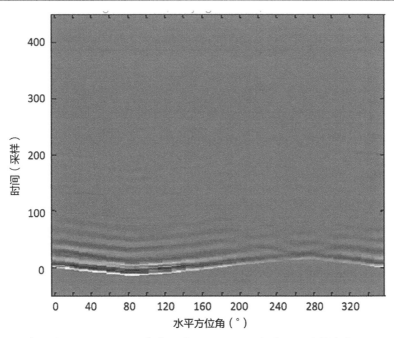

图 4.1　KEMAR 仿真耳的 HRIRs，右耳，高度环（Elevation Ring）为 0°，采样率为 44.1 kHz。

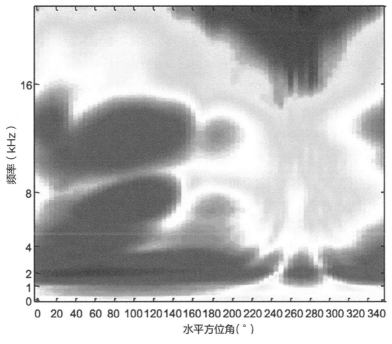

图 4.2　KEMAR 仿真耳的 HRTFs，右耳，高度环为 0°。

由于个体间存在生理构造上的差别，不同的 HRTFs 在大致形状和细节上都存在巨大的差异（Middlebrooks，1999；Moller、Sorensen 和 Hammershoi，1995；Shaw，1982）。因此在使用合成 HRTFs 或通过测量他人获得的 HRTFs 进行听音时，很可能发生非常严重的感知失真（Fisher 和 Freedman，1968；Wenzel，1992）。尽管如此，研究显示，部分个体在使用非个性化的 HRTFs，尤其是具有出色定位特征的 HRTFs 时，能够获得与个性化 HRTFs 等同甚至是更为出色的定位准确性（Wightman 和 Kistler，1989）。

4.1　耳机重放

双耳信号重放的终极目标就是在听音者鼓膜处再现与实际听音环境相同的声学信号。一种方式是在同一位置进行录音和重放。例如，在左右耳道入口处记录信号，随后在同一位置进行重放，以此在鼓膜处重现真实声源，进而获得类似于自由场环境下真实的听音体验。尽管受到换能器的限制，这种理想的记录 / 重放方案不见得能够得以完全实施，但是将信号直接送入听音者耳中仍是传递高质量空间音频信号最为直接和有效的方法。耳机为达成这一目标提供了最为方便和可取的重放方式，通过适当的校准和均衡处理，能够获得非常具有说服力的空间听觉形象。

通过耳机进行双耳信号重放具有很多优势，最为显著的优势在于耳机能够提供一个受控的听音环境。这种受控环境主要来自两个因素。一是左声道信号被直接送入左耳，右声道信号被直接送入右耳，因此每只耳朵能够接收它所期望获得的信号。耳机重放不会受到听音者位置或者头部朝向等因素的影响。除非使用头部追踪等其他处理技术对听音者位置进行补偿，否则重放信号与听音者位置或头部朝向无关，听音者将始终位于甜点。将信号直接送入耳道的另一个优势则在于能够避免对侧耳朵接收串扰信号。这种串扰是扬声器重放的常见现象，它有可能导致空间听觉形象的彻底崩溃。（该问题将在第 5 章进行详细讨论。）

耳机重放对信号控制产生影响的第二个重要因素是对于环境声的隔离。除非在极度受控的条件下，任何听音环境都包含背景噪声，它会和重放的双耳信号相叠加，造成听觉干涉，进而导致听觉形象的失真。环境声的串扰在使用耳机时会被大幅衰减，密闭式耳机（将在后文进行讨论）能够将听音者和他 / 她所处的声学环境隔离开来。

但是耳机并不能提供双耳音频重放的终极解决方案，它存在的若干缺陷会对听音体验产生负面的影响。正如前文所述，耳机提供的是以听音者为中心的重放方式，听音者始终处于甜点。这会导致听音者进行头部运动时信号无法做出相应的改变。尽管这可以被认为是一种优势，但同时也是一种缺陷，因为它会导致听音者和环境之间互动性的丢失。当使用耳机时，整个声学环境会随着头部移动而移动，听音者位置无法对信号产生影响，这会导致不自然的听音体验。

所有声音均来自人头内部是耳机听音的常见体验。"头中定位"（IHL：Inside-The-Head Locatedness）是一种伴随耳机听音出现的常见现象，尽管这种现象也会伴随扬声器重放而出现。头中定位（接下来将详细讨论）有时是一种不良结果，尤其是长期暴露在耳机重放的情况下，它可能会导致听觉疲劳。

最后，正如声学隔离的积极影响在于其能够为听音者提供一个受控的听音环境那样，极端的声学隔离则会造成不良的影响。某些类型的耳机（如开放式或半开放式）通过透声方式将环境声直接传递给听音者来缓解这一问题。

4.1.1　单声道

在自由场听音环境下，1 个单声道信号指通过单点传输的声音。当听音者面对单只扬声器时，它向左耳和右耳传递的信号是相同且完全相关的。在耳机听音环境下对单声道听觉形象的感知与上述情况基本相似——送往左耳的信号与送往右耳的信号相同。双耳间互相关性（IACC：Inter-Aural Cross-Correlation）是对双耳接收信号相似度的衡量。当 IACC 为 1，两个信号完全相干且相同。这使得声音听上去像是从头部中心发出的。当互相关指数为 −1，说明两个信号相同，但是极性相反。互相关指数越接近 0，两个信号差异就越大——这通常作为对信号质量的衡量，与具有良好空间感和包络感的信号联系在一起。因此，左耳和右耳接收高度相关的信号将会导致空间感减弱，耳机重放会加剧声音的内化。

4.1.2　立体声

声像电位器是音频工程师在立体声声场中进行声音定位时最为常用的工具之一。传统的立体声混音方式采用 −3 dB 正余弦等功率振幅定位法则来进行声源定位。通过调整信号在左声道和右声道输出的增益，就能够在 2 只重放扬声器之间或左右耳机之间的中轴线上（也称为侧向定位[3]）获得一个虚声像。

尽管多数混音工程师通常会在扬声器重放环境下进行混音，最终的录音产品却大多都通过耳机来聆听。这两种重放方式分属不同的类别，它们本质的区别在于串音。当听音者通过耳机接收立体声信号时，左右声道之间没有任何串音，它们之间是完全隔离的——因此被称为"双声（Biphonic）"信号。由于缺少串音，混音师在扬声器重放环境下试图营造的听觉体验在通过耳机聆听时会变得非常不同。因此与通过扬声器重放同样的素材相比，耳机重放会导致声源向两侧堆积，导致声场中部出现能量的缺失。

---

[3]　"侧向定位"的原文为"Lateralization"，指通过耳机重放时声像向左右两侧堆积的现象——译者注

一些相关研究对原始双声信号和使用耳机听音增强算法的信号在音质、空间特征和用户喜好方面进行了比较，探索为耳机重新引入串音将如何影响听音体验。在 Manor 等人（2015）进行的 2 组实验中，听音者对流行音乐的原始双声信号和使用了近场扬声器串音模拟的信号进行比较。近场串音模拟在低频引入了时间差和强度差，它与声源非常靠近听音者头部时提供的听觉提示十分一致。基于整体喜好和整体舞台宽度（ESW：Ensemble Stage Width）的主观测试结果表明，相比于原始双声信号来说，一些听音者更加倾向于加入了近场串音模拟的立体声声像。

Lorho（2005）研发出远场串音模拟算法，这种立体声增强算法及其系统也曾得到主观评价。评价结果显示，相比于处理后的信号，被试者几乎一致倾向于（未经处理的）原始版本。换言之，立体声增强算法并未改善耳机重放条件下的听音体验。

4.1.3　双耳声

双耳声信号包含两个声道。但与耳机重放的立体声不同的是，双耳声信号包含了以时间、强度和频率染色为形式的空间听觉提示——这些提示是对人类自然听觉定位的模拟和增强。双耳声信号的目标重放系统是耳机或者使用了串音消除技术的扬声器系统（详见第 5 章）。如果能够以恰当的方式进行捕捉、合成和重放，双耳声信号能够产生强烈的、类似于自然环境的空间声音印象。

4.1.4　虚拟环绕声 / 虚拟多声道

除了通过耳机重放包含空间听觉提示的双耳声信号之外，具有扩展功能的耳机还能够制造出具有空间感的听音环境。这些扩展功能被划归为两类——声学增强或硬件增强，以及通过信号处理进行扩展。

耳机的虚拟扬声器技术的目标在于模拟在真实听音环境中聆听一个或多个真实扬声器的听觉体验。试想你坐在一个配有立体声扬声器系统的房间中。房间声学、扬声器位置、你所处位置以及上述因素之间的关系将会影响你所感知的立体声声像。到达听音者鼓膜的声音是从扬声器辐射出来、在空中传播并与房间作用后才到达人耳的。事实上，每个扬声器都可以被认为是一个声源。捕捉扬声器、房间声学以及听音者 HRTFs 的综合信息将会得到双耳房间脉冲响应（BRIR：Binaural Room Impulse Response）。将 BRIR 与扬声器播放的信号进行卷积处理，就能够通过耳机重放获得虚拟扬声器在虚拟房间中的效果。通过图 4.3 我们可以看到，BRIR 代表扬声器的位置（b_L 和 b_R），它被用来处理干声 $x(t)$。到达听音者双耳的信号以及他所感知虚拟扬声器形成的声像将等同于实际扬声器在房间中发出的信号。

通过耳机实现对超过 1 只虚拟扬声器所产生的虚拟虚声源（Virtual Phantom Image）的还原是对

人们感知实际扬声器在房间中产生的虚声源的再现。图 4.4 (a) 描述了在 2 只扬声器的中心所感知的虚声像。通过耳机呈现的 2 只虚拟扬声器也能够让人感知到同样的虚声像 [见图 4.4 (b)]。

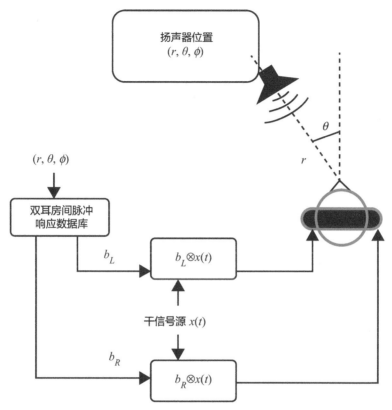

图 4.3　虚拟扬声器的渲染。将双耳房间脉冲响应滤波器 b_L 和 b_R 与干信号源 $x(t)$ 进行卷积。

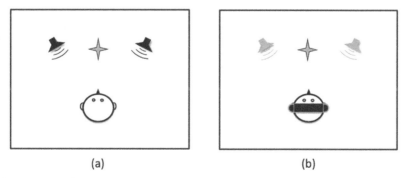

图 4.4　听音者通过 2 只扬声器感知虚声像（a），以及通过耳机重放的 2 只虚拟扬声器感知同样的虚声像（b）。

实现

通过耳机进行虚拟环绕声重放基于前文所述的理论。图 4.6 展示了一个 5 声道环绕声系统的例子［见图 4.6（a）］，以及和它相对应的虚拟环绕声系统［见图 4.6（b）］。每个扬声器都被视为一个单独的声源，通过扬声器输出的信号也经过了相应的处理。通过耳机再现环绕声系统的基本方式就是通过脉冲响应对音频信号进行处理，这一脉冲响应实际上和播放相应信号的扬声器在房间中所处的位置相对应。图 4.5 展示了一个 5 声道虚拟环绕声系统的框图。图中 5 个声道（中置、左、右、左环绕和右环绕）与左右扬声器所对应的头部相关脉冲响应进行卷积。例如，为了获得虚拟左环绕声道，左环绕音轨需要与 −110° 水平方位角获得的头部相关脉冲响应进行卷积，然后送往耳机的左输出；同时还需要将左环绕音轨和右侧 −110° 水平方位角获得的脉冲响应进行卷积，然后送往耳机的右输出。

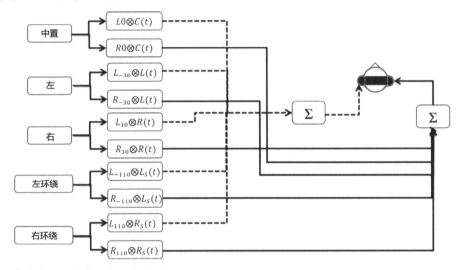

图 4.5 5 声道虚拟环绕声系统的实现框图。

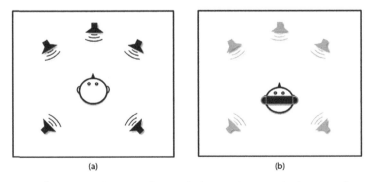

图 4.6 使用 5 只物理扬声器组成的实际环绕声系统（a）；一个通过耳机重现的具有 5 只虚拟扬声器的虚拟环绕声系统（b）。

这个概念不仅限于 5 声道，还可以用于渲染虚拟 7.1、10.2、22.2 或任何扬声器布局。

图 4.7 给出了 5 声道虚拟环绕声系统中使用的脉冲响应的前 3 ms 内容。该脉冲响应长度为 16 ms，包含了代表 5 只扬声器位置的空间听觉提示，以及双耳房间脉冲响应所表示的小房间。

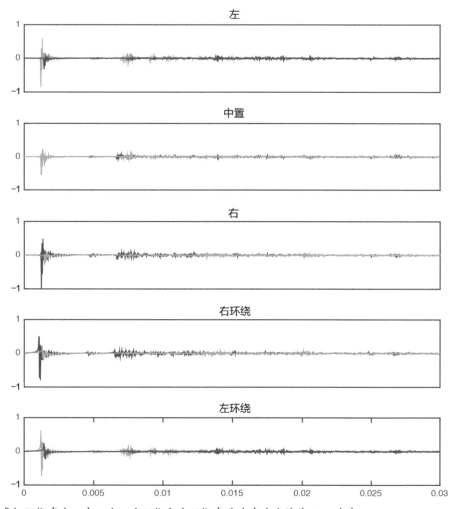

图 4.7　虚拟环绕声左、中、右、右环绕和左环绕声道脉冲响应的前 3 ms 内容。

4.2　双耳声的获取

使用人工头和双耳声录音是为多数听音者提供三维声效果最具说服力的方式之一。人工头是对真人头部的物理重现，它与成年人的头部具有相似的解剖学特征，包括头部尺寸、形状、耳朵和耳郭的位置，某些情况下还包含肩膀和 / 或躯干。人工头所扮演的角色是捕捉出现在听音者双耳位置上的声音。从这个角度来说，人工头起到了双耳声传声器的作用。

史料记载的第一个使用类人头系统进行的双耳声录音演示出现在 1933 年的芝加哥世界博览会上，AT&T 展示了其人工头"奥斯卡"[见图 4.8（a）]。这个机械模型在双耳处设置了传声器，它们接收的声音被实时传递到听音者所佩戴的耳机中。现在的人工头与这种早期模型差别不大，传声器安装的位置要么位于耳道的入口，要么位于耳道中的某个位置。位于两侧的耳郭是人工头最为重要的特征之一。

作为对真人头实际耳郭的模仿，这些耳郭在一些人工头型号之间可以进行互换。声音经过耳郭的染色后被传声器捕捉，记录下来的声音信号则包含了相应的听觉定位提示。这种拾音方式获得的双声道录音则代表了听音者实际听到的声音，它包含了一个人身临其境所能够获得的所有空间听觉提示。出于这一原因，这种录音被称为双耳录音。

对于双耳录音来说，一个重要的考量就是它们的重放方式。由于双耳录音所包含的空间提示需要直接在听音者耳道处进行重放，它们需要分别出现的左耳和右耳。播放双耳录音最为直接的方式就是通过耳机，因为它能够将左右信号分别送入左耳和右耳，同时在双耳间具有最大的隔离度，因此是将音频信号呈现给听音者最为准确和受控的方式。另一种重放双耳信号的方式是通过使用有串扰抵消系统的扬声器（将在第 5 章中进行讨论）。

如今有很多人工头和双耳声捕捉设备。它们可以被分为 3 类：人工头、配有肩膀或躯干的人工头以及双耳传声器（见图 4.8）。双耳人工头 [如图 4.8（b）所示的 Neumann KU-100] 包含了真人头的解剖学特征，其传声器位于双耳处，但是没有躯干结构。这种设计具有良好的便携性，适用于对音乐和其他音频事件进行双耳录音。虽然能够捕捉头部和耳郭所造成的空间听觉提示，但由于躯干的缺失，这种录音方式无法提供肩膀所带来的物理属性。这一缺点可能会削弱对高度提示的捕捉，进而对声音空间内容的捕捉造成一定程度的限制。

包含头部和躯干信息的完整双耳提示通常被用于声学研究和测量，这其中就包括 KEMAR（Knowles Electronic Manikin for Acoustic Research）人体模型，见图 4.8（c）。KEMAR 被大量用于公共应用和研究活动的 HRTFs 测量。这其中包括麻省理工学院进行的测量工作（Gardner 和 Martin，1994）、华南理工大学进行的近场 HRTFs 测量（Xie 等人，2013），以及柏林工业大学（TU Berlin）进行的混响环境下的双耳房间脉冲响应（BRIR）测量（Wierstorf 等人，2011）。最后一种方式是将双耳传声器放置在听音者的耳部来提供最高级别的空间提示定制。由小型振膜所组成的双耳传声器可以被放置在入口处，通过例如泡沫环等装置进行固定 [见图 4.8（d）]，这种方式被称为耳道阻隔法。进入耳道的信号被传声器捕捉，并作为双通道录音来进行存储。耳道阻隔法也经常用于定制 HRTFs 的测量。

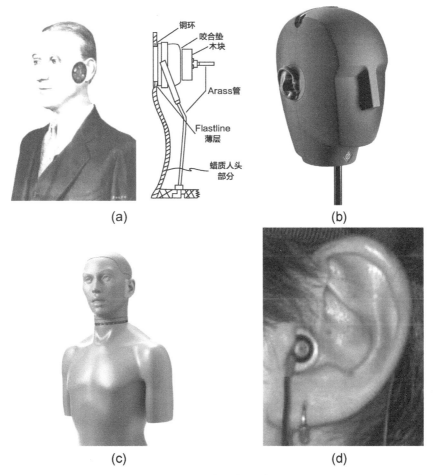

图 4.8　几种双耳录音方式：（a）AT&T 人工头"奥斯卡"（Hammer 和 Snow，1932）；（b）Neumann KU-100；（c）KEMAR；（d）位于听音者耳部的双耳传声器。

互动式双耳声捕捉

　　尽管很多人都认为双耳声录音是捕捉三维声和空间听觉提示最具说服力的方法，但它的局限性在于捕捉到的声像只能再现一个固定的视角。换句话说，一旦录音完成，听音者就无法通过转动头部来和周围的环境互动。运动追踪双耳声（MTB：Motion-Tracked Binaural）是由 Algazi、Duda 和 Thompson（2004）研发的一种用于捕捉和还原双耳声的技术，它允许听音者在转动头部的过程中获得一个以听音者为中心的声像。基于人工头声音捕捉的概念，MTB 在一个近似于人头尺寸的球形表面上分布了若干个传声器。一组传声器阵列在整个表面上进行水平分布以进行信号捕捉。而对整个水平方向上声音的捕捉则避免了捕捉到的声音仅能够还原固定的听音者视角。相反，它捕捉到的是与听音者头部朝向无关的视角。因此在声音重放过程中，听音者在声音场景中的视角可以通过头部追踪信息来进行调整。当追踪器获取了听音者头部的朝向之后，整个球体上距离最近的传声器组就表示了此时听音者双耳的位置，它们所获取的信号也同时被选择和播放。如果听音者的朝向和双耳位于两组传声器之间，那么播放的信号则在两组相邻传声器之间进行插值替换（Interpolate）。

　　另一种拾音方式的基础与 MTB 理念相似，一组传声器阵列被安装在水平面上，如图 4.9 所示。全向双耳声传声器[4] 是一种非人头系统，以正方形为布局排列了 4 组耳郭。它在每一个侧立面上都配备了一个左耳郭和一个右耳郭，以此在 4 个不同的方向上——北、东、南和西（或 0°、90°、180° 和 270°）捕捉双耳声录音。这种方式可以同时在 4 个方向上进行双耳声录音的捕捉，与 MTB 相似，声音重放过程中信号播放的视角取决于听音者的朝向。

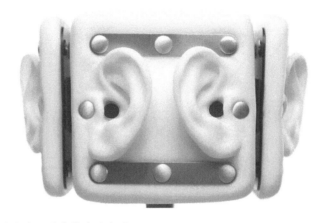

图 4.9　使用多个耳郭的全向双耳声传声器阵列。

4.3　头部相关传递函数测量

　　声学测量是获取 HRTFs 最为可靠和准确的方法。它需要将双耳声传声器放入被试者的耳中，通过位于不同水平和高度位置上的扬声器播放测试信号，测量被试者在该位置上的 HRTFs（或者其时域的头部相关脉冲响应）。信号分别在左右耳进行记录，并以此求出头部相关脉冲响应。

　　声源和到达人耳信号之间的关系可以简要表示为：

$$Y_L(\theta,\phi,d,\omega) = H_L(\theta,\phi,d,\omega)X(\omega)$$

4　　全向双耳声传声器（The Omni Binaural Microphone）由 3Dio 研发——作者注

以及

$$Y_R(\theta, \phi, d, \omega) = H_R(\theta, \phi, d, \omega)X(\omega)$$

其中，

θ 为水平方位角；

ϕ 为高度角；

d 为距离；

ω 为角频率；

Y_L，Y_R 为到达听音者耳部声学信号的频谱；

H_L，H_R 为 HRTFs；

X 为声源的频谱。

HRTFs 的推导是通过将输入信号与相应的输出信号进行互相关（Cross-Correlating）处理得到的。系统响应可以通过下式进行定义：

$$H_L(\theta, \phi, d, \omega) = Y_L \,/\, X(\omega)$$

以及

$$H_R(\theta, \phi, d, \omega) = Y_R \,/\, X(\omega)$$

对于声源定位的处理过程可以被描述为根据 $Y_L(\theta, \phi, d, \omega)$ 和 $Y_R(\theta, \phi, d, \omega)$ 中包含的信息求 (θ, ϕ, d)。

目前得到使用的 HRTFs 测量系统有若干种，它们中的一些使用固定被试和旋转扬声器的布局（如 CIPIC 和 ISVR），而其他则使用旋转被试和固定扬声器的布局（如 IRCAM 和 MARL）。由于这是声源（扬声器）和听音者在某种相对位置关系下测量得到的与方向相关的滤波器，在仔细校准且对测量设备和空间做精细考量的情况下，两种类型的系统能够获得同样的结果。尽管 HRTFs 的测量可以在不同的距离下进行，但通常来说听音者与声源距离应至少为 1 m，即声源处于远场[5]。声源和 HRTFs 在近场的表现具有显著的不同（关于近场的讨论请参见附录 4.A）。

在通过真人被试进行 HRTFs 测量时，会将双耳声传声器放置在左耳和右耳。目前有两种主要的传声器放置方式——耳道阻隔和探针管。耳道阻隔将微型传声器放置在耳道入口。一个泡沫环被用来封闭耳道，形成一个密闭的环境，同时将传声器保持在一个固定的位置［见图 4.8（d）］。由于传声器位置固定，耳道阻隔是重复性更强因而具有更好信噪比（SNR：Signal to Noise Ratio）的一种方法[6]。

---

[5]　在物理声学中，远场与声音的频率相关，至少为一个波长的距离。但是在空间音频领域的共识是，距离超过 1 m 的声源被认为处于远场——作者注

[6]　被试者的耳朵通过耳道阻隔法封闭起来，进而在高声压级下得到保护。因此测量使用的激励信号可以在不造成被试者不适甚至听觉系统损伤的前提下提升音量，进而带来一个更好的测量信噪比——作者注

而探针管则伸入耳道内部，与耳外的微型传声器相连。通过这种开放耳道的方式对耳道内的 HRTFs 进行测量[7]，因此包含了耳道的特征，这种耳道所带来的个性特征也引发了一些争论。

　　HRTFs 的目的是在没有任何房间声学或空间信息的情况下再现与方向相关的空间提示。因此 HRTFs 通常会在消声环境下进行测量。但是它们同样也可以在一个非消声环境下测量，只要这个房间足够大，以至于反射无法与 HRTFs 的直接响应发生干涉，这样就可以将反射从测量结果中移除（例如 Algazi 等人，2001a）。

　　不同测量所采用的角度间隔十分不同，有些测量采用 2°～ 30° 的水平间隔和 4°～ 30° 的垂直间隔，而常规测量则在水平和垂直方向上均使用 5°～ 15° 的间隔。被试者和扬声器的位置必须经过深思熟虑，尤其对于间隔紧密的测量来说，一个微小的位置误差就会导致严重的空间失真。为了确保被试者头部处于正确的位置，需要使用一个追踪设备来调整被试者的位置或者矫正某些误差。

　　所有重放和信号捕捉设备所具有的频率特性都会影响 HRTFs 测量。因此包括传声器、扬声器、话放、模 / 数转换、数 / 模转换在内的所有测量设备都需要经过仔细校准。

　　被测信号可以通过下式来表达：

$$Y(\omega) = X(\omega)S(\omega)M(\omega)H(\omega)$$

　　其中，$Y(\omega)$ 是记录下来的信号，$X(\omega)$ 是测试信号，$S(\omega)$ 是扬声器和功率放大器的传递函数，$M(\omega)$ 是传声器和话放的传递函数，$H(\omega)$ 则是 HRTFs。为了仅捕捉 HRTFs，必须消除 HRTFs 之外所有的系统特征。换言之，作为 HRTFs 表达式的 $H(\omega)$ 可通过下式求得：

$$H(\omega) = \frac{Y(\omega)}{X(\omega)S(\omega)M(\omega)}$$

HRTFs 格式

　　直到最近，HRTFs 的存储一直没有标准的格式。它们通常以 .wav、.mat 或其他专有格式进行存储。关于测量系统设置、测量位置、采样率和其他相关信息在一个数据库的所有数据集中都是共通的，而且能够进行硬编码（Hard Coded）。随着 HRTFs 的数据交换变得愈发普遍，它在多种应用中的使用也愈发频繁，使用通用格式进行 HRTFs 数据集的交换就变得十分必要。在过去几年中出现过若干格式（如 Andreopoulou 和 Roginska，2011；Schwarz 和 Wright，2000）。2015 年，AES 将 SOFA（Spatially Oriented Format for Acoustics）格式作为 AES69-2015 标准。SOFA 是一种被用于表示 HRTFs、BRIR、HpIRs 以及传声器阵列响应（Microphone Array Responses）、方向性房间脉冲响

7　将探针管视为传声器的一部分，更有助于我们理解这种测量方式——译者注

应（Directional Room Impulse Responses）等复杂数据集的数据格式。这种格式支持对测量数据的便捷描述，无论其测量环境如何，它都能够兼容任意几何形状的测量位置，同时包含与测量相关对象（接收器、听音者、发射器、声源及房间）的规格参数。

4.4　双耳声合成

双耳声合成可以用于模拟双耳信号呈现的声源，使其出现在听音者周围的某个位置上。如前文所述，左耳和右耳各自的 HRTFs 包含了听音者在某一位置上接收声源所需要的空间提示。当我们将 HRTFs 中包含的提示施加到声音信号之上，就能够在听音者耳道入口处制造相应的左耳和右耳接收信号，进而制造一种声音形象，好像声音来自 HRTFs 测试信号源所在的位置。

4.4.1　双耳静态声源

双耳声合成需要使用单声道信号，并将其与包含左右耳头部相关脉冲响应（HRIRs）的滤波器进行卷积，而该 HRIRs 则代表了听音者通过双耳重放系统所感知的声源发出方位，如图 4.10 所示。例如，为了合成一个水平方位角为 30°、垂直高度角为 0° 的虚拟声源，需要将一个单声道信号 S 与代表左耳的水平 30°、垂直 0° 的 HRIRs 进行卷积生成左信号；同时将单声道信号 S 与代表右耳的水平 30°、垂直 0° 的 HRIRs 进行卷积生成右信号。

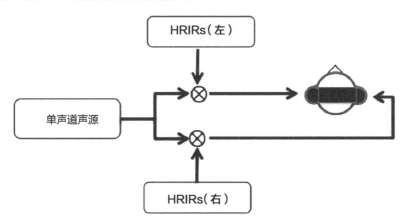

图 4.10　双耳声合成：将单声道声源与左耳和右耳的头部相关脉冲响应（HRIRs）进行卷积。

用于双耳声合成的 HRIRs 可以是通用的、针对个体测量获得的、从数据库获取和 / 或定制的。由于很多 HRIRs 都是在消声环境下测得的，因此可以为合成虚拟声源施加人工混响以创造出房间效果，同时将头中定位效应最小化。

4.4.2　双耳动态声源

自然世界是一个视觉和听觉感知不断发生变化的环境。声源与听音者之间的相对位置可以通过下列两种方式之一来进行改变：（1）改变声源的位置；（2）改变听音者的位置或朝向。人类听音者可以通过和声源的互动来对它们进行更为准确的定位。

听音者能够通过转动头部来获得更多关于声源位置的信息。进行头部运动的原因有 2 个：第一，头部转动可以作为一种指向装置。听音者可以调整头部朝向直到声音听上去位于正中，而在这个位置上定位的准确性是最好的。第二，头部运动对于辨识位于混淆锥上的声源方位起到了主导性的作用。为了演示这种现象，让我们假设有 1 个静止声源位于 180° 水平方位角上，如图 4.11 所示。这种情况可能会导致听音者对定位的判断模棱两可，无法确定声源究竟是位于后方的 180° 还是正前方的 0°，因为两个位置在听觉系统中产生的双耳间时间差和双耳间强度差都是 0 [见图 4.11 （a）]。如果声源位于正后方，向左转动头部会导致声音到达左耳时间较早，强度较大 [见图 4.11 （b）]。而如果声源位于正前方，那么同样的动作会导致声音到达右耳时间较早，强度较大 [见图 4.11 （c）]。

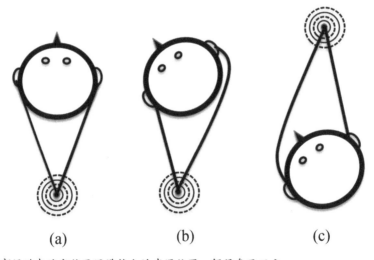

图 4.11　通过头部运动来确定位于混淆锥上的声源位置。解释参见正文。

4.4.3　虚拟听音环境下的运动

在一个虚拟听音环境中，双耳声合成所获得的运动感可能由 1 个因素导致，也可能是 2 个因素的结合：即听音者运动和声源运动。通过转动头部，听音者以摇头、抬头低头和摆头的方式改变朝向（见图 4.12）。改变头部朝向会影响声源和听音者头部之间的相对位置关系。例如，摇头会改变声源感知的相对水平方位角。听音者可以通过摇摆身体或移动至（x，y，z 坐标系中的）另一个位置来改变其在空间中的物理位置。听音者位置的改变不仅会影响声源与听音者之间的方位关系，还会影响听音者和房间的关系，这会导致听音者获得的直达声和早期反射声被重构。早期反射的位置以及与听音者之间的关系有助于在房间中对声源进行定位（Rakerd 和 Hartmann，1985）。听音者位置和朝向的改变将共同影响声源与听音者之间的相对位置关系。

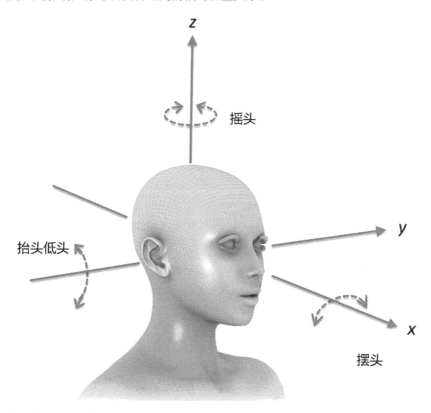

图 4.12　头部运动的 3 个方式：摇头、抬头低头、摆头。

　　在没有任何额外处理的情况下，通过耳机重放的合成双耳声信号会带来一种静态的听音体验，这种方式无法将头部运动考虑在内，当听音者进行头部运动时，整个听觉场景会随之运动。这会导致听音体验的自然程度降低，引入头中定位效应。为了获得一个更为自然的听音环境和更好的沉浸感与临场感，必须通过某种方式来补偿听音者头部运动所造成的位置改变，这样当听音者进行头部运动时，虚拟声源将会保持原位不动——与自然听音环境相符。为了获得一个动态的虚拟环境，虚拟声源和听音者之间的相对位置必须随着他们的位置变化而发生改变（见图 4.13）。

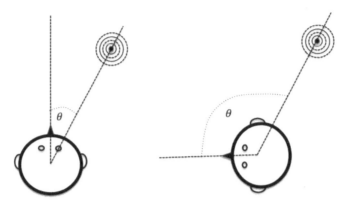

图 4.13　听音者头部朝向变化导致的声源相对位置的改变。

在一个虚拟听觉环境中，需要了解听音者的位置和朝向以便对任何位置变化进行补偿。为了做到这一点，必须对头部位置进行追踪，虚拟声源的位置必须根据听音者的位置以及声源需要出现的位置进行更新。

4.4.4　动态听音者

目前通过很多技巧和技术都可以对听音者的位置进行追踪。头部追踪器（Head-Tracker）测量听音者与一个参考点之间的相对位置。3 自由度（3DOF：Three Degrees-of-Freedom）追踪器仅对头部朝向（摇头、抬头低头、摆头）进行测量。而 6 自由度（6DOF：Six Degrees-of-Freedom）追踪器在头部朝向之外，还能够对听音者在 x, y, z 坐标轴中的位置进行测量。目前，追踪器所使用的追踪技术主要分为 4 类。惯性传感器（Inertial Sensor）使用加速计和陀螺仪来提取位置信息。采用二重积分计算可以通过加速计的测量结果获取线性加速度——对加速计测量信息求积分得到速度，然后对结果再次求积分求得与初始点的相对位置。惯性传感器易于投入实际应用，在手机和其他个人设备当中十分普遍，这得益于它们的低成本、高升级率和低延迟特性。但惯性传感器往往会出现明显的偏移误差，因此必须将误差计算在内并予以补偿，以此保证定位的准确性。

磁性追踪器需要使用固定发射器来制造一个磁场。通过在听音者头顶放置一个磁传感器（或接收器）来感知由听音者位置变化或身体运动所造成的磁场变化。它能够测定磁场的强度和角度（方向），进而获得传感器相对于发射器的位置和朝向。磁性追踪器具有很高的准确性，但是对于外部电磁干扰十分敏感，通常具有较小的操作范围。

声学追踪器通过分析声学信号到达接收器所需要的时间来进行工作。通常，在听音环境中设置多个超声波发射器，同时在头部放置若干接收器来追踪听音者的位置和朝向。

光学追踪器依靠多种图像分析方式，通过摄像机进行位置信息的提取。光学追踪方式将若干不同的技术结合在一起，包括将物体与已知形状的动态或静态标记进行比对，或将物体与其几何外形（如头部或脸部）进行无标记比对。光学追踪通过上述方式提取头部方位特征以进行连续追踪。

通过追踪器获取的听音者位置信息被用于 HRTFs 的实时调整，使通过 HRTFs 合成的双耳声环境能够适应听音者的位置变化或头部朝向变化。与静态听音模式相比，使用头部追踪技术的互动系统所具有的显著优势不仅在于获得更加真实和具有沉浸感的听音环境，还有助于提升定位准确度和声源的外化 [8] 程度，减少听音者对于前后和上下方位的混淆（Brungart 等人，2004；Begault 等人，2001）。

4.4.5　动态声源

当听音者处于固定状态而虚拟声源运动时，情况与声源固定而听音者位置改变时相似。在这两种情况下，HRTFs 都必须不断地进行适应性调整以制造声源与听音者之间发生动态位置变化的运动印象（Impression of Motion）。这种运动印象来自运动轨迹起始点和终点间对声源位置进行平滑且高频次的更新。为了成功地获得这种效果，一个虚拟声源必须根据其位置的变化得到高频次的滤波器处理，这些不断变化的滤波器特性则代表了声源空间位置的改变，同时在变化过程中不能够出现突兀的频率或时间跳变。为了在空间中获得一个均匀一致的过渡，用于信号处理的 HRTFs 必须是两个或多个不同位置上的 HRTFs 之间进行不间断插值运算的结果。

HRTFs 插值运算可以被用于生成运动轨迹，或者将虚拟声源呈现在没有经过 HRTFs 测量的位置上。通过测量得到的 HRTFs 可以估算出目标位置附近的双耳声滤波器。一些用于时域和频域、主成份分析（PCA：Principal Component Analysis）、极零点模型（Pole-Zero Model）和其他数据的插值计算方法和技巧已经被提出并得到应用（如 Christensen 等人，1999；Hartung、Braasch 和 Sterbing，1999；Nishino 等人，1999）。插值计算方法包括：在 2 个（线性的）、3 个（三角的）或 4 个（双线性的）通过测量获得的 HRTFs 之间进行的插值计算、通过基函数（如 STPS：Spherical Thin Plate Splines，Wahba，1981）进行的重构，以及离散基函数的功能性表达或者多极展开（Duraiswami 等人，2004）。

4.5　头中定位

在自然听音环境下，听音者感知到的大多数声源都是外化的，即听上去来自头部之外。但通

---

[8]　"外化"的原文为"externalization"，指克服耳机带来的头中定位效应，让声源听上去来自人头之外——译者注

过耳机进行的声音重放经常会造成声音来自听音者头颅之内的感觉。头中定位（IHL：Inside-the-Head Locatedness）指声源来自听音头颅内左右耳之间的错觉。这一过程被称为声音的侧向定位（Lateralization）。头中定位并不是一个罕见的现象。尽管 19 世纪就有人发现了这一现象（Thompson，1877，1878，1881），然而得益于近期双耳声模拟和重放技术的进步，直到最近研究者才给予这一现象特别的关注。头中定位的一个典型例子就是把耳朵堵上然后听自己的声音。这一特定的例子会带来强烈的颅内声像感知。即使不把耳朵堵上，自己的声音听上去也很像来自颅内。头中定位也会出现在扬声器重放的情况下：Hanson 和 Kock（1957）在消声室中通过 2 个扬声器播放内容相同但极性相反的信号演示了这种效应。最为常见的头中定位现象可能就是通过耳机来播放外部声源了。通过耳机重放的声音往往会定位在头颅内部。这种现象不仅出现在耳机的立体声重放中，也出现在通过耳机进行的三维声重放过程中。耳机重放也因此被认为不那么自然。相对而言，外化的声像则显得更为自然。20 世纪 70 年代，研究人员开始着手通过人工头录音技术取代传统的单声道 / 立体声录音方法，以此来消除头中定位声像。在一项由 Plenge（1974）进行的研究中，被试者对双耳录音方式和单声道录音方式获得的素材进行了比较。研究结果表明，单只传声器拾取信号呈现出的头中定位声像在人工头录音中消失了。研究结果还显示，声音的外化和侧化在听觉系统中不仅仅会单独出现，这两种现象还有可能同时发生。

　　有很多理论对头中定位出现的原因进行了推测。这些理论包括：（1）不自然的骨传导以及耳机对头部造成的压力（Sone、Ebata 和 Tadamoto，1968）；（2）非静态头部条件下信号的不变性；（3）传声器和耳机之间的自然共振（Blauert，1983）以及多种关于重放设备的理论，例如耳机和人耳的耦合等。根据 Blauert（1983）的介绍，Reichart 和 Haustein 在 1968 年进行的研究对导致头中定位的原因做出了进一步的解释。这两位科学家认为头中定位会在两种情况下出现：（1）双耳信号具有足够的相似度以至于融合为 1 个听觉事件；（2）听音者感知的 2 个声源在距离双耳很近的情况下发出。他们还提出，耳郭效应的改变或缺失也是导致头中定位的原因。换言之，一个严重失真的耳郭提示会导致头中定位。一个双耳重放系统出现空间信号失真的原因主要有两个。第一，对于一个耳机重放系统来说，即使具有最高的质量，也带有其自身的特性。第二，将耳机置于听音者的耳朵上会产生一个声学腔体，该腔体具有自身特有的传递函数。因此，补偿耳机所造成的影响，确保信号在一个真正的自由场中得到再现是减少（或消除）头中定位的必要方式。目前还没有理论能够对头中定位进行完整地解释，也无法对这种现象的发生进行预测。尽管如此，为听音者呈现一个更加自然的声音的确能够将头中定位最小化。这包括真实的混响、个性化的 HRTFs 提示以及互动式的听音环境。

　　图 4.14 描述了 3 种耳机听音模式——立体声、双耳声和具有追踪功能的双耳声。在立体声耳机重放系统中，听音者所感知的声音出现侧向定位，听觉声像出现在左右耳之间的连线上。当加入双

耳提示后,对于声源的感知移至听音者周围,但是对于前方声源的感知仍然存在挑战,多数听音者感觉前方声源来自后方或者从头顶掠过。当把运动追踪与双耳提示进行结合后,听音者则认为声音来自自身周围头部之外的环境。

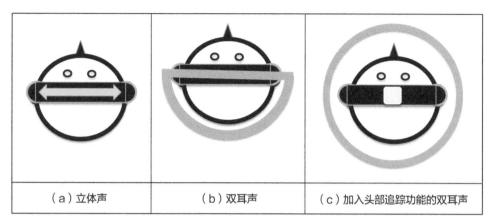

| （a）立体声 | （b）双耳声 | （c）加入头部追踪功能的双耳声 |

图 4.14 耳机听音的 3 种模式——（a）立体声,（b）双耳声和（c）加入头部追踪功能的双耳声。声像定位通过灰色粗线表示。

消除头中定位

有 3 个因素有助于耳机重放的声音外化。最为重要的因素是声音的空间提示以及对空间感知的触发,包括施加混响(人工的或自然的)(Begault,1992;Sakamoto、Gotoh 和 Kimura,1976;Toole,1970)。其次,使用个性化的 HRTFs 对三维空间进行模拟有助于提高虚拟听觉环境的感知质量和准确性。最后,声音的侧向定位往往在不考虑头部运动的情况下出现。在一个非互动性听音环境当中,听音者通过一个固定的视角来接收音频世界。在这种非互动情境下,将音频世界与听音者的运动进行同步会导致不自然的听感。在自然环境当中,只有一种声源不会随着头部运动而发生任何特征变化——每个人自己的声音。个人的语音也是自然环境下唯一一个从头颅内部发出的声音。一些理论表明,听音者之所以在非互动环境下对声音的感知来自颅内,是因为它和自然环境下唯一从颅内发出的声音体验相似。但这并不是唯一的解释,因为很多听音者都能够通过静态耳机重放感知外化的声像。尽管如此,通过引入头部运动,对于头中定位声像的感知能够得到最小化(Griesinger,1998)。

4.6 高级头部相关传递函数技术

在第 1 章中我们已经讨论过,每一个真人头的形状和尺寸存在极大的个体差异,耳郭的形状更是如此。出于这一原因，HRTFs 对于每一位听音者来说都是独特的，不同个体之间存在巨大的差别。在双耳声重放过程中使用非个性化的 HRTFs 会出现不良定位、前 / 后和上 / 下方位混淆和声音外化程度减弱等问题，进而导致空间印象失真，带来说服力不佳的听音体验。

众多研究结果表明，个性化的 HRTFs 将会带来更好的空间印象和更为真实的听音环境，它能提供更好的定位准确性（Wightman 和 Kistler，1989）、更少的混淆锥误差以及得到改善的外化声像。相关人员付出了大量的努力，通过个性化或准个性化的 HRTFs 来改善空间声像的质量和准确性，进而在耳机重放条件下提供更加自然的听音环境。

有一些方法可以对听音者的个性化 HRTFs 进行估算，包括个性化的 HRTFs 测量、基于图像的高解析度和低解析度数字建模、HRTFs 定制、感知性选择（Perceptual Selection）以及使用双耳房间脉冲响应（BIR）。

目前，声学测量是捕捉 HRTFs 中所包含时间、强度和频率特征最为准确和可靠的手段。个性化的 HRTFs 测量过程非常消耗时间，它要求听音者保持坐姿 1 h（甚至更长时间），并且可能由于噪声、疲劳、听音者动作或其他人为误差[9]而引入测量误差。这些误差可能导致听觉形象的失真和不可用的 HRTFs。对于 HRTFs 的处理也需要很高的成本，要求特定的设备和设施。为更多人制作高品质的双耳三维音频要求我们放弃个性化的 HRTFs 声学测量而另辟蹊径，同时获得的结果还必须具备与个性化 HRTFs 测量相近的品质（见图 4.15）。

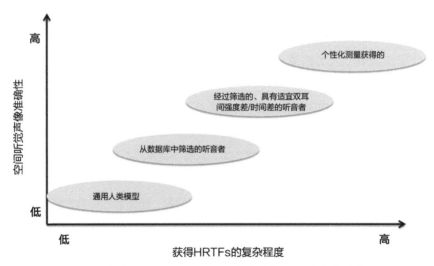

图 4.15　通过一个连续坐标轴来展示不同的 HRTFs 所获得的空间听觉声像质量。通用 HRTFs 获得的质量较低，个性化测量得到的 HRTFs 则能够带来较高的空间印象品质。

---

[9]　数字复用（Multiplexing）法能够显著地减少测量所需的时间——作者注

空间听觉形象的质量和获取 HRTFs 的复杂程度之间始终存在一定程度的权衡。图 4.15 给出了这种权衡关系的坐标轴，展示了空间听觉形象的质量和获得 HRTFs 方法之间的关系。通常，易于获取的 HRTFs 不需要听音者的参与，例如在人体模型上获取的通用 HRTFs 只能获得一个低质量的虚拟声源空间形象。一个通用 HRTFs 数据集通常会导致虚拟声源的定位准确性下降、前 / 后方位混淆增加、频率失真、不自然的声音失真、头中定位或者是上述若干问题的结合。空间听觉形象质量的另一极是个性化测量获得的 HRTFs。它们需要高度专业的设备、设施和大量的时间，同时带来准确的虚拟听觉空间印象。在这两个极端结果之间可以选择定制滤波器或改良滤波器。通过听音者个体测量的方式，一定程度的定制化将会带来声音品质的改善。

4.6.1　评估 HRTFs

目前有两种主流的 HRTFs 评估趋势。量化法通过 HRTFs 数据集物理参数与目标听音者物理参数之间的匹配程度对其质量进行评估——如双耳间听觉提示和频谱匹配度，或者通过定位准确度指标将被试者识别出的虚拟目标声源位置（通过耳机）与该声源在自由场环境下的定位进行比较（Bremen、van Wanrooij 和 Van Opstal，2010；Jeppesen 和 Moeller，2005；Hofman 和 Van Opstal，2003）。基于用户喜好的质量评估法则使用了另外一种 HRTFs 评估方式，其中涉及一些主观标准，例如对声源外化的感知、空间真实度、前 / 后及上 / 下方位区分度（如 Roginska、Santoro 和 Wakefield，2010；Seeber 和 Fastl，2003）以及运动映射和轨迹（如 Katz 和 Parseihian，2012）。显然，质量评估和量化评估的方式在某些情况下都是合适且有效的。

为了在使用非个性化 HRTFs 时合理地选择一个 HRTFs 数据集，被选择的 HRTFs 数据集和终端目标听音者之间必须建立一种关联。一些重视虚拟听音环境中双耳声音定位准确性的应用场合（例如一些关键任务）需要一个 HRTFs 筛选的过程，定位准确性则被列为评价指标的一部分。当空间声像品质在整体听觉体验中的重要性超过定位等其他特性时，HRTFs 数据集的选择过程则会将注意力集中在与最终目标直接相关的评价指标上。在过去十年中，有若干对非个人化 HRTFs 进行筛选的方法和手段被研发出来，其中包括数据库匹配（Zotkin 等人，2003）、HRTFs 定制（Katz，2001；Xu、Li 和 Salvendy，2008；Faller、Barreto 和 Adjouadi，2010）和 HRTFs 建模（Durant、Member 和 Wakefield，2002；Kulkarni 和 Colburn，2004；Hu、Chen 和 Wu，2008）。

4.6.2　定制化 HRTFs

测量个性化 HRTFs 的复杂程度为虚拟现实、游戏和娱乐等消费级应用场合使用高品质双耳声技术带来了挑战。为了应对这种挑战，有很多方法被研发出来以寻求空间声像品质的改善方法，以及如何在减少或避免个性化声学测量的情况下尽可能接近个性化 HRTFs 的效果。在这一部分我们将讨论一些关于个性化 HRTFs 获取的方法。

基于几何数据的个性化 HRTFs 的目的在于对 HRTFs 进行重构或建模，这些数据是通过对听音者头部和躯干的细节捕捉来获得的。如果将 HRTFs 视为自由场中的散射（Scattering）问题，应该有一种方式利用声音模拟手段，通过三维网眼材料（3D Mesh）覆盖的头部和躯干模型对 HRTFs 进行建模。其中得到应用的一种方法是边界元素法（BEM：Boundary Element Method），如 Katz（2001）。边界元素法的主要原理是通过一个网眼材料表示几何物体的表面。网眼材料是通过高精度三维激光扫描仪对听音者人头和躯干形状的精密扫描而获得的。通过几何表面上输入和输出声压对个性化的传递函数进行建模——穿过头部的声波则被忽略。这种方式所获结果具有良好的前景，与声学测量方式获得的 HRTFs 相比更是如此。但这种方法也存在争议，有人认为获取数据的扫描过程所需要的时间和复杂程度与声学测量相差无几，因此该方法相比于传统方式来说并不具备显著的优势。

另一种个性化的方式可以通过对 HRTFs 分解来实现。它将 HRTFs 分解为若干体现上半身生理特征的滤波器（如 Algazi 等人，2001b）。双耳间强度差和时间差主要受到头部物理特征的影响，可以根据头部尺寸和形状来进行建模；而耳郭的形状、尺寸和腔体则主要影响频谱变化。因此，HRTFs 可以通过两个独立的、互补的、分别代表头部和耳郭的滤波器进行重构。

基于用户感知和选择的 HRTFs 筛选方法由 Seeber 和 Fastl（2003）以及 Roginska 等人（2010）提出。这种方式期望通过用户的听觉评价来“寻找最佳适配”。这种方式就像去药店逐个试用，直到找到最合适的眼镜，而个性化 HRTFs 测量就像在验光师的帮助下为你配眼镜。尽管验光师给出的处方毫无疑问是更好的，但自选的眼镜也会十分不错，并且效果好于没有经过试戴的通用眼镜。在 Roginska 等人（2010）进行的后续研究中，听音者可以从一个 HRTFs 数据池中选择最适合自己且能够带来最好空间听觉形象的那个。听音者在 3 个评估步骤中分别将注意力集中在不同的特定评价标准上，包括声源外化、前/后定位以及对高度声源的区分度。因为被试者能够挑选的 HRTFs 数量较少，这一过程相对来说较为快捷，便于听音者操作。图 4.16 显示了某次实验的结果（来自 Andreopoulou 和 Roginska，2014）。在这次研究中，共有 16 个 HRTFs 供被试选择：包括 1 个为被试者进行个性化测量的 HRTFs、12 个来自公开数据集（CIPIC、LISTEN、FIU）的具有较高相似度[10] 的 HRTFs、1 个相似度最低的 HRTFs、1 个来自麻省理工学院 KEMAR 数据集的 HRTFs 以及一个随机（Catch-Trial）HRTFs。尽管个性化测量得到的 HRTFs 在各个评价指标当中的结果都为最优，当仍有部分 HRTFs 数据集的评价结果能够接近（或等同于）个性化测量数据集。

---

[10]　相似度的测量是基于线性判别分析（LDA：Linear Discriminant Analysis）获得的频率相似度来进行的——作者注

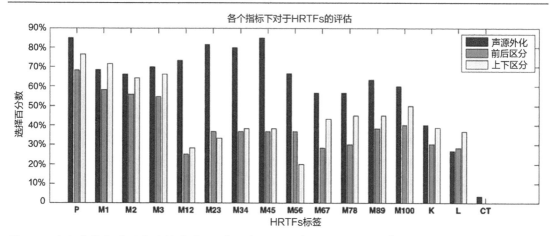

图 4.16　各评价指标的用户选择结果。P 表示个性化测量的 HRTFs，M_i 表示该 HRTFs 在反馈问卷的列表中排在第 i 位，K 表示 KEMAR 数据集，L 表示相似度最低的数据集，CT 则表示随机 HRTFs（来自 Andreopoulou 和 Roginska，2014）。

4.7　质量评估

各种通过耳机模拟双耳声的方法和技术的数量正在不断增加，虚拟听觉体验的质量也和自然的听音环境的相似度紧密相关。随着数量众多的技术进入消费市场，评价沉浸声体验的品质是十分有必要的。通过这一过程来对技术进行量化和优化，进而使听音者体验的真实程度得到提升和改善。

尽管量化法对于测量到达听音者双耳信号的物理属性（如频谱内容、时间属性等）十分有用，但一个听音者对于空间听觉形象品质的感知评判和实际听音体验的关系更为紧密。质量评估的目标是衡量听音者对虚拟听觉环境的感知。Letowski（1989）认为整体听音体验受到声音的两个主要属性的影响——一是声音品质，它会激发一种感性的或富有情感的喜好反应；二是声音特征，它作为对 2 个激励信号进行比较的结果，和声音评价关联在一起。

对于耳机重放的双耳声来说，通常通过 2 个方面来评价其品质：频率声染色以及声源定位准确度（Le Bagousse 等人，2011）。但是随着进一步了解影响双耳声模拟的因素，我们需要一个更为完整的评估方法来对双耳重放技术或系统进行全方位的量化和质量评估。

在 Nicol 等人（2014）撰写的论文中，作者描述了一个耳机重放双耳声的评估蓝本。和 Letowski（1981）相似，Nicol 等人（2014）也将评估参数分为两大类：情感参数主要起情绪驱动作用，与听音体验直接相关；而物理参数则基于声源和环境的声学或物理特征。

4.7.1　情感参数

情感属性十分复杂，且和整体的听音体验相关。这种判断可能和听音者的个人体验及情绪状态相关，它可能与声源或环境相关联，但与声音、房间和环境这些通过量化法测量的声学属性之间的关联较弱。情感属性的目标是描述一个或多个声源与听音者在环境情境中发生的关系。诸多沉浸式双耳声音频系统的目标就是再现一个自然的听音环境。在听觉环境的感知性听音测试与喜好测试中，"逼真度"通常是评价指标之一。历史评价结果显示，逼真度和听音者喜好之间存在非常强的相关性（Berg 和 Rumsey，2000）。因此，逼真度是我们渴望获得的特性，它能够让听音者难以区分自己所处的实际环境与合成环境之间的差别，这对于无论是通过双耳录音方式捕捉的信息还是合成得到的环境信息来说都是如此。

恐怕没有任何一个情感属性比情绪反应（Emotional Response）与听音者体验的关联更为紧密。很多以音乐和情绪为主题的研究都对听音者的情感参与度或音乐在情绪激发（Arousal）和情绪效价（Valence）层面所产生的影响进行衡量——其中情绪效价与人的幸福感（高兴或悲伤）相关联，而情绪激发则表现了一个人的活跃度（从平静到激动）。这些指标都可以进行生理测量——通过皮肤电传导、心血管监测、面部肌肉运动或者脑活跃度——或者通过评分表进行主观感觉的陈述。

第 3 个情感属性与听音者在同一环境下关注或区分不同声源的难易程度相关，并且和听觉场景分析之间存在紧密的关联（Guastavino 和 Katz，2004）。在一个自然听音环境中，听音者能够选择性地将他们的注意力集中在周围任何一个声源上，听觉系统对声源分辨能力的限制仅受声源频率内容、空间位置、相似度以及其他 Bregman（1990）所描述的格式塔原则（Gestalt Principles）的影响。然而，在一个双耳声重放系统中，听音者对声源的注意力会极大地受到捕捉（或模拟）和重放听觉环境所使用技术的影响。

4.7.2　物理属性

通过测量获得的声音或环境参数与质量评估的物理属性相关。当评价一个双耳声沉浸式环境的质量时，我们必须考虑包括声源位置准确性、音色质量和染色、视在声源宽度（ASW：Apparent Source Width）、声源展开以及房间声学和环境相关属性在内的重要物理特征。

声源定位是听音者通过判断水平方位角、垂直高度角和距离对声源进行定位的能力。前文已经提及，双耳声系统的定位特性极大地受到空间音频处理（包括声音重放和捕捉／模拟）所使用的 HRTFs 的影响。但是，听音者与环境的互动、视觉提示、声源熟悉度以及信号效能 [11] 等因素也会对

---

[11]　"信号效能"的原文为"signal effort"，可以理解为信号的信噪比——译者注

定位产生影响。尽管我们的目标始终是让合成环境的定位准确性等同于（甚至超过）自然听音环境下的定位准确性，对于所谓的"可接受的"定位准确性要求会根据双耳声的使用目的和应用场合有所不同。例如在一些关键任务中，声源定位准确性的作用至关重要，具有最高的优先级，对于声源位置感知出现 1° ～ 2° 的误差可能意味着生与死的区别。但是对于娱乐应用（如虚拟环绕声模拟）场合来说，只要声源或物体的感知在 10° ～ 15° 的可接受范围之内，定位准确性就不会对听音体验产生影响。

频率染色对听觉环境空间感知有着直接的影响，它会影响声源位置和对声音所处房间或环境的感知。在双耳声重放中，我们最为需要的是尽可能将不良音色染色保持在最低程度以获得最为自然的听音环境。有若干因素可能会对听觉形象产生音色染色，包括声音的拾取方式（在双耳声录音过程中所使用的耳郭）、双耳声模拟过程中使用的 HRTFs、声音重放方式以及耳机所带来的频率染色等。

视在声源宽度是一种感知属性，对它的衡量描述了声源或者声场的视在听觉宽度。视在声源宽度描述了听音者对于声源宽度的感知，无论环境或房间特征如何。听音者可以通过角度来描述视在声源宽度，这一主观属性与客观测量相关——尤其是双耳间互相关（IACC：Inter-Aural Cross-Correlation）[12] 函数（如 Okano、Beranek 和 Hidaka，1998；Vries、Hulsebos 和 Baan，2001；Rumsey，2002）。

最后，双耳声环境中所记录或模拟的房间声学和空间特性都会对音频的感知质量施加直接的影响，同时也会对房间中的声源施加相应的空间感。早期反射能够帮助听音者分辨声源在房间中的位置，而混响则提供关于房间本身的信息。很多与房间声学相关的感知属性都是基于 Beranek（1992）所提出的 7 个属性[13]。

4.8　双耳声重放方式

有若干种规格的重放方式能够将双耳信号直接提供给听音者的双耳。由于物理结构和一些技术限制，每一种方法都会对音频质量、双耳信号保真度及感知空间形象的保真度有所影响。双耳声重放方式包括入耳式耳机、覆盖式耳机、多驱动器耳机、骨传导耳机和类双耳扬声器。

4.8.1　耳机

基于与人耳耦合的方式，覆盖式耳机可以被分为两大类。罩耳式（Circum-Aural）耳机使用大

---

[12]　双耳间互相关（IACC）是对左右耳之间信号相似度的衡量，其读数范围在 −1 和 +1 之间。IACC 为 +1 表示两个信号完全相关，即两者完全相同（例如 1 个单声道信号）。IACC 为 −1 表示两个信号相同但反相，即极性相反。当两个信号的相似度较低，或者仅具有随机的相关性，那么 IACC 的读数接近于 0——作者注

[13]　Beranek（1992）所描述的 7 个属性包括：可接受的混响时间、适宜的响度、短预延时、初次反射后立刻出现侧向反射、一个扩散声场、最初 80 ms 的能量与随后 2 s 的能量相等、通过塑造混响时间曲线的低频部分获得声音的温暖度——作者注

尺寸的耳罩将耳朵完全封闭起来，通常在耳罩周围使用封闭垫。由于这种耳机完全罩在耳朵上，将其封闭且和周围环境完全隔绝，因此能够提供完全的声学隔离（如下文所述的封闭式耳机）。

贴耳式（Supra-aural）耳机（即贴在耳朵上的耳机）也被称为"耳垫"式耳机，这种耳机直接贴在耳朵上，其配套的垫子会和耳朵挤压在一起。贴耳式耳机尺寸较小，无法完全罩住耳朵。

开放式（Open Back）耳机在覆盖式耳机的后方采用敞开或开孔模式。这种设计会引入更多耳机之外的声音，允许更多的环境声进入，但同时通过一定距离下的声源感知，这种耳机能够提供更为自然的、类似于扬声器的听感和更具空间感的声场。

封闭式耳机通常被称为密闭式耳机，它通过一个被动式的声学密封装置来隔绝环境噪声。全尺寸的密闭式耳机能够在较高的频率上提供 10 dB 的噪声隔绝。贴耳式密闭耳机提供的隔绝量较少，其效果与耳机设计和佩戴者耳朵的形状紧密相关。入耳式耳机将密闭装置直接放置在耳道中，能够提供大约 23 dB 的外部噪声衰减，是被动式耳机中隔离度最高的。噪声抵消耳机通常采用封闭式设计，通过结合电声技术来获得无源式设计无法获得的噪声衰减。

4.8.2 入耳式监听

入耳式监听（IEM）也被称为耳道式耳机、入耳式耳机或道式耳机（Canalphone），它出现于 20 世纪 80 年代。这一设计的目的是通过耳朵和外部声学环境之间的气封对外界噪声进行最大程度的隔离。当听音者处于喧闹环境时，这一点就显得尤为重要。在这些场合下，入耳式监听提供了受控的听音环境，空气密封装置降低了本底噪声，改善了听音者的感知信噪比。这样的结果就是可以将整体音量维持在较低的水平而不牺牲信号的可懂度。入耳式监听的声学隔绝能力优于包括噪声抵消耳机在内的任何耳机，不同类型的密封装置能够提供 15 ~ 23 dB 的声学隔绝。浅密闭式入耳式监听的密封装置位于耳道入口，它所提供的声学隔绝较弱，而深密闭式入耳式监听则将耳机装置放置在耳道一半的位置上，以此提供更好的声学隔绝。

4.8.3 耳塞式耳机

耳塞式耳机（通常被称为耳机或耳塞）凭借其较低的造价，很快就成了便携式音乐播放系统中最为普及的听音工具之一。耳塞式耳机具有很小的尺寸，它被放置在耳郭最大的腔体耳甲（Concha）和耳道的入口处。与入耳式监听（详见前文）相比，耳塞虽然具有相似的尺寸，但并没有封闭耳道，它们大多使用耳甲作为放置耳机的支撑结构。但一些配备了小型耳挂的产品也能够避免耳机来回移动，很好地起到了固定作用。虽然它们的音质相对不错，但耳塞很容易受到佩戴合适与否所造成的响应变化的影响，由于和鼓膜靠近，这种影响会被显著放大。

4.8.4　多驱动器耳机

与前文所述的通过耳机呈现虚拟环绕声不同，多驱动器耳机在耳罩中使用多个驱动器来为听音者传递环绕声体验。耳罩中驱动器的布局模拟了一个房间中环绕声扬声器系统的布局。驱动器的数量视需求而定，可以从 6 驱动器的 5.1 系统一直向上扩展。例如，为了呈现一个 7.1 环绕声系统，一个常规多驱动器耳机系统会配备 10 个驱动器，每个耳罩中 5 个。每个耳罩都会配备一个驱动器来表示中、前（左或右）、环绕、后环绕及低频效果（LFE）（见图 4.17）。

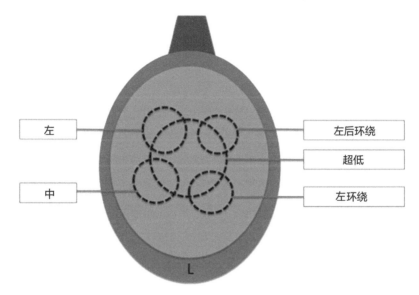

图 4.17　一个 7.1 多驱动器耳机左声道中驱动器的位置排列。

前投式（Frontal Projection）耳机（Sunder、Tan 和 Gan，2013）在耳机罩前部设置了驱动器。与传统耳机中驱动器位于耳罩中心不同，前投式耳机的驱动器位于耳机前侧，从前方直接向耳郭投射声音。这种方式模仿了扬声器重放。对侧投式和前投式耳机的比较性研究显示，前投式耳机能够减弱前后定位反转，具有更好的前方定位表现以及更少的声音染色。

4.8.5　耳用扬声器（Ear Speakers）

尽管耳机重放为听音者和声音环境重现提供了诸多的便利，但前文所列举的诸多劣势也让人不禁联想，通过扬声器来重放双耳声信号是否会是更为简单和优化的解决方案呢？通过扬声器播放双耳信号面临一个非常严峻的挑战。在扬声器重放环境下，到达左右耳的信号无法像耳机重放那样获得良好的控制。实际到达双耳的信号会受到听音者位置、朝向以及和扬声器整体位置关系的影响。此外，为左耳馈送的信号不仅通过左耳接收，还会串入右耳中，反之亦然。这种被称为串扰的现象会在第 5 章中进行详细探讨。关于这一话题需要着重指出的是，串扰现象对构建双耳听觉定位和声音形象会产生不利影响。当双耳信号通过传统的立体声扬声器（存在固有串扰现象）进行重放时，三维声像会崩坏。幸运的是，目前已经有一些方式可以减小、消除或是抵消这种串扰——无论是通过物理方式还是信号处理方式来实现。

为了成功地将包含空间提示的双耳信号传递给听音者，我们必须对左右信号进行隔离。在扬声器重放条件下，可以通过使用声学隔板来避免左信号进入右耳，反之亦然，这恰恰就是耳用扬声器的应用目标。耳用扬声器也称为近距离听筒（Nearphone）或近距离听觉扬声器（Proximaural Speaker）（Tappan，1964），这种扬声器十分靠近听音者头部，但不和听音者接触。这些立体声扬声器通常会被放入电影院座位或汽车座椅的头枕中。近距离的扬声器设置将头部作为左右耳之间的声学隔板，起到降低串扰的作用。由于采用这种物理结构，耳用扬声器具有若干优势。它们不与双耳接触，因此能够提升佩戴舒适度，避免了佩戴入耳式或耳罩式耳机可能产生的疲劳。它所具有的开放性特征也使得环境声能够到达听音者，不会将听音者和周遭环境隔离开来。这种方式还可以带来混合式的重放方法，例如将大型的剧院扬声器重放系统与更为个人化的耳用扬声器重放相结合。而它最为重要的优势，则是在不使用串音抵消算法的条件下将包含空间提示的双耳声信号送入左耳和右耳。

4.9　耳机均衡处理及校准

通过双耳方式进行听音和空间提示的感知严重依赖特定的频率提示，而这一关键信息可能会由于耳机所引入的声染色而出现失真，进而导致对空间声像的不良还原。一系列研究表明，理想的耳机重放应该等同于自由场听音环境，即耳机在鼓膜处产生的信号应该和声源在自然[14]环境中产生的声音相同（如 Olive、Welti 和 Mcmullin，2014）。而现实情况则是耳机的声辐射装置会引入自身的频率响应。除此之外，耳机的物理构造导致它和听音者耳郭腔体之间会出现共振。这些问题都会引入严重的、不自然的频率染色。有研究显示，当这种染色被降低到最小限度后，非个性化的 HRTFs 所导致的声源外化特征也会得到改善（Boren 和 Roginska，2011）。但是对耳机染色补偿不当则会导致定位特性的劣化（Schonstein、Ferr 和 Katz，2008）。

耳机重放的频率特性、听音者自身的生理形态（生理结构特征）、耳机放大器和其他所有耳机重放信号链上的元器件的综合特性可以通过耳机传递函数（HpTF：Headphone Transfer Function）进

---

[14]　"自然"指非人工合成的物理特性——译者注

行描述。HpTF 描述了耳机本身的响应以及它与听音者耳部耦合所产生的响应。对于双耳声重放来说，HpTF 可以通过一套人工头或真人耳部系统进行测量。由 Pralong 和 Carlile（1996）进行的研究表明，为每个听音者进行个性化的均衡校正是有必要的。在针对 10 个被试者展开的测试中，他们发现个体间在 4 ~ 10 kHz 存在显著的差异。

为了补偿耳机染色，可以对传递函数进行反转以获得一个平坦的重放响应，消除耳机所带来的影响。目前已有若干频率识别方法和算法被用于耳机频率染色的补偿，包括正则法（Regularization Methods）（如 Lindau 和 Brinkmann，2012）、频域峰值压缩（Frequency-Domain Peak Compression）（如 Hiekkanen、Makivirta 和 Karjalainen，2009）和统计法（Statistical Methods）。

除了耳机的物理特性之外，HpTF 还受到耳机与听音者耳部位置关系的影响，当听音者调整耳机位置时就会引入偏差。这种频谱的重新定位效应对低频信息的影响较弱，但会导致高频染色出现显著的差别。相比于耳罩式耳机而言，这种影响在贴耳式耳机中更为明显。一些研究对耳机重新定位后所出现的频率滤波特性变化进行了观察，发现 4 kHz 附近会出现最为明显的改变（Lindau 和 Brinkmann，2012）。因此，尽管个体间的 HpTF 差异十分明显，但其中一些差别却能够针对耳机位置变化所需要的调整提供一定的帮助。因此我们有充足的理由相信，尽管无法完全消除染色，但通过一个良好的（尽管不完美的）耳机补偿滤波器能够有效地降低它所带来的影响。在经过一段时间的适应后，伴随着每次耳机位置调整所发生的感知适应可能会有效地消除部分染色。

Boren 等人（2014）从多个数据库中整理出了一组可以公开发布的 HpTF。

4.10 结论

通过耳机重放双耳声音频是将空间音频传递给听音者的有效手段。为了获得一个具有说服力、接近自然听音环境的听音体验，需要在双耳声合成、捕捉、重放方式和调校等方面进行慎重的考虑。通过耳机重放双耳声的应用众多，双耳声音频技术和应用的实例也能够追溯到 19 世纪（详见第 2 章）。而在近期，从虚拟现实、增强现实和远程呈现（Telepresence）到音乐重放、虚拟声学及模拟，再到关键任务，这些应用的数量和广度呈现出快速而汹涌的发展趋势。不仅如此，虚拟听觉环境的个人听觉空间、声音质量和有效真实度对于听音者来说也愈发重要。尽管我们在耳机重放双耳声领域已经有所建树，但无论在技术层面还是创意层面，都仍存在大量的挑战等待我们去应对。

4.11 参考文献

Algazi, V. R., Duda, R. O., & Thompson, D. M. (2004). Motion-tracked binaural sound. *Journal of Audio Engineering Society*, *52*(11), 1142-1156.

Algazi, V. R., Duda, R. O., Thompson, D. M., & Avendano, C. (2001a). The CIPIC HRTFs database.

Proceedings of the 2001 IEEE Workshop on Applications of Signal Processing to Audio and Electroacoustics. New Paltz, NY.

Algazi, V., Duda, R., Thompson, D., & Morrison, R. (2001b). Structural composition and decomposition of HRTFs. *Proceedings of the IEEE Workshop on Applications of Signal Processing to Audio and Acoustics.* New Paltz, NY.

Andreopoulou, A., & Roginska, A. (2011). Towards the creation of a standardized HRTFs repository. *Proceedings of the 131st Audio Engineering Society Convention.* New York, NY.

Andreopoulou, A., & Roginska, A. (2014). Evaluating HRTFs Similarity through subjective assessments: Factors that can affect judgment. *Proceedings of the 40th ICMC—11th SMC Conference.* Athens, Greece.

Begault, D. R. (1992). Perceptual effects of synthetic reverberation on three-dimensional audio systems. *Journal of Audio Engineering Society, 40*(11), 895-904.

Begault, D. R., Wenzel, E. M., & Anderson, M. R., (2001). Direct comparison of the impact of head tracking, reverberation, and individualized head-related transfer functions on the spatial perception of a virtual speech source. *Journal of Audio Engineering Society, 49*, 904-916.

Beranek, L. L. (1992). Concert hall acoustics. *Journal of Acoustical Society of America, 92*, 1-39.

Berg, J., & Rumsey, F. (2000). Correlation between emotive, descriptive and naturalness attributes in subjective data relating to spatial sound reproduction. *Proceedings of the 109th Audio Engineering Society Convention.* Los Angeles, CA, USA.

Blauert, J. (1983). *Spatial Hearing.* Cambridge, MA: MIT Press.

Boren, B., Geronazzo, M., Majdak, P., & Choueiri, E. (2014). PHOnA: A public dataset of measured headphone transfer functions. *Proceedings of the 137th Audio Engineering Society Convention.* Los Angeles, CA.

Boren, B., & Roginska, A. (2011). The effects of headphones on listener HRTFs preference. *Proceedings of the 131st Audio Engineering Society Convention.* New York, NY.

Bregman, A. S. (1990). *Auditory Scene Analysis: The Perceptual Organization of Sound.* Cambridge, MA: MIT Press.

Bremen, P., van Wanrooij, M. M., & Van Opstal, J. (2010). Pinna cues determine orienting response modes to synchronous sounds in elevation. *The Journal of Neuroscience: The Official Journal of the Society for Neuroscience, 30*(1), 194-204.

Brungart, D., & Rabinowitz, W. (1996). Auditory localization in the near-field. *Proceedings of the 4th International Conference on Auditory Displays* (ICAD). Palo Alto, CA.

Brungart, D., Simpson, B., McKinley, R., Kordik, A., Dallman, R., & Overshire, D. (2004). The interaction between head-tracker latency, source duration, and response time in the localization of virtual sound sources. *Proceedings of the 10th International Conference on Auditory Display (ICAD).* Sydney, Australia.

Christensen, F., Moller, H., Minnaar, P., Plogsties, J., & Olsen, S. K. (1999). Interpolating between head-related transfer functions measured with low directional resolution. *Proceedings of the 107th Audio Engineering Society Convention.* New York, NY.

Duda, R.O. & Martens, W.L. (1997). Range-dependence of the HRTFs of a spherical head. Appl. Signal Process. Audio Acoust. *104.* 5 pp. 10.1109/ASPAA.1997.625597.

Duraiswami, R., Zotkin, D.N., and Gumerov, N.A. (2004). "Interpolation and range extrapolation of HRTFs". In Proceedings of 2004 IEEE International Conference on Acoustics, Speech and Signal Processing, Montreal, Quebec, Canada. Vol.(4), 45-48.

Durant, E. A., Member, S., & Wakefield, G. H. (2002). Efficient Model fitting using a Genetic Algorithm: Pole-Zero approximations of HRTFs. *IEEE Trans on Speech and Audio Processing, 10*(1), 18-27.

Faller, K. J., Barreto, A., & Adjouadi, M. (2010). Decomposition of head-related transfer functions into multiple damped and delayed sinusoidals. In K. Elleithy (Ed.), *Advanced Techniques in Computing Sciences and Software Engineering* (pp. 273-278). Netherlands: Springer.

Fisher, H., & Freedman, S. J. (1968). The role of the pinnae in auditory localization. *Journal of Auditory Research*, 8, 15-26.

Gardner, B., & Martin, K. (1994). *HRTFs Measurements of a KEMAR Dummy-head Microphone*. Cambridge: Massachusetts Institute of Technology.

Griesinger, D. (1998). General overview of spatial impression, envelopment, localization, and externalization. *Proceedings of the 15th Audio Engineering Society Conference*. Copenhagen, Denmark.

Guastavino, C., & Katz, B. F. G. (2004). Perceptual evaluation of multi-dimensional spatial audio reproduction. *Journal of Acoustical Society of America*, *116*(2), 1105-1115.

Hammer, K., & Snow, W. (1932). *Binaural Transmission System at Academy of Music in Philadelphia*. Memorandum MM3950. Bell Laboratories.

Hanson, R. L., & Kock, W. E. (1957). Interesting effect produced by two loudspeakers under free space conditions. *Journal of Acoustical Society of America*, *29*, 145.

Hartung, K., Braasch, J., & Sterbing, S. J. (1999). Comparison of different interpolation methods for the interpolation of head-related transfer functions. *Proceedings of the 16th Audio Engineering Society Conference on Spatial Sound Reproduction*. Rovaniemi, Finland.

Hershkowitz, R.M., Durlach, N.I. (1969) "Interaural Time and Amplitude JND's for a 500Hz tone". J. Acoust. Soc. Am. 46, 1464-1467.

Hiekkanen, T., Makivirta, A., & Karjalainen, M. (2009). Virtualized listening tests for loudspeakers. *Journal of Audio Engineering Society*, *57*(4), 237-251.

Hofman, P. M., & Van Opstal, J. (2003). Binaural weighting of pinna cues in human sound localization. *Exp Brain Res*, *148*(4), 458-470.

Hu, H., Chen, L., & Wu, Z. Y. (2008). The estimation of personalized HRTFs in individual VAS. *Proceedings of the 4th International Conference on Natural Computation*, pp. 203-207. Washington DC, USA.

Jeppesen, J., & Moeller, H. (2005). Cues for localization in the horizontal plane. *Proceedings of the 118th Audio Engineering Society Convention*. Barcelona, Spain.

Katz, B. F. G. (2001). Boundary element method calculation of individual head-related transfer function. *Journal of Acoustical Society of America*, *110*(5), 2440-2455.

Katz, B. F. G., & Parseihian, G. (2012). Perceptually based head-related transfer function database optimization. *Journal of Acoustical Society of America*, *131*(2), EL99-EL105.

Kulkarni, A., & Colburn, H. S. (2004). Infinite-impulse-response models of the head-related transfer function. *Journal of Acoustical Society of America*, *115*(4), 1714-1728.

Le Bagousse, S., Paquier, M., Colomes, C., & Moulin, S. (2011). Sound quality evaluation based on attributes—application to binaural contents. *Proceedings of the 131st Audio Engineering Society Convention*. New York, NY, USA.

Letowski, T. (1989). Sound quality assessment: Cardinal concepts. *Proceedings of the 87th Audio Engineering Society Convention*. Hamburg, Germany.

Lindau, A., & Brinkmann, F. (2012). Perceptual evaluation of headphone compensation in binaural synthesis based on non-individual recordings. *Journal of Audio Engineering Society*, *60*(1), 54-62.

Lorho, G. (2005). Evaluation of spatial enhancement systems for stereo headphone reproduction by preference and attribute rating. *Proceedings of the 118th Audio Engineering Society Convention*. Barcelona, Spain.

Manor, E., Martens, W., Marui, A., & Cabrera, D. (2015). Nearfield crosstalk increases listener preference for headphone-reproduced stereophonic imagery. *Journal of Audio Engineering Society*, *63*(5), 324-335.

Middlebrooks, J. C. (1999). Individual differences in external ear transfer functions reduced by scaling in frequency. *Journal of Acoustical Society of America*, *106*, 1480-1492.

Moller, H., Sorensen, M., & Hammershoi, D. (1995). Head-related transfer function of human subjects. *Journal of Audio Engineering Society*, *43*(5), 300-321.

Nicol, R., Gros, L., Colomes, C., Noisternig, M., Warusfel, O., Bahu, H., Katz, B., & Simon, L. (2014). A roadmap for assessing the quality of experience of 3d audio binaural rendering. *Proceedings of the EAA Joint Symposium on Auralization and Ambisonics*. Berlin, Germany.

Nishino, T., Kajita, S., Takeda, K., & Itakura, F. (1999). Interpolating head related transfer functions in the median plane. *Proceedings of the 1999 IEEE Workshop on Applications of Signal Processing to Audio and Acoustics*. New Paltz, New York.

Okano, T., Beranek, L. L., & Hidaka, T. (1998). Relations among interaural cross-correlation coefficient (IACCE), lateral fraction (LFE), and apparent source width (ASW) in concert halls. *Journal of Acoustical Society of America*, *104*(1), 255-265.

Olive, S. E., Welti, T., & Mcmullin, E. (2014). The influence of listeners experience, age, and culture on headphone sound quality preferences. *Proceedings of the 137th Audio Engineering Society Convention*. Los Angeles, CA.

Plenge, G. (1974). On the difference between localization and lateralization. *Journal of Acoustical Society of America*, *56*, 944-951.

Pralong, D., & Carlile, S. (1996). The role of individualized headphone calibration for the generation of high fidelity virtual auditory space. *Journal of Acoustical Society of America*, *100*(6), 3785-3793.

Rakerd, B., & Hartmann, W. M. (1985). Localization of sound in rooms, II: The effects of a single reflecting surface. *Journal of Acoustical Society of America*, *78*(2), 524-533.

Rayleigh, Lord [Strutt, J.W.]. (1907). On our perception of sound direction. *Philosophical Magazine*, *13*, 214-232.

Roginska, A., Santoro, T., & Wakefield, G. H. (2010). Stimulus-dependent HRTFs preference. *Proceedings of the 129th Audio Engineering Society Convention*. San Francisco, CA, USA.

Rumsey, F. (2002). Spatial quality evaluation for reproduced sound: Terminology, meaning, and a scene-based paradigm. *Journal of Audio Engineering Society*, *50*(9), 651-666.

Sakamoto, N., Gotoh, T., & Kimura, Y. (1976). On out-of-head localization in headphone listening. *Journal of Audio Engineering Society*, *24*, 710-716.

Schonstein, D., Ferr, L., & Katz, B. F. G. (2008). Comparison of headphones and equalization for virtual auditory source localization. *Acoustics '08*, Paris.

Schwarz, D., & Wright, M. (2000). Extensions and applications of the SDIF sound description interchange format. *Proceedings of the International Computer Music Conference*.

Seeber, B., & Fastl, H. (2003). Subjective selection of nonindividual head-related transfer functions. *Proceedings of the 2003 International Conference on Auditory Display*. Boston, MA, USA.

Shaw, E. A. G. (1982). External ear response and sound localization. In R. W. Gatehouse (Ed.), *Localization of Sound: Theory and Applications* (pp. 30-41). Groten, CT: Amphora.

Sone, T., Ebata, M., & Tadamoto, N. (1968). On the difference between localization and lateralization. *Proceedings of the 6th International Congress on Acoustics*. Tokyo, Japan.

Sunder, K., Tan, E. L., & Gan, W. S. (2013). Individualization of Binaural Synthesis Using Frontal Projection Headphones. *Journal of Audio Engineering Society*, *61*(12), 989-1000.

Tappan, P. W. (1964). Proximaural loudspeakers ("Nearphones"). *Proceedings of the 16th Audio Engineering Society Convention*. New York, NY, USA.

Thompson, S. P. (1877). On binaural audition, Part I. *Philosophical Magazine*, *4*, 274-277.

Thompson, S. P. (1878). On binaural audition, Part II. *Philosophical Magazine*, *6*, 383-391.

Thompson, S. P. (1881). On binaural audition, Part III. *Philosophical Magazine*, *12*, 351-355.

Toole, F. E. (1970). In-head localization of acoustic images. *Journal of Acoustical Society of America*, *48*, 943-949.

Vries, D. de, Hulsebos, E. M., & Baan, J. (2001). Spatial fluctuations in measures for spaciousness. *Journal of Acoustical Society of America*, *110*(2), 947-954.

　Wahba, G. (1981). Spline interpolation and smoothing on the sphere. *SIAM Journal of Scientific and Statistical Computing*, *2*, 5-16.

　Wenzel, E. M. (1992). Localization in virtual acoustic displays. *Presence*, *1*, 80-107.

　Wierstorf, H., Geier, M., Raake, A., & Spors, S. (2011). A free database of head-related impulse response measurements in the horizontal plane with multiple distances. *Proceedings of the 130th AES Convention*, eBrief. London, UK.

　Wightman, F. L., & Kistler, D. J. (1989). Headphone simulation of free-field listening II: Psychophysical validation. *Journal of Acoustical Society of America*, *85*(2), 868-878.

　Xie, B., Zhong, X., Yu, G., Guan, S., Rao, D., Liang, Z., & Zhang, C. (2013). Report on Research Projects on Head-related transfer functions and virtual auditory displays in China. *Journal of Audio Engineering Society*, *61*(5), 314-326.

　Xu, S., Li, Z., & Salvendy, G. (2008). Improved method to individualize head-related transfer function using anthropometric measurements. *Acoustical Science and Technology*, *29*(6), 388-390.

　Zotkin, D., Hwang, J., Duraiswaini, R., & Davis, L. (2003). HRTFs personalization using anthropometric measurements. *IEEE Workshop on Applications of Signal Processing to Audio and Acoustics, Institute for Advanced Computer Studies*, pp. 157-160. University of Maryland, College Park: IEEE.

附录

近场

在物理声学中，近场被定义为"距离声源 1 个波长之内的区域"（Brungart 和 Rabinowitz，1996）。考虑到可闻频率范围为 20 ~ 20 kHz，这导致物理上近场的半径会随着频率变化发生巨大的变化，从 1.7 cm 到 17 m 不等。考虑到人对声音的定位，人们广泛认为近场指的是距离听音者头部中心 1 m 之内的区域，而远场则是距离听音者头部中心超过 1 m 的区域。从定位的角度来考虑，近场范围更加重要，因为仅在该区域内定位提示会随着距离变化而发生改变。研究者发现，靠近头部的声源定位特点和远离头部的声源定位特点之间存在着根本性的区别。研究结果显示，当声源距离听音者 1 m 之内时，HRTFs 会随着距离变化发生显著改变（如 Brungart 和 Rabinowitz，1996；Duda 和 Martens，1997）。环境声等其他声学提示则属于 1 m 之外的距离感知范畴。

在近场范围内变化最为剧烈的是双耳间强度差。造成这种变化的因素有 2 个：第一个因素是愈发明显的头部遮挡效应和声音随距离变化出现的衰减。当声源接近人头时，声源到达身体同侧耳的距离和到达身体对侧耳的距离之比会显著增加。这会导致头部遮挡效应的增强，进而导致双耳间强度差的增加。第二个因素是声音随距离变化出现的衰减。随着听音者和声源之间距离不断缩小，身体同侧耳中接收声音的振幅增加速度显著快于身体对侧耳——这会导致一种"近讲效应"。由 Brungart 和 Rabinowitz（1996）进行的研究显示，当声源水平方位角为 90°、距离头部 25 cm 时，500 Hz 的双耳间强度差会增加 15 dB，这与其他频率 5 ~ 6 dB 的平均增量之间存在显著的区别。

与上述情况相反，尽管 Hershkowitz 和 Durlach（1969）的研究表明，非常近的距离会导致少量的双耳间时间差增长，但是双耳间时间差与声源距离之间几乎没有关系。在很近的距离下，声源与头部边缘夹角和声源与耳郭边缘夹角之间还存在相对差值。这会导致一个听觉视差（Parallax），如图 4.18 所示。我们可以看到，声源与身体同侧耳之间的相对角度和声源与身体对侧耳之间的相对角度有很大的差别。

图 4.18 近场声源的听觉视差效应。

　　因此，近场对于听觉定位来说是一个独特的区域。将上述提及的要素整合在一起，使得近场成为听音者在没有任何声源强度或频率成分等先验信息的情况下仍然能够进行距离判断的唯一区域。

第 5 章

通过扬声器重放双耳音频

Edgar Choueiri

5.1 引言

5.1.1 背景与动机

扬声器播放双耳音频（BAL[1]：Binaural Audio with Loudspeakers）也称为听觉传输化（Transauralization）（Cooper & Bauck，1989），其终极目标是在听音者双耳鼓膜处仅重放来自身体同侧的立体声信号[2]。如果通过听音者的 HRTFs 对立体声信号[3]进行编码，使其包含适宜的双耳间时间差和双耳间强度差提示，在此基础上将立体声录音中左右通道的信号送入且仅送入身体同侧耳，就能够确保听觉系统完美地接收听觉提示并准确地感知记录声场的三维重放。由于通过两只扬声器播放，每个通道中的听觉提示都会被身体对侧耳接收（串扰），通过 BAL 进行重放准确的三维音频需要对这种计划外的串扰进行有效的抵消。在没有串扰抵消（XTC：Crosstalk Cancellation）[4]的情况下，双耳间时间差和强度差提示都会不可避免地遭到破坏。

除了串扰抵消之外，获得有效的 BAL 还要求听音环境中具有较少的反射，因为这些反射会直接破坏听音者接收的双耳听觉提示的完整性（Damaske，1971；Sæbø，2001）。虽然这一问题可以通过增加直达声和反射声的能量比来进行缓解，但通过 BAL 获得准确的声音定位需要超过 20dB 的串扰抵消值[5]（Parodi 和 Rubak，2011b），这种要求在实际应用中很难得到满足，即使在消声环境中也是如此（Akeroyd 等人，2007）。

因此，第一段中提出的目标看似通过罩耳式耳机（或入耳式耳机）进行双耳音频重放更容易达成，因为这种方式同时避免了通道间的串扰和房间反射。但是在使用罩耳式或入耳式耳机的情况下，

---

[1] 后文会根据具体语境对"扬声器播放双耳音频"和"BAL"这两个术语进行混用——译者注
[2] 即左耳只接收左通道信号，右耳只接收右通道信号——译者注
[3] 在本章中，"录音（Recording）"和"信号（Signal）"这两个术语被交替使用，以表示虚拟声学空间中实时馈送的、或经过 HRTFs 编码的包含人工声音定位信息的信号——作者注
[4] 后文会根据具体语境对"串扰抵消"和"XTC"这两个术语进行混用——译者注
[5] 在本章中，"程度、值（Level）"一词通常表示与频率相关的振幅——作者注

处于耳道内部或距离耳朵很近的换能器位置意味着这种方式仍然存在不理想的因素（如对录音进行编码所使用的 HRTFs 与听音者不匹配、听音者头部运动导致感知声像的移动、缺少骨传导声音、换能器引入的耳道共振、舒适性欠佳，等等），这些因素一旦超过某一阈值，就会造成对真实三维声像感知的困难，认为某一声音（或它的部分频率分量）来自听音者颅内或距离头部很近的位置 [详见第 4 章和 Nicol 的著作（2010）以了解关于该话题更为全面的讨论]。

通过扬声器重放双耳声能够在很大程度上对这种声音的头中效应免疫，即使双耳声重放环境不理想，但只要声音发出的位置距离听音者足够远，他所感知到的声音就会来自头部以外。除此之外，相对于耳机来说，扬声器重放过程中涉及的骨传导声，听音者自身头部、躯干和耳郭所参与的声音衍射和反射（即使它与双耳声录音编码所使用的 HRTFs 所包含的衍射带来的声染色相违背、或者相互干扰）会增强声音重放的感知真实度。这些潜在的优势直接或间接地推动着具有串扰抵消功能的 BAL 不断发展，从针对这一问题进行的早期研究（Atal、Hill 与 Schroeder，1966；Bauer，1961；Damaske，1971，同时可参看第 2 章）到现在均是如此。

一些 BAL 的应用，例如沉浸式虚拟环境或对空间听觉的科学研究，要求传递给听音者的双耳听觉提示具有极高的保真度和可靠性。这种保真度和可靠性往往需要消声室（或半消声室）环境（或起到类似减少反射声作用的强指向性扬声器）、为听音者准备的个性化串扰抵消系统和重放设置、在录音中使用与听音者精确匹配的 HRTFs，同时约束头部的位置，使其保持在串扰抵消均衡处理的有效区域（"甜点"）之内（Akeroyd 等人，2007；Majdak、Masiero 和 Fels，2013；Moore、Tew 和 Nicol，2010；Parodi 和 Rubak，2011b），或者增加复杂的头部追踪系统。尽管如此，在很多要求并不那么严格的应用中，中等程度的串扰抵消，即使在有限的频率范围内将串扰降低若干个分贝，都有可能显著地增强重放录音中双耳提示的三维空间真实度。导致这种结果的原因，是双耳声录音所包含的定位提示反映了双耳间的差别信息，根据要求，它们应该在没有串扰的情况下分别送入左耳和右耳。换句话说，任何程度的串扰抵消都能够缓解扬声器重放所面临的双耳声听觉提示失效的问题。

通过串扰抵消来避免系统失效的理念同样适用于大多数播放立体声录音 [6] 的扬声器系统，尤其是在真实声学空间中制作的，甚至是通过非人工头的标准立体声拾音制式进行记录的录音，因为这些技术全部依赖于听音者对录音信号中包含的自然双耳间时间差和强度差提示的感知，以此在重放过程中增强空间定位的准确性和厅堂混响的真实感（Hugonnet 和 Walder，1997）。即使在标准立体声录音的重放过程中引入相对少量的串扰抵消，我们也应该对其效果产生期待，相比于正常的串扰来说，串扰抵消在没有 HRTFs 编码的情况下也会对声像定位、声场感知宽度和深度起增强作用，因

---

[6]　对于那些在制作过程中已经将串扰的影响纳入声像处理之中的录音则是例外，例如流行音乐录音中通过声像电位器对单声道信号进行立体声声场构建，并通过扬声器进行监听的情况——作者注

为这些双耳信息总会在某种程度上受到串扰的破坏[7]。

　　在讨论串扰抵消滤波器设计面临的根本挑战之前，让我们罗列一些在实施有效串扰抵消 BAL 重放系统时所面临的实际挑战，并参考研究这些应用问题有效解决方案的文献。前文已经提到，串扰抵消系统通常对房间反射十分敏感（Akeroyd 等人，2007；Damaske，1971；Sæbø，2001；Ward，2001），因此需要特殊的重放设置（Kirkeby、Nelson 和 Hamada，1998a，b；Takeuchi 和 Nelson，2002，2007），且有效的串音抵消区域会被限制在一个甜点上（Takeuchi、Nelson 和 Hamada，2001；Ward 和 Elko，1999；Xie，2013，以及这些文献中提及的参考文献）。诸多研究精力都放在了如何缓解最后一个问题所带来的限制上，同时也获得了若干可行性各不相同的潜在解决方案，这其中包括通过使用多只扬声器（Bai、Tung 和 Lee，2005；Takeuchi 和 Nelson，2002；Yang、Gan 和 Tan，2003）和 / 或升高扬声器位置（Parodi 和 Rubak，2010）来扩大甜点、通过多组扬声器为多个听音位置提供串扰抵消（BauckCooper，1996；Kim、Deille 和 Nelson，2006），以及通过光学传感器来动态地移动甜点，使其跟随听音者头部位置进行移动（Gardner，1998；Lentz，2006；Mannerheim，2008）。

　　串扰抵消滤波器设计所面临的根本挑战在于如何处理滤波器施加给扬声器的音色失真（频率染色）[8]。通过后文的讨论可知，音色失真程度取决于声源在声场中的位置，因此无法通过均衡来进行校正，对于那些包含多个声源的信号来说更是如此。串音抵消的基本问题、与其本质特征相关的音色失真、它的主要特点、相关性、最终的最佳串扰抵消应用方案的建立，以及如何在尽可能保证串扰抵消性能的前提下降低音色失真，这些都是本章需要讨论的主要内容。

5.1.2　串扰抵消所包含的音色失真问题

音色失真问题的实质

　　在实现应用中，串扰抵消面临的主要困难在于如何在不引入音色失真的前提下减少串扰。从两个不同声源到达双耳的声波在空间中形成了一种干涉模式。受到频率、单耳到达两只扬声器距离、扬声器间距和立体声录音左右信号之间相位关系的影响，发生在听音者耳部的声波干涉可能是叠加的、抵消的，或者是互补的（存在 90° 相位差）。对于那些录音信号中同相（In-Phase）但在人耳处发生抵消的频率（或者反之，录音信号中反相，但在人耳处发生叠加的频率）来说，串扰抵消控制（例如那些能够让扬声器到达身体对侧耳的声波压强为零的信号处理技术）需要提升这些频率辐射声

---

[7]　尽管获得可靠的前后声像的区分需要高度受控的重放系统和个性化的串扰抵消系统（Majdak 等人，2013），但是声学录音内容（例如演奏音乐）当中的直达声部分来自前方，因此在通过前方扬声器播放并配合中等程度的串音抵消时，基本上能够避免这种定位混淆的出现——作者注

[8]　文中会根据具体语境来使用"频率染色（Spectral Coloration）"和"音色失真（Tonal Distortion）"这两个术语——作者注

波的振幅（Takeuchi 和 Nelson，2002）[9]。正如"标准：完美的串扰抵消"这部分所讨论的那样，对于一个完美串扰抵消滤波器（一个理论上存在的，能够还原自由场或消声环境，在整个音频频带上具有无限大的串扰抵消值）来说，在常规听音系统布局下，电平提升很容易超过 30 dB，这相当于严重的音色失真。

当然，这种"完美的"串扰抵消滤波器仅在扬声器上施加这些必要的电平提升，且要求在听音者双耳位置上获得的不仅是串扰的抵消，还必须让频谱得到完美重构，即重构无音色失真的频谱。

正如 Takeuchi 和 Nelson（2002）以及 P. A. Nelson 和 Rose（2005）所验证的，同时也会在"标准：完美的串扰抵消"部分做进一步讨论，即那些需要进行电平提升的频率恰恰对应了那些经过系统求逆（Inversion）处理（系统转换矩阵在数学上的求逆，以此获得串扰抵消滤波器）的病态频率。因此，串扰抵消控制在这些频率上变得极其敏感，以至于在现实世界中，即使听音者头部位置出现很小的误差，也会导致周遭频率上明显的串扰抵消控制失效。因此，听音者不仅会在这些频率上接收不良串扰，同时对这些频率的提升还会作为声染色（音色失真）被听到，即使在甜点上也是如此。

Takeuchi 和 Nelson（2002）认为，即使在扬声器与听音者具有完美位置关系的理想环境下，这种施加在扬声器上的音色失真还是会带来 3 个问题：（1）它会被甜点之外的听音者听到；（2）相比于未经处理的声音信号，它会增加重放系统换能器的物理损耗，以及 3）它会带来相应的动态范围损失。因为即使是专业音频设备，其设计也鲜有在满足重放实际声压级动态范围的基础之上留出额外若干分贝的峰值余量的情况（Katz，2002），因此为了避免上述"完美"串扰抵消滤波器发生削波，节目的动态范围需要减少超过 30 dB（峰值余量损失）。对于一个通过 16 bit 或 24 bit 进行记录的大动态范围音频来说，这一问题尤为突出（参见第 2 章和本章的参考文献以了解早期针对这一问题所做的努力）。

前人工作及本章目标

串扰抵消的历史可以追溯到 Bauer、Atal、Hill 和 Schroeder 在 20 世纪 60 年代早期所进行的开创性工作（参见本章参考文献），数字音频的出现加快了它的发展步伐，串扰抵消已经能够通过数字滤波器来实现。在此我们并不打算详细回顾这段历史，也不会深入探讨实现串扰抵消的多种方法[从早期用于模拟域的技术（Atal 等人，1966），到时域信号控制算法，例如 RACE 算法（Glasgal，2007），再到基于 FFT 的有限脉冲响应（FIR）滤波器的数字卷积（SreenivasaRao、Mahalakshmi 和 VenkataRao，2012）]，而是集中讨论串扰抵消滤波器所造成的音色失真问题。

---

[9]　从另一方面来说，在相邻频率上，那些同相（或反相）信号之间的干涉对于双耳来说是互补的，串音抵消控制需要进行少量的衰减而非提升（也就意味着动态范围的增加而非减少）。正如 Takeuchi 和 Nelson（2002）以及 P. A. Nelson 和 Rose（2005）所认为的，同时也记录在"标准：完美的串扰抵消"这一部分当中，这种衰减并不会造成什么问题，因为它们对应了串扰抵消控制最为稳定的频率——作者注

Takeuchi 和 Nelson（2002）所研发的方法不仅能够获得良好的串扰抵消测量结果（参见 Akeroyd 等人，2007；Takeuchi 和 Nelson，2007），还能够有效解决音色失真的问题。但是这种被称为最佳声源分布（OSD：Optimal Source Distribution）的方法需要在听音者周围不同角度上设置至少 4 只（通常是 6 只）换能器，我们在"标准：完美的串扰抵消"这一部分中也会对这种方式进行介绍。

由于两只扬声器简单的布局以及与现有音频设备的兼容性，即使串扰抵消会引入立体声扬声器系统的音色失真，但它始终具有相当的吸引力。在本章中，我们将以串扰抵消优化为背景来研究这一问题，即如何在可接受的音色失真范围内将串扰抵消性能最大化，或如何在可接受的串扰抵消性能下将音色失真最小化。

本章讨论的最终目标是描述最佳串扰抵消滤波器（也称 BACCH 滤波器），它们能够避免出现普通串扰抵消滤波器的固有缺陷。

- 缺陷 1：即使坐在甜点中，听音者也会感受到严重的音色失真。
- 缺陷 2：仅能够在有限的频率范围获得有效的串扰抵消。
- 缺陷 3：串扰抵消滤波器或处理器会导致声音出现严重的动态范围损失（以避免失真和 / 或削波的出现）。

针对上述问题，我们使用自由场中的两点声源模型（two-point-soure）来分析两种音色失真控制方法的基本内容，它们分别是固定参量正则化（与频率无关）和频率相关正则化法（Frequency-dependent Regularization Methods）。在串扰抵消滤波器中加入正则化设计是 Kirkeby 和他的同事（1998）共同提出的，目的是让系统转换矩阵求逆后的结果具有更好的表现，这种方式也在这一领域被普遍采纳。固定参量正则化被用来控制基于 HRTFs 的串扰抵消滤波器设计中出现的问题（如 Akeroyd 等人，2007；Kirkeby 等人，1998；Majdaket 等人，2013），而频率相关正则化则被用来控制对实测 HRTFs 进行求逆所得到的高频和低频增量（如 Kirkeby 和 Nelson，1999；Moore 等人，2010），同时也被用于控制串扰抵消滤波器的时间响应延展（如 Parodi 和 Rubak，2010，2011a）。针对音色失真和动态范围损失这两大问题，Papadopoulos 和 Nelson（2010）使用固定参量正则化来限制串扰抵消造成的动态范围损失，而 Bai 等人（2005）以及 Bai 和 Lee（2006a）则使用频率相关正则化为串扰抵消滤波器施加增益限制。

在"固定参量正则化"这部分内容中我们可以看到，尽管固定参量（非频率相关）正则化或许能够缓解串扰抵消滤波器所造成的第 3 种缺陷，但它会不可避免地引入自身的频率染色（尤其是在降低转换矩阵求逆的频率峰值的过程中，固定参量正则化会导致高频出现不良的窄带失真，并且在扬声器的低频部分产生滚降），同时对缺陷 1 和缺陷 2 的缓解几乎没有帮助。

在"频率相关正则化"这一部分当中，关于频率相关正则化基本特征的讨论会引导我们走向最终目标：追求"最佳串扰抵消滤波器"，又称"BACCH 滤波器"的设计方法。这种方式通过计算与频率相关的正则化参量（FDRP：Frequency-Dependent Regularization Parameter）以在扬声器处获得平坦的振幅频率响应（而非前文提到的，在人耳处获得平坦振幅频率响应的设计方式），进而迫使串扰抵消仅在相位域起作用，缓解串扰抵消滤波器在可闻音色失真和动态范围损失方面的缺陷。当这种方式与任何一种有效的优化机制结合使用后，所获得的串扰抵消滤波器能够在任何所需频段中获得最佳串扰抵消值，除了重放系统硬件和 / 或扬声器引入的固有失真之外，这种方式对信号的处理不会产生任何音色失真，也不会造成任何动态范围损失。通过这种方式设计的串扰抵消滤波器不仅仅具有最佳的抵消效果，还由于很好地克服了前文所述的 3 种主要缺陷，能够通过立体声扬声器带来最为自然的、无频率染色的双耳声或立体声的三维还原。

5.2　串扰抵消的基本问题

在这一部分，我们从数学建模和控制转换矩阵的数学表达式开始，然后定义一系列矩阵来对串扰抵消滤波器的音色失真和性能进行评估和比较，最后通过对这种比较标准（完美串扰抵消滤波器）进行定义和探讨得到结论。

5.2.1　数学表达式与转换矩阵

为了让分析过程易于掌控，进而易于获得本质性的领悟，我们做了理想化的假设：声音在自由场中传播（没有听音者头部、耳郭或其他任何物体造成的衍射或反射），且扬声器以点声源方式进行辐射。

在频域中，自由场当中与点声源（单极）之间距离为 r 的位置（点）上的声压与点声源辐射声波频率 ω 之间的关系由 Morse 和 Ingard（1986）给出。

$$P(r, i\omega) = \frac{i\omega\rho_0 q}{4\pi} \frac{e^{-ikr}}{r}$$

其中，ρ_0 为空气密度，$k = 2\pi/\lambda = \omega/c_s$ 为波数、λ 为波长、c_s 为声速（340 m/s），q 为声源强度（以单位时间内的流动体积为单位）。简洁起见，可将 V 定义为

$$V = \frac{i\omega\rho_0 q}{4\pi}$$

V 为 $\rho_0 q/4\pi$ 的时间导数（Time Derivative），是来自声源中心的空气质量流动速率（Mass Flow Rate）。

因此，听音者左耳与两个对称声源的几何关系如图 5.1 所示，由两个声源所产生的气压，在上

述假设条件下叠加可得

$$P_L(i\omega) = \frac{e^{-ikl_1}}{l_1} V_L(i\omega) + \frac{e^{-ikl_2}}{l_2} V_R(i\omega)$$

（5.1）

同样对于右耳来说，我们可得到

$$P_R(i\omega) = \frac{e^{-ikl_2}}{l_2} V_L(i\omega) + \frac{e^{-ikl_1}}{l_1} V_R(i\omega)$$

（5.2）

这里 l_1 和 l_2 是其中 1 个声源分别到达身体同侧和身体对侧的路径长度，如图 5.1 所示。

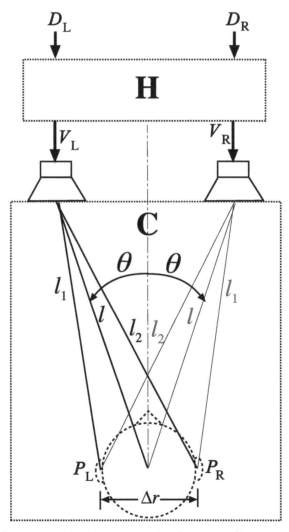

图 5.1　自由场中两个点声源模型所构成的几何关系。（所有符号的定义详见正文。）

为了和相关文献保持一致，我们使用 Kirkeby 等人（1998a，b）、Takeuchi 和 Nelson（2002），以及 P. A. Nelson 和 Rose（2005）采用的命名方法。即除非另作说明，我们将使用大写字母作为频率变量，小写字母作为时域变量、大写粗体表示矩阵，以及小写粗体表示矢量，同时定义

$$\Delta l \equiv l_2 - l_1 \text{ 和 } g \equiv l_1 / l_2 \tag{5.3}$$

它们分别作为路径长度差和路径长度比。通过对图 5.1 中几何图形的观察可得 $0<g<1$，路径长度可以表示为

$$l_1 = \sqrt{l^2 + \left(\frac{\Delta r}{2}\right)^2 - \Delta rl \, \sin(\theta)} \tag{5.4}$$

$$l_2 = \sqrt{l^2 + \left(\frac{\Delta r}{2}\right)^2 - \Delta rl \, \sin(\theta)} \tag{5.5}$$

其中 Δr 是耳道入口之间的有效距离，l 是声源和双耳中点之间的距离。如图 5.1 定义的那样，$2\theta=\Theta$ 是扬声器的夹角[10]。注意 $l \gg \Delta r \, \sin(\theta)$，因为在绝大多数扬声器布局中 $g \approx 1$。另一个重要的参数是延时。

$$\tau_c = \frac{\Delta l}{c_s} \tag{5.6}$$

它被定义为声波穿过路径差 Δl 所需要的时间。

通过上述定义，式（5.1）和式（5.2）可以通过矩阵的形式改写为

$$\begin{bmatrix} P_L(i\omega) \\ P_R(i\omega) \end{bmatrix} = \alpha \begin{bmatrix} 1 & ge^{-i\omega\tau_c} \\ ge^{-i\omega\tau_c} & 1 \end{bmatrix} \begin{bmatrix} V_L(i\omega) \\ V_R(i\omega) \end{bmatrix} \tag{5.7}$$

其中

$$\alpha = \frac{e^{-i\omega l_1/c_s}}{l_1} \tag{5.8}$$

在时域中，α 仅为传输延时（除以常数 l_1），不会影响信号的形态。它在确保因果性（Causality）方面所扮演的角色会在"矩阵"这一部分中得到讨论。声源矢量 $\boldsymbol{v} = [V_L(i\omega), V_R(i\omega)]^T$ 通过对录音信号 $\boldsymbol{d} = [D_L(i\omega), D_R(i\omega)]^T$ 中矢量部分进行转换而获得，即

$$\boldsymbol{v} = \boldsymbol{H}\boldsymbol{d} \tag{5.9}$$

其中，

---

[10] "夹角"对应了原文中的"span"，表示两只扬声器与听音者头部中心连接线的夹角——译者注

$$H = \begin{bmatrix} H_{LL}(i\omega) & H_{LR}(i\omega) \\ H_{RL}(i\omega) & H_{RR}(i\omega) \end{bmatrix} \tag{5.10}$$

是我们所需的 2×2 滤波器矩阵。因此，根据式（5.7），我们有

$$p = \alpha CHd \tag{5.11}$$

其中 $p = [P_L(i\omega), P_R(i\omega)]^\mathrm{T}$ 为耳部接收压强的矢量，C 为系统的转换矩阵

$$C \equiv \begin{bmatrix} 1 & ge^{-i\omega\tau_c} \\ ge^{-i\omega\tau_c} & 1 \end{bmatrix} \tag{5.12}$$

与我们在这里涉及的所有矩阵一样，由于模型具有对称性，该矩阵也为对称矩阵。

综上，将信号 d 通过滤波器矩阵 H 转换后得到声源变量 v，然后声波从声源传播至人耳处的压强 p 可以简化为

$$p = \alpha Rd \tag{5.13}$$

这里我们引入了性能矩阵（Performance Matrix）R，它被定义为

$$R = \begin{bmatrix} R_{LL}(i\omega) & R_{LR}(i\omega) \\ R_{RL}(i\omega) & R_{RR}(i\omega) \end{bmatrix} \equiv CH \tag{5.14}$$

5.2.2　矩阵

现在我们希望通过定义一系列矩阵来判断串扰抵消滤波器的音色失真和性能。在这一背景下，我们注意到 R 的对角元素代表了信号和人耳之间的身体同侧传输，非对角元素则代表了我们不希望得到的身体对侧传输，即串扰。

系统对于 2 个输入之一（左或右）所产生的响应，即单耳听到的声音，被称作系统的"侧声像（Side Images）"（即 $\alpha R \cdot [1, 0]^\mathrm{T}$ 或 $\alpha R \cdot [0, 1]^\mathrm{T}$）。我们将第一个染色矩阵（Coloration Metric）定义为身体同侧耳侧声像的振幅频谱（系数为 α），表示为

$$E_{si_\|}(\omega) \equiv |R_{LL}(i\omega)| = |R_{RR}(i\omega)|$$

其中下标"si"和"‖"分别表示"侧声像"和"身体同侧耳（对于输入信号而言）"。同样，对于输入信号的身体对侧耳来说（下标为"X"），我们能够得到以下侧声像对侧的振幅频谱：

$$E_{si_X}(\omega) \equiv |R_{RL}(i\omega)| = |R_{LR}(i\omega)|$$

系统对于信号的响应在左右输入之间均等分配，左右耳听到的内容相同，因此被称为系统的"中间声像"（即 $\alpha R \cdot [1/2, 1/2]^\mathrm{T}$）。我们将另一个染色矩阵定义为中间声像的振幅频谱，表示为

$$E_{ci}(\omega) \equiv \left| \frac{R_{LL}(i\omega) + R_{LR}(i\omega)}{2} \right| = \left| \frac{R_{RL}(i\omega) + R_{RR}(i\omega)}{2} \right|$$

其中下标"ci"表示"中间声像（Center Image）"。

对于我们的讨论同样重要的是在声源（扬声器）测得的频率响应。它们通过 S 来表示，可以通过滤波器矩阵 H 中的元素获得。遵从与上文相同的下标用法（用"‖"和"X"分别来表示相对于输入信号的身体同侧扬声器和身体对侧扬声器）可以得到

$$S_{si_\|}(\omega) \equiv \left| H_{LL}(i\omega) \right| = \left| H_{RR}(i\omega) \right|$$

$$S_{si_X}(\omega) \equiv \left| H_{LR}(i\omega) \right| = \left| H_{RL}(i\omega) \right|$$

$$S_{ci}(\omega) \equiv \left| \frac{H_{LL}(i\omega) + H_{LR}(i\omega)}{2} \right| = \left| \frac{H_{RL}(i\omega) + H_{RR}(i\omega)}{2} \right|$$

对于上述矩阵含义的形象诠释是，信号从系统的一侧输入发生声像移动，变为同时进入两个输入，这会导致人耳接收到的频率响应从 E_{si} 变为 E_{ci}，扬声器发出的频率响应从 S_{si} 变为 S_{ci}。

另外两个音色失真矩阵是系统对于同相输入信号和反相输入信号的频率响应。它们可以通过滤波器矩阵 H 分别与矢量 $[1, 1]^T$ 和 $[1, -1]^T$（或 $[-1, 1]^T$）计算求得，表示为

$$S_i(\omega) \equiv \left| H_{LL}(i\omega) + H_{LR}(i\omega) \right| = \left| H_{RL}(i\omega) + H_{RR}(i\omega) \right|$$

$$S_o(\omega) \equiv \left| H_{LL}(i\omega) - H_{LR}(i\omega) \right| = \left| H_{RL}(i\omega) - H_{RR}(i\omega) \right|$$

其中下标"i"和"o"分别代表同相响应和反相响应。需要注意的是，根据定义，S_i 是 S_{ci} 的 2 倍（6 dB），因为后者描述了 1 个振幅为 1 的信号被定位在中间（即等分给左右输入），而前者则描述了 2 个振幅为 1 的信号以同相方式送入系统的 2 个输入。

由于实际信号所包含的不同频率成分拥有不同的相位关系，将 $S_i(\omega)$ 和 $S_o(\omega)$ 合并为一个单独的矩阵更为有用，$\hat{S}(\omega)$ 是一个包络频谱，它描述了扬声器所需要提供的最大振幅，可以表示为

$$\hat{S}(\omega) = \max[S_i(\omega), S_o(\omega)]$$

值得注意的是 $\hat{S}(\omega)$ 与 $\|H\|$ 相等，它是矩阵 H 的 2 范数（2-norm），S_i 和 S_o 是两个奇异值，可以通过矩阵奇异值分解获得，Takeuchi 和 Nelson（2002）完成了这一工作。

最后，允许我们对不同滤波器的串扰抵消性能进行评估和比较的重要矩阵为 $\chi(\omega)$，即串扰抵消频谱：

$$\chi(\omega) \equiv \frac{\left| R_{LL}(i\omega) \right|}{\left| R_{RL}(i\omega) \right|} = \frac{\left| R_{RR}(i\omega) \right|}{\left| R_{LR}(i\omega) \right|} = \frac{E_{si_\|}(\omega)}{E_{si_X}(\omega)}$$

上述定义总共给出了 8 个矩阵（$E_{si_\|}$、E_{si_X}、E_{ci}、$S_{si_\|}$、S_{si_X}、S_{ci}、$\hat{S}$ 和 χ），它们全部都是频率的实函数，可以被用来评估和比较串扰抵消滤波器的音色失真和串扰抵消性能。

5.2.3　标准：完美的串扰抵消

一个完美的串扰抵消（P-XTC：Perfect Crosstalk Cancellation）滤波器的定义，是理论上能够在听音者耳部对任何频率产生无穷大串扰抵消的滤波器。

正如"背景和动机"这一部分对串扰抵消的定义，它要求双耳获得的压强仅来自身体同侧扬声器播放的信号，即在频域中 $P_L = \alpha D_L$ 且 $P_R = \alpha D_R$，其中所有量值都是频率的复变函数。因此，为了获得完美的串扰抵消，式（5.13）要求 $\boldsymbol{R}=\boldsymbol{I}$，其中 $\boldsymbol{I}$ 为单位矩阵（Identity Matrix），因此，依照式（5.14）中给出的 $\boldsymbol{R}$ 的定义，完美串扰抵消滤波器就是式（5.12）中给出的系统转换矩阵的求逆，可以表示为：

$$\boldsymbol{H}^{[P]} = \boldsymbol{C}^{-1} = \frac{1}{1 - g^2 e^{-2i\omega\tau_c}} \begin{bmatrix} 1 & -ge^{-i\omega\tau_c} \\ -ge^{-i\omega\tau_c} & 1 \end{bmatrix} \qquad (5.15)$$

其中上标"[P]"表示完美的串扰抵消。对于这个滤波器来说，前文所定义的 8 个矩阵分别变为：

$$E_{si_\|}^{[P]} = 1; \quad E_{si_x}^{[P]} = 0; \quad E_{ci}^{[P]} = \frac{1}{2}$$

$$\begin{aligned} S_{si_\|}^{[P]}(\omega) &= \left| \frac{1}{1 - g^2 e^{-2i\omega\tau_c}} \right| \\ &= \frac{1}{\sqrt{g^4 - 2g^2 \cos(2\omega\tau_c) + 1}} \end{aligned}$$

$$\begin{aligned} S_{si_x}^{[P]}(\omega) &= \left| \frac{-ge^{-i\omega\tau_c}}{1 - g^2 e^{-2i\omega\tau_c}} \right| \\ &= \frac{g}{\sqrt{g^4 - 2g^2 \cos(2\omega\tau_c) + 1}} \end{aligned}$$

$$\begin{aligned} S_{ci}^{[P]}(\omega) &= \frac{1}{2} \left| 1 - \frac{g}{g + e^{i\omega\tau_c}} \right| \\ &= \frac{1}{2\sqrt{g^2 + 2g \cos(\omega\tau_c) + 1}} \end{aligned} \qquad (5.16)$$

$$\begin{aligned} \hat{S}^{[P]}(\omega) &= \max\left(\left| 1 - \frac{g}{g + e^{i\omega\tau_c}} \right|, \left| 1 + \frac{g}{e^{i\omega\tau_c} - g} \right| \right) \\ &= \max \left(\frac{1}{\sqrt{g^2 + 2g \cos(\omega\tau_c) + 1}} \right. \\ &\qquad\qquad \left. \frac{1}{\sqrt{g^2 + 2g \cos(\omega\tau_c) + 1}} \right) \end{aligned}$$

$$\chi^{[P]}(\omega) = \infty \qquad (5.17)$$

因此，完美的（$\chi = \infty$）串扰抵消滤波器为双耳提供了平坦的频率响应（$E^{[P]}(\omega) = $ 常数），但在声源处并非如此。为了了解扬声器出现的音色失真程度，我们以 $g = 0.985$ 这一常规数值绘制了图 5.2 中 $S^{[P]}(\omega)$ 的频率响应。在本章中，为了便于图示表达，我们通过量纲计算来补充无量纲图示，它们均通过相同的曲线进行呈现，顶部坐标轴为频率 $f = \omega/2\pi$，根据常规听音布局的几何形状得到 $g = 0.985$、$\tau_c = 68\ \mu s$（即"红皮书"中所规定的 44.1 kHz 标准 CD 采样率所对应的 3 个采样），比如一个 $\Delta r = 15$ cm、$l = 1.6$ m、$\Theta = 18°$ 的听音环境布局。

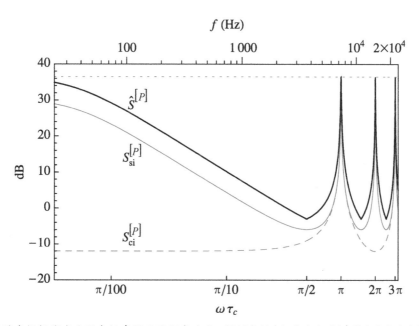

图 5.2　完美的串扰抵消滤波器在扬声器处的频率响应：振幅包络（粗实线）、侧声像（浅实线）和中声像（浅虚线）。点状横线标记了包络的上限，在这一例子中（$g = 0.985$）为 36.5 dB。底部坐标轴给出了无量纲的频率 $\omega\tau_c$，顶部坐标轴则给出了单位为 Hz 的相应频率，它描述了采样率为 44.1 kHz、τ_c 为 3 个采样的特定（常规）情况下的系统状态。（由于 $g \approx 1$ 时，$S^{[P]}_{\text{si}\parallel} \simeq S^{[P]}_{\text{si}x}$，这两个频谱呈现为一条曲线 $S^{[P]}_{\text{si}x}$。）

这些频谱中所包含的部分频率峰值是系统必须通过扬声器对信号振幅进行提升的频率，以此在双耳获得有效的串扰抵消，同时补偿这一位置出现的抵消性干涉。同样，当振幅必须被衰减时也会在频谱中出现相应的谷值。

通过上述表达式对 $\omega\tau_c$ 求一阶导数和二阶导数得到不同的 $S^{[P]}(\omega)$ 频谱，我们能够得到峰值和谷值对应的振幅和频率，分别由上标"↑"和"↓"来表示：

$$\omega\tau_c = n\pi \text{ 时，} \quad S_{si_\parallel}^{[P]\uparrow} = \frac{1}{1-g^2}$$

$$\omega\tau_c = (2n+1)\frac{\pi}{2}\text{时，} \quad S_{si_\parallel}^{[P]\downarrow} = \frac{1}{1-g^2}$$

$$\omega\tau_c = n\pi \text{ 时，} \quad S_{si_x}^{[P]\uparrow} = \frac{1}{1-g^2} \qquad (5.18)$$

$$\omega\tau_c = (2n+1)\frac{\pi}{2}\text{时，} \quad S_{si_x}^{[P]\downarrow} = \frac{1}{1-g^2}$$

$$\omega\tau_c = (2n+1)\pi\text{时，} \quad S_{ci}^{[P]\uparrow} = \frac{1}{2-2g}$$

$$\omega\tau_c = 2n\pi \text{ 时，} \quad S_{ci}^{[P]\downarrow} = \frac{1}{2-2g}$$

$$\omega\tau_c = n\pi \text{ 时，} \quad \hat{S}^{[P]\uparrow} = \frac{1}{1-g} \qquad (5.19)$$

$$\omega\tau_c = (2n+1)\frac{\pi}{2}\text{时，} \quad \hat{S}^{[P]\downarrow} = \frac{1}{\sqrt{1+g^2}}$$

其中 n=0, 1, 2, 3, 4, ……

对于常规的听音系统布局来说，$g \approx 1$，假设图 5.2 中我们的参考值为 $g = 0.985$，那么包络的峰值（即 $\hat{S}^{[P]\uparrow}$）所对应的提升为

$$20\log_{10}\left(\frac{1}{1-0.985}\right) = 36.5 \text{ dB}$$

（而其他频谱中的峰值，$S_{si_\parallel}^{[P]\uparrow} \simeq S_{si_x}^{[P]\uparrow} \simeq S_{ci}^{[P]\uparrow}$ 对应了大约 30.5 dB 的提升）。虽然这些提升在频谱中具有等频率间距，当频谱以对数轴进行绘制时（符合人类对声音的感知规律），低频的提升在其感知频率内容中占据了绝对的主导地位。这种"低频提升"长期以来都被认为是串扰抵消所存在的固有问题（Kirkeby 等人，1998b；Takeuchi 和 Nelson，2002）。尽管高频出现的峰值可以通过降低 τ_c 被移至音频频率范围之外 [可以通过式（5.4）～（5.6）得出，并通过增加 l 和 / 或减少扬声器的夹角 Θ 来实现，这一方式已经通过 Kirkeby、Nelson 和 Hamada（1998a，b）所描述的 $\Theta = 10°$ 的立体声偶极子（Stereo Dipole）系统实现]，完美串扰抵消滤波器的低频提升仍然存在问题。

在"串扰抵消所造成的音色失真问题"这一部分中我们已经提到，高振幅峰值所带来的失真会导致 3 个实际问题：（1）它会被甜点之外的听音者听到；（2）相比未经处理的声音信号，它会增加重放系统换能器的物理损耗，以及 3）它会带来相应的动态范围损失。

如果我们要确保一个完美的串扰抵消滤波器能够在甜点处的听音者双耳处产生极好的串扰抵消

结果（$\chi = \infty$）和绝对平坦的频率响应（$E^{[P]}(\omega) = $ 常数），那么付出上述代价的确是合理的。但是这种解决方案在实际应用中对于不可避免的误差十分敏感，因此这些理论上存在的优势无法被实现。对转换矩阵 C 的条件数（Condition Number）进行评估是理解这一问题的最佳方式。

在矩阵求逆问题中，解决方案对于系统误差的敏感程度由矩阵的条件数给出（关于条件数在串扰抵消系统误差方面的讨论，可参见 P. A. Nelson 和 Rose 发表于 2005 年的相关研究）。矩阵 C 的条件数 $\kappa(C)$ 可以表示为

$$\kappa(C) = \|C\| \cdot \|C^{-1}\| = \|C\| \cdot \|H^{[P]}\|$$

（它还等于矩阵最大奇异值和最小奇异值之比。）因此我们得到

$$\kappa(C) = \max\left(\sqrt{\frac{2(g^2+1)}{g^2 + 2g\cos(\omega\tau_c)} - 1} \atop \sqrt{\frac{2(g^2+1)}{g^2 - 2g\cos(\omega\tau_c) + 1} - 1} \right)$$

正如我们在前述频谱计算过程中所做的那样，通过对这一函数求一阶和二阶导数，可以找到以下极大值和极小值：

$$\omega\tau_c = n\pi \text{ 时，} \quad \kappa^{\uparrow}(C) = \frac{1+g}{1-g}$$
$$\omega\tau_c = (2n+1)\frac{\pi}{2}\text{时，} \quad \kappa^{\downarrow}(C) = 1$$

（5.20）

其中 $n = 0, 1, 2, 3, 4, \cdots\cdots$

上述结果同样由 Ward 和 Elko（1999）以及 P. A. Nelson 和 Rose（2005）根据波长提出；由 Takeuchi 和 Nelson（2002）根据波数提出。首先，我们注意到条件数中出现极大值和极小值与扬声器振幅包络频谱 $\hat{S}^{[P]}$ 中出现极大值和极小值的频率相同。其次，我们注意到极小值中存在数值为 1（Unity）的条件数（可能出现的最小值），这意味着通过对 C 进行求逆获得的滤波器在 $\omega\tau_c = \pi/2, 3\pi/2, 5\pi/2, \cdots\cdots$ 上最为稳定（即对于转换矩阵误差最不敏感）。相反，当 $\omega\tau_c = 0, \pi, 2\pi, 3\pi, \cdots\cdots$ 时，条件数可以达到非常高的数值（如常规情况下 $g = 0.985$ 时 $\kappa^{\uparrow}(C) = 132.3$）。随着 g 趋近于 1，通过对矩阵求逆获得的完美串扰抵消滤波器变得极为不稳定，换言之，对误差无限敏感。即使最轻微的偏移，例如听音者头部的微小移动，都会导致相关频率及周边频率在耳部出现严重的串扰抵消控制失效，从而导致 $\hat{S}^{[P]}(\omega)$ 出现严重的音色失真，并且传递到双耳。

我们现在能够理解 Takeuchi 和 Nelson（2002，2007）提出且实施的改进方法，通过让系统始终运行在 $\kappa(C)$ 数值较低的条件下，有效地解决了完美串扰抵消滤波器的稳定性和音色失真问题。这

种改进可以通过将扬声器夹角表示为频率的函数来实现。更具体地说，当我们注意到通常 $l \gg \Delta r$ 时，则 $\Delta l \approx \Delta r \sin(\theta)$ 成立，因此 $\omega \tau_c = \omega \Delta l / c_s = 2\pi f \Delta l / c_s$ 可以近似表示为

$$\omega \tau_c \simeq \frac{2\pi f \Delta \sin(\theta)}{c_s}, \quad l \gg \Delta r \text{ 时} \tag{5.21}$$

我们可以将稳定状态的表达式（5.20）改写为

$$\Theta(f) \simeq 2 \sin^{-1}\left(\frac{(2n+1)c_s}{4f\Delta r}\right)$$

n=0，1，2，3，4，……

由于 c_s 和 Δr 均为常数，所需的扬声器夹角仅为频率 f 的函数。在实际应用当中，这种解决方案被称为最佳声源分布（OSD：Optimal Source Distribution），它可以通过分频网络将相邻频段的音频频谱分配到若干对换能器中，这些换能器对（相对听音者头部中心）的夹角可以通过上述方程计算求得，以此确保这一频段的条件数值不会超过 1 太多，进而保证整个音频频谱的稳定性和低染色。但显然，这一解决方案并不适用于 1 对扬声器，但它恰恰是我们分析的重点。

我们通过 Takeuchi 和 Nelson（2002，2007）以及 P. A. Nelson 和 Rose（2005）的研究结果介绍了读者感兴趣的 OSD 方法及串扰抵消误差，并对这一部分的讨论进行总结：对于仅使用 2 只扬声器的实际应用情况而言，完美串扰抵消滤波器在系统求逆的病态频率上存在过量放大（以及随之而来的动态范围损失）、换能器损耗，以及甜点内外听音者均能听到的严重音色失真问题。

5.3 固定参量正则化处理

以降低准确性为代价，我们可以通过正则化对病态的线性系统近似解的范数进行控制。通过正则化进行的范数控制能够使之服从于某项优化条件，例如将成本函数（Cost Function）最小化。Hansen（1998）在通用数学层面对正则化进行了详细探讨，其他人（如 Bai 等人，2005；Kirkeby 和 Nelson，1999；Majdak 等人，2013；Parodi 和 Rubak，2010）则演示了如何通过正则化来控制 HRTFs 的数值求逆。我们在串扰抵消滤波器优化这一语境下对正则化进行分析和探讨，所谓"优化"，是在可接受的音色失真范围内将串扰抵消性能最大化，即在满足串扰抵消最低性能要求的情况下将音色失真最小化。

实际上，对于矩阵求逆问题的近似解决方案（Nearby Solution）为：

$$H^{[\beta]} = [C^H C + \beta I]^{-1} C^H \tag{5.22}$$

其中上标"H"表示共轭转置（Conjugate Transpose），β 是正则化参量，它导致了相对于 C 的精确求逆 $H^{[\beta]}$ 的偏移。在这一部分我们假设 β 为常数。伪逆矩阵 $H^{[\beta]}$ 是经过正则化处理后的滤波器，

上标 "$[\beta]$" 用来表示固定参量正则化处理。式（5.22）中描述的正则化处理可以对应一个最小化的成本函数 $J(i\omega)$，可以表示为

$$J(i\omega) = e^{\mathrm{H}}(i\omega)e(i\omega) + \beta v^{\mathrm{H}}(i\omega)v(i\omega) \tag{5.23}$$

其中矢量 e 表示了一个性能矩阵，它可以衡量实际信号与完美滤波器生成的信号之间的差别（Kirkeby 等人，1998；P. A. Nelson 和 Elliott，1993）。上述加法式的第 1 项表示衡量性能误差的成本函数，第 2 项表示一种 "效能惩罚（Effort Penalty）"，是对扬声器输出功率能力要求的衡量。当 $\beta > 0$ 时，式（5.22）成为一个优化条件，即成本函数 $J(i\omega)$ 的最小平方化。

因此，正则化参量 β 的增加会带来效能惩罚的下降，但同时要付出更大的性能误差代价，它能够减少矩阵 H 范数中的峰值，即 $S(\omega)$ 频谱中的染色振幅峰值，但是会以系统中病态频率及其周边频率的串扰抵消性能降低为代价。

5.3.1　频率响应

通过式（5.12）的显函数形式来表示 C，根据上述方程我们可以得到

$$H^{[\beta]} = \begin{bmatrix} H_{LL}^{[\beta]}(i\omega) & H_{LR}^{[\beta]}(i\omega) \\ H_{RL}^{[\beta]}(i\omega) & H_{RR}^{[\beta]}(i\omega) \end{bmatrix} \tag{5.24}$$

其中

$$H_{RR}^{[\beta]}(i\omega) = H_{RR}^{[\beta]}(i\omega)$$
$$= \frac{g^2 e^{4i\omega\tau_c} - (\beta+1)e^{2i\omega\tau_c}}{g^2 e^{4i\omega\tau_c} + g^2 - e^{4i\omega\tau_c}[(g^2+\beta)^2 + 2\beta+1]} \tag{5.25}$$

$$H_{LR}^{[\beta]}(i\omega) = H_{RL}^{[\beta]}(i\omega)$$
$$= \frac{g^2 e^{i\omega\tau_c} - g(g^2+\beta)e^{3i\omega\tau_c}}{g^2 e^{4i\omega\tau_c} + g^2 - e^{2i\omega\tau_c}[(g^2+\beta)^2 + 2\beta+1]} \tag{5.26}$$

我们在 "矩阵" 部分定义的 8 个矩阵频谱变成了：

$$E_{\mathrm{si}_{\parallel}}^{[\beta]}(\omega) = \frac{g^4 + \beta g^2 - 2g^2 \cos(2\omega\tau_c) + \beta + 1}{-2g^2 \cos(2\omega\tau_c) + (g^2+\beta)^2 + 2\beta+1}$$

$$E_{\mathrm{si}_{\times}}^{[\beta]}(\omega) = \frac{2g\beta \cdot |\cos(\omega\tau_c)|}{-2g^2 \cos(2\omega\tau_c) + (g^2+\beta)^2 + 2\beta+1}$$

$$E_{\mathrm{ci}}^{[\beta]}(\omega) = \frac{1}{2} - \frac{\beta}{2[g^2 + 2g \cos(2\omega\tau_c) + \beta + 1]}$$

$$S_{\mathrm{si}_{\parallel}}^{[\beta]}(\omega) = \frac{\sqrt{g^4 + 2(\beta+1)g^2 \cos(2\omega\tau_c) + (\beta+1)^2}}{-2g^2 \cos(2\omega\tau_c) + (g^2+\beta)^2 + 2\beta+1}$$

$$S_{\text{six}}^{[\beta]}(\omega) = \frac{g\sqrt{(g^2 + \beta)^2 - 2(g^2 + \beta)\cos(2\omega\tau_c) + 1}}{-2g^2\cos(2\omega\tau_c) + (g^2 + \beta)^2 + 2\beta + 1}$$

$$S_{\text{ci}}^{[\beta]}(\omega) = \frac{\sqrt{g^2 + 2g\cos(\omega\tau_c) + 1}}{2[g^2 + 2g\cos(2\omega\tau_c) + \beta + 1]} \tag{5.27}$$

$$\hat{S}^{[\beta]}(\omega) = \max\left(\frac{\sqrt{g^2 + 2g\cos(\omega\tau_c) + 1}}{g^2 + 2g\cos(2\omega\tau_c) + \beta + 1}\right)$$

$$\chi^{[\beta]}(\omega) = \frac{g^4 + \beta g^2 - 2g^2\cos(2\omega\tau_c) + \beta + 1}{2g\beta \cdot |\cos(2\omega\tau_c)|} \tag{5.28}$$

当然，随着 $\beta \to 0$，$H^{[\beta]} \to H^{[P]}$，我们可以验证：完美串扰抵消滤波器的频谱通过上述表达式得到了还原。

图 5.3 中给出了包络频谱 $\hat{S}^{[\beta]}(\omega)$ 在 β 分别为 3 个数值下的情况。从图中我们可以关注两个问题：（1）增大正则化参量能够在不影响极小值的情况下对频谱的峰值进行衰减；（2）随着 β 的增加，频谱中的极大值会分离为双峰（两个间隔很近的峰值）。

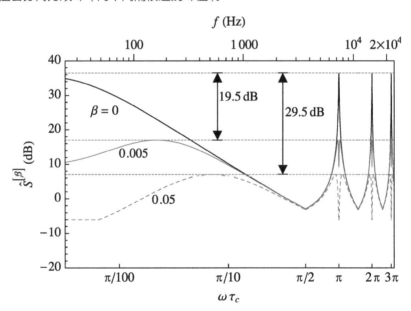

图 5.3　正则化处理作用在扬声器包络频谱上的效果，$\hat{S}^{[\beta]}(\omega)$，随着 β 的增加，峰值得到衰减，双峰形成。（其他参数与图 5.2 中相同。）

为了了解峰值衰减的程度以及形成双峰的条件，我们求 $\hat{S}^{[\beta]}(\omega)$ 关于 $\omega\tau_c$ 的一阶和二阶导数，寻找一阶导数为 0，二阶导数为负值的条件，总结如下：如果 β 小于阈值 β^* 被定义为

$$\beta < \beta^* \equiv (g-1)^2 \qquad (5.29)$$

峰值为单峰，并且其出现的频率与完美串扰抵消滤波器包络频谱（$\hat{s}^{[P]\uparrow}$）中峰值出现的无量纲频率相同，且振幅为

$$当 \omega\tau_c = n\pi \text{ 时,}\quad \hat{s}^{[\beta]\uparrow} = \frac{1-g}{(g-1)^2+\beta}$$

其中 n=0, 1, 2, 3, 4, ……

如果满足

$$\beta^* \leqslant \beta \ll 1 \qquad (5.30)$$

极大值会在下列无量纲频率上产生双峰

$$\omega\tau_c = n\pi \pm \cos^{-1}\left(\frac{g^2-\beta+1}{2g}\right) \qquad (5.31)$$

其中 n=0, 1, 2, 3, 4, ……

且振幅为

$$\hat{s}^{[\beta]\uparrow\uparrow} = \frac{1}{2\sqrt{\beta}} \qquad (5.32)$$

其数值与 g 无关。（上标"↑"和"↑↑"分别表示单峰和双峰。）$\hat{s}^{[\beta]}$ 频谱中由于正则化处理所造成的峰值衰减可以通过完美串扰滤波器（即 β=0）的频谱峰值振幅除以正则化处理后的频谱得到。对于单峰来说，衰减量为

$$20\log_{10}\left(\frac{\hat{s}^{[P]\uparrow}}{\hat{s}^{[\beta]\uparrow}}\right) = 20\log_{10}\left[\frac{\beta}{(g-1)^2}+1\right]\text{dB}$$

对于双峰来说，可表达为

$$20\log_{10}\left(\frac{\hat{s}^{[P]\uparrow}}{\hat{s}^{[\beta]\uparrow}}\right) = 20\log_{10}\left[\frac{2\sqrt{\beta}}{1-g}\right]\text{dB}$$

对于图 5.3 所描述的常规状态下 $g = 0.985$ 的情况来说，我们有 $\beta^* = 2.25\times10^{-4}$，当 $\beta = 0.005$ 和 0.05 时，我们获得的双峰衰减（相比于完美串扰抵消滤波器频谱来说）分别为 19.5 dB 和 29.5 dB，如图 5.3 所示。

因此，提高正则化参量使其高于这一（偏低的）阈值会导致包络频谱上的峰值分割为双峰，其频率为完美串扰抵消滤波器响应峰值分别向两侧偏移 $\Delta(\omega\tau_c) = \cos^{-1}[(g^2-\beta+1)/2g]$ 后的频率。（对于图中 $g = 0.985$ 的情况而言，$\beta^* = 2.25\times10^{-4}$，$\beta = 0.05$ 时，我们有 $\Delta(\omega\tau_c) \approx 0.225$。）由于人类对于频率

的感知特点呈对数规律，这些双峰会被感知为高频（即 $n = 1, 2, 3,$ ……）的窄带失真，但 n=0 处的第一个双峰会被感知为低频的宽频带滚降，通常衰减量很大，如图 5.3 所示。因此，固定参量正则化将完美串扰抵消滤波器的低频提升转变为低频滚降。

由于正则化实质上是故意将误差引入系统的逆矩阵，我们可以判断，随着 β 数值的增加，串扰抵消频谱和双耳处的频率响应会发生劣化（即相对于完美串扰抵消滤波器的 ∞ 和 0 dB 响应出现偏移）。固定参量正则化在双耳处产生的响应如图 5.4 所示。

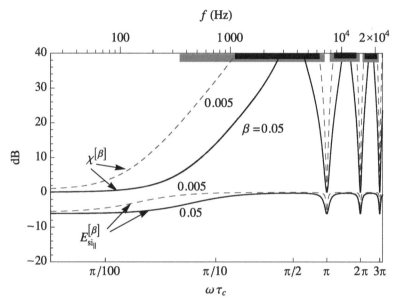

图 5.4 正则化处理对串扰抵消频谱所产生的影响，$\chi^{[\beta]}(\omega)$（顶部 2 条曲线），和侧声像（Side Image）在身体同侧耳的频率响应 $E_{si_{\parallel}}^{[\beta]}(\omega)$（底部 2 条曲线）。顶部的黑色横条表示 β = 0.05 时串扰抵消程度不低于 20 dB 的频率范围，灰色横条则表示 β = 0.005 时抵消程度相同的频率范围。（其他参数与图 5.2 相同。）

图中黑色曲线表示串扰抵消频谱，在系统的病态频率（ $\omega\tau_c = n\pi$，其中 $n = 0, 1, 2, 3, 4,$ ……）及其周边频率上丧失了串扰抵消控制，且随着正则化程度的加深，这些中心频率所影响的频率范围会随之变大。例如，将 β 增大至 0.05 会将串扰抵消限制在 20 dB 或更高的数值上，其频率范围如图 5.4 顶部的黑色横条所示，第 1 个频率范围为 1.1 ~ 6.3 kHz，第 2 个和第 3 个频率范围则位于 8.4 kHz 以上。在很多实际应用中，我们可能不需要，也无法获得如此高（20 dB）的串扰抵消数值（由于房间反射和 / 或 HRTFs 不匹配等原因），此时需要更高的 β 数值将音色失真峰值控制在扬声器所能够承受的程度以内。

图 5.4 底部的曲线展示了双耳处的响应 $E_{si_{\parallel}}^{[\beta]}(\omega)$ 与相应的完美串扰抵消（即 $\beta=0$）滤波器响应（在 0 dB 具有平坦曲线）仅相差几个分贝。对 $E_{si_{\parallel}}^{[\beta]}(\omega)$ 频谱中极大值和极小值更为精确的常规表达方式为：

$$\text{当 } \omega\tau_c = (2n+1)\frac{\pi}{2}\text{时,} \quad E_{si_{\parallel}}^{[\beta]\uparrow}(\omega) = \frac{g^2+1}{g^2+\beta+1}$$

$$\text{当 } \omega\tau_c = n\pi \text{ 时,} \quad E_{si_{\parallel}}^{[\beta]\downarrow}(\omega) = \frac{g^4+(\beta-2)g^2+\beta+1}{g^4+2(\beta-1)g^2+(\beta+1)^2}$$

其中 $n = 0, 1, 2, 3, 4, \cdots\cdots$

对于图中所表示的常规状态（$g = 0.985$）来说，我们可知 $\beta = 0.05$、$E_{si_{\parallel}}^{[\beta]\uparrow} = -0.2$ dB、$E_{si_{\parallel}}^{[\beta]\uparrow} = -6.1$ dB，这一结果表明，即使相对过量的正则化处理导致耳部出现了音色失真，失真程度也比完美串扰抵消滤波器施加给扬声器的失真程度要轻得多。

总体来说，尽管固定参量正则化能够有效地减少扬声器包络频谱中的振幅峰值（包括"低频提升"），但它通常会在扬声器频谱的较高频段上造成不良的窄带失真，在低段造成滚降。如果能够将正则化参量作为随频率变化的函数进行控制，就能够避免这种不理想结果的出现，我们将在"频率相关正则化处理"部分对其进行讨论。

在我们进入这一部分之前，思考固定参量正则化处理对串扰抵消滤波器时域响应的影响将会使这一话题的讨论更具深度。

5.3.2　脉冲响应

首先我们把 $z = e^{2i\omega\tau_c}$ 代入式（5.25）和式（5.26），可得

$$H_{LL}^{[\beta]}(z) = H_{RR}^{[\beta]}(z)$$
$$= \frac{z^2g^2 - z(\beta+1)}{z^2g^2 + g^2 - z[(g^2+\beta)^2 + 2\beta+1]} \tag{5.33}$$

$$H_{LR}^{[\beta]}(z) = H_{RL}^{[\beta]}(z)$$
$$= \frac{z^2[gz^{-1/2} - g(g^2+\beta)z^{1/2}]}{z^2g^2 + g^2 - z^2[(g^2+\beta)^2 + 2\beta+1]} \tag{5.34}$$

上述两个表达式拥有相同的二次方分母，可以将其因式分解为

$$z^2g^2 + g^2 - z[(g^2+\beta)^2 + 2\beta+1] = g^2(z-a_1)(z-a_2)$$

其中

$$a_1 = \frac{a - \sqrt{a^2 - 4g^4}}{2g^2}, \quad a_2 = \frac{a - \sqrt{a^2 - 4g^4}}{2g^2} \tag{5.35}$$

又有

$$a = \left(g^2 + \beta\right)^2 + 2\beta + 1 \tag{5.36}$$

我们可以将式（5.33）和式（5.34）变换为

$$H_{LL}^{[\beta]}(z) = H_{RR}^{[\beta]}(z) = \left[z - \frac{(\beta+1)}{g^2}\right] \times \left(\frac{1}{1 - a_1 z^{-1}}\right)\left(\frac{1}{z - a_2}\right) \tag{5.37}$$

$$H_{LR}^{[\beta]}(z) = H_{RL}^{[\beta]}(z) = \left[\frac{z^{-1/2} - (g^2 + \beta)z^{1/2}}{g^2}\right] \times \left(\frac{1}{1 - a_1 z^{-1}}\right)\left(\frac{1}{z - a_2}\right) \tag{5.38}$$

由于 $0 < g < 1$，且 $\beta \geqslant 0$，我们从式（5.35）和式（5.36）中可知 $0 \leqslant a_1 < 1$ 且 $a_2 > 1$，因此 $|a_1 z^{-1}|$ 且 $a_2 > |z|$。这使得我们能够将 $1/(1 - a_1 z^{-1})$ 和 $1/(z - a_2)$ 这两项作为收敛幂级数（其收敛性确保我们获得一个稳定的滤波器）代入上述两个方程，记为

$$H_{LL}^{[\beta]}(z) = H_{RR}^{[\beta]}(z) = \left[z - \frac{(\beta+1)}{g^2}\right] \times \left(\sum_{m=1}^{\infty} a_1^m z^{-m}\right)\left(\sum_{m=0}^{\infty} -a_2^{-m-1} z^m\right) \tag{5.39}$$

$$H_{LR}^{[\beta]}(z) = H_{RL}^{[\beta]}(z) = \left[\frac{z^{-1/2} - (g^2 + \beta)z^{1/2}}{g^2}\right] \times \left(\sum_{m=0}^{\infty} a_1^m z^{-m}\right)\left(\sum_{m=0}^{\infty} -a_2^{-m-1} z^m\right) \tag{5.40}$$

现在，这一滤波器的形式可以直接被转换为时域滤波器 $b^{[\beta]}$，表示为

$$b^{[\beta]} = \begin{bmatrix} b_{LL}^{[\beta]}(t) & b_{LR}^{[\beta]}(t) \\ b_{RL}^{[\beta]}(t) & b_{RR}^{[\beta]}(t) \end{bmatrix} \tag{5.41}$$

我们在式（5.39）和式（5.40）中将 z 重新替换为 $e^{2i\omega\tau_c}$，再进行反傅里叶变换得到

$$b_{LL}^{[\beta]}(t) = \frac{1}{2\pi} \int_{-\infty}^{\infty} H_{LL}^{[\beta]}(i\omega) e^{i\omega t} d\omega$$

$$= b_{RR}^{[\beta]}(t) = \frac{1}{2\pi} \int_{-\infty}^{\infty} H_{RR}^{[\beta]}(i\omega) e^{i\omega t} d\omega \tag{5.42}$$

$$\left[\delta(1 + 2\tau_c) - \frac{\beta+1}{g^2} \delta(t)\right] * \psi(t)$$

$$b_{LR}^{[\beta]}(t) = \frac{1}{2\pi} \int_{-\infty}^{\infty} H_{LR}^{[\beta]}(i\omega) e^{i\omega t} d\omega$$

$$= b_{LR}^{[\beta]}(t) = \frac{1}{2\pi} \int_{-\infty}^{\infty} H_{RL}^{[\beta]}(i\omega) e^{i\omega t} d\omega$$

$$= \left[\frac{\delta(t - \tau_c)}{g} - \frac{g^2 + \beta}{g^2} \delta(t + \tau_c)\right] * \psi(t) \tag{5.43}$$

其中星号（＊）表示卷积运算，$\psi(t)$ 则是式（5.39）和式（5.40）中出现的幂级数经过反傅里叶变换后的结果，由 2 组狄拉克函数的卷积来表示：

$$\psi(t) = \left(\sum_{m=0}^{\infty} a_1^m \delta(t - 2m\tau_c)\right) * \left(\sum_{m=0}^{\infty} -a_2^{-m-1} \delta(t + 2m\tau_c)\right) \tag{5.44}$$

我们可以看到第 1 组函数包含顺序时间，第 2 组函数包含逆向时间。

通过式（5.42）和式（5.43）所表达的脉冲响应如图 5.5 所示，3 幅图是 β 分别取 3 个数值时的情况。

完美串扰抵消滤波器的脉冲响应如顶部图所示，它包含 2 组符号相反、不断衰减且互相存在延时的 δ 函数。从数学角度来说，这是 $\beta = 0$ 的情况，因此式（5.37）和式（5.38）可以简化为

$$H_{LL}^{[P]}(z) = H_{RR}^{[P]}(z) = \frac{1}{1 - a_1 z^{-1}} \tag{5.45}$$

$$H_{LR}^{[P]}(z) = H_{RL}^{[P]}(z) = \frac{gz^{-1/2}}{1 - a_1 z^{-1}} \tag{5.46}$$

基于对这两个式子做反傅里叶变换，我们可以复原来自 Atal 等人（1966）所推导的完美串扰抵消滤波器脉冲响应。

$$h_{LL}^{[P]}(t) = h_{RR}^{[P]}(t) = \sum_{m=0}^{\infty} a_1^m \delta(t - 2m\tau_c) \tag{5.47}$$

$$h_{LR}^{[P]}(t) = h_{RL}^{[P]}(t) = -g\delta(t - \tau_c) * \sum_{m=0}^{\infty} a_1^m \delta(t - 2m\tau_c) \tag{5.48}$$

其中 $a_1 = g^2$［通过将 $\beta = 0$ 代入式（5.35）和式（5.36）得到］为滤波器的极点。我们看到完美串扰抵消滤波器的脉冲响应开始于 $t = 0$，振幅为 1，经过 $2m\tau_c$ 的时间后衰减至 $a_1^m = (l_1/l_2)^{2m}$。

P. Nelson 等人（1997）和 Kirkeby 等人（1998b）曾对这一脉冲响应的外观特征进行了讨论，Kirkeby 还曾与 Atal 等人（1966）共同意识到了串扰抵消滤波器的递归性本质。简要地说，对于完美串扰抵消滤波器脉冲响应外观上的认识可以通过将一个理想化的、长度远小于 τ_c 的正向脉冲送入系统的 2 个输入之一（如左输入）来进行。通过式（5.9），我们可以看到这个脉冲 $d_L(t)$ 从左扬声器中以一系列正向脉冲 $d_L(t)*h_{LL}(t)$ 发出（对应图 5.5 顶部图的实心圆），从右扬声器中以一系列负向脉冲 $d_L(t)*h_{RL}(t)$ 发出（对应同一幅图中的空心圆）。这两组脉冲之间存在 τ_c 的延时，从而在第一个正向脉冲到达左耳后，再以略小的振幅到达右耳，但同时被一个等振幅的负向压力（由右扬声器于 l_1/c_s 时间发出的）所抵消，此脉冲（由右扬声器于 l_1/c_s 时间发出的）也会与左耳的正向脉冲发生抵消，后续脉冲也延续了这种相互作用规律。这样的最终结果是仅有左耳能够听到第 1 个脉冲，即没有串扰出现。

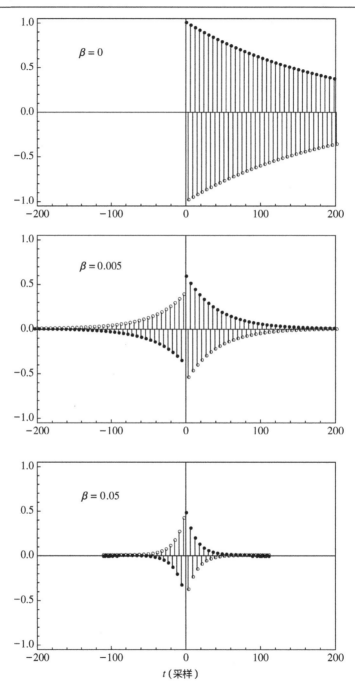

图 5.5　脉冲响应 $h_{LL}^{[\beta]}(t) = h_{RR}^{[\beta]}(t)$（实心圆）和 $h_{LR}^{[\beta]}(t) = h_{RL}^{[\beta]}(t)$ $h_{RL}^{[\beta]}(t)$（空心圆）在 β 分别取 3 个数值时的情况。（$g = 0.985$，$\tau_c = 3$ 采样。）

对于串扰抵消滤波器的正则化处理对于其脉冲响应的影响由 Kirkeby 等人（1998）提出，通过对图 5.5 中 3 个部分的比较我们也能够探明究竟。当 β 为有限值，脉冲响应会出现一个"前回声"（非因果）部分，即它向逆时间方向延伸（$t < 0$），如图 5.5 所示。通过对图的观察以及从式（5.44）的推断，$t < 0$ 和 $t > 0$ 部分的 δ 函数的正负号相反。随着正则化处理程度的不断加深，$t < 0$ 的部分开始显著增加，脉冲响应的时长缩短，这与频域中频谱峰值的降低相对应。

为了确保因果性，必须使用延时将脉冲响应中 $t < 0$ 的部分包含在内。在实际应用中［例如处理数字（Numerical）HRTFs 求逆］，这一过程可以通过一个"建模延时"来同时容纳脉冲响应的非因果部分和传输延时

$$\delta\left(t - \frac{l_1}{c_s}\right)$$

它与式（5.8）中的因数 α 相关。

一个极点靠近单位圆（$|z| = 1$）的滤波器长度与极点和单位圆之间的距离成反比（Bellanger，2000）。根据式（5.35）和式（5.36），当 β 增大，极点逐渐远离单位圆，因此一个有限 -β 脉冲响应长度减少的因数（倍数）为

$$\frac{1 - a_1}{1 - g^2}$$

对于完美串扰抵消滤波器脉冲响应的长度来说，该因数（基于 a_1，由于 $1-a_1 < |1-a_2|$）在 $1-g^2 \ll 1$ 且 $1-a_1 \ll 1$ 时是准确的。

例如，在图 5.5 的中间图中，我们有 $\beta = 0.005$、$g = 0.985$，以此得到 $a_1 = 0.86$，完美串扰抵消滤波器脉冲响应长度大约为此脉冲响应的 4.5 倍。［根据 Parodi 和 Rubak（2010，2011a）对数字的 HRTFs 通过频率相关正则化处理进行求逆运算的观察，这种正则化处理和脉冲响应长度之间的逆相关关系在这种情况下基本成立。］

5.4　频率相关正则化处理

为了避免"频率响应"这一部分所讨论的，同时通过图 5.3 所展示的频域失真，我们试图找到一种优化方案，使完美滤波器包络频谱 $\hat{S}(\omega)$ 能量超出 Γ（dB）的频段获得平坦的响应，使其包络的平坦程度被控制在 Γ（dB）范围内。在这些频段之外（即低于该数值）则不进行正则化处理。我们所期望获得的包络频谱可以象征性地写为

$$\hat{S}(\omega) = \begin{cases} \gamma, & \hat{S}^{[P]}(\omega) \geqslant \gamma \\ \hat{S}^{[P]}(\omega), & \hat{S}^{[P]}(\omega) < \gamma \end{cases} \quad (5.49)$$

其中完美串扰抵消滤波器包络频谱$\hat{S}^{[P]}(\omega)$由式（5.16）给出，且

$$\gamma = 10^{\Gamma/20} \qquad (5.50)$$

其中 Γ 的单位为 dB。取值 $\Gamma \geqslant 0$ dB，同时由于 Γ 不能超出$\hat{S}^{[P]}(\omega)$频谱的峰值，γ 的范围为：

$$1 \leqslant \gamma \leqslant \frac{1}{1-g} \qquad (5.51)$$

其中最后 1 项为$\hat{S}^{[P]}$，通过式（5.18）得到。

如要获取有效的频率相关正则化处理参数以满足式（5.49）中对于频谱平坦处理的要求，则需要通过设定式（5.27）所给出的$\hat{S}^{[\beta]}(\omega)$，使其等于 γ 以求出频率函数 $\beta(\omega)$。由于正则化处理后的频谱包络$\hat{S}^{[\beta]}(\omega)$（它同时也是 $\|H^{[\beta]}\|$，正则化处理后串扰抵消滤波器的 2 范数）是 2 个公式的最大值，因此我们求得 $\beta(\omega)$ 的解有 2 个。

$$\beta_{\mathrm{I}}(\omega) = \frac{\sqrt{g^2 - 2g \cos(\omega\tau_c)+1}}{\gamma} - (g^2 - 2g \cos(\omega\tau_c)+1) \qquad (5.52)$$

$$\beta_{\mathrm{II}}(\omega) = \frac{\sqrt{g^2 + 2g \cos(\omega\tau_c)+1}}{\gamma} - (g^2 + 2g \cos(\omega\tau_c)+1) \qquad (5.53)$$

第 1 个解 $\beta_{\mathrm{I}}(\omega)$ 适用于完美滤波器中响应为反相程度［即第 2 奇异值，方程（5.16）中最大值函数的第 2 个自变量］超过同相程度（即该函数的第 1 个自变量）的情况。

$$S_o^{[P]} = \frac{1}{\sqrt{g^2 - 2g \cos(\omega\tau_c)+1}} \geqslant S_i^{[P]} = \frac{1}{\sqrt{g^2 + 2g \cos(\omega\tau_c)+1}} \qquad (5.54)$$

同样，通过 $\beta_{\mathrm{II}}(\omega)$ 施加的正则化处理适用于 $S_i^{[P]} \geqslant S_o^{[P]}$ 的频段。因此，我们必须区分优化方案的 3 个分支：2 个正则化处理分支对应 $\beta = \beta_{\mathrm{I}}(\omega)$ 和 $\beta = \beta_{\mathrm{II}}(\omega)$，一个非正则化处理（完美滤波器）分支对应 $\beta = 0$。我们分别称这些分支为 I、II 和 P，总结与每一种情况相关的条件如下。

分支 I：适用于$\hat{S}^{[P]}(\omega) \geqslant \gamma$ 且

$$S_o^{[P]} \geqslant S_i^{[P]}$$

$$\hat{S}(\omega) = \gamma, \beta = \beta_{\mathrm{I}}(\omega)$$

设置分支 II 的要求：适用于$\hat{S}^{[P]}(\omega) \geqslant \gamma$且$S_i^{[P]} \geqslant S_o^{[P]}$

$$\hat{S}(\omega) = \gamma, \beta = \beta_{\mathrm{II}}(\omega)$$

设置分支 P 的要求：适用于$\hat{S}^{[P]}(\omega) < \gamma$，且要求$\hat{S}(\omega) = \hat{S}^{[P]}(\omega)$，$\beta = 0$。

根据这 3 个分支，扬声器的包络频谱$\hat{S}(\omega)$在进行频率相关的正则化处理后的情况如图 5.6 中的

黑色粗线所示，其中 $\Gamma = 7$ dB。选择这一数值的原因是它和 $\beta = 0.05$ 时频谱中出现的双峰现象对应 [即 $\Gamma = 20\log_{10}(1/2\sqrt{\beta})$]，它也被作为相应情况下固定参量正则化处理的参考曲线（浅实线）。（如果 $\hat{S}^{[P]}(\omega)$ 中的峰值，无论是单峰还是双峰，与 γ 相等，我们称频率相关正则化处理后的频谱和固定参量正则化处理后的频谱为"对应频谱"。）

从图中我们可以清楚地看到完美串扰抵消滤波器频谱中的低频提升和高频峰值，经过固定参量正则化处理后，它们会被分别转换为低频滚降和高频窄带失真；而现在（经过频率相关正则化处理）它们在最大染色级 Γ 所规定的范围内拥有平坦的响应。频谱中的其他部分，即振幅小于 Γ 的频段，能够获得完美串扰抵消滤波器所带来的最大程度的串扰抵消，以及相对较低的条件数所带来的稳定性。

5.4.1　频段分层

上述 3 个分支的解决方案将音频频谱分割为一系列相邻的频段，我们通过连续的数字从最低的频段（Band1）开始进行命名。每个频段的频率边界可以通过式（5.16）给出的 $\hat{S}^{[P]}(\omega)$ 与 γ 的等式求出 $\omega\tau_c$。通过这一计算过程我们能够获得的频段分层和各层级对应的频率边界如下。

- 频段 1、5、9、13、17……、$4n+1$ 属于分支 I，频率边界为

$$2n\pi - \varphi \leqslant \omega\tau_c \leqslant 2n\pi + \varphi \tag{5.55}$$

- 频段 2、6、10、14、18……、$4n+2$ 属于分支 P，频率边界为

$$2n\pi + \varphi \leqslant \omega\tau_c \leqslant (2n+1)\pi - \varphi \tag{5.56}$$

- 频段 3、7、11、15、19……、$4n+3$ 属于分支 II，频率边界为

$$(2n+1)\pi - \varphi \leqslant \omega\tau_c \leqslant (2n+1)\pi + \varphi \tag{5.57}$$

- 频段 4、8、12、16、20……、$4n+4$ 属于分支 P，频率边界为

$$(2n+1)\pi + \varphi \leqslant \omega\tau_c \leqslant (2n+2)\pi - \varphi \tag{5.58}$$

其中 $n=0, 1, 2, 3, 4, ...$ 且

$$\phi = \cos^{-1}\left(\frac{(g^2+1)\gamma^2 - 1}{2g\gamma^2}\right) \tag{5.59}$$

举例来说，将这种分层用于图 5.6 中所示的 $g = 0.985$ 且 $\Gamma = 7$dB（即 $\gamma = 10^{7/20} = 2.24$）的情况下，我们在 $\omega\tau_c = 0$ 和 3ϖ 之间获得了 8 个频率边界所分隔的 7 个频段：$\{0, 0.45, 2.69, 3.60, 5.83, 6.74, 8.97, 3\varpi\}$，$\omega\tau_c$ 的范围对应了量纲频率 f(Hz)（44.1 kHz 下 $\tau_c = 3$ 采样），由集合 $\{0, 1061.5, 6288.5, 8411.5, 13638.5, 15761.5, 20988.5, 22050\}$ 给出，如图 5.6 中竖线所标记。频段 1 和频段 5 属于分支 I，通过

$\beta = \beta_I(\omega)$ 进行正则化处理；频段 3 和频段 7 属于分支 II，通过 $\beta = \beta_{II}(\omega)$ 进行正则化处理；而频段 2、频段 4 和频段 6 属于分支 P，无需进行正则化处理。总的来说，后续的频段从低到高的排列会按照以下分支的顺序展开：I、P、II、P、I、P、II、P……

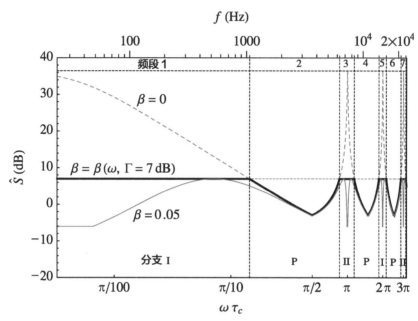

图 5.6　扬声器的包络频谱 $\hat{S}(\omega)$ 在进行 $\Gamma = 7$ dB 的频率相关正则化处理后的情况（黑色粗线）与 $\beta = 0.05$ 所对应的参考情况（灰色曲线）。标准的完美串扰抵消滤波器的情况也在图中得以展示（灰色虚线）。垂直方向的虚线展示了 7 个频段的频率边界，这些频段由小到大进行编号并显示在图的顶部，这些频段所对应的分支则标记在图的底部。（其他参量与图 5.2 中的情况相同。）

5.4.2　频率响应

通过式（5.49）给出的扬声器频率响应振幅包络可以通过图 5.6 看到，通过它可以推导出其他经过优化的矩阵频谱如下。

$$Y_I^{[O]}(\omega) = Y^{[\beta_I(\omega)]}(\omega)，\text{分支I频段} \tag{5.60}$$

$$Y_I^{[O]}(\omega) = Y^{[\beta_{II}(\omega)]}(\omega)，\text{分支II频段} \tag{5.61}$$

$$Y_P^{[O]}(\omega) = Y^{[P]}(\omega)，\text{分支P频段} \tag{5.62}$$

其中 $Y(\omega)$ 表示我们在"矩阵"这一部分定义的 8 个矩阵频谱中的任意一个，上标"[O]"表示我们寻求的该矩阵频谱的优化版本,下标"I""II"和"P"表示各个分支,上标"$[\beta_{\mathrm{I}}(\omega)]$"和"$[\beta_{\mathrm{II}}(\omega)]$"表示通过矩阵频谱正则化处理的公式进行的正则化处理,但 β 与频率相关,根据式(5.52)和式(5.53)来进行取值。

例如,根据上述频段分层的解决方案,通过式(5.28)、式(5.52)、式(5.53)和式(5.17),优化后的串扰抵消滤波器频谱变为

$$\chi_{\mathrm{I,II}}^{[\mathrm{O}]}(\omega) = \mp \frac{\gamma x(b \mp x) \mp b\sqrt{b \mp x}}{|x|(\gamma(b \mp x) - \sqrt{b \mp x})} \tag{5.63}$$

$$\chi_{\mathrm{P}}^{[\mathrm{O}]}(\omega) = \chi^{[P]}(\omega) = \infty \tag{5.64}$$

出于简洁考虑,我们代入 $x \equiv 2g\cos(\omega\tau_c)$ 和 $b \equiv g^2+1$,使用双下标"I, II"以及和分支 I 和 II 分别对应的双符号($\pm$ 或 $\mp$)将两个分支合并为一个表达式。类似地,侧声像在身体同侧耳的频率响应 $E_{\mathrm{si}_{\parallel}}(\omega)$经过优化后变为

$$E_{\mathrm{si}_{\parallel}\mathrm{I,II}}^{[\mathrm{O}]}(\omega) = \pm \frac{\gamma^2 x(b \mp x) \pm \gamma b\sqrt{b \mp x}}{(b \mp x) \pm 2\gamma x\sqrt{b \mp x}} \tag{5.65}$$

$$E_{\mathrm{si}_{\parallel}\mathrm{P}}^{[\mathrm{O}]}(\omega) = E_{\mathrm{si}_{\parallel}}^{[P]}(\omega) = 1 \tag{5.66}$$

这些频谱如图 5.7 所示,通过 $\chi(\omega)$ 曲线我们立刻能够很清楚地看到,相比于固定参量正则化处理来说,频率相关正则化处理能够获得串扰抵消程度的显著增强。通过该图我们能够推断出,最小串扰抵消程度越高,频率相关正则化处理相比固定参量正则化处理获得的串扰抵消增强程度就越强。

进一步来说,通过对频率相关正则化处理结果 $E_{\mathrm{si}_{\parallel}}(\omega)$(灰色实线)与 $\beta = 0.05$ 的固定参量处理结果(灰色虚线)进行比较,这种串扰抵消程度的增强对耳部的频率响应产生的影响很小。

通过式(5.28)和式(5.36)可以证实,固定参量正则化处理所获得的串扰抵消程度与频率相关正则化处理所获得的串扰抵消程度仅在$\hat{S}^{[\beta]}(\omega)$中出现峰值的离散频率上相同,这些频率为

$$\omega\tau_c = \begin{cases} n\pi, & \dfrac{1}{4\gamma^2} < (g-1)^2 \\ n\pi \pm \cos^{-1}\left(\dfrac{g^2 - \beta + 1}{2g}\right), & (g-1)^2 \leqslant \dfrac{1}{4\gamma^2} \ll 1 \end{cases} \tag{5.67}$$

其中 n=0, 1, 2, 3, 4, ……

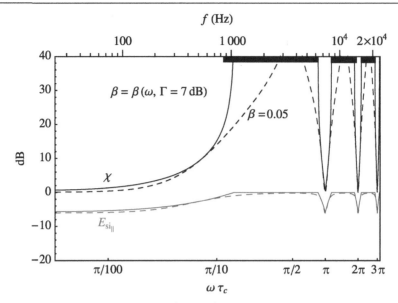

图 5.7 串扰抵消频谱，$\chi(\omega)$（黑色曲线）和侧声像在身体同侧耳的频率响应 $E_{si}k(\omega)$（浅色曲线）在分别通过频率相关正则化处理（实线）和 $\beta = 0.05$ 的固定参量正则化处理（虚线）后的结果。顶部轴上的黑色横条标记了 $\beta = \beta(\omega)$ 且 $\Gamma = 7$ dB 时，串扰抵消程度为 20 dB 或更高数值的频率范围。（其他参量与图 5.2 中相同。）

[其中的不等式来自式（5.29）、式（5.30）和式（5.32），它们规定了相应 $\hat{S}^{[l]}(\omega)$ 频谱出现单峰或双峰的条件。]在其他所有频率上，频率相关的正则化处理获得了优于固定参量正则化处理的串扰抵消结果。这一特性也能够通过图 5.7 中的 $\chi(\omega)$ 曲线得到，这是因为频率相关正则化处理让包络频谱变得平坦（在属于分支 I 和 II 的频段内），这限制了成本函数「式（5.23）中的第 2 个加法项」中的效能惩罚项，进而带来了最小的性能误差。这种特性最终带来了串扰抵消程度的最大化，在全频段上超过了固定参量正则化处理后的串扰抵消程度 [除了那些由式（5.67）给出的，两个对应频谱具有相同的数值 γ 的频率]，因为相应的固定参量正则化包络 $\hat{S}^{[l]}(\omega)$ 小于（或等于）γ（如图 5.6 所示）。

因此可以总结，如果将串扰抵消滤波器的优化定义为"在可容忍的音色失真条件下将串扰抵消性能最大化"——正如我们之前所做的那样——只有频率相关的正则化处理会在全频段上获得最佳串扰抵消滤波器，而固定参量正则化处理能够在式（5.67）给出的离散频率上获得最佳性能。

5.4.3　脉冲响应：分析型频带组合串扰抵消分层（BACCH）滤波器

在频域中，最佳串扰抵消滤波器可以由以下矩阵给出

$$H^{[O]} = \begin{bmatrix} H_{LL}^{[O]}(i\omega) & H_{LR}^{[O]}(i\omega) \\ H_{RL}^{[O]}(i\omega) & H_{RR}^{[O]}(i\omega) \end{bmatrix} \tag{5.68}$$

其中各项都来自相同的频段分层解决方案 [即式（5.60）到式（5.62）]，我们通过这种方案对矩阵频谱进行优化，即从式（5.52）中替换 $\beta_{\mathrm{I}}(\omega)$，从式（5.53）中替换 $\beta_{\mathrm{II}}(\omega)$，在式（5.25）和式（5.26）中代入 $\beta=0$ 以分别获得分支 I、分支 II 和分支 P 版本的滤波器矩阵项。进而有

$$H_{LL_{I,II}}^{[O]}(i\omega) = H_{RR_{I,II}}^{[O]}(i\omega)$$
$$= \frac{\gamma^2[\pm x - g^2(1 + e^{2i\omega\tau_c})] + \gamma\sqrt{b \mp x}}{(b \mp x) \pm 2\gamma x\sqrt{b \mp x}} \tag{5.69}$$

$$H_{LR_{I,II}}^{[O]}(i\omega) = H_{RL_{I,II}}^{[O]}(i\omega)$$
$$= \frac{\mp\gamma^2[\pm x - g^2(1 + e^{2i\omega\tau_c})] + g\gamma e^{i\omega\tau_c}\sqrt{b \mp x}}{(b \mp x) \pm 2\gamma x\sqrt{b \mp x}} \tag{5.70}$$

$$H_{LL_P}^{[O]}(i\omega) = H_{RR_P}^{[O]}(i\omega) = H_{LL}^{[P]}(i\omega) = H_{RR}^{[P]}(i\omega) \tag{5.71}$$

$$H_{LR}^{[O]}(i\omega) = H_{RL}^{[O]}(i\omega) = H_{LR}^{[P]}(i\omega) = H_{RL}^{[P]}(i\omega) \tag{5.72}$$

其中，$x \equiv 2g\cos(\omega\tau_c)$ 且 $b \equiv g^2+1$，为了对串扰抵消滤波器频谱进行简洁的描述，我们仍然遵循式（5.63）中所使用的下标和符号规则。式（5.71）和式（5.72）给出了最佳滤波器矩阵中分支 P 项，它们也是式（5.45）和式（5.46）所给出的完美串扰抵消滤波器矩阵中的项，对它们进行反傅里叶变换可以得到式（5.47）和式（5.48）中的脉冲响应表达式。因此，我们只需要获得分支 I 和分支 II 所表示的最佳滤波器的脉冲响应。

为此，尽管代数计算更加烦琐，但我们仍遵循与"矩阵"部分获得固定参量正则化处理脉冲响应的相同方法；即将滤波器矩阵中各项的频域表达式做因式分解，它们的反傅里叶变换很容易求得，或者各项可以被表示为函数的收敛级数，它们的反傅里叶变换也很容易求得。接着，通过对频域表达式因式分解所得各项的反傅里叶变换进行卷积，以此获得完整的脉冲响应。我们所面临的挑战在于因式分解的方式，需要让所有幂级数展开式在目标参数范围内收敛。

推导过程请参见附录 A，我们也在其中讨论了所采用的级数展开的收敛性。最终的时域滤波器可以通过下列 2 个脉冲响应来表达

$$b_{LL_{I,II}}^{[O]}(t) = b_{RR_{I,II}}^{[O]}(t)$$
$$= (\psi_0 + \gamma\psi_1) * \psi_a \tag{5.73}$$

$$b_{LR_{I,II}}^{[O]}(t) = b_{RL_{I,II}}^{[O]}(t)$$
$$= [\mp\psi_0 + g\gamma\delta(t + \tau_c) * \psi_1] * \psi_a \tag{5.74}$$

其中，

$$\psi_a = \pm(\psi_2 * \psi_3) \pm (\psi_1 \mp \psi_4) * \psi_5 * \psi_6(c_1) * \psi_6(c_2)$$

$$\psi_0 = \pm g\gamma^2[\delta(t-\tau_c) + \delta(t+\tau_c)]$$
$$-g^2\gamma^2[\delta(t) + \delta(t+2\tau_c)]$$

$$\psi_1 = \sum_{m-0}^{\infty}\binom{\frac{1}{2}}{m}(\mp g)^m(g^2+1)^{\frac{1}{2}-m} \times \sum_{k=0}^{m}\binom{m}{k}\delta(t-(2k-m)\tau_c)$$

$$\psi_2 = \pm\frac{1}{4g\gamma}\sum_{m-0}^{\infty}\binom{-\frac{1}{2}}{m}4^{-m} \times \sum_{k=0}^{2m}\binom{2m}{k}(-1)^k\delta(t+(2(m-k)\tau_c)$$

$$\psi_3 = \sum_{m-0}^{\infty}\binom{-\frac{1}{2}}{m}(\mp g)^m(g^2+1)^{-\frac{1}{2}-m} \times \sum_{k=0}^{m}\binom{m}{k}\delta(t-(2k-m)\tau_c)$$ （5.75）

$$\psi_4 = 2g\gamma[\delta(t+\tau_c) + \delta(t+\tau_c)]$$

$$\psi_5 = \pm\frac{1}{(4g\gamma)^3}\sum_{m-0}^{\infty}\binom{-\frac{3}{2}}{m}4^{-m} \times \sum_{k=0}^{2m}\binom{2m}{k}(-1)^k\delta(t+(2(m-k)\tau_c)$$

$$\psi_6(c) = \sum_{m-0}^{\infty}\left(\frac{\pm c}{2g}\right)^p\sum_{m=0}^{\infty}\binom{-\frac{p}{2}}{m}4^{-m} \times \sum_{k=0}^{2m}\binom{2m}{k}(-1)^k\delta(t+(2(m-k)\tau_c)$$

其中常数 c_1 和 c_2 可以表示为

$$c_1 = \frac{\sqrt{16\gamma^2(g^2+1)+1}\mp 1}{8\gamma^2}$$ （5.76）

$$c_2 = \frac{-\sqrt{16\gamma^2(g^2+1)+1}\mp 1}{8\gamma^2}$$ （5.77）

该脉冲响应对于满足以下条件的 γ 和 g 取值有效

$$\max\left(\frac{\sqrt{5+\sqrt{5}}}{2\sqrt{g^2+1}},1\right) \leqslant \gamma \leqslant \frac{1}{1-g}$$ （5.78）

它在附录 A 的图 5.A.1 中以区域图的形式出现。

对应常规情况的 $g = 0.985$ 且 $\tau_c = 3$ 采样条件下的最佳滤波器分支 I 和分支 II 的脉冲响应如图 5.8 所示，与图 5.5 顶部图所示的完美滤波器脉冲响应进行比较，该图详细展示了最佳滤波器的情况。

与图 5.5 底部的固定参量正则化（$\beta = 0.05$）滤波器的脉冲响应相比，图 5.8 中所示的最佳串扰抵消滤波器脉冲响应的结构更加复杂。与完美滤波器和固定参量滤波器具有的 $2\tau_c$ 间隔不同，最佳滤波器的每个脉冲响应都包含一系列间隔为 τ_c 的 δ。

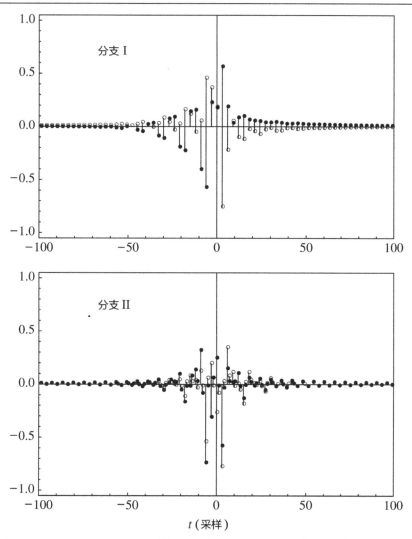

图 5.8　最佳串扰抵消滤波器的脉冲响应：$h_{LL}^{[O]}(t) = h_{RR}^{[O]}(t)$（实心圆）和 $h_{LR}^{[O]}(t) = h_{RL}^{[O]}(t)$（空心圆），分别对应分支 I（上图）和分支 II（下图）。（与图 5.2 相同，$\Gamma = 7$ dB，$g = 0.985$，且 $\tau_c = 3$ 采样。）

　　这些脉冲响应很难从外观上进行解读，因为它们还包含了时间响应，这些时间响应来自频域中那些存在无效脉冲响应的频段。关于这些内容请参见附录 B 中图 5.B.1 的底部图，可以看到通过对最佳滤波器分支 I 做傅里叶变换获得的包络频谱与预期获得的平坦包络频谱 $\hat{S}_1^{[O]}(\omega) = \gamma$ 之间的比较。对于脉冲响应所规定的分支频段来说，两条曲线具有极佳的一致性（即图中描绘的第 1 频段和第 5 频段）。在其他频段中，不仅脉冲响应无效，如附录中所讨论的那样，对它的使用可能还会导致构成它的级数出现发散，产生与之相关的奇异点（可参见图 5.B.1 中分支 P 的相关频段中出现的奇异点）。

因此，对于最佳滤波器的使用要求录音信号 $[d_{L_i}(t), d_{R_i}(t)]^T$ 在进入串扰抵消滤波器之前，首先要通过一个分频滤波器，其分频频率应根据式（5.55）~（5.58）中给出的频段分层解决方案所规定的频率边界来设定。分频处理后的频段会根据其分支标识合并为 3 组（Ⅰ、Ⅱ 和 P）。合并后每组中的立体声录音信号可以通过一个矢量 $[d_{L_i}(t), d_{R_i}(t)]^T$ 来表示，下标中的标识 i 表示分支 Ⅰ、Ⅱ 或 P。最佳串扰抵消所需的扬声器声源矢量在时域中的表达由式（5.9）的时域形式给出。

$$\begin{bmatrix} v_L(t) \\ v_R(t) \end{bmatrix} = \sum_i \left(\begin{bmatrix} h_{LL_i}^{[O]}(t) & h_{LR_i}^{[O]}(t) \\ h_{RL_i}^{[O]}(t) & h_{RR_i}^{[O]}(t) \end{bmatrix} * \begin{bmatrix} d_{L_i}(t) \\ d_{R_i}(t) \end{bmatrix} \right) \tag{5.79}$$

其中加和运算发生在 3 个分支当中，而卷积计算与矩阵乘法的方式相同。

通过将一个"预延时"加入脉冲响应的计算以确保其因果性，这种方式使得脉冲响应的起始时间 $t<0$，只要它包含了脉冲的突起部分，其具体的时间长度并不重要。以图 5.8 中的脉冲响应为例，这个预延时的开始时间应该约为 $t = -100$ 采样。

5.5 分析型 BACCH 滤波器

我们将前一部分中通过分析方式获得脉冲响应的串扰抵消滤波器称为分析型"频带合成串扰抵消分级"（BACCH：Band-Assembled Crosstalk Cancellation Hierarchy）滤波器。在运用通过前文探讨所获得知识来设计更为实用的基于 HRTFs 的 BACCH 滤波器（我们将其简称为"BACCH 滤波器"）之前，让我们讨论一下分析型 BACCH 滤波器的特点和用途。

5.5.1 分析型 BACCH 滤波器的价值

分析型串扰抵消滤波器无法等同于基于 HRTFs 的串扰抵消滤波器的性能，因为前者并不具备听音者个性化 HRTFs 和实际扬声器的特性，它充其量不过是在设计分析型滤波器的过程中引入了点声源这一理想化条件。

事实显示，对于基于非个性化 HRTFs 的串扰抵消滤波器而言，实际获得的串扰抵消程度很少在宽频率范围内超过 17 dB，而这种不匹配通常会导致定位提示失效（Akeroyd 等人，2007）和定位误差增加（Majdak 等人，2013）。尽管如此，如我们在"背景和动机"部分所讨论的那样，即使相对较低程度的串扰抵消也能够显著地增强多数双耳声录音或立体声录音所携带的空间感知信息。因此，对于那些对虚拟声源定位精确度要求不高的应用来说，一个最佳分析型串扰抵消滤波器，即使是一个基于自由场的模型（例如前一部分得到的分析型 BACCH 滤波器）都具会变得颇具竞争力，尤其是使用那些经过计算选择的、夹角足够小的扬声器来相对削弱头部遮挡效应的影响（这一因素当然没有被计入自由场模型当中）。在这种应用当中，一个最佳分析型串扰抵消滤波器相比基于 HRTFs 的串扰抵消滤波器来说具有如下优势：

- 所有人都可以使用一个单独的（即"通用的"）滤波器，具有简易性；
- 脉冲响应时间较短的滤波器可以减轻数字处理器的 CPU 负担；
- 可以根据听音系统设置的参数变化自动对滤波器进行重新校正。

有了这些对分析型 BACCH 滤波器可用性的解读，让我们将注意力转向与它们的具体设计相关的实际应用问题，以及它们在实际听音环境下的应用。

5.5.2　分析型 BACCH 滤波器设计策略

诚然，滤波器设计策略取决于对其性能的需求（预期的最大可接受音色失真或最小串扰抵消程度）和听音系统的实际情况及存在的制约条件（制约条件如听音距离 l、扬声器夹角 Θ，以及听音环境中的声音反射特征）。

分析型 BACCH 滤波器设计的一个方法，是从最大可接收染色程度，即 Γ（单位为 dB）为起始点。例如，在挑剔的（如"发烧友"）听音环境和母带制作应用场合下，Γ 超过 3 ~ 5 dB 就变得不可接受；然而在家庭影院听音环境下，音频（频率）保真度可能会刻意做出妥协，通过高数值的 Γ 换取串扰抵消滤波器的峰值余量，以便通过 2 只扬声器还原环绕声效果。

对于扬声器夹角的选择尤为重要。如果扬声器夹角被限定在一个固定值，例如为了和所谓的标准立体声三角形布局（即 $\Theta = 60°$）相匹配，那么 Θ 在设计过程中就变成了一个固定值的输入，它与 l 一起，通过式（5.3）~（5.6）来计算 g 和 τ_c。[式（5.78）中的不等式条件通常很容易被满足，它必须适用于 $\gamma = 10^{\Gamma/20}$ 和 g 的特定组合。如果不满足此条件，那么 2 个输入参量的其中之一，通常是 Γ，必须在进行下一步设计工作之前做出相应的调整。] 如果 Θ 并非一个预设的固定值，那么它就能够成为滤波器设计过程中非常有用的变量，可以用于进行滤波器的简化，我们将在后文"简化应用"部分对此进行讨论。

当确定了 γ、g 和 τ_c 后，如"频带分层"和"频率响应"部分所描述的那样，我们已经获得了计算最佳串扰抵消滤波器频谱所需的全部参数，进而能够对滤波器的多项指标进行评估。[通过选择目标采样率并使用量纲频率 f（单位为 Hz）来进行这些评估是更为方便的。] 特别是根据式（5.63）和式（5.64）绘制的串扰抵消频谱图，它允许我们对滤波器的串扰抵消性能（定义为在一定频率范围内满足或超过最低要求的串扰抵消程度）进行评估，而这对于隐含的滤波器设计优化 [即式（5.23）中成本函数的最小化] 来说，则是在特定输入参数下获得的最大串扰抵消性能。如果计算得到的串扰抵消性能受到一些实证标准的质疑，认为计算结果超出了滤波器在目标听音环境中能够获得的效果（例如，大混响房间中的反射可能在大部分音频频带上将串扰抵消性能限制在几个分贝以内），则可以通过降低 Γ 的数值来进行再次计算，以此获得更高的频率保真度。相反，当计算结果低于预期所需的串扰抵消性能时，可以通过提升 Γ 的数值来进行调整。

一旦满足目标预期串扰抵消性能和染色程度，我们可以接着通过式（5.42）～（5.44）（其中 $\beta = 0$）和式（5.73）～（5.77）来分别计算分支 P、I 和 II 的时域脉冲响应。根据本书在式（5.79）之前给出的方案，将录音中的立体声信号首先通过一个分频点为式（5.55）～（5.58）所给出的频率边界的多段分频器，再将 3 部分脉冲响应与录音中的立体声信号进行正确的卷积，最后通过式（5.79）求出扬声器的声源矢量。卷积计算可以通过数字方式进行，有必要时也可以通过数字卷积插件进行实时运算。[这种软件插件通常依靠基于 FFT 算法（例如 Gardner，1995）来进行快速卷积，它们已经作为基于脉冲响应的混响处理器在商业和公共领域投入使用。]

5.5.3　简化应用

一个包含了适宜的分频滤波器、3 组串扰抵消脉冲响应矩阵和多种类别的卷积插件的串扰抵消系统可以被视为一个单独的滤波器，它具有立体声输入和输出，以线性算子的方式进行工作。一旦组成完毕，可以将一个冲击脉冲送入 2 个输入端之一，以对这一滤波器进行"呼叫"，此时被记录下来的立体声输出就代表了整个滤波器 2×2 脉冲响应矩阵 2 列中的 1 列。由于滤波器具有对称性，脉冲响应矩阵的另一列可以通过对上述立体声输出进行反转来获得。这样的结果就是通过一个单独的脉冲响应矩阵来表示整个 3 分支多段滤波器，对式（5.79）全部的应用进行简化，使其成为一个更加简单的（无分频滤波器）、舍弃了求和（Summation）与指示符号（Indices）的滤波器。

5.5.4　扬声器夹角所扮演的角色

在实际应用中我们可以对另一个重要的参数进行简化，即扬声器夹角 $\Theta = 2\theta$ 不再被限定为一个固定数值（例如标准立体声三角形所规定的 60°），而是可以在滤波器设计过程中发生变化。由于 τ_c 取决于扬声器夹角，通过改变 θ 可以移动频段之间的边界。通过将 θ 设为一个特殊值 θ^*，可以将第二频段的边界上限（属于分支 P）移至截止频率 f_c，该截止频率高于串扰抵消滤波器在心理听觉层面所需的上限。这种减少频带数量的最佳串扰抵消滤波器的优势在于它仅需要一个二分频滤波器，它的脉冲响应仅由分支 I 和分支 P 两部构成，这对于滤波器的设计和应用起到了显著的简化作用。

在常规情况下，参数 $g \approx 1$ 且 $l \gg \Delta r$，以此求出 θ^* 随 f_c 变化的表达式。我们设 $\omega \tau_c$ 与第 2 频段的上限频率相等 [根据式（5.56）可知该频率为 $\pi - \varphi$]，通过式（5.21）求 θ，可得

$$\theta^* \simeq \sin^{-1} \left[\frac{c_s \left(\pi - \cos^{-1} \left[\dfrac{2\gamma^2 - 1}{2\gamma^2} \right] \right)}{2\pi f_c \Delta r} \right] \qquad (5.80)$$

一系列研究表明，串扰对听觉的影响在 6 kHz 以上就变得不再重要，甚至可有可无（Bai 和 Lee，2007；Gardner，1998；Majdak 等人，2013）。因此，我们在 2 个式子中将 f_c 设为该数值以求得 θ^*，针对夹角为 $2\theta^*$ 的扬声器系统设计滤波器，通过一个 2 段分频器将第 1 个频段和第 2 个频段分开，将串扰抵消分支 I 和分支 II 两部分分别与分频器的 2 个频段相连，同时允许高于 f_c 的音频频谱通过滤波器。（当然，为了满足该条件，我们需要在串扰抵消滤波器之前设置一个额外的、截止频率为 f_c 的 2 段分频器。）

在这里我们必须指出，将扬声器夹角 Θ 控制在较小的数值能够带来很多优势，自 Kirkeby 等人（1998b）发表了对"立体声偶极子（Stereo Dipole）"这一夹角仅为 10° 的扬声器设置方式所作的分析开始，这一观点逐渐开始得到认可。这种扬声器夹角设置在串扰抵消系统中的作用经过了主观和客观的双重评估，结果显示这种小角度的设置能够带来更大的甜点区域（Bai 和 Lee，2006b；Parodi 和 Rubak，2010；Takeuchi 等人，2001）。这种效果有助于在头部运动条件下降低系统对双耳路径差 Δl 变化的敏感度。从另一方面来说，Bai 和 Lee（2006b）的研究结果表现出对较大扬声器夹角的倾向性，部分原因是夹角增大（保持距离 l 不变）能够降低 g 的数值，进而降低染色峰值的幅值和条件数的数值。但我们认为，鉴于对正则化处理的研究，一个最佳串扰抵消滤波器能够通过正则化处理对这些峰值进行平坦化处理，在降低条件数的同时保持良好的串扰抵消性能。这一事实将会导致我们倾向于为 Θ 选取较低的数值。而 Parodi 和 Rubak（2010）的研究结果表明，对于频率相关正则化处理的使用在串扰抵消滤波器中受到 12 dB 的增益限制，说明（扬声器夹角减小所带来的问题 [11]）也的确存在。

另一个倾向于缩小扬声器夹角的观点是针对基于自由场模型下的分析型滤波器（如本章我们所讨论的相关内容）提出的。由于自由场模型忽略了听音者头部的存在，因此在实际应用中，此类滤波器在头部遮挡效应最小化的情况下能够发挥更好的作用。这种条件可以通过减小扬声器夹角的方式来满足，例如在 Gardner（1998）著作的图 3.13 中，一个普通真人头的双耳间（inter-aural）传递函数（双耳频率响应之比）测量通过将声源设定在不同的水平角度上进行，其结果显示，当声源的

---

[11] "扬声器夹角减小所带来的问题"的原文为"seem to suggest that this is indeed the case"，承接前文的内容，表示正则化处理所带来的改善是有限的，因此还应适当考虑扬声器夹角过小所造成的问题——译者注

水平方位角较小（$\theta = 5°$）时，双耳间传递函数之间的差别较小（约为 –2 dB）且较为平坦（差别在 2 dB 以内），随着角度的增加，其差值增大且平坦程度降低。

5.5.5　举例

为了对上述设计概要和讨论进行更为详细的描述，我们在示例中给出的听音环境仅需要满足 2 个设计要求，即听音距离 $l = 1.6$ m 且最大音色失真程度 $\Gamma = 7$ dB。根据式（5.80），由于 $f_c \approx 6$ kHz 且 $\Delta r = 15$ cm[12]，我们得到 $\theta = 9°$，此为扬声器夹角的一半。根据方程（5.3）～（5.6），我们可以在 44.1 kHz 采样率下得到 $g = 0.985$ 且 $\tau_c = 3$ 采样。这些都是贯穿本章的量纲和无量纲计算参数。分支 P 和分支 I 的脉冲响应分别由图 5.5 和图 5.8 的顶部图给出。由于串扰抵消滤波器的上限为 6 kHz（第二频段，即分支 P 的上限频率被设为该数值），因此并不需要分支 II 的脉冲响应。该滤波器的频谱由通过图 5.6 和图 5.7 中的实线显示，其量纲频率则以 6 kHz 为截止频率，可通过图中的顶部坐标轴来进行读取。需要着重留意的是，我们在 850 ～ 6 kHz 这一很宽的频率范围内获得了超出 20 dB 串扰抵消性能，如图 5.7 上方的曲线所示，在 850 Hz 以下开始逐步下降，并在 290 Hz 处达到 5 dB。

5.6　个性化 BACCH 滤波器

5.6.1　BACCH 滤波器设计方法

通过使用扬声器的和听音者 HRTFs 的特征对 BACCH 滤波器进行个性化处理能够带来双耳声通过扬声器重放环境下三维空间形象真实度的显著增强。

现在，让我们介绍这种 BACCH 滤波器的（Choueiri，2015）设计步骤（见图 5.9），首先从真人听音者在一对实际扬声器前方的传递函数测量开始。

- 一切的起始是通过听音者双耳处的双耳话筒对两只扬声器进行 2×2 的脉冲响应测量。这一测量过程可以使用指数正弦波扫频技术（Farina，2000，2007），通过标准脉冲响应反卷积来进行。通过对这个传递函数的 4 个脉冲响应分别进行快速傅里叶变换，获得系统在频域上的转换矩阵［即式（5.12）中的矩阵 C］。

- 第 1 步，将我们所测得的系统转换矩阵 C 以数学方式求逆，通过参量为 0 或数值非常小［其数值应大到足以避免机器求逆错误（machine inversion problems）］的固定参量正则化处理获得相应的完美串扰抵消滤波器 $H^{[P]}$。

---

[12]　选择 $\Delta r = 15$ cm 作为双耳间的有效隔离数值是基于相对较小的扬声器夹角，遵循 Takeuchi 和 Nelson（2002）的指导意见所做出的决定，他们认为，如果要在基于自由场模型计算得到的峰值频率和对 KEMAR 人工头进行测量获得的峰值频率之间获得良好的相关性，可以在 θ 值较低时选择 $\Delta r = 13$cm，在声源位于较大的水平方位角时选择 $\Delta r = 25$ cm。这一较大的数值相比人工头双耳耳道入口的最小间距大得多，它反映了头部周围发生的衍射效应——作者注

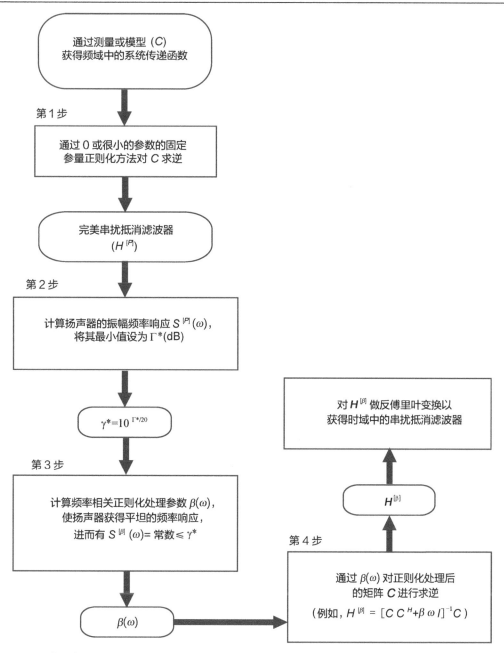

图 5.9　设计最佳串扰抵消（即 BACCH）滤波器的流程图。

- 第 2 步，计算扬声器的振幅频率响应 $\hat{S}^{[P]}$，其最小值（以 dB 为单位）为 Γ^*，然后通过

$\gamma^*=10\Gamma^*/20$ 来计算 γ^* 的数值。

- 第 3 步，计算频率相关正则化参量（FDRP：Frequency-Dependent Regularization Parameter）$\beta(\omega)$，通过它获取扬声器的平坦频率响应，使得 $\hat{S}^{[\beta]}(\omega) =$ 常数 $\leqslant \gamma^*$，进而迫使串扰抵消仅由相位关系获得。

- 第 4 步，获得了表示 FDRP 的 $\beta(\omega)$ 后，通过它来计算系统转换矩阵的伪逆矩阵［例如，根据式（5.22）］，进而得到所需的正则化处理后具有平坦扬声器频率响应的最佳串扰抵消滤波器 $H^{[\beta]}$。最后，和我们在串扰抵消实际应用中所做的工作相同，如果需要通过基于时间的卷积对所得滤波器进行实施，则需要在最后一步通过对 $H^{[\beta]}$ 做反傅里叶变换以获得其时域版本（脉冲响应）。

需要注意在第 3 步中，如果计算出的 FDRP 使得 $\hat{S}^{[\beta]}(\omega) =$ 常数 $\leqslant \gamma^*$，相应的频谱平坦处理会作用在侧声像上（即当声音被定位在某一个声道时，如果串扰抵消程度足够高，听音者对该声音的定位感知会靠近或定位在身体同侧耳）。但同样的方法也可以用于处理那些并非完全为侧声像信号的扬声器响应，只需要保证 $S^{[\beta]}(\omega) =$ 常数 $\leqslant \gamma^*$，其中 $S^{[\beta]}(\omega)$ 是 1 套串扰抵消系统对于左右声道间任意位置声源的频率响应。要使中间声像的响应变得平坦，我们设 $S_{\text{ci}}^{[\beta]}(\omega)$［例如，通过（5.27）之前的表达式给出］为一个常数且 $\leqslant \gamma^*$，然后根据上述方法给出的步骤对其进行处理。在这里对一些实际应用场合进行探讨是十分必要的，例如流行音乐录音中的人声总是会被定位在中间，我们希望中间声像即 $S_{\text{ci}}^{[\beta]}(\omega)$（或者任何位置上的声像）具有平坦的响应，以此避免该声像出现频率染色。这里还需要注意的是，由于 $\hat{S}^{[\beta]}(\omega) \geqslant S^{[\beta]}(\omega)$，仅对侧声像进行频率响应的平坦化处理（即 $S^{[\beta]}(\omega) =$ 常数 $\leqslant \gamma^*$）不会导致动态范围的损失。换言之，对于侧声像之外任何位置上的声像进行平坦处理都会导致动态范围的损失，因此必须在降低某一位置的音色失真和动态范围损失之间做出平衡。例如，对于记录真实声场的双耳声录音来说，通常并不会出现将信号定位在中间的情况，因此我们建议对侧声源进行频率响应的平坦化处理，而这也不会导致动态范围的损失。

5.6.2　使用测量获得的传递函数案例

为了进一步阐述前文所描述的方法，我们给出的例子是通过在人工头（Neumann KU-100）双耳耳道处话筒测得的 2 只扬声器的传递函数来进行的。扬声器相对听音点的夹角为 60°，距离约为 2.5 m。

图 5.10 展示了 4 个（经过时间窗处理的）表示时域传递函数的脉冲响应，图 5.11 展示了相应的完美串扰抵消滤波器的频谱。图 5.11 中（b）图的曲线是频率响应 C_{LL}，它是通过将测试信号完

全定位在左声道获得的左扬声器与左耳间的频域传递函数。曲线中 5 kHz 以上出现的起伏是由于头部和左耳耳郭的 HRTFs 所致。图 5.11 中的另一条曲线是通过测量获得的与完美串扰抵消滤波器相关的频率响应，即通过对几乎没有经过正则化处理的（$\beta = 10^{-5}$）传递函数求逆获得的串扰抵消滤波器。需要注意的是，（d）曲线为左侧扬声器的响应 $\hat{S}^{[P]}(\omega)$，它显示出一个 31.45 dB 的动态范围损失（曲线最大值和最小值之差）。（a）曲线是左（身体同侧）耳的频率响应 $E_{si_\parallel}$，它来自一个完美串扰抵消滤波器，因此在整个音频频带中几乎都是平直的。标记为（c）的虚线是右（身体对侧）耳测得的频率响应 E_{si_x}，由于串扰抵消的作用，其相比于（a）曲线来说有着明显的衰减。在整个频带上对曲线（a）和曲线（c）之间的振幅差做线性平均处理，得到平均串扰抵消程度，此处为 21.3 dB。

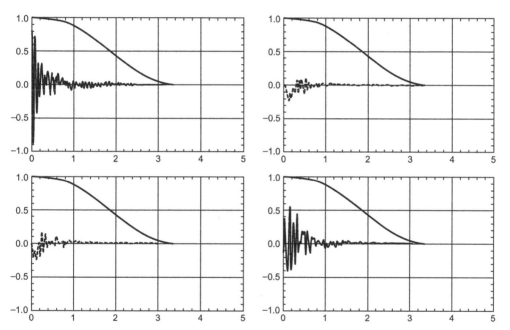

图 5.10　4 个（经过时间窗处理的）测量获得的脉冲响应表示时域中的传递函数。图中 x 轴为时间轴，单位为 ms，y 轴为被测信号经过归一化处理（Normalized）后的振幅。左上图显示了左扬声器在人工头左耳测得的脉冲响应，左下图显示了左扬声器在人工头右耳测得的脉冲响应。右上图为右扬声器在左耳测得的传递函数，右下图为右扬声器在右耳测得的传递函数。

　　我们将这些曲线与图 5.12 中的曲线进行了对比，进而获得了根据 BACCH 滤波器设计方法得到的滤波器的响应。

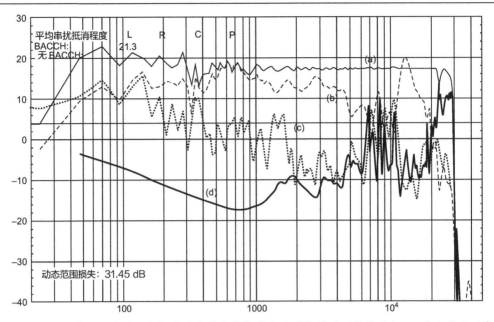

图 5.11 与图 5.10 中 4 组传递函数相关的完美串扰抵消滤波器频谱（测量结果）。4 条曲线分别表示：（a）左（身体同侧）耳频率响应；（b）表示左扬声器在左耳传递函数的频率响应 C_{LL}；而（c）则表示右（身体对侧）耳测得的频率响应 E_{six}；（d）表示左扬声器的频率响应。

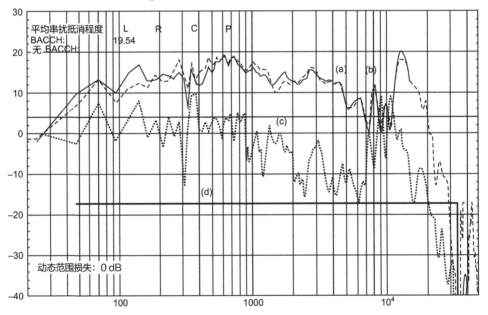

图 5.12 针对图 5.10 中传递函数使用的最佳串扰抵消（BACCH）滤波器的测量频谱。这些曲线表示了图 5.11 中标记的频率响应。

根据设计，图中曲线（d）表示$\hat{S}^{[fl]}(\omega) \geqslant S^{[fl]}(\omega)$，它描述了左扬声器的响应，在整个音频频带上都是完全平直的。因此，曲线（a）所表示的左耳频率响应与相应的系统测量所获得的（b）曲线，即系统传递函数 C_{LL} 曲线，十分一致。由于$\hat{S}^{[fl]}(\omega) \geqslant S^{[fl]}(\omega)$是一条平坦的曲线，不存在与滤波器相关的动态范围损失。该滤波器的平均串扰抵消程度［在全频段对（a）曲线和（c）曲线做线性平均］为 19.54 dB，仅比完美滤波器获得的串扰抵消滤波器低 1.76 dB，这也验证了正则化处理滤波器所具有的最优特性。

总的来说，根据前文所述的设计思路所获得的滤波器不会对重放系统的声音产生可闻的声染色且无动态范围损失，同时拥有几乎和完美串扰抵消滤波器等同的串扰抵消程度。

5.7　总结

通过 2 只扬声器对双耳声音频所包含的三维声进行重放，需要将扬声器在身体对侧耳所产生的声音进行抵消。1 个完美的串扰抵消滤波器（即能够提供无穷大的串扰抵消程度）的设计十分简单，但由于系统传递函数存在病态区间，它会导致扬声器发出的声音出现严重的音色失真。

完美串扰抵消滤波器所产生的染色会在频谱中出现超过 30 dB 的峰值，这会造成重放系统换能器负担过重，并且严重减少其动态范围。此外，整个听音区域都会听到这种声染色，同时由于系统对误差极度敏感，这些声染色也会被位于甜点的听音者听到。

通过 2 个点声源位于自由场当中的模型，我们展示了固定参量正则化处理这种应用于基于 HRTFs 串扰抵消系统设计的技术，它能够降低失真所产生的峰值，但是也会为滤波器的频率响应带来低频滚降和高频失真。随后，我们展示了固定参量正则化处理无法实现串扰抵消滤波器在全频段的优化，仅能够在分散的、间隔较宽的频率上起到优化作用。

完整的优化结果可以通过频率相关正则化处理来获得，它要求将音频频谱划分为几个相邻的频段，每个频段都属于构成最佳滤波器 3 个分支之一。我们通过级数展开的方式获得了滤波器 3 个分支的分析型表达式，它对于常规听音环境来说具有收敛性。随后我们通过分析方式获得了相应的脉冲响应，并通过一系列狄拉克 δ 函数的卷积来表达。

通过假设自由场环境对模型进行简化，我们获得的分析型串扰抵消滤波器可以满足实际应用的需求，而基于个性化 HRTFs 的串扰抵消滤波器要么实现起来过于烦琐，要么在强反射环境下无法获得足够的串扰抵消程度来满足提升重放系统空间保真度的要求。我们描述了一种能够满足最佳滤波器实际需求的设计策略，并以实际听音环境为例对其做了充分的描述。

最后我们讨论了最佳个性化（基于 HRTFs）串扰抵消滤波器（BACCH 滤波器）的设计方法，这种滤波器几乎不会为重放系统带来可闻声染色，不会造成动态范围失真，同时能够获得与完美串扰抵消滤波器相近的高串扰抵消数值。

5.8　参考文献

Akeroyd, M. A., Chambers, J., Bullock, D., Palmer, A. R., Summerfield, A. Q., Nelson, P. A., & Gatehouse, S. (2007). The binaural performance of a cross-talk cancellation system with matched or mismatched setup and playback acoustics. *The Journal of the Acoustical Society of America*, *121*(2), 1056-1069.

Atal, B., Hill, M., & Schroeder, M. (1966, February 22). *Apparent Sound Source Translator*. Retrieved from www.google.com/patents/ US3236949. US Patent 3,236,949.

Bai, M. R., & Lee, C.-C. (2006a). Development and implementation of cross-talk cancellation system in spatial audio reproduction based on subband filtering. *Journal of Sound and Vibration*, *290*(3-5), 1269-1289.

Bai, M. R., & Lee, C.-C. (2006b). Objective and subjective analysis of effects of listening angle on crosstalk cancellation in spatial sound reproduction. *The Journal of the Acoustical Society of America*, *120*(4), 1976-1989.

Bai, M. R., & Lee, C.-C. (2007). Subband approach to bandlimited crosstalk cancellation system in spatial sound reproduction. EURASIP *Journal of Advanced Signal Processing*, *2007*(071948), 1-9.69.

Bai, M. R., Tung, C.-W., & Lee, C.-C. (2005). Optimal design of loudspeaker arrays for robust cross- talk cancellation using the taguchi method and the genetic algorithm. *The Journal of the Acoustical Society of America*, *117*(5), 2802-2813.

Bauck, J., & Cooper, D. H. (1996). Generalized transaural stereo and applications. *Journal of Audio Engineering Society*, *44*(9), 683-705.

Bauer, B. B. (1961). Stereophonic earphones and binaural loudspeakers. *Journal of Audio Engineering Society*, *9*(2), 148-151.

Bellanger, M. (2000). Digital Processing of Signals: *Theory and Practice*. Chichester, UK: John Wiley & Sons.

Choueiri, E. (2015). *Spectrally Uncolored Optimal Crosstalk Cancellation for Audio Through Loudspeakers*.

Cooper, D. H., & Bauck, J. L. (1989). Prospects for transaural recording. *Journal of Audio Engineering Society*, *37*(1-2), 3-19.

Damaske, P. (1971). Head-related two-channel stereophony with loudspeaker reproduction. *The Journal of the Acoustical Society of America*, *50*(4B), 1109-1115.

Farina, A. (2000). Simultaneous measurement of impulse response and distorsion with a swept-sine technique. *Proceedings of the 108th Audio Engineering Society Convention*. Paris.

Farina, A. (2007). Advancements in impulse response measurements by sine sweeps. *Proceedings of the 122nd Audio Engineering Society Convention*. Vienna.

Gardner, W. G. (1995). Efficient convolution without input-output delay. *Journal of Audio Engineering Society*, *43*(3), 127-136.

Gardner, W. G. (1998). 3-D *Audio Using Loudspeakers*. Boston, MA: Kluwer Academic Publishers.

Glasgal, R. (2007). 360 degrees localization via 4. x RACE processing. *Proceedings of the 12rd Audio Engineering Society Convention*. Vienna.

Hansen, P. C. (1998). *Rank-deficient and Discrete Ill-Posed Problems: Numerical Aspects of Linear Inversion*. Philadelphia, PA: Society for Industrial and Applied Mathematics.

Hugonnet, C., & Walder, P. (1997). *Stereophonic Sound Recording: Theory and Practice*. Chichester, UK: John Wiley & Sons.

Katz, B. (2002). *Mastering Audio: The Art and the Science* (pp. 61-74). Oxford, UK: Focal Press.

Kim, Y., Deille, O., & Nelson, P. (2006). Crosstalk cancellation in virtual acoustic imaging systems for multiple listeners. *Journal of Sound and Vibration*, *297*(1-2), 251-266.

Kirkeby, O., & Nelson, P. A. (1999). Digital filter design for inversion problems in sound reproduction. *Journal of Audio Engineering Society, 47*(7-8), 583-595.

Kirkeby, O., Nelson, P. A., & Hamada, H. (1998a). Local sound field reproduction using two closely spaced loudspeakers. *The Journal of the Acoustical Society of America, 104*(4), 1973-1981.

Kirkeby, O., Nelson, P. A., & Hamada, H. (1998b). The "stereo dipole": A virtual source imaging system using two closely spaced loudspeakers. *Journal of Audio Engineering Society, 46*(5), 387-395.

Kirkeby, O., Nelson, P. A., Hamada, H., & Orduna-Bustamante, F. (1998, March). Fast deconvolution of multichannel systems using regularization. *Speech and Audio Processing, IEEE Transactions On, 6*(2), 189-194. doi: 10.1109/89.661479

Lentz, T. (2006). Dynamic crosstalk cancellation for binaural synthesis in virtual reality environments. *Journal of Audio Engineering Society, 54*(4), 283-294.

Majdak, P., Masiero, B., & Fels, J. (2013). Sound localization in individualized and non-individualized crosstalk cancellation systems. *The Journal of the Acoustical Society of America, 133*(4), 2055-2068.

Mannerheim, P. V. H. (2008). *Visually Adaptive Virtual Sound Imaging Using Loudspeakers*, Unpublished doctoral dissertation, University of Southampton, Southampton, UK.

Moore, A. H., Tew, A. I., & Nicol, R. (2010). An initial validation of individualized crosstalk cancellation filters for binaural perceptual experiments. *Journal of Audio Engineering Society, 58*(1-2), 36-45.

Morse, P. M., & Ingard, K. U. (1986). *Theoretical Acoustics* (pp. 306-312). Princeton, NJ: Princeton University Press.

Nelson, P. A., & Elliott, S. J. (1993). *Active Control of Sound*. London, UK: Academic Press.

Nelson, P., Kirkeby, O., Takeuchi, T., & Hamada, H. (1997). Sound fields for the production of virtual acoustic images. *Journal of Sound and Vibration, 204*(2), 386-396.

Nelson, P. A., & Rose, J. F. W. (2005). Errors in two-point sound reproduction. *The Journal of the Acoustical Society of America, 118*(1), 193-204.

Nicol, R. (2010). *Binaural Technology* (pp. 30-44). New York, NY: Audio Engineering Society Inc.

Papadopoulos, T., & Nelson, P. A. (2010). Choice of inverse filter design parameters in virtual acoustic imaging systems. *Journal of Audio Engineering Society, 58*(1-2), 22-35.

Parodi, Y. L., & Rubak, P. (2010). Objective evaluation of the sweet spot size in spatial sound reproduction using elevated loudspeakers. *The Journal of the Acoustical Society of America, 128*(3), 1045-1055.

Parodi, Y. L., & Rubak, P. (2011a). Analysis of design parameters for crosstalk cancellation filters applied to different loudspeaker configurations. *Journal of Audio Engineering Society, 59*(5), 304-320.

Parodi, Y. L., & Rubak, P. (2011b). A subjective evaluation of the minimum channel separation for repro-ducing binaural signals over loudspeakers. *Journal of Audio Engineering Society, 59*(7-8), 487-497.

Sæbø, A. (2001). *Influence of Reflections on Crosstalk Cancelled Playback of Binaural Sound*, Unpublished doctoral dissertation, Norwegian University of Science and Technology, Trondheim, Norway.

SreenivasaRao, C., Mahalakshmi, N., & VenkataRao, D. (2012). Real-time dsp implementation of audio crosstalk cancellation using mixed uniform partitioned convolution. *Signal Processing: An International Journal (SPIJ), 6*(4), 118-127.

Takeuchi, T., & Nelson, P. A. (2002). Optimal source distribution for binaural synthesis over loudspeakers. *The Journal of the Acoustical Society of America, 112*(6), 2786-2797.

Takeuchi, T., & Nelson, P. A. (2007). Subjective and objective evaluation of the optimal source distribution for virtual acoustic imaging. *Journal of Audio Engineering Society, 55*(11), 981-997.

Takeuchi, T., Nelson, P. A., & Hamada, H. (2001). Robustness to head misalignment of virtual sound imaging systems. *The Journal of the Acoustical Society of America, 109*(3), 958-971.

Ward, D. B. (2001). On the performance of acoustic crosstalk cancellation in a reverberant environment. *The Journal of the Acoustical Society of America, 110*(2), 1195-1198.

Ward, D. B., & Elko, G. (1999, May). Effect of loudspeaker position on the robustness of acoustic crosstalk cancellation. *Signal Processing Letters, IEEE, 6*(5), 106-108. doi: 10.1109/97.755428

Xie, B. (2013). *Head-Related Transfer Function and Virtual Auditory Display* (2nd ed., pp. 283-326). Plantation, FL: J. Ross Publishing.

Yang, J., Gan, W.-S., & Tan, S.-E. (2003). Improved sound separation using three loudspeakers. *Acoustics Research Letters Online, 4*(2), 47-52.

最佳串扰抵消滤波器的推导

在此我们参照"脉冲响应"部分所列出的方法，对式（5.73）～（5.75）进行推导。

首先通过对式（5.69）和式（5.70）这两个具有相同分母的表达式做因式分解，得到以下项：

$$
\begin{aligned}
H_{LL_{I,II}}^{[O]}(i\omega) &= H_{RR_{I,II}}^{[O]}(i\omega) \\
&= (\Psi_0 + \gamma\Psi_1)\Psi_a
\end{aligned}
\tag{5.A.1}
$$

$$
\begin{aligned}
H_{LR_{I,II}}^{[O]}(i\omega) &= H_{LR_{I,II}}^{[O]}(i\omega) \\
&= (\mp\Psi_0 + g\gamma e^{i\omega\tau_c}\Psi_1)\Psi_a
\end{aligned}
\tag{5.A.2}
$$

其中

$$
\Psi_0 = \gamma^2\left[\pm x - g^2(1 + e^{2i\omega\tau_c})\right]
\tag{5.A.3}
$$

$$
\Psi_2 = \sqrt{g^2 \mp x + 1}
\tag{5.A.4}
$$

$$
\Psi_a = \frac{1}{(g^2 \mp x + 1) \pm 2\gamma x\sqrt{g^2 \mp x + 1}}
\tag{5.A.5}
$$

Ψ_a 可以被因式分解为

$$
\Psi_a = \pm(\Psi_2 \cdot \Psi_3) \pm (\Psi_1 \mp \Psi_4) \cdot \Psi_5 \cdot \Psi_6(c_1) \cdot \Psi_6(c_2)
$$

其中

$$
\Psi_2 = \frac{1}{2\gamma x}
\tag{5.A.6}
$$

$$
\Psi_3 = \frac{1}{\sqrt{g^2 \mp x + 1}}
\tag{5.A.7}
$$

$$
\Psi_4 = 2\gamma x
\tag{5.A.8}
$$

$$
\Psi_5 = \frac{1}{8\gamma^3 x^3}
\tag{5.A.9}
$$

$$\Psi_6(c) = \frac{1}{1 - cx^{-1}} \qquad (5.A.10)$$

同时有

$$c_1 = \frac{\sqrt{16\gamma^2(g^2 + 1) + 1} \mp 1}{8\gamma^2} \qquad (5.A.11)$$

$$c_2 = \frac{-\sqrt{16\gamma^2(g^2 + 1) + 1} \mp 1}{8\gamma^2} \qquad (5.A.12)$$

在时域中，由式（5.A.1）和式（5.A.2）表示的滤波器可以写为

$$\begin{aligned} b_{LL_{I,II}}^{[O]}(t) &= b_{RR_{I,II}}^{[O]}(t) \\ &= (\psi_0 + \gamma\psi_1) * \psi_a \end{aligned} \qquad (5.A.13)$$

$$\begin{aligned} b_{LR_{I,II}}^{[O]}(t) &= b_{RL_{I,II}}^{[O]}(t) \\ &= [\mp\psi_0 + g\gamma\delta(t + \tau_c) * \psi_1] * \psi_a \end{aligned} \qquad (5.A.14)$$

其中

$$\psi_a = \pm(\psi_2 * \psi_3) \pm (\psi_1 \mp \psi_4) * \psi_5 * \psi_6(c_1) * \psi_6(c_2) \qquad (5.A.15)$$

其中 ψ_i 为关于时间的函数，是对关于频率的函数 Ψ_i 做反傅里叶变换后的结果。

现在我们来求上述每一项 Ψ_i 的反傅里叶变换。

- Ψ_0：在式（5.A.3）的表达式中用 $2g\cos(\omega\tau_c)$ 来替换 x，然后做反卷积积分运算，即可求得：

$$\begin{aligned} \psi_0 &= \frac{1}{2\pi}\int_{-\infty}^{\infty}\gamma^2[\pm 2g\cos(\omega\tau_c) - g^2(1 + e^{2i\omega\tau_c})]e^{2i\omega t}d\omega \\ &= \pm g\gamma^2[\delta(t - \tau_c) + \delta(t + \tau_c)] - g^2\gamma^2[\delta(t) + \delta(t + 2\tau_c)] \end{aligned} \qquad (5.A.16)$$

- Ψ_1：在式（5.A.4）中代入 $b \equiv g^2 + 1$ 可得

$$\Psi_1 = \sqrt{b \mp x} \qquad (5.A.17)$$

通过级数展开可以写为

$$\Psi_1 = \sum_{m=0}^{\infty}\binom{\frac{1}{2}}{m}(\mp x)^m b^{\frac{1}{2}-m} \qquad (5.A.18)$$

这里我们使用了二项式系数

$$\binom{k}{m} = \begin{cases} \dfrac{k!}{m!(k-m)!}, & 0 \leqslant m \leqslant k \\ 0, & m < 0 \text{ 或 } k < m \end{cases}$$

由于 $0 < g < 1$，我们有 $|x| = 2g|\cos(\omega\tau_c)| < g^2 + 1 = b$，式（5.A.18）中的级数始终是收敛的。但是，

随着 $g \to 1$，$b \to 2$，且当 $\omega\tau_c \to 2n\varpi$，$n=0, 1, 2, 3, 4, \cdots\cdots$，$x \to b$，级数收敛缓慢。将确切数值代入 x 和 b，我们得到

$$\Psi_1 = \sum_{m=0}^{\infty} \binom{\frac{1}{2}}{m} 2^m (\mp g)^m (g^2+1)^{\frac{1}{2}-m} \cos^m(\omega\tau_c)$$

（5.A.19）

由于 $\cos^m(\omega\tau_c)$ 可以写为有限和的形式

$$\cos^m(\omega\tau_c) = \sum_{k=0}^{m} \binom{m}{k} 2^{-m} e^{-i(2k-m)\omega\tau_c}$$

（5.A.20）

且由于 $e^{-i(2k-m)\omega\tau_c}$ 的反傅里叶变换为

$$\frac{1}{2\pi} \int_{-\infty}^{\infty} e^{-i(2k-m)\omega\tau_c} e^{i\omega t} d\omega = \delta(t-(2k-m)\tau_c)$$

Ψ_1 的反傅里叶变换可以表示为

$$\psi_1 = \sum_{m=0}^{\infty} \binom{\frac{1}{2}}{m} (\mp g)^m (g^2+1)^{\frac{1}{2}-m} \times \sum_{k=0}^{m} \binom{m}{k} \delta(t-(2k-m)\tau_c)$$

（5.A.21）

- Ψ_2：式（5.A.6）的显式为

$$\Psi_2 = \frac{\sec(\omega\tau_c)}{4g\gamma}$$

有一个问题在于 $\sec(\omega\tau_c)$ 的反傅里叶变换无法通过实数的 δ 函数来表达。但是函数 $\sec(\omega\tau_c)$ 可以表示为

$$\sec(\omega\tau_c) = \frac{1}{\sqrt{1-\sin^2(\omega\tau_c)}}$$

（5.A.22）

如果 $2n\pi - \dfrac{\pi}{2} < \omega\tau_c < 2n\pi + \dfrac{\pi}{2}$
其中 $n=0, 1, 2, 3, 4, \cdots\cdots$

此外，我们注意到，由于

$$1 \leqslant \gamma \leqslant \frac{1}{1-g} \text{ 且 } 0 < g < 1$$

（5.A.23）

式（5.59）中反余弦函数的变量（Arguments）符合以下条件：

$$0 < \frac{(g^2+1)\gamma^2-1}{2g\gamma^2} \leqslant 1$$

（5.A.24）

因此有

$$0 \leqslant \phi < \frac{\pi}{2}$$

（5.A.25）

根据该表达式和式（5.55），我们可以得出式（5.A.22）成立的条件总是在分支 I 中得到满足。

同样，我们也发现 $\sec(\omega\tau_c)$ 可以表示为 $-1/\sqrt{1-\sin^2(\omega\tau_c)}$，其成立条件总是在分支 II 中得到满足，因此我们可得

$$\sec(\omega\tau_c) = \pm\frac{1}{\sqrt{1-\sin^2(\omega\tau_c)}} \tag{5.A.26}$$

对其进行级数展开，得到

$$\frac{1}{\sqrt{1-u}} = \sum_{m=0}^{\infty}\binom{-\dfrac{1}{2}}{m}(-1)^m u^m \tag{5.A.27}$$

但是，该级数仅在 $|u| < 1$ 时收敛。针对我们所讨论的情况，$u = \sin^2(\omega\tau_c)$，当 $\omega\tau_c = (2n+1)\pi/2$，$n = 0, 1, 2, 3, 4, \cdots\cdots$ 时，级数发散。根据式（5.55）和式（5.57）所给出的频段划分条件，我们可以看到这些 $\omega\tau_c$ 的数值总是位于分支 I 和分支 II 的频段之外，因此，我们能够确认这些级数的收敛性，进而将式（5.A.26）写为

$$\sec(\omega\tau_c) = \pm\sum_{m=0}^{\infty}\binom{-\dfrac{1}{2}}{m}(-1)^m \sin^{2m}(\omega\tau_c) \tag{5.A.28}$$

由于 $\sin^{2m}(\omega\tau_c)$ 可以写为有限和

$$\sec^{2m}(\omega\tau_c) = \sum_{k=0}^{2m}\binom{2m}{k}(-1)^{k+m}4^{-m}e^{2i(m-k)\omega\tau_c} \tag{5.A.29}$$

且由于 $e^{2i(m-k)\omega\tau_c}$ 的反傅里叶变换为

$$\frac{1}{2\pi}\int_{-\infty}^{\infty}e^{2i(m-k)\omega\tau_c}e^{i\omega t}d\omega = \delta(t+2(m-k)\tau_c) \tag{5.A.30}$$

Ψ_2 的反傅里叶变换可以表示为

$$\psi_2 = \pm\frac{1}{4g\gamma}\sum_{m=0}^{\infty}\binom{-\dfrac{1}{2}}{m}4^{-m}\times\sum_{k=0}^{2m}\binom{2m}{k}(-1)^k\delta(t+2(m-k)\tau_c) \tag{5.A.31}$$

- ψ_3：式 $1/\sqrt{b\mp x}$ 中，$b \equiv g^2+1$，将其通过与式（5.A.18）相同的形式进行级数展开，但以分数 $-1/2$ 替代 $1/2$（二项式系数中 b 的指数）。因此，与式（5.A.21）所表示的结果进行类比，我们得到

$$\psi_3 = \sum_{m=0}^{\infty}\binom{-\dfrac{1}{2}}{m}(\mp g)^m(g^2+1)^{-\frac{1}{2}-m}\times\sum_{k=0}^{m}\binom{m}{k}\delta(t-(2k-m)\tau_c) \tag{5.A.32}$$

它具有与 Ψ_1 相同的收敛特性。

- ψ_4: $\psi_4 = 2\gamma x = 4g\gamma\cos(\omega\tau_c)$ 的反傅里叶变换十分直观，即

$$\psi_4 = 2g\gamma[\delta(t-\tau_c) + \delta(t+\tau_c)] \tag{5.A.33}$$

- ψ_5: 式（5.A.9）的显式为

$$\Psi_5 = \frac{\sec^3(\omega\tau_c)}{(4g\gamma)^3} \tag{5.A.34}$$

它遵循与 Ψ_2 中相同的变量条件，函数 $\sec^3(\omega\tau_c)$ 可以参照式（5.A.28）进行收敛级数展开，但需要将二项式系数中的 $-1/2$ 替换为 $-3/2$。因此，通过与式（5.A.31）所表示的结果进行类比，我们可得

$$\psi_5 = \pm\frac{1}{(4g\gamma)^3}\sum_{m=0}^{\infty}\binom{-\frac{3}{2}}{m}4^{-m}\times\sum_{k=0}^{2m}\binom{2m}{k}(-1)^k\delta(t+2(m-k)\tau_c) \tag{5.A.35}$$

- ψ_6: 式（5.A.10）可以写为

$$\Psi_6 = \frac{1}{1-y(c)} \tag{5.A.36}$$

其中

$$y \equiv \frac{c}{x} = \frac{2}{2g\cos(\omega\tau_c)} \tag{5.A.37}$$

且 c 表示分别由式（5.A.11）和式（5.A.12）给出的 c_1 或 c_2。我们希望将式（5.A.36）中的函数扩展为幂级数。

$$\sigma(c) \equiv \sum_{p=0}^{\infty}y^p(c) \tag{5.A.38}$$

但级数仅在满足以下条件时收敛。

$$|y(c)| < 1 \tag{5.A.39}$$

现在我们看到，该收敛条件带来了对 γ 和 g 范围的限制，但是这种限制并没有对脉冲响应用于实际听音环境产生制约。

式（5.A.25）中的不等式和式（5.55）与式（5.57）中对于频带划分的条件意味着 $x = 2g\cos(\omega\tau_c)$ 在分支 I 的频段中始终为正，在分支 II 的频段中始终为负。此外，我们通过式（5.A.11）和式（5.A.12）可以看出，在满足式（5.A.23）中 $c_1 \geqslant 0$ 且 $c_2 \leqslant 0$ 的条件下，我们有

$$\text{在分支 I 频段中，}\quad y(c_1) = c_1/x \geqslant 0 \tag{5.A.40}$$
$$\text{在分支 II 频段中，}\quad y(c_1) = c_1/x \leqslant 0 \tag{5.A.41}$$

且

$$\text{在分支 I 频段中，}\quad y(c_2) = c_2/x \leqslant 0 \tag{5.A.42}$$

$$\text{在分支 II 频段中,}\quad y(c_2) = c_2/x \geq 0 \tag{5.A.43}$$

如果我们定义 $\eta^+(c)$ 和 $\eta^-(c)$ 分别为（0 到 π 之间）$y(c) = +1$ 和 $y(c) = -1$ 时无量纲频率 $\omega\tau_c$ 的最小值，就可以通过上述表达式将式（5.A.39）的收敛条件重新定义为

$$\text{如果} \phi \leq \eta^+(c_1),\quad \sigma(c_1) \text{在分支 I 频段中收敛} \tag{5.A.44}$$

$$\text{如果} \eta^-(c_1) \leq \pi - \phi,\quad \sigma(c_1) \text{在分支 II 频段中收敛} \tag{5.A.45}$$

且

$$\text{如果} \phi \leq \eta^-(c_2),\quad \sigma(c_2) \text{在分支 I 中收敛} \tag{5.A.46}$$

$$\text{如果} \eta^+(c_2) \leq \pi - \phi,\quad \sigma(c_2) \text{在分支 II 中收敛} \tag{5.A.47}$$

因此，为了让 $\sigma(c)$ 同时在分支 I 和分支 II 的频段中收敛，上述 4 个不等式必须同时满足。为了明确地表达这些收敛条件（即 γ 和 g 所需要满足的条件），我们先设 $y(c) = +1$ 且 $y(c) = -1$，然后分别解出 $\eta^+(c)$ 和 $\eta^-(c)$，有分支 I 频段

$$\eta^+(c_1) = \cos^{-1}\left(\frac{f(g,\gamma) - 1}{16g\gamma^2}\right) \tag{5.A.48}$$

$$\eta^-(c_2) = \cos^{-1}\left(\frac{f(g,\gamma) - 1}{16g\gamma^2}\right) \tag{5.A.49}$$

分支 II 频段

$$\eta^+(c_2) = \cos^{-1}\left(\frac{-f(g,\gamma) - 1}{16g\gamma^2}\right) \tag{5.A.50}$$

$$\eta^-(c_1) = \cos^{-1}\left(-\frac{f(g,\gamma) + 1}{16g\gamma^2}\right) \tag{5.A.51}$$

出于简洁的考虑，我们通将函数 $f(g,\gamma)$ 定义为

$$f(g,\gamma) \equiv \sqrt{16\gamma^2(g^2 + 1) + 1}$$

通过这 4 个直观的表达式，结合式（5.29）给出的 φ 的定义，我们发现式（5.A.44）和式（5.A.47）中的不等式会给出相同的明确收敛条件。

$$\frac{f(g,\gamma) + 7}{8(g^2 + 1)\gamma^2} \leq 1 \tag{5.A.52}$$

通过式（5.A.45）和式（5.A.46）中的不等式可得

$$\frac{f(g,\gamma) + 9}{8(g^2 + 1)\gamma^2} \leq 1 \tag{5.A.53}$$

由于这 2 个不等式必须同时满足，且由于后者条件相比前者更为严格，我们必须满足后者。最终，我们可以通过 g 和 γ 来明确给出 $\sigma(c)$ 在分支 I 和分支 II 的频段中的收敛条件为

$$\frac{\sqrt{16(g^2+1)\gamma^2+1}+9}{8(g^2+1)\gamma^2} \leqslant 1 \quad\quad (5.A.54)$$

这一收敛条件可以通过查看图 5.A.1 中的内容予以了解，其中黑色区域表示 g 和 γ 的取值不满足收敛条件。我们能够很清楚地看到，这一限制仅仅对 γ 和 g 的可用范围做了微小的制约，且不符合真实听音环境中 $g \approx 1$ 的情况。

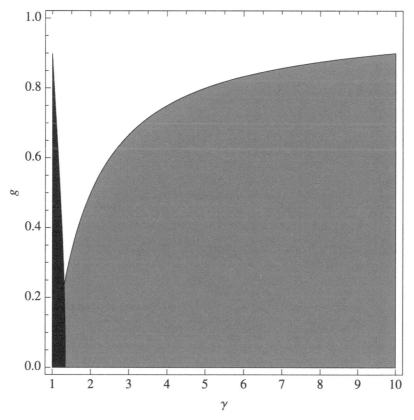

图 5.A.1　g 和 γ 取值可用的区域（白色）。黑色区域是不满足式（5.A.54）给出的级数收敛条件的取值范围，灰色区域则是不满足式（5.51）中一般情况的区域。

除了满足上述级数收敛条件外，γ 必须满足式（5.51）所给出的一般条件（即图 5.A.1 中灰色的部分）。因此我们将 2 个条件合并为以下表达式：

$$\max\left(\frac{\sqrt{5+\sqrt{5}}}{2\sqrt{g^2+1}},1\right)\leqslant\gamma\leqslant\frac{1}{1-g} \tag{5.A.55}$$

其中，将来自式（5.A.54）中收敛条件左侧的表达式设为 1，然后解出 γ 作为 max 函数的第 1 个变量。

现在我们已经找到了式（5.A.38）的级数收敛条件，可以将 Ψ_6 表示为级数，然后找到其反傅里叶变换。将 y 和 x 的实际数值代入级数，可得

$$\Psi_6=\sum_{p=0}^{\infty}\left(\frac{c}{2g}\right)^p\sec^p(\omega\tau_c) \tag{5.A.56}$$

$\sec^p(\omega\tau_c)$ 这一项可以和式（5.A.28）一样进行收敛级数展开，但需要将二次项系数中的 $-1/2$ 替换为 $-p/2$，于是有：

$$\Psi_6=\sum_{p=0}^{\infty}\left(\frac{\pm c}{2g}\right)^p\sum_{m=0}^{\infty}\binom{-\dfrac{p}{2}}{m}(-1)^m\sin^{2m}(\omega\tau_c) \tag{5.A.57}$$

最后，我们回到式（5.A.29）的有限和，以及其反傅里叶变换表达式（5.A.30），得到 $\Psi_6(c)$ 反傅里叶变换的表达式为

$$\psi_6=\sum_{p=0}^{\infty}\left(\frac{\pm c}{2g}\right)^p\sum_{m=0}^{\infty}\binom{-\dfrac{p}{2}}{m}4^{-m}\times\sum_{k=0}^{2m}\binom{2m}{k}(-1)^k\delta[t+2(m-k)\tau_c] \tag{5.A.58}$$

根据式（5.A.13）～（5.A.15），整合出完整的最佳串扰抵消滤波器的脉冲响应，它在满足式（5.A.55）所描述条件的前提下成立。

附录 B

数值验证

对附录 5.A 中推导的最佳串扰抵消滤波器的脉冲响应在常规听音环境所给出的 $g = 0.985$ 且 $\Gamma = 7$ dB 的条件下进行评估，结果如图 5.8 所示。为了验证脉冲响应的有效性，了解级数展开项数量所产生的影响，我们对它们进行了傅里叶变换，将得到的频谱与"频率响应"部分的频域表达式进行比较。图 5.B.1 中显示的例子是串扰抵消滤波器分支 I 的频谱（上图）及其包络频谱（下图）。

我们发现，对于绝大多数组成脉冲响应的 ψ 函数的表达式来说，仅需要对其级数展开取前几（5 ~ 10）项即能够让 2 条曲线获得高度一致（差别在 1 dB 以内），但是由于 ψ_1 和 ψ_3 在 $\omega\tau_c = 2n\varpi$（$n = 0, 1, 2, 3, 4, \cdots\cdots$）及附近频率的慢收敛特性，需要取更多的项来进行傅里叶变换。通过对 ψ_1 和 ψ_3 取有限项来对其无限项做近似表达，这导致了上述频率及附近频率的振幅频谱发生偏移。由于频率轴呈对数分布，$n = 0$ 时的偏移看上去像是第 1 个频段发生了轻微的低频滚降（参见图 5.B.1 下图中分支 I 中第 1 个频段的第 1 个点），随着 $n \geqslant 1$，这种偏离开始表现为窄带的峰值（如同一张图中第 5 频带中出现的 3 个垂直方向的点。）将取值的项数增加到 1 000 以上能够减缓低频的滚降现象，并将出现滚降的频率移至超低频，即不需要串扰抵消的范围内；同时随着 $n \geqslant 1$，窄带峰值的振幅降低、影响范围变宽，逐渐变得无法被听觉系统察觉。（串扰抵消频谱对于这种偏移具有更强的免疫力，如图 5.B.1 所示，这是因为整个频谱从左到右不同频段所占的比例越来越小。）

对于脉冲响应的分支 II 部分我们也做了同样的分析，获得了与上述内容相同的结果，在此不再赘述。

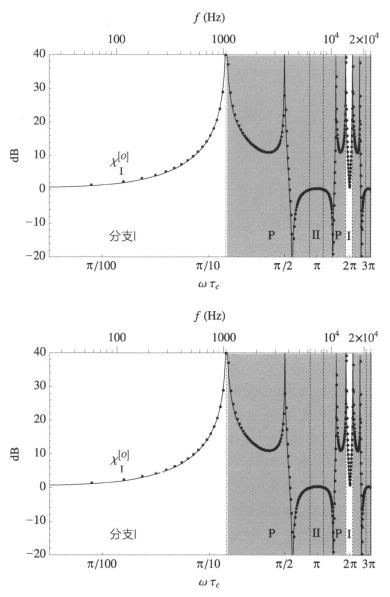

图 5.B.1　上图为最佳滤波器分支 I 频段的串扰抵消滤波器频谱 $\chi_I^{[O]}(\omega)$，下图为相应的包络频谱 $\hat{S}_I^{[O]}(\omega)$。小点表示对附录 A 中推导的分支 I 部分的脉冲响应做傅里叶变换的取值。（脉冲响应可以参看图 5.8 中的上图。）除了对 ψ_1 和 ψ_3 的级数展开取前 2 500 项之外，其他 ψ 函数表达式的无穷项级数展开仅取前 20 项进行计算。上图中的实线是直接通过式（5.63）计算出来的分支 I 的串扰抵消频谱，而下图的横线是分支 I 的包络频谱 $\hat{S}_I^{[O]}(\omega)$，$\Gamma = 7$ dB。（其他参数与图 5.2 相同。）由于这些频谱仅在分支 I 有效，因此其他频段均为灰色。（点状竖线表示相邻频谱的频率边界，前 5 个频段的分支序号在图中下半部分给出。）

致谢

在此谨感谢 Joseph Tylka 所做的文稿校对及引文更新工作，感谢 J. S. Bach 创作了 B 小调弥撒，对其进行三维的再现是本文写作的主要动力。

第 6 章

环绕声

Francis Rumsey

环绕声[1]是一个包罗万象的术语，它通常被用来描述各种形式的扬声器声音重放，这些系统使用的扬声器数量超过 2 只，并且围绕听音者进行摆放以便从各个方向发出声音。它最初作为一个商业用术语出现，试图描述比双声道立体声更为丰富的空间体验。近年来，这一术语的含义不仅得到了更新，还在某种程度上被"空间音频（Spatial Audio）"等更为通用的术语所取代，或者采用三维声或沉浸式等系统命名方式。尽管如此，"环绕声"这一术语仍然被用于描述一套使用超过 2 只扬声器的娱乐音频系统和相关技术，这些扬声器仅在水平面上围绕听音者进行布局。因此，本章的讨论仅限于从传统立体声原理发展而来的三声道及以上的环绕声技术，但不会涉及高度信息。

环绕声扬声器布局和制作技术源于双声道立体声，如第 3 章所述，它源于贝尔实验室、Blumlein 和其他工程师在 20 世纪 30 年代所做的工作。基础的立体声空间声像需要通过改变 2 只传声器之间的关系或使用声像电位器引入简单的通道间时间差和 / 或强度差来获得，其目的是获得一个适宜的空间形像。随着加入更多的扬声器来获得"环绕声"，这些技术也为匹配更多的扬声器进行着相应的扩展，但通常仅需要考虑两两声道间的关系，最多同时考虑 3 个声道之间的关系。随着扬声器数量从 4 只增加到超过 10 只，如何对各个扬声器进行信号分配以获得成功的空间形像所带来的挑战日益增加，直接导致针对这一话题的解决方案出现愈发明显的分化：一种观念认为这些系统应该以某种声场的基本数学模型为基础，而另一种则是单纯地依照基本立体声原理来增加扬声器数量。前者被认为是根据科学家概念来制作环绕声，以声场（Sound Field）和波场合成（Wave Field Synthesis）等声场重构技术为代表。这些方法会在第 9 章和第 10 章中提及。而本章则主要讨论后者（通常被认为是根据录音工程师概念来制作环绕声），其中涉及的系统虽并非全部、但绝大多数都来自电影声音格式。现代的命名方式将这些格式命名为"$n\text{-}m$ 立体声（或环绕声）"，其中 n 表示前方声道的数量，m 表示环绕声道的数量，我们会在本章后续内容中做更多的说明。

---

[1] 本章部分内容引自 Spatial Audio（Rumsey，2011）和 Sound and Recording 第七版（Rumsey 和 McCormick，2014），并且得到了 Focal Press 的授权——作者注

6.1　环绕声的发展

6.1.1　影院系统

贝尔实验室在 20 世纪 30 年代对声音的方向性还原做了早期工作，试图通过较少的通道数量来还原无限个传声器 / 扬声器组合所呈现的波阵面，如图 6.1 所示。通过间隔式时间差原理摆放的压强式（全指向）传声器，每只传声器都与听音室中扬声器所对应的放大器逐一连接。Steinberg 和 Snow（1934）发现 3 个通道能够提供具有说服力的结果，当把 3 通道降为 2 通道时，中间声源会显得靠向舞台后方，且得到还原的声场宽度增加了。事实上，正如 Snow 随后解释的，这 2 张图中所显示的情况实际上是截然不同的，因为通道数量少的重放系统实际上并没有重现原始声源的波阵面，而是依靠先导效应（Precedence Effect）来获得成功。这可以被认为是声场合成与基础立体声概念在早期的分野。

Steinberg 和 Snow 的工作主要针对的是宽屏幕大型剧场的声音重放而非小房间或民用设备，事实上，环绕声早期的发展都是为了将观众吸引到电影院中。多年来，3 个前方声道一直是影院声音重放系统的常态，其中一部分原因就是较宽的座位分布和声像的尺寸。对于偏离中线的观众来说，中央声道对重要的中间声像（即对白所在的位置）起到了固定作用，在 1939 年迪士尼推出电影 *Fantasia* 之后，中央声道的应用愈发广泛。

Fantasound 系统需要多个操作者来进行混音，最终通过一个与胶片同步的基于导频（Pilot-Tone）的控制轨道，来控制 3 个音轨在剧场中若干扬声器之间的声像分配。这是一项昂贵的、进入环绕声领域的历史性实验，远早于环绕声所属的时代，其中的一个版本甚至配备了 1 只被称为"上帝之声（Voice of God）"的房顶扬声器，是整个市场中首个沉浸式音频的案例。《SMPTE 运动影像杂志》（*SMPTE Motion Imaging Journal*）中的一篇文章（Garity 和 Hawkins，1941，p127）对环绕声的发展和启示做了十分详尽的描述，其中一些至关重要的观点对于今天的娱乐音频产业仍然适用。他们说，"因此，我们必须大步向前迈进而非满足于微小的进步，才能够把大众从垒球比赛、保龄球场、夜总会或者快速发展的广播领域吸引过来。如果我们在改善声画质量方面所做的努力能够反映在票房上，那么观众必须听出区别并且为之惊叹。如果对于质量改善的感知只能通过直接的 A-B 对比来获得，那么它对票房产生的贡献可能变得微乎其微。当对白变得清晰可懂、音乐的体验令人满意，就没有人能够察觉我们甚至已经完美还原了音乐厅或现场娱乐演出的效果。这里必须要强调的是，对现场娱乐演出的完美还原并不是我们的目标。电影娱乐产业不会受到现场演出内在的固有制约，它的发展会远远超过现场演出。"

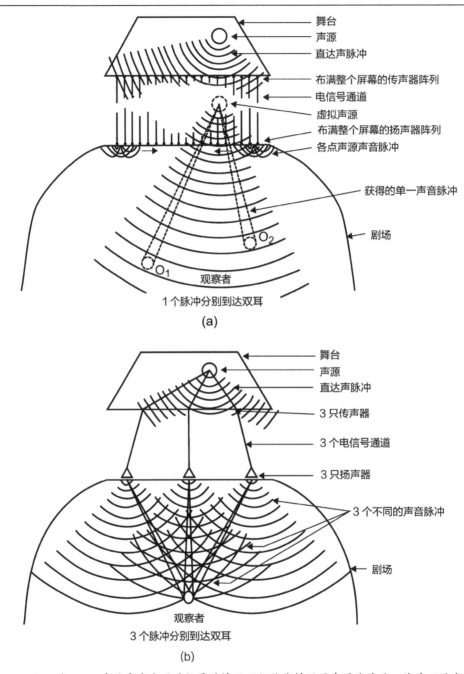

图 6.1 Steinberg 和 Snow 尝试在减少通道数量的情况下仍然能够还原声源波阵面，使其以适宜的空间特征完好无损地对环境进行再现。（a）使用大量换能器的理想配置。（b）仅使用 3 个通道的简化系统，其有效实现更多地依靠先导效应。

在这里他们表达了至关重要的观点，即多数娱乐音频的目的是"仅供娱乐"，并不是为了模仿或重现自然环境。它可以是超现实的。然而，Fantasound 在战争开始之后没有延续太长时间，搭建系统所涉及的高昂时间和金钱成本使它无法继续运行下去。

除了在 *Fantasia* 中使用的特殊立体声效果外，电影声音直到 20 世纪 50 年代才开始采用立体声重放。立体声电影音轨通常会将对白和视觉元素的位置进行匹配，这是一项耗费人力和时间的处理。这种技术在中置对白被人们接受后逐渐消失，取而代之的是音乐和音效的立体声重放。在 20 世纪 50 年代，华纳兄弟（Warner Brothers）使用了一种配有 3 个前方声道和 1 个环绕声道的大屏幕格式，20 世纪福克斯（20th Century Fox）的 Cinemascope 格式也使用了同样的扬声器布局。Cinerama 格式则使用了 7 个独立声道的环绕声系统来匹配使用了 3 个投影机的宽屏画面，它所配备的 5 个前方屏幕声道和立体声环绕声道为日后出现的 7.1 声道系统做了铺垫。

从 20 世纪 50 年代末到 60 年代，影院多声道立体声格式变得越来越流行，其受欢迎程度随着婴儿潮（Baby Boomer）时期推出的 70 mm 格式到达了顶点，这种格式使用了多个前方声道、1 个环绕声道和 1 个超低通道来进行高品质的宽屏电影重放。在 20 世纪 70 年代早期，Dolby 推出了 Dolby Stereo 格式，它能够将 4 声道环绕声信号通过矩阵编码至 2 个光学声轨，与画面记录在同一个 35 mm 胶片上。稍晚，它的民用版本 Dolby Surround 被推出以用于家庭影院系统。模拟矩阵格式的主要问题在于很难保持足够的通道间隔离度，需要通过解码器中复杂的控制电路将主要的信号成分指定到相应的扬声器上。

在 20 世纪 90 年代，影院环绕声已经进入全数字音轨时代，通常包含 5 个或 7 个独立的环绕声声道和 1 个低频效果通道。多种商业化的数字低比特率编解码机制被用来传递电影中的环绕声信号，例如 Dolby Digital、Sony SDDS 和 Digital Theatre Systems（DTS）。

6.1.2　环境立体声（Ambiophony）及类似技术

在 20 世纪 50 年代晚期和 60 年代早期，尽管在商业层面尚不能将环绕声用于民用音乐重放，但已经有一些研究者在进行通过独立的扬声器重放混响信号来对传统重放系统进行增强的尝试和实验。现代的制作手段允许我们在环绕声道中加入环境信号或效果信号来对传统的前方声道进行增强，而环境立体声则是值得关注的先驱。这其中最为完善的案例就是由 Keibs 和其同事在 1960 年提出的"Ambiophonic"概念，Steinke（1996）对其进行了详尽的总结，其他人（如 Glasgal，1995）则在其工作基础之上对其进行了后续的改进。

6.1.3　四方声（Quadraphonic Sound）

四方声代表了 20 世纪 70 年代将环绕声引入民用市场所做的尝试，从商业角度而言，它是失败的。在现代命名规则下，它可以被认为是一种 2-2 系统。不同竞争对手推出的多种编码方式之间、不同编码方式与双声道立体声之间的匹配程度各不相同，它们都通过 2 通道模拟存储介质来传输 4 通道环绕声，黑胶密纹唱片（Vinyl LP，即所谓 4-2-4 矩阵系统）则是存储介质中的一种。与 Dolby Stereo 不同，四方声没有中置声道，通常将位于听音者前后的 2 组扬声器以正方形布局进行摆放。由于无法和理想的双通道重放系统 [2] 进行匹配，前方扬声器之间 90° 的夹角被证实是存在问题的，它对前方声像的还原较差，经常出现"中空现象"。通过 Scheiber（1971）的著作可以了解关于上述问题的更多内容。

尽管相当数量的密纹唱片都以不同的"四方"格式予以发行，但由于这种方式无法赢得足够数量消费者的认可，因而无法获得成功。人们似乎并不愿意增加系统所需的更多的扬声器，而且数量众多的四方声编码格式并存的情况也无法带来一个明晰的标准。此外，很多人认为四方声编码破坏了双声道立体声听音系统的完整性（后方声道的矩阵编码应与双声道存储介质兼容，但经常会出现可闻的副作用）。尽管人们针对 4 通道磁带录音的发行做了相应的努力，一些针对民用市场的 4 通道磁带录音机也得以推出，但磁带作为一种民用存储介质，其普及程度并不足以推动四方声继续前进。

6.1.4　家庭影院和 5.1 声道环绕声

到了 20 世纪 90 年代，民用音频格式的新发展带来了诸如 DVD、"家庭影院"以及用于电影和广播电视（以下简称"广电"）领域的数字音频格式，它们为环绕声带来了新的商业推动力。ITU 5.1 制式在广电和录音应用中被广泛采纳，如后文所述，数字传输和存储格式为传递分离声道带来了可能性，进而避免了矩阵编码曾经出现的问题。我们随后将做出解释，ITU 标准并没有对声音信号的环绕声呈现和编码做任何的定义；它仅仅描述了扬声器的布局。除此之外，其他的要素都是开放的，对于这一标准来说，声场的再现或空间信息编码并没有所谓的"正确"方法。

6.2　环绕声格式

在这一部分，我们将介绍 20 世纪 90 年代以来专业领域和民用领域用于环绕声的主要扬声器格式。本章讨论的环绕声标准基本上仅限于通道分配和扬声器布局。这就把如何创造和呈现空间声场

2　此处提及的"理想"立体声系统前方扬声器之间的夹角为 60°——译者注

的问题完全扔给了使用者。此外还有一个问题，就是如何通过矩阵运算或编码将环绕声声道中的信息传递给终端用户，这属于商业技术领域的问题，我们会在接下来的部分予以介绍。

在描述立体声扬声器布局的国际标准当中，如 ITU-R BS.775-3（2012），对于扬声器布局的命名通常需要符合"*n-m* 立体声"的原则，其中 *n* 为前方声道的数量，*m* 为后方或侧方声道的数量（后者仅在环绕声系统中出现）。这种区分是很有帮助的，它能够突出环绕声声道所扮演的不同角色。这些扬声器布局设计中隐含的原则之一，就是前方声道需要扮演不同于后方声道的角色，两者的作用并不是等同的。左前和右前声道的位置通常和双声道立体声相兼容，这使得它们的间隔较近，进而在侧面留下了很大的空隙，使得声像定位变得困难；后方扬声器主要被用来还原效果和环境声。在 360° 的各个方向上获得同等精度的声像分布并不是这种扬声器布局的明确目标，尽管很多人都忽视这一事实并且试图做到这一点，但他们都遭遇了不可避免的问题。一些民用音乐播放系统采用了非标准方法，通过增加前方扬声器的间距和加入额外的侧方扬声器的方式来填补这种空隙，同时使用复杂的解码技术对内容进行更为有效的渲染。

另一个常见的命名法是"几点几"环绕声，例如 5.1 环绕声，它并没有对前方声道和后方声道进行区分，但是强调了主声道数量和低频效果（LFE：Low Frequency Effect）声道数量。这里".1"指的是低频效果（LFE）声道，它通常指影院系统中用于还原大地震动和爆炸等效果的声道。

6.2.1　三声道（3-0）立体声

3-0 立体声组成了很多环绕声系统前方扬声器布局的基础，它需要使用左（L）、中（C）和右（R）声道，如图 6.2 所示，3 只扬声器等距离放置在前方声场中。它的应用在环绕声发展的历史中早有先例，前文已经提及，Steinberg 和 Snow 在 20 世纪 30 年代研发的立体声系统就使用了 3 个声道。3 个前方声道也是影院立体声系统的常规配置，采用这种配置主要是为了覆盖宽屏幕导致的左右扬声器之间存在的听音盲区。出于经济和便捷因素的考虑，2 声道仅作为民用系统中的常规配置，尤其是对于模拟磁带的记录来说，2 声道信号要比 3 声道信号来得直接得多。

3-0 立体声具有多种优势。首先，相比于双声道立体声来说，它可以在需要时获得更宽的前方声场，因为中声道起到了固定中声像的作用，所以左右扬声器的摆位可以更偏向两侧（如 ±45°）。（然而需要注意的是，ITU-R 标准下的左右扬声器被放置在 ±30° 的位置上以兼容双声道立体声素材。）其次，中置扬声器在很多场合下都能够扩展听音区的范围，声像不会因为听音者靠近某只扬声器而崩坏。同时，在声配画的应用场景下，它还能更加清晰地将对白固定在屏幕正中。最后，中声像不会像双声道立体声那样出现音色变化，因为它是从一个实际声源发出的。

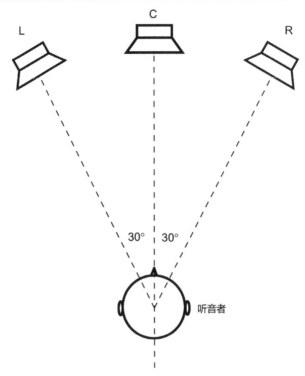

图 6.2   三声道立体声的重放通常配备 3 个与听音者等距离放置的前方扬声器。根据 ITU 标准的规定，2 个外侧扬声器之间夹角为 60° 以兼容双声道立体声；而由于中置扬声器的存在，可以在牺牲兼容度的条件下采用更宽的扬声器间距。

中置声道面临的一个实际问题就是中置扬声器的摆放通常会非常不方便。尽管在电影院中它可以被放置在透声幕后方，但在民用环境、录音棚和电视环境下，它始终会占据电视监视器或窗户的位置。因此中声道不得不被安装在听音者水平高度以上或以下，且选型小于其他扬声器。

6.2.2   4 声道环绕声（3-1 立体声）

我们接下来将简要介绍的这种立体声形式，在一些国际标准中被称为"3-1 立体声"，在其他文章中则被称为"LCRS 环绕声"。我们随后将介绍该格式专用的编码和解码技术。尽管它使用了 4 通道，但由于扬声器布局并未采用 90° 等间隔的方式，而是采用 3 个前方声道加 1 个环绕声道的布局，因此和四方声并不相同。

3-1 的布局在前方 3 声道的基础上增加了一个额外的"效果"声道或"环绕"声道，其信号被馈送至位于听音者身后（也可能是侧方）的扬声器（组）。它最早用于影院系统，通过增加提供"包围感"效果的声道为观众提供更深层次的视听参与感。这一进步归因于 20 世纪福克斯公司在 20 世纪 50 年代推出的 Cinemascope 宽屏视觉系统，它和 3-1 环绕声一起，被寄希望于成为与新晋电视娱乐产品竞争的有利筹码。

　　对 3-1 立体声系统的使用并没有通过效果声道进行 360° 声像定位的明确意图。在任何情况下这几乎都是不可能的，由于多数时候都是将一个音频通道的信号送往多只环绕声音箱，因此我们仅能够得到一个有效的（后方）单声道听感。

　　图 6.3 展示了这种格式的常见扬声器布局。在影院中，通常有大量的环绕声扬声器接收 1 个环绕声声道的信号，以此覆盖较宽的观众区域。这会导致一个相对发散或分散的效果信号重放。这些环绕扬声器有时会通过电子方式进行去相关处理，以此增强环绕效果的空间感或扩散度，避免出现声音被定位在最近的扬声器或者出现头中定位感。

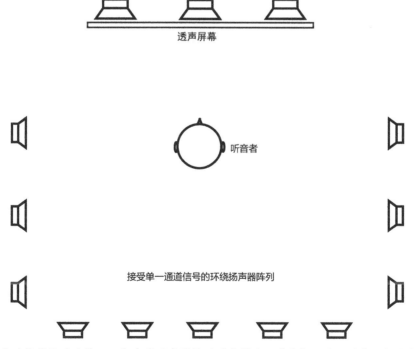

图 6.3　3-1 重放格式使用的单一环绕声道通常被馈送（在影院环境中）至位于听音区侧方和后方的扬声器阵列当中。在民用重放系统中，单声道的环绕声道可以仅通过 2 个环绕扬声器进行重放，也可能通过人工去相关处理和 / 或偶极子扬声器来制造扩散感更强的影院体验。

在民用 3-1 立体声重放系统中，单声道的环绕声道通常会被馈送到两个环绕扬声器中，这两个扬声器的位置与接下来即将介绍的 3-2 格式相似。环绕声道的增益通常被降低 3 dB，以确保 2 个扬声器发出的信号在叠加后不会导致前后扬声器电平出现不匹配的现象。单声道的环绕声道是这一格式的主要限制所在。尽管使用多只扬声器来重放环绕声道，但在听音者两侧环绕信号相同的条件下，它仍然无法制造出强烈的包络感或空间感。

3-1 音频格式还被用于 MUSE/Hi-Vision 这一 20 世纪 90 年代在日本发行的高清激光碟片。它将 32 kHz 采样率、12 bit 量化精度的 4 通道数字音频编码植入 MUSE 视频当中。MUSE 解码器能够将 4 个模拟信号通过 5 个输出进行重放：左、右、中、左环绕、右环绕，其中两个环绕声道共享了同一个信号。

6.2.3　5.1 声道环绕声（3-2 立体声）

4 声道系统的劣势在于单声道的环绕声道，而这一限制在 5.1 声道系统中被解除了，进而在前方主要声场的基础之上提供了立体声效果或房间环境。提供立体声声像的前方声道和提供环境及效果的后方声道之间的区别解释了某些标准坚持使用"3-2 立体声"而非"5 声道环绕声"的原因。前文已经介绍过，".1"部分是专用的低频效果（LFE）声道或超低声道，采用这种命名方式的原因是其有限的带宽。严格来说，按照国际标准的命名法应将 5.1 环绕声命名为"3-2-1"，最后一个数字表示 LFE 声道的数量。

扬声器布局和声道分配如图 6.4 所示。这种格式取得广泛成功的原因是其扬声器布局为同时满足电影、广电和音乐录音应用做出了"政治妥协"，对于任何一种应用来说它都不是完美的，但具有最强的适应性——这一点恐怕无人能够质疑。图中还出现了声画重放应用中所需的显示屏，并且针对屏幕和扬声器间底宽（Base Width）的相对尺寸关系给出了建议。左右扬声器被放置在 ±30° 的位置以兼容双声道立体声重放，尽管带来了一些限制，但这是一种必要的妥协。环绕扬声器位置大约在 ±110°，这一位置也是在听音者后方效果定位与获得良好包络感的侧向能量重放之间所做出的妥协。从这方面来说，它们更像是"侧方"扬声器而非后方扬声器，而在很多实际的安装情况下，这个位置并不方便，导致很多人将环绕扬声器安装在更加靠后的位置上。

这一标准中通常没有位于听音者正后方的扬声器，但它的存在的确有助于解决创意实现所面临的困难，因此一些民用系统的变体试图对这一缺陷进行弥补。与前文所述的 3-1 布局相似，ITU 标准允许使用额外的扬声器来覆盖听音者四周的区域。一旦被使用，这些扬声器需要均匀分布在 ±60° 到 ±150° 之间。环绕扬声器应与前方扬声器尽可能相同，以此保证在各个方向上都能获得统一的音质。尽管如此，关于在这些位置上使用偶极子扬声器的做法仍然存在争议。偶极子的声音辐射更像是一个 8 字指向，获得扩散环绕声印象的一种方式就是将 8 字中灵敏度最弱的方向正对着听音位置。通过这种方式，听音者能够体验到的反射声多于直达声，它所产生的听觉印象也更具空间感，进而能够在小房间中更好地模拟影院听音体验。但相应地，偶极子扬声器的使用也导致在后方和侧方位置获得明确声像变得更加困难。

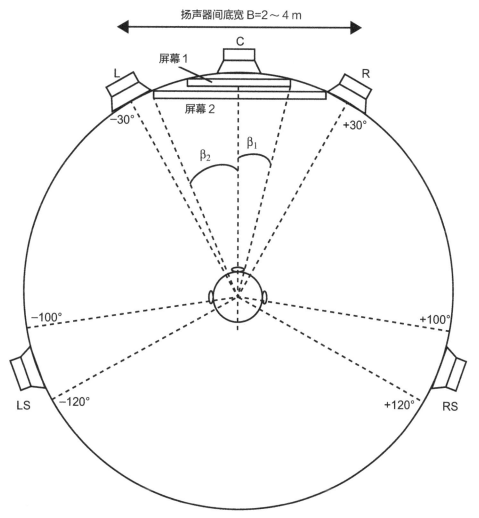

屏幕 1: 听音距离 = 3H (2β_1 = 33°)（可能更适合电视屏幕）
屏幕 2: 听音距离 = 2H (2β_2 = 48°)（更适合投屏幕）
H: 屏幕高度

图 6.4 符合 ITU-R BS. 775 标准的 3-2 重放格式，使用 2 个独立的环绕声道，分别将信号馈送给 1 只或多只扬声器。

LFE 声道是一个独立的超低声道，其响应最高到达 120 Hz。它的作用是还原特殊的低频内容，这些内容的重放需要更大的声压级和峰值余量，而这往往是主声道扬声器无法胜任的。它并不是为了还原主声道信号中的低频成分而存在的，对它的使用更多地出现在爆炸和其他高声压级轰鸣声经常出现的声配画应用中。在民用音频系统中，LFE 声道的重放是一个可选择项。出于这种原因，为通用应用场景进行的录音即使在没有 LFE 声道的情况下也应该获得令人满意的效果。

对于 LFE 声道的处理和超低扬声器布局的进一步讨论将会在后文的环绕声监听部分展开。首先，5.1 环绕声格式的主要局限在于它的设计并不是为了进行 360° 虚声像的准确还原，我们在前文已经解释过这一点。其次，如果不需要和 2-0 重放系统进行兼容，其前方声场宽度会比它原本能够获得的宽度更窄。再次，中置声道对于音乐平衡来说存在问题，因为传统的声像定位法则[3]和强度差拾音方式并不总是适用于 3 只扬声器。最后，左环绕和右环绕扬声器的位置是多方妥协后的结果，它会在听音者后方带来巨大的声像空洞，同时在实际房间中很难为扬声器找到合适的物理摆放位置。

该格式带来的这些限制导致了对 5 只或 6 只不同声道的非标准化使用。例如，有人将第 6 声道作为高度声道，还有人将 LFE 声道和中置声道改为一对侧前方扬声器，从而使后方扬声器的摆放更加靠后。

6.2.4　7.1 声道环绕声

7.1 声道源自宽屏影院格式，它通常是在 5.1 声道的布局基础上在左中（CL）和右中（CR）位置上增加 2 只扬声器，如图 6.5 所示。这种格式并非主要针对民用场合，而是为了让配有宽屏的大型影院的所有座位都能够被扬声器良好覆盖而提出的解决方案。一些民用设备制造商也在其民用环绕声解码器中植入了 7 声道模式，但对于扬声器摆位的建议却和影院环境不同。通过更多的声道来提供更宽的侧前方内容，同时使得后方扬声器的位置比 5.1 格式更加靠后。

在近期的 7.1 影院系统中，增加的 2 个声道不再设置在前方屏幕的位置，而是作为左后环绕（Back Surround Left）和右后环绕（Back Surround Right）出现，将传统的环绕声道作为侧方扬声器。这种方式被认为能够为三维视觉内容的音频布局提供更好的便捷性。

---

[3]　在关于声像定位电位器的内容中，"法则"一词对应原文的"law"，它指的是声像电位器在不同扬声器之间分配信号能量所遵循的原则和算法，并不是录音师在使用声像电位器时需要遵循的法则——译者注

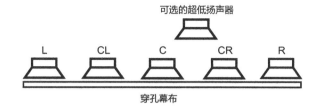

图 6.5　一些用于大型礼堂的电影声音重放格式通过在前方增加 2 只扬声器，中左（Center-Left）和中右（Center-Right）来提升前方声像的准确性。

6.2.5　10.2 声道环绕声

对于后来出现的、包含高度信息的沉浸式音频系统来说，Tomlinson Holman 研发的 10.2 声道环绕声系统开始为传统环绕声向沉浸声的过渡搭建桥梁。在 5 个基础声道之上，他增加了更宽的侧前方声道扬声器和填补后方中空现象的后中（Center-Rear）声道扬声器。他还增加了 2 个高度声道和第二个 LFE 声道。第二个 LFE 声道的作用是在听音区两侧为非相关的低频内容提供侧向分离度，以此提升低频空间感。（高度环绕声声道将会在第 7 章做详细的探讨。）

6.3 环绕声交付及编码

本章的这一部分主要涉及环绕声信号的编码方式以便于在模拟或数字介质中进行保存。但文中内容并不专门涉及计算机文件格式。最初，尽管一些宽屏幕电影格式为每个声道准备了单独的音轨，但因为绝大多数交付介质仅能支持 2 声道，所以模拟环绕声信号通常需要经过矩阵变换后才能交付给终端用户。而现在，环绕声几乎全部都通过某种形式的数据压缩编码方式被保存在数字域，当然也不乏一些高端应用场合为保存 LPCM 数据预留了足够的比特率。

6.3.1 矩阵环绕声系统

通过对环绕声信号进行矩阵处理，它们可以通过少于原素材通道数量的音轨进行保存。尽管这种方式会导致一些副作用，且信号的解矩阵处理需要谨慎进行，但它仍然在很长一段时间中得到了广泛的使用。这里我们以 Dolby Stereo 为例来进行介绍，需要说明的是，它也有一些替代方案，还有一些公司曾经研发出增强型解码器来对 Dolby 矩阵音轨的解码进行改善。

最初的 Dolby Stereo 系统包含了若干不同的用于电影声音的格式，通道数量从 3 ～ 6 个不等，特别值得一提的是与 70 mm 胶片配套的、具有 6 个独立通道的磁带记录方式，以及 35 mm 胶片上存储的 2 个光学音轨，它是由 3-1 环绕声格式将 4 个通道进行矩阵变换后得到的。Dolby Surround 于 1982 年推出，目的是在民用环境下模拟 Dolby Stereo 的效果。事实上两者使用了相同的矩阵解码方式，因此从电影转换到电视格式后在家庭环境中的解码方式与影院系统基本类似。为了改善信噪比，影院使用的 Dolby Stereo 光学音轨经过了 Dolby A 降噪编解码处理，但民用的 Dolby Surround 并没有这一功能。

Dolby Stereo 矩阵（见图 6.6）是一个"4-2-4"形式的矩阵，它对单声道的环绕声道进行编码，将其以反相的方式分别加入左右声道（在一个声道中为 +90°，另一个为 −90°）。中置声道则以同相的方式分别加入左右声道。最后获得的结果被称为 Lt/Rt（Left Total 和 Right Total）。这种方式可以通过反相叠加 Lt/Rt 信号（提取立体声差分信号）的方法将环绕信号分离出来，而中置信号则可以通过正相叠加 Lt/Rt 信号来获得。图 6.7 中给出了民用版本（Dolby Surround）解码器的方框图。除了和差式解码之外，环绕声道还受到额外延时、100 ～ 7 kHz 带通滤波以及改良型的 Dolby B 降噪处理的影响。低通滤波器和延时都是为了减少矩阵处理的副作用，这种副作用可能导致前方信号听上去像来自后方。延时（民用系统中为 20 ～ 30 ms，取决于后方扬声器的距离）的作用依赖于先导效应，它会让听音者根据第一个到达的波阵面进行定位判断，对于听音者来说，最先到达的波阵面需要来自前方声道而非后方声场。所以在心理声学层面上，加入延时可以让后方信号与前方定位的主要信号之间具有更好的分离度。改良后的 B 类降噪处理减少了环绕声道的噪声，有助于降低解码误差和通道间串扰所产生的副作用，此外，B 类解码还可以降低编解码过程中出现的一些失真。

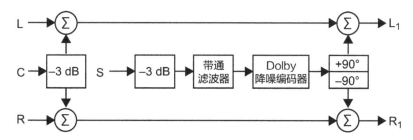

图 6.6　Dolby Stereo 矩阵编码的基本流程图。

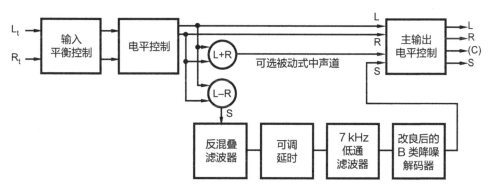

图 6.7　被动式 Dolby 环绕声解码器的基本组成。

被动式矩阵解码存在一个问题：尽管左 / 右信号和中置 / 环绕信号之间的隔离度较高，相邻通道间的隔离度却相对较低。例如，当一个信号被完全定位在左声道时，它仅仅会在中置声道和环绕声道中降低 3 dB。Dolby 的 ProLogic 系统采用了专业解码器中使用的方法，试图通过在解码器电路中引入复杂的"引导（Steering）"机制来改善通道间的感知隔离度。图 6.8 给出了这一技术的简单框图。这一技术允许我们使用一个实际的中置扬声器。笼统地讲，ProLogic 通过监测"主导"信号成分的位置，选择性地衰减那些远离主导信号成分的通道。ProLogic 2 加入了对全频段立体声后方声道的支持，它所具有的多种选项使其更适合音乐节目。同时，它还宣称能够有效地将未经编码的 2 通道素材上变换至 5 通道环绕声。

1998 年，Dolby 和 Lucasfilm THX 联合开发了一种增强版的环绕声系统，在标准 5.1 声道配置的基础上增加了后方中声道。他们推出这一格式的原因，显然是电影声音设计师们无法将声音正确地定位在听音者后方所带来的沮丧和抱怨——正如我们听到的环绕音效通常是扩散的。这套系统被命名为"Dolby Digital-Surround EX"，在 5.1 声道的基础上利用左环绕和右环绕声道对后方中置声道进行矩阵编解码。影院后方扬声器接收的信号来自这一"后中"声道，与左侧和右侧的扬声器区别开来，如图 6.9 所示。

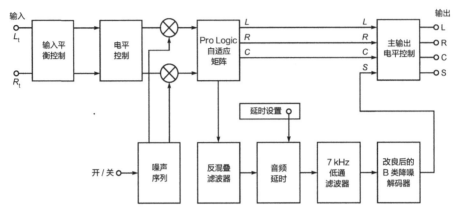

图 6.8　主动式 Dolby ProLogic 解码器的基本构成。

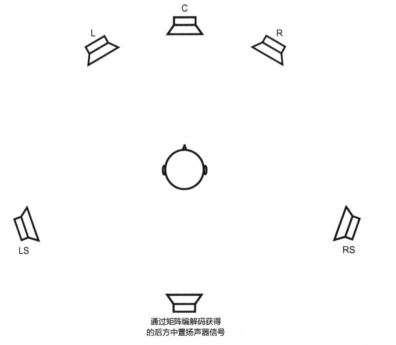

图 6.9　Dolby EX 增加了一个后方中置声道，它所接收的信号通过与传统 Dolby Stereo 相似的矩阵处理方式被编码至左环绕和右环绕声道当中。

6.3.2　数字环绕声编码

Dolby Digital 或 AC-3 编码（Todd 等人，1994）的开发为我们提供了一种无需使用模拟矩阵编码的影院或家庭影院 5.1 声道环绕声交付手段。它被用于数字音频的发行，在 35 mm 胶片、广电和民用媒体中得到了广泛的使用。在胶片中，数据通过光学方式存储在齿孔之间。编码过程包含了若干种技术，它们将来自声道信号源的音频数据转换到时域，然后再次量化为更低的精度，并依靠人类听觉处理的掩蔽特征来隐藏这一过程所增加的量化噪声。该系统使用了一个公共比特池（Common Bit Pool），在整体比特率不超出规定速率的前提下，需要更高数据传输速率的通道可以通过比特池来满足其要求。

除了通过一个紧凑的数字形式来表示环绕声外，Dolby Digital 还包括多种操作功能选项，能够提升系统便捷性，对不同民用场合的播放进行适应。这些功能包括对白标准化（"Dialnorm"）和将动态范围控制信息纳入音频数据的选项，以适应某些环境下背景噪声情况，使声源素材的完整动态范围能够被听到。下变换控制信息也可以纳入音频信息中以满足通过解码器获得环绕声素材的立体声版本的需求。作为一个原则，Dolby Digital 数据存储或传输总是针对终端产品所需要的最高通道数量来进行的，任何兼容性的下变换信号都是通过解码器获得的。这与其他将立体声下变换数据与环绕声信息同时携带的系统有所不同。

Dolby Digital Plus 是 AC-3（Dolby Digital）的延伸扩展，在需要时能够提供更高的数据速率选项和更短的音频桢（Frames）。普通高清光碟的数据速率在 768 kbit/s 到 1.5 Mbit/s 之间，作为对 Dolby Digital 的品质的进一步提升，Dolby Digital Plus 的数据速率能够达到 6 Mbit/s。它的数据流同样能够被较早型号的设备解码，对其 Dolby Digital 核心解码后获得 640 kbit/s 的数据流。

Dolby 的 TrueHD 基于最高无损封装（MLP: Meridian Lossless Packing）技术，这种无损编解码方式可以获得与录音棚母带相同的音频质量。尽管能够支持多于 16 个音频通道，但它目前在蓝光播放系统中支持 7.1 声道的声音重放。TrueHD 的数据速率高达 18 Mbit/s，满足蓝光光盘（BD: Blue-Ray Disk）标准的要求，在 96 kHz/24 bit 下支持 8 个全频段声道，在 192 kHz/24 bit 下支持 5.1 声道。如果需要，它还可以将一个额外的、完全独立的艺术性[4]立体声混音包含在内。

DTS（Digital Theater Systems）最初的"相关性声学（Coherent Acoustics）"系统（Smyth 等人，1996）是另一种数字信号编码格式，它通过低比特率编码技术减少音频信息的数据速率，被用于民用和专业应用场合的环绕声交付。DTS 能够适应的比特率范围很宽，从 32 kbit/s 到 4.096 Mbit/s

---

[4]　"艺术性"的原文为"artistic"，在这里应理解为由混音师专门为立体声版本制作的、与解码器通过算法生成的立体声文件不同的立体声混音版本——译者注

（略高于 Dolby Digital）均可，它最高支持 8 个声道和 192 kHz 的采样率。可变比特率和无损编码也是编码过程中的可选项。系统同时也提供了下变换和动态范围控制选项。

目前，DTS 为光盘载体下的高解析度音频提供另外 2 种编解码方式，基于有损核心以及扩展模型，它们都能够向下与最初的 DTS Digital Surround 解码器进行兼容。一些其他的无损格式采用了类似的向下兼容的形式，而另外一些则从下到上全部为无损编解码方式。DTS-HD High Resolution Audio 提供了 2 ~ 6 Mbit/s 的数据速率，它声称音质与录音棚母带十分接近，但并不完全相同（它仍然是一种有损编码格式）。这个版本可以在 96 kHz 的固定比特率（CBR：Constant Bit-Rate）下支持最多 7.1 个声道。DTS-HD Master Audio 的数据速率则在可变比特率（VBR：Variable Bit-Rate）码流下能够达到 24.5 Mbit/s，在 96 kHz 下支持 7.1 声道，192 kHz 下支持 5.1 声道。这一数据格式为无损格式，它能够与原始母带数据中的每个比特保持一致。其核心编码能够在 6.1 声道下支持 1 509 kbit/s 的数据速率，相比于普通 DVD 来说具有更高的比特率，因此即使在非高清播放器上也能够得到品质的提升。这种数据流可以通过 SPDIF 连接方式送往老式的音视频接收设备（AV Receiver）。它还有一项上转换功能（Neural Upmix），可以将信号从 5.1 环绕声格式以创造性方式上变换为更多声道的格式，或者将环绕声节目下转换为立体声格式。此外，它还配备了一个质量控制工具，使得听音者能够听到 5.1 素材上变换为各种非标准 7.1 声道格式（配有侧方和后方扬声器）后的效果。

关于 MPEG 多声道编码格式（如 Bosi 等人，1997），MPEG-2 BC[5] 版本对环绕声道进行矩阵下变换编码，将中置声道编入一个兼容 MPEG-1 帧结构的左右声道当中。虽然 MPEG-2 BC 主要用于第二地区国家（Region 2 Countries，主要为欧洲国家）的 DVD 发行，但为了支持 Dolby Digital，这一（向下兼容的）要求最终被放弃。另一方面，MPEG-2 AAC 是一种更为复杂的算法，通过对多通道音频进行编码得到一个代表所有通道的比特流，这种形式无法通过 MPEG-1 解码器进行解码。由于不再需要考虑向下兼容的问题，比特率可以通过对通道编组进行编码，在必要时利用通道间冗余（Inter-Channel Redundancy）所带来的优势对其进行优化。MPEG-2 AAC 系统包含了众多制造商做出的贡献，随后发展为 MPEG-4。高解析度 AAC（HD AAC：High Definition AAC）使用了有损编码核心与无损编码扩展的组合，能够让解码后的文件与原始录音母带的每一个比特对应起来。ACC 的核心部分与现有移动设备（如 iPod 和 iTunes）的解码器相兼容。它可以工作在 192 kHz/24 bit 精度下。

近期与环绕声音频编码相关的标准是 MPEG-H（Herre 等人，2014），它能够处理数量众多的环

---

5 "BC"为原文 "backwards compatible" 的缩写，意为向下兼容——译者注

绕声和沉浸式内容，包括 Ambisonic 素材和音频对象，并针对多种可能出现的扬声器布局进行渲染。由于编码格式的选择与日俱增，我们面临的发展趋势已经从固定扬声器布局转向了新的理念，即声音素材应根据信号链重放终端的实际扬声器布局进行渲染。

在这一部分我们并未涉及 Auro 3D 及其变体，因为它主要面向包含高度信息的全方位沉浸式内容。其他包含高度信息的编码格式也属于相同的情况。

6.3.3　空间音频对象编码

MPEG 空间音频对象编码（SAOC：Spatial Audio Object Coding）标准（ISO，2010）描述了一种用户可控的多音频对象渲染方法，这种音频对象基于对象信号（Object Signals）下变换得到的单声道或立体声信号的传输。音频对象是独立的信号个体，可以通过对元数据和用户互动数据对其进行单独的控制。通过对渲染的控制可以将音频对象以不同的强度定位在所需位置。例如，增大强度差和 / 或对语言对白对象进行重新定位有助于提升某种扬声器布局和环境下的语言可懂度。SAOC 将对象强度差（OLD：Object Level Difference）、对象间互相关性（IOC：Inter-Object Cross Coherence）和下变换通道强度差（DCLD：Downmix Channel Level Difference）编码至一个参量比特流，而非直接对输入音频信号进行单独编码。SAOC 比特流与扬声器布局无关，它通过一个默认的下变换选项来确保向下兼容性。

基于对象的音频表达方式也是近期推出的 MPEG-H 标准以及数量不断增加的其他沉浸式音频编码系统的关键特征（Herre 等人，2014）。

6.3.4　参量音频编码（Parametric Audio Coding）

一种有损低比特率编码的变体以"核心"加少量"参量"码流的形式对音频信号进行编码，这些"参量"码流描述了重构近似原始信号所需要的若干特征。其理念是对原始音频信号的基本信息进行编码，并通过与之兼容的解码器进行解码，同时以比特率低得多的"副"信息（Side Information）来传递空间或频谱增强内容。MPEG-Surround（Breebaart 等人，2007）对原始环绕声信号的单声道或立体声下变换进行传输，同时被传递的还有记录空间印象的副信息，它们会通过解码处理得到近似还原（见图 6.10）。下变换则是通过例如 MP3 这种"老式"或传统的立体声编码器来进行。用于副信息的额外比特率通常仅为每秒几千比特，这与传统音频编码传递环绕声信息所需要的每秒几百千比特相比非常得低。这种方式保证我们在 64 kbit/s 的比特率下仍然能够传递具有说服力的环绕声信息。

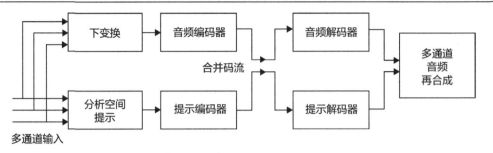

多通道输入

图 6.10　MPEG-Surround 的编码器和解码器工作流程框图。

6.3.5　时域表达

与环绕声的参量编码相关的是时间—频率表达。一种被称为方向性音频编码（DirAC：Directional Audio Coding）的技术包含了一些与 MPEG-Surround（Pulkki 和 Faller，2006）这种传统参量多通道编码器相同的理念，但又有所不同。它是一种能够用于任何重放场合的空间声音表达方法，并且与参量多通道音频编码联系在一起。这一技术的发明者认为，用于捕捉和重放空间声场的现有手段，如强度差和间隔式传声器阵列，都存在一定的局限性，以至于不得不在准确的定位提示和充分的扩散声场之间做出取舍。而 DirAC 的设计则能够对这两方面内容分别进行表现和渲染。

DirAC 方法基于感知参数和物理提示关系的若干假设；即，声音到达的方向最终会转化为双耳间时间差（ITD）和强度差（ILD），扩散度则会转化为双耳间相关性提示，而音色则取决于单耳频谱和 ITD、ILD 以及相关性信息的综合作用。最后一个假设，是这些因素共同决定了听音者所感知的听觉空间形象。为了确保系统的再现表达与人类听觉处理特征相匹配，捕捉到的信号被分为与听觉系统近似的频段，这一分析的时间精度也通过近似的方式来定义。在相关论文所给出的例子中，作者展示了基于 B 格式 Ambisonic 输入信号的方向性音频编码流程图（见图 6.11），我们将在第 9 章对其做进一步介绍。

通过传声器信号就能够获得实时的方向矢量和扩散度。扩散度可以在十几个毫秒之间进行平均处理以降低传输码率。在还原信号之前，通过基于矢量的振幅定位（VBAP：Vector-Based Amplitude Panning）（Pulkki，1997）等方式对每个频段的方向矢量进行处理以渲染出点状声源。扩散度可以通过 2 种方式之一再次合成出来，最为简单的做法需要将传输的全指向信号成分与时长 20 ms、呈指数规律衰减的白噪声猝发信号进行卷积运算，以此进行去相关处理。通过为每个扬声器信号使用不同的噪声信号，就能够生成多个不同的全指向成分的去相关信号。

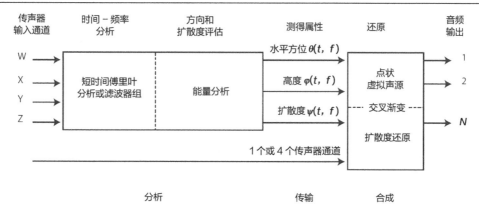

图 6.11　DirAC 空间音频编码系统的概念示意图。（经 AES 授权，由 Ville Pulkki 和 Christof Faller 重新绘制后提供。）

6.4　环绕声监听

这一部分主要讨论 5.1 声道环绕声的监听环境和配置，它所遵循的很多原则也同样适用于其他配置。关于这个话题，AES 曾发表过一篇信息文献（AES，2001）。

6.4.1　主扬声器

环绕声监听房间应均匀分布吸声和扩散材料，这样能使后方扬声器与前方扬声器处于相似的声学环境中。这与很多立体声控制室的设计相反,它们往往在房间的一端为强吸声,在另一端则存在更多的反射。

为电影声音混录所设计的较大房间中经常会使用分布式的环绕声扬声器阵列，有时会在相邻扬声器之间进行去相关处理以避免出现过强的梳状滤波效应。在较小的、用于音乐和广电节目缩混的控制室中则不会使用这种扬声器阵列。ITU 标准允许在听音者一侧使用超过 1 只环绕扬声器，并建议它们以均匀的间隔分布在距离前方扬声器 60°～ 150°之间的圆弧上。

依照 ITU 标准，以听音者为中心在 110°±10°的范围内等距离进行扬声器的布局是比较困难的，因为这对于空间宽度的要求较高。它通常会要求房间以"宽度"而非"长度"来进行布局，如果该房间曾经针对立体声监听进行设计，那么改变房间的对称轴很可能导致声学处理的不恰当分布。同样，门和窗的位置也可能对现有房间的改造带来困难。如果为环绕声监听建造一个新的房间，那么从一开始就让房间拥有足够的宽度来摆放环绕扬声器，并且将吸声材料安装在合适的位置是绝对可行的做法。

根据规则，前方扬声器可以和双声道立体声的设置相似，但我们会在后文讨论中置扬声器所带来的特殊问题。在容积较小的环绕声控制室中，使用指向性较弱的前方扬声器以模拟电影混录环境是较为有效的。这是因为在大容积的常规电影听音环境中，混音师通常位于临界距离之外，接收到的直达声和反射声相等，在小房间中使用指向性较弱的扬声器能够对这种情形进行模拟。电影混音师通常想听到大场地中观众听到的感觉，这意味着电影混录的监听距离比家庭环境或传统的音乐混音环境要远得多。

理想情况下，中置扬声器应该与其他扬声器类型相同或具有同等品质。相比于立体声监听而言，使用较小的监听扬声器作为主声道，通过 1 ~ 2 只超低扬声器来负责低频重放不失为很好的选择。这种选择对于在调音台背后放置中置扬声器具有实际意义，但它的高度通常会受到控制室观察窗或视频监视器的影响。中置扬声器应放置在与其他扬声器相同的弧度上，否则它和其他扬声器到达听音者的直达声之间会存在延时。如果中置扬声器的距离比左右扬声器更近，那么应对其做少量延时处理以使其位于正确的声学位置。

很多环绕声的混音工作都需要伴随画面来完成，这也为中置扬声器的摆放带来了挑战。在电影院中，屏幕通常是透声的，并且使用前投式投影机——尽管这种透声并不彻底，通常需要引入均衡的校正。在较小的混音室中，显示设备通常是平板等离子显示器或 CRT 显示器，因而不允许我们使用和影院相同的布局。对于那些用于电视节目制作且尺寸适中的显示器来说，可以将显示器升高，然后将中置扬声器放在显示器下方；或者也可以将扬声器放置在显示器上方，让其角度稍稍下倾。调音台的情况将会决定哪种解决方案更加可行，这里必须注意避免中置扬声器和调音台表面发生严重的反射。根据 Dolby 的建议，如果不得不让中置扬声器偏离垂直方向上的中线，可以将其上下颠倒放置，以确保它的高音单元与左右扬声器处于一条直线，如图 6.12 所示。

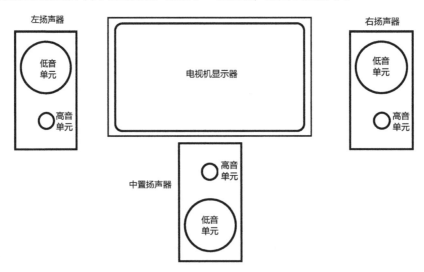

图 6.12   在使用电视机显示器的情况下可能使用的中置扬声器摆放方式，尽可能将高频单元对齐。

在专业应用环境下，建议环绕扬声器与前方声道扬声器具有同样的品质。这一点在民用环境下很难做到，因为面向低端市场销售的系统所配备的环绕扬声器通常比前方扬声器小得多。这种系统通过超低扬声器来还原低频能量并获得所需的音量，这使得对于主扬声器的音量要求大大降低。

对于环绕扬声器的指向性要求是导致某些争议出现的原因（Holman 和 Zacharov 之间的争论，2000，就是一个很好的例子）。争议所围绕的中心就是如何通过环绕扬声器来获得一个扩散的、具有包络感的声场——相关准则为要么倾向于使用去相关性的直接辐射器阵列，要么倾向于使用偶极子环绕扬声器（双指向型扬声器，它们的主轴通常不会对准听音者）。如果获得一个扩散的、具有包络感的声场是环绕扬声器的唯一职责，那么偶极子扬声器在数量仅为 2 个的情况下是很合适的，尤其对于小房间，以及那些将大型影院中播放的内容针对小听音环境进行的重混工作来说，更是如此。但是，从另一方面考虑，如果需要对声源进行全方向的定位，那么直接辐射式扬声器则可能更为合适。

6.4.2　超低扬声器

扬声器和房间之间所产生的低频干涉会影响超低扬声器的摆位和均衡处理。在选择超低扬声器的最佳位置时，我们必须牢记一个基本原则，即把扬声器放在墙角会出现显著的低频提升，并且能够和大多数低频驻波良好耦合。一些超低扬声器就是专门为某种特定的摆放位置而设计的，而其他超低扬声器则需要来回移动位置以获得最为满意的主观效果。有时通过均衡器能够在听音位置上获得较为平坦的频率响应。有些系统还提供相移（Phase Shift）或延时控制来矫正超低扬声器和其他扬声器之间的时间关系，但这种矫正通常仅限于超低扬声器和某一只全频扬声器之间的关系。

相比于通过单一驱动器重放单声道低频信息，通过多只低频驱动器重放去相关性信号能够制造出更为自然的空间感。Griesinger（1997）建议在重放单声道低频信号时，可以通过位于听音者两侧的、相位差为 90° 的超低扬声器更好地激励非对称性的侧方模式（Lateral Modes）来改善低频空间感。

5.1 环绕声系统中的 LFE 声道需要进行校准，以此确保工作频带范围内的重放增益比其他声道在同一频带内高出 10 dB。这并不意味着超低扬声器的整体输出需要高出其他声道 10 dB，因为这种处理会在低频管理（对主声道信息进行高通滤波，并将滤除的低频信息送往超低扬声器）介入时导致送入超低扬声器的低频信息被错误地提升。

有一个常见的误区，就是任何超低扬声器在所有情况下都必须直接还原来自 LFE 声道的信号。这种情况在电影重放时成立，但民用系统中的低频管理并没有一个专用标准，每个系统的情况都有可能不同。在录音过程中并不需要强制性地将低频信息送入 LFE 声道中，甚至是否使用超低扬声器也不是强制的，事实上，将极低频率的信息限制在一个单声道通道中可能会在总体上限制低频的潜在空间感。音乐混音则更倾向于将大多数全频信号的低频信息送往主声道，以便于保持它们之间的立体声隔离度。

　　在实际系统中，我们希望通过 1 个或者更多的超低扬声器来承担低频内容的重放。这样做的好处是能够相应地减小主扬声器的尺寸。在这种情况下，将信号在主扬声器和超低扬声器之间进行分配的分频器的工作频率范围为 80 ～ 160 Hz。为了通过超低扬声器来重放 LFE 信号和 / 或主声道中的低频内容，通常会使用与图 6.13 类似的低频管理功能。

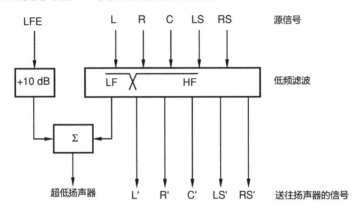

图 6.13　一套 5.1 重放系统的低频管理功能。

6.4.3　条形扬声器（Sound Bar）[6]

　　在这里，我们有必要在环绕声监听的内容中加入对"条形扬声器"的简单介绍。尽管不建议在专业监听环境下使用（除非想要了解缩混后的声音在这种系统中的重放效果），但这种技术已经越来越多地用于民用重放系统中，以便捷的一体化设计来替代多只分散的扬声器。在家庭或类似环境中，后方扬声器通常会面临摆放和走线的困难，因此通过条形扬声器中的扬声器组向不同方向辐射声音就成了一种变通方案，这些扬声器通常以窄条的形式形成阵列，放置在电视机屏幕以上或以下。在这种设置中，后方声道的内容通过房间侧墙和后墙的间接反射进行辐射。同样的概念也可以扩展至沉浸式重放系统。

6.5　环绕声录音技术

　　在环绕声录音中使用的很多概念或多或少都来自传统的立体声技术。但是环绕声录音面临着更大的挑战，尤其在听音者侧面的区域，扬声器之间存在较大的间隙且难以获得令人信服的虚声像

---

[6]　有资料将"Sound Bar"翻译为"回音壁"，可以认为是对这种重放机制的形象描述，但具有浓重的商业色彩。本文采用直译的方式将其翻译为"条形扬声器"——译者注

（见图 6.14）。同样的挑战也来自听音者后方，至少在 3-2 的扬声器布局下，后方 2 只扬声器之间也存在很宽的张角。近期，一些针对影院环境所进行的环绕声道布局扩展，例如 7.1 声道，使得这些"死角"带来的问题得以缓解。

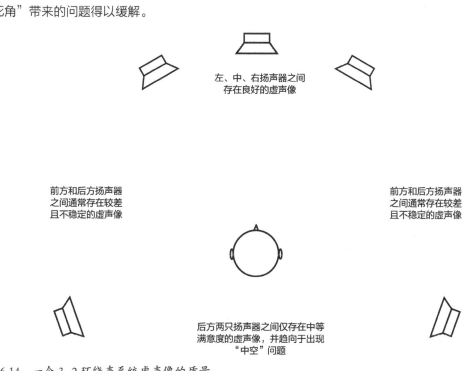

左、中、右扬声器之间存在良好的虚声像

前方和后方扬声器之间通常存在较差且不稳定的虚声像

前方和后方扬声器之间通常存在较差且不稳定的虚声像

后方两只扬声器之间仅存在中等满意度的虚声像，并趋向于出现"中空"问题

图 6.14　一个 3-2 环绕声系统虚声像的质量。

大多数"制作"录音技术都对单声道素材进行声像定位和人工效果处理，而大量的研究和实验都将精力投入到环绕声传声器阵列的设计中，力求对整个声学环境进行真实可信的方向信息拾取。这就是正统／学术研究和录音行业主流做法出现脱节的一个例子。广电节目的制作技术则介于这两个极端之间，它有时使用一些单点分布的环绕声传声器，有时则使用传声器阵列来捕捉现场实况。

6.5.1　传声器阵列

环绕声传声器阵列技术大致可以分为两类：那些集中在一个阵列上、相互间距离较近的传声器，以及那些分别设置前方声道和后方声道的传声器。前者的使用意图通常是在 360° 的水平面上获得精确程度各不相同的虚声像，后者则希望通过前方阵列获得一个准确的前方虚声像，然后与另一种捕捉录音空间中环境声的方式进行组合。

第一种阵列类型通常都是间距相当靠近的传声器（通常为心形指向）组成的 5 个点的阵列，

具体的制式会在此基础上做不同的变化。Michael Williams 的著作中描述了这一理念的若干细节（Williams，2004）。这些阵列中的大多数都是基于两两传声器间的时间—强度关系，通常将相邻 2 只传声器视为一对，覆盖阵列整体拾音角的某一特定部分。这种阵列的常见形式如图 6.15 所示。我们在这种阵列中倾向于使用心形甚至超心形传声器，因为它们指向声源时，能够捕捉更好的直达声—混响比。中置传声器通常比左右传声器稍稍靠前，进而在中置声道为中前方声源带来了有益的时间提前。传声器极头之间的夹角和间距通常根据 Williams 曲线来设置，该曲线反映了一对传声器在特定位置上获得虚声源所需要的时间差和振幅差。通过对间距进行恰当的调整，作者的同事在使用全指向传声器替代心形传声器的尝试中也获得了一些成功。这种方式会带来更好的整体音质，但会导致前方声像劣化。

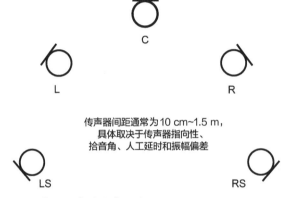

图 6.15　基于时间—振幅调整的常规 5 声道传声器阵列。

　　第二类技术对前方信号所呈现的立体声声像和捕捉具有自然听感的空间混响及反射分别进行处理。大多数前方声道都会使用传统两声道拾音制式的三声道变体，结合去相关程度不一的传声器组合[7]，将其放置在不同的位置以捕捉空间环境（拾取的信号有时仅送往环绕声道，有时会同时送往前方声道和环绕声道）。有时前方传声器阵列也会对空间环境的捕捉做出贡献，这取决于它所拾取的直达声和混响声比例，但这一类传声器技术的本质特点是前方和后方传声器不会被设置为一个拾取 360° 声像的阵列。

　　NHK（日本广播公司）的 Hamasaki 提出了一种通过障板分隔心形传声器（30 cm）所构成的类强度差制式，如图 6.16 所示（Hamasaki，2003）。心形的中置传声器比左右传声器稍稍靠前，全指向的侧展间隔约为 3 m。这些全指向传声器所拾取的信号都进行了 250 Hz 的低通滤波处理，然后与

---

[7]　即该组合中各传声器所拾取的信号具有一定的去（非）相关性——译者注

前方左右信号进行混合以改善低频的音质。心形的左右环绕传声器距离前方传声器约 3 m。再往后是一组环境传声器阵列，包含 4 只间隔约为 1 m 的 8 字传声器，它们指向侧面以捕捉侧方反射，为外侧 4 声道 [8] 提供信号。这组传声器需要被放置在录音场地中很高的位置。

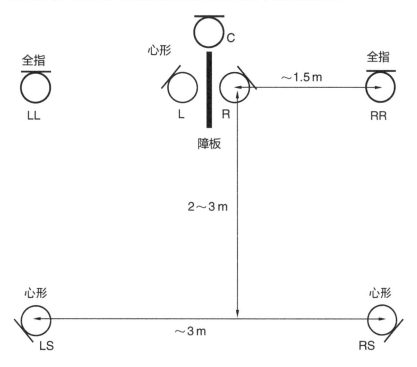

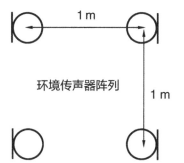

图 6.16　Hamasaki（NHK）提出的环绕声拾音制式，包含一个心形阵列、全指侧展和单独的环境传声器矩阵。

---

[8]　即左、右、左环绕和右环绕——译者注

　　Theile（2000）提出了如图 6.17 所示的前方传声器阵列。尽管表面上和前文所述的前方阵列十分相似，但它通过在左右声道使用 ±90° 的超心形传声器，在中置声道使用心形传声器来减少通道之间的串音。（超心形传声器比心形传声器具有更强的指向性，在所有一阶指向性传声器中具有最高的直达声／混响拾取比。相比于锐心形传声器来说，它在后方出现的波瓣较小。）Theile 提出的拾音阵列背后所隐含的基本原理，是在前方各传声器之间避免串扰。他在左右声道使用混合式的传声器组合来增强阵列的低频响应，超心形传声器和全指传声器在 100 Hz 处做分频衔接，以此弥补超心形传声器低频响应的不足。中置传声器在 100Hz 以上进行了高通滤波处理。除此之外，对超心形传声器响应的均衡校准应保证它在阵列前方 30° 左右的位置上获得平坦的响应（通常它们在这一角度上存在较为严重的声染色）。Schoeps 研发了这种阵列的原型，将其命名为"OCT"，即"最佳心形三角（Optimum Cardioid Triangle）"。

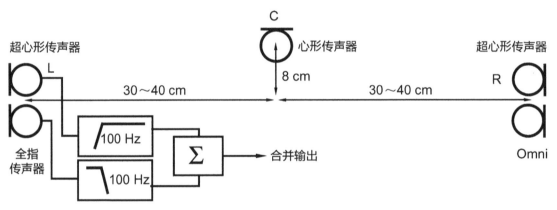

图 6.17　Theile 提出的 3 声道前方传声器阵列，在外侧使用超心形传声器，并通过 1 个全指传声器来提供低频部分。传声器间距取决于拾音角（C 和 R 之间 40 cm 的间距能够获得 90° 的拾音角，30 cm 的间距能够获得 110° 的拾音角）。

　　对于环境声信号，Theile 提出了一种十字型的传声器组合，名为"IRT 十字（IRT Cross）"或"氛围十字（Atmo-Cross）"。如图 6.18 所示，传声器既可以是心形也可以是全指，它们的间距取决于录音所需的通道间信号的相关程度。Theile 给出的建议是心形传声器采用 25 cm 间距，全指传声器采用 40 cm 间距，同时也表示这一数值是开放的，使用者可以根据实际情况进行实验。小间距更加适合对我们所关注的声源进行准确的声像再现，而较大的间距则更适合针对较大听音区域拾取扩散度较高的混响。该阵列所记录的信号会被分配给左、右、左环绕和右环绕声道，但不会分配给中置声道。

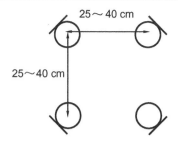

图 6.18 用于拾取环境声以馈送给 4 个扬声器通道（忽略中置）的 IRT"氛围十字"阵列。使用的传声器可以是心形或者全指传声器（全指传声器所需要的间距更宽）。

Curt Witting 等人提出了一种"双 M/S"制式，如图 6.19 所示。该阵列使用了 2 对 M/S 拾音制式，一组用于前方声道，另一组用于后方声道。中置声道可以通过 M 传声器拾取的信号来馈送。（对于任何 M/S 拾音制式来说，来自两只传声器的信号必须通过一个简单的变压器组、调音台设置或信号处理器来进行加减处理以获得左信号和右信号。）后方传声器对可以放置在房间临界距离或更远的位置上。可以调整前方或后方两部分的 S 信号增益以改变声像的宽度，M 传声器的指向性可以根据所需要的指向性响应进行选择（通常为心形指向）。有人建议在阵列中加入第 5 只心形传声器，将其设置在前方 M/S 传声器对之前，通过它来为中置声道馈送信号，然后加入延时与 M/S 信号进行对齐。如果前方和后方 M/S 传声器对的摆放位置重合，则可能需要为后方通道加入一些延时（如 10 ~ 30 ms）以减少听音者对前方声源串入后方声道的感知。事实上，在这种情况下，可以让前后传声器组共用 1 只 8 字传声器来记录 S 信号。

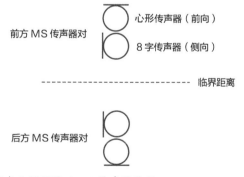

图 6.19 前后传声器对之间存在小间距的双 MS 传声器阵列。

用于环绕声拾取的间隔式全指向传声器制式由 Polyhymnia International 的 Erdo Groot 和 McGill 大学的 Richard King 提出。Groot 为 Polyhymnia 的古典录音研发了一种未曾公开的传声器阵列，他使用音质更好的全指向传声器替代了心形传声器。通过在左右传声器和前后传声器之间使用约 3 m 的间距，这种阵列获得了很好的空间感，并且前后声道之间能够进行良好的融合。中置传声器比左右传声器稍稍靠前。据称，将后方全指向传声器放置在过远的位置会导致其和前方声像脱节，听音者会察觉到明显的回声或者从后方再次听到前方声音。在 Richard King 的设计中，传声器阵列的间距稍有不同，但与前者的设计思路基本相同。它在左前和右前传声器之间设置了 1.3 ~ 2.6 m 的间距，在左后和右后传声器之间设置了 2 ~ 3 m 的间距，前后传声器之间的距离则为 3.6 ~ 5 m。后方传声器还使用了 50 mm 的球型衍射附件（声压均衡器或 APE）来调整高频指向性。这一阵列距离地面的高度通常需要进行尝试后再确定，但通常会保持在 2.5 ~ 6 m 的范围之内。

总的来说，送往后方扬声器的独立环境传声器信号通常不会十分突出，我们可以通过衰减后方声道的高频能量来减少前后声道之间的"串音"。在前方声道或后方声道中加入额外的延时也可能有助于将后方声道中的环境信号融入整个录音当中。这些处理的精确延时和均衡数值只能通过在不同情况下进行实验来确定。

6.5.2　多传声器拾音与定位

大多数录音都涉及在某种主传声器拾音的基础上使用"增强"或"辅助"点传声器。的确，在很多情况下点传声器最终的电平会高于主传声器电平，甚至整个录音就没有主传声器。还有一种情况，就是对录音获得的效果或者合成素材进行缩混，使用声像电位器（Panoramic Potentiometer，简称 Panpot）进行声像定位。对声像电位器进行定位的单声道素材来说，加入某种人工混响总是会对空间感的增强有所帮助，一些工程师倾向于使用基于振幅定位的信号在前方声像中获得良好的平衡，结合人工反射和混响来制造空间感和纵深。

在超过 2 只扬声器之间进行信号的声像定位会带来若干心理声学问题，尤其是信号能量分布的适宜性、虚声源定位的准确性、偏离中线的听音和音色问题。针对上述问题有若干不同的解决方案，其中有一些在电影声音制作中以原始的、成对的定位方法为基础，加入了相当复杂的技术，但振幅定位的简单特性和相对意义上的成功使它成了实际应用中最受欢迎的解决方案。

英国发明家 Michael Gerzon 提出了一些为环绕声进行良好声像定位法则的标准（Gerzon，1992c，p2）：

"良好声像定位法则的目标，是为单声道声音在不同扬声器之间设置相应的振幅增益，如何进行设置则取决于它需要被定位的虚拟方位。这种定位结果应能够提供一个具有说服力的、明确的虚声像，在两只扬声器之间的任何方向上都平滑连续，不会在任何一个方向上产生声像的'堆积'，也不会出现声像还原不良的'中空'现象。"

　　成对的振幅声像定位方式通过调整 2 只相邻扬声器之间的相对幅值，在它们之间的某一点上获得虚声像。这种方式也延伸到了 3 个前方声道，有时也会用于侧方扬声器对（如左声道和左环绕声道之间）和后方扬声器对。Blumlein 发明的用于常规双声道立体声的正 / 余弦定位法则通常会直接扩展到更多的扬声器上。多数声像电位器的设计原则就是保证信号在 2 只扬声器之间保持恒定的功率，以保证信号的大致响度保持恒定。

　　在间距很宽的 2 只侧方扬声器之间使用强度差或时间差进行声像定位通常无法获得准确的虚声像。侧方声像通常不会线性地移动，随着定位的变化，它们会快速地从前方移动到后方。Theile 和 Plenge（1977）通过图 6.20 描述了这种现象。前方和后方 HRTFs 存在的差异会导致频率响应出现差别，当声源被定位在侧方时会出现频率响应分割或"模糊"。

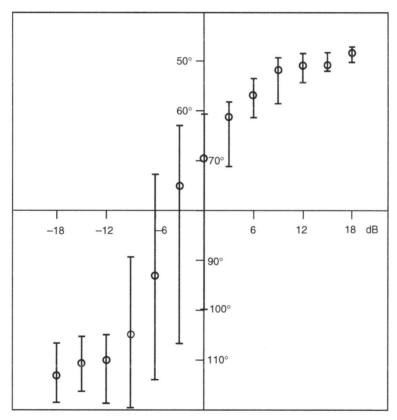

图 6.20　中轴偏离前方中线 80° 的侧方扬声器的虚声像感知定位与通道间强度差的关系，通过误差条来显示。前方扬声器位于 50°，后方扬声器位于 110°。我们可以看到定位最不确定的范围出现在两只扬声器的正中，声像快速地从前方跳变到后方。此外，声像在后方的不确定性也大于前方（Theile 和 Plenge，1977）。

在一些为环绕声制作所设计的调音台，尤其是为电影制作所设计的调音台中，左一中一右、左环绕一右环绕和前一后环绕之间使用了不同的声像电位器。这些振幅声像电位器的组合使得声音能够在多个位置之间移动，但有些位置获得的效果要好于其他位置。例如，通过声像电位器将声音能量从所有扬声器中发出（即在上述 3 个声像电位器中均定位在中间），对于身处正中的听音者来说，声音听上去是扩散的，而对于偏离中心的听音者来说，声音则从离他 / 她最近的扬声器中发出。摇杆式声像电位器通过一个手柄来控制这些振幅关系，使得声音能够动态地在环绕声声场的任何位置上进行移动。通过这种摇杆获得的移动效果通常难以令人信服，使用摇杆需要经验和细致地操作。

由迈阿密大学的 Jim West（1999）所进行的研究表明，尽管恒定功率"成对"声像定位存在一些限制，但相比其他更加深奥的算法而言，它能够为中心和偏离中心听音位置、为移动和固定声源提供相当稳定的声像。在某些情况下，定位在听音者身后的声源会出现前后混淆。Martin 等人（1999）针对不同声像定位法则获得的声像聚焦效果进行了主观测试，结果表明：传统的恒定功率成对定位方式能够提供最为聚焦的声像，随后是相对简单的极性限制（Polarity-Restricted）余弦法则和一种 2 阶 Ambisonic 法则。这些测试仅在最佳听音位置进行，他们在随后做出的总结中指出，相比于恒定功率法则来说，极性限制余弦法则出现的不良副作用较少（例如对声源距离变化的感知）。

振幅声像定位的理念被扩展为一种通用模型，可以配合任何位置上的扬声器进行使用，这种技术被称为基于矢量的振幅定位或 VBAP（Vector-Based Amplitude Panning）（Plukki，1997）。这种方式通过在 2 只或 3 只扬声器之间制造振幅差来对声源进行定位。Borβ（2014）描述了一种 VBAP 的全新替代方案，通过沉浸式扬声器阵列来渲染虚声源。总的来说，VBAP 是基于正切函数定位法则的一种扩展，它基于 3 只扬声器之间的振幅差，由于简单有效而得到了广泛的使用。但这种方式在某些情况下仍然存在一些限制，Borß 提出的系统针对对称式扬声器布局使用对称的声像定位增益，对于多边形扬声器布局则使用 N 方位定义的声像定位。这种机制使用的扬声器数量更多，对虚声源的位置和轨迹起到了良好的稳定作用。但是，这种方式会带来少量的低频提升和少许声像展开。还有一种被作者命名为"边界渐变振幅定位"（EFAP：Edge Fading Amplitude Panning）的方法，它和众多其他方式一样都是基于 VBAP 原理，但消耗的计算资源最少，是一种仅使用振幅定位并提供功率归一化增益的定位方法。它力求在扬声器之间提供平滑的增益过渡，并试图避免在叠加定位原则不成立的位置（即扬声器之间角度很大的情况下）进行定位。

6.5.3　混音美学

在混音的过程中如何使用中置声道引发了越来越多的争议。一些工程师强烈反对使用中置声道，认为它是一种干扰和麻烦，他们可以在没有中置声道的情况下做得很好，而其他人则以同样强烈的程度对中置声道的优势表示认可。我们在前文中已经解释了使用中置声道在心理声学上所具有的优势，但它的存在使得声像定位法则和拾音技术变得更加复杂，不同格式之间的转换也变得更加困难。

一些老派的工程师认为，在一个工程中同时进行环绕声和双声道立体声录音时，4 声道录音比 5 声道录音的适用性更强，但这种观点很可能仅仅来自对技术的熟悉程度而非其他因素。在很多场合下，一个录音的 2 声道和 5 声道版本通常需要使用不同的传声器，进行不同的缩混制作。

在使用声像电位器对单声道声源进行定位的多轨录音中，选择何种定位法则为中置声道馈送信号会在心理声学层面产生重要的影响。众多研究都突出强调了实际中声像和虚中声像在音色上的差别，从理论上来说，这种差别所带来的结果是：将同一声源送入实中置声道所需的均衡处理与将其作为虚中声源进行缩混所需的均衡处理是不同的。以人声为例，相比于左右声道同时还原出的虚中声像而言，中置扬声器作为声音的真实来源能为其提供一个固定的位置，但声像的空间感听上去则有所收缩。有时适当向左右声道送入少许中置信号是混音所需的，它能够使声像"去聚焦化"，或者还可以通过为信号施加立体声混响来获得类似的效果。

将定位后的单声道声源向其他声道进行扩展的技术通常被称为"发散（Divergence）"或"聚焦（Focus）"控制，这种技术还可以扩展至环绕声道，通过各种不同的法则将能量在不同的声道间进行分离。Holman（1999）则反对发散控制的无差别使用，因为它会导致非中心点听音者对声音的感知愈发靠近距离他 / 她最近的扬声器。

除非在距离扬声器很近的情况下，环绕声道在大多数情况下适用于无需清楚或准确定位的素材。在电影声音的概念中，环绕声"扬声器位置"与任何其他情况都不一样，因为若干个环绕扬声器通常会被连接在一起。在为民用场合进行音乐缩混时，尽管听音者无法对环绕声扬声器进行准确的定位，但仍然可以将它们作为点声源来看待。

6.5.4　上变换和下变换

通过使用某种矩阵或算法，声音内容可以从一种空间格式变换为另一种，但需要在空间和音色质量上做出妥协。在上变换过程中，我们希望通过现有素材生成更多通道的环绕声，而下变换则是为了获得较少的通道。

很多上变换算法使用双声道立体声作为源素材，解析出左右声道间差别信息所包含的空间感，再将其送入后方声道中，这一过程通常包含十分复杂的方向性引导（Directional Steering）来增强后方声道的立体声分离度。有时也会将一部分前方声音放置在后方声道中以增强包络感，对这些信号施加适宜的延时和滤波处理能避免声音向后方偏移。实验表明，通过算法解析得到的中置信号和后方信号与双声道立体声的和差信号之间存在极高的相关性（Rumsey，1998）。

前文所述的环绕声矩阵解码算法也可以在此得到应用，有些算法在经过优化后，对于未经矩阵编码的 2 声道素材的处理要好于其他算法。通常在使用矩阵解码算法进行非编码双声道立体声素材的环绕声进行上变换时，需要对其进行一系列单独的设置。

在家庭影院和环绕声系统中，还有一些算法被用来为传统立体声增加"效果"，进而获得环绕声听觉印象。这些算法并没有从立体声素材中解析出任何成分以馈送给环绕声道，它们仅对现有素材施加混响效果，这些效果则被标记为"厅（Hall）"或"爵士俱乐部（Jazz Club）"，或通过其他方式来进行描述。这种方式显著地改变了原始录音的声学特性。

针对一系列上变换算法所进行的主观实验表明，大多数双声道素材都会在上变换为 5 声道素材后出现前方声像品质的劣化（Rumsey, 1999）。这种劣化包括声像变窄、感知纵深变化或聚焦感缺失。从另一方面来说，虽然不同听音者对于通过算法获得的空间印象的喜好程度截然不同（有人认为声音听上去不自然或存在相位问题[9]），但是上变换后声音的整体空间印象还是会得到提升。

Faller 等人（2013）提出，大多数上变换算法所使用的模型过于简单，无法以更加符合实际的方式对直达声和环境声进行分离。例如，如果一个模型假设所有声道都获得相同功率的环境信号，那么一些离散的 5.1 版本就不会得到很好的还原，因为前方和后方声道中的环境信号是不同的（功率不同）。他们展示了一种被称为环状上变换（Ring Upmix）的级联式立体声转环绕声变换方法，能够为更多的扬声器通道生成相应的信号，完全支持 360° 声像定位和高度声道的分离。这里的"环"指的是定义输入格式的扬声器环，这样做的目的是在初始声道数量基础上加入更多的扬声器来进行更多声道的扩展，如图 6.21 所示。在每一种情况下，我们的目标都是将 1 个 2 通道的原始信号通过 N 只扬声器进行重放，在理想情况下获得同样的声音和声场。如图 6.22 所示，图 6.21 中将 5 声道上变换为 13 声道的例子，是通过将若干双通道的上变换结果进行级联来获得的，不同的上变换需经过不同数量的处理步骤，这就需要加入若干延时（D）来进行补偿。在这个系统中，每个通道的延时总量应该是相同的。这里还展示了另一种方式，通过频域处理来避免延时的积累。论文中以 IOSONO 三维声系统为例对这一理念的应用进行了介绍，它使用多通道环状上变换方式来渲染，下至标准的 2.0、5.1 和 7.1 内容，上至 WFS 中所使用的数量众多的扬声器布局。

为每一种格式分别进行混音是非常耗费时间的，对于多声道缩混成品的半自动或全自动下变换的需求也随之出现。尽管如此，多声道缩混成品与立体声缩混成品中的混响总量是不同的。其中一部分原因是环绕声扬声器系统所带来的空间隔离，使得听音者能够对前方声像和周围空间的混响分别予以关注，而双声道立体声系统必须通过前方声道来重放所有混响。因此需要对下变换系数以及通道间的相位关系做一些控制，以获得最佳的立体声下变换结果。

---

[9] 原文为"phasy"——译者注。

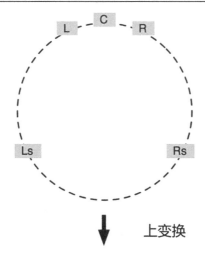

上变换

图 6.21 通过在原始声道之间加入更多的扬声器，5.1 的"环"得到不断扩展。［图 6.19 和 6.20 由 Faller 等人（2013）提供。经 AES 授权后进行重新绘制。］

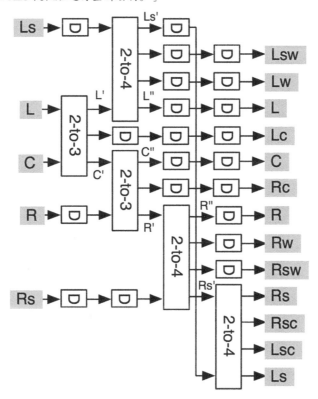

图 6.22 一系列 2 通道上变换的级联填补了图 6.19 圆环中的空隙。符号"D"表示为补偿其他算法带来的延时，以确保所有采样以同样的时间到达输出端。

ITU-R BS.775 中给出了下变换方程，它针对广电领域的应用，满足将 5 声道版本的节目下变换为"兼容的"2 声道版本的需求。这些相对基础的方法包括将左环绕和右环绕信号分别混入左右声道，然后将中置声道衰减 3 dB 后分别送入左右声道以保持前方声道的增益不变。由于这种下变换方式并不适合所有节目素材，因此允许使用 0 dB 或 -6 dB 这两个参数来替代 -3 dB。针对其他格式进行转换的公式也被给出。BBC 研究部门进行的实验表明，对于不同类型环绕声节目素材的下变换来说，不同听音者对于最合适的参数几乎没有统一的看法，对于环绕声道混入前方声道的多少，他们持有非常不同的观点和喜好。这可能是因为听音者自己能够对下变换参数进行控制，当环绕声道中的能量很少时，多种不同的下变换设置都容易被人们接受。对所有节目类型的设置做平均化的观察，-3 ～ -6 dB 的数值范围是人们广泛接受的，但在这个范围之内仍然存在很大的差异。

在 Dolby Digital 解码器中，下变换参数可以根据节目制作者在后期制作或母带环节中的需求进行不同的设置，相关参数则会作为附加信息保存在 Dolby Digital 的数据流中。通过这种方式，下变换可以针对当前节目的情况进行优化，无需在整个节目中始终保持一致。听音者也可以选择忽略制作人的下变换控制，而制作属于自己的下变换版本。

Gerzon（1992a）提出，为了保持立体声宽度，使下变换与其他格式之间有层次地进行兼容，应使用另外一种 5 声道转 2 声道的下变换方程：

$$L_0 = 0.8536L + 0.5C + 0.1464R + 0.3536k(LS + RS) + 0.3536k2(LS - RS)$$

$$R_0 = -0.1464L + 0.5C + 0.8536R + 0.3536k(LS + RS) - 0.3536k2(LS - RS)$$

其中 k 的取值在 0.5 和 0.7071（-6 ～ -3 dB）之间，$k2$ 的取值则在 1.4142k 和 1.4142（-3 ～ +3 dB）之间。

这一矩阵所带来的结果是 2 声道版本的前方立体声声像相比 ITU 标准的下变换更宽，后方差异信息增益 $k2$ 使得后方声音的重放宽度大于前方声音。

他认为这种结果是绝大多数人所期望的，因为后方声音通常为"氛围"，增加其宽度能够改善氛围的"空间"品质，有助于将它和前方声场的声音区分开来。基于上述方程，他认为 $k = 0.5$，$k2 = 1.1314$ 的取值效果非常不错，这种设置能够让转换后的后方声场比前方声场更宽，后方声道的信号比前方声道的信号强度低 3.5 ～ 6 dB。

6.5.5　感知评价

多种感知维度或属性构成了人类对于音质的判断。它们可以被分为不同的层级，对于品质的总体判断位于顶端，对各个描述性属性的判断则位于底部（见图 6.23）。根据 Letowski 的模型（1989），这个"树"状结构可以大致分为空间属性和音色属性，空间属性指声音的三维特征，如它们的位置、宽度和距离，音色属性则指声音的音色。非线性失真和噪声有时会被纳入音色属性。一个属性在树状结构中的位置越高，它与声音在某种评价体系下针对某一目标的接受度或适用度就越常被人们提及，而对于较低级别的属性来说，人们可能能够通过非具体数值的术语对其进行评价。换言之，对于音质的高级别判断是考虑所有低级别属性并对它们的贡献进行权衡的综合评价。参考标准的本质、评价任务的情境和定义将主导听音者做出判断，最终决定了将声音的哪些方面纳入考量。

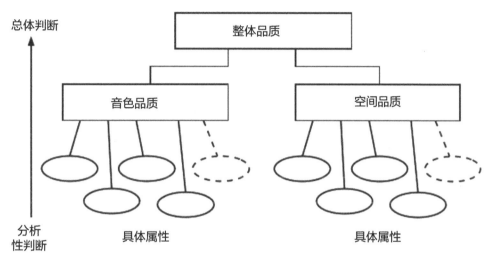

图 6.23　整体音质可以被划分为音色和空间质量两个范畴。它们都包含了一系列相关的低级别属性对音质评价做出的贡献。

尽管研究者倾向于分析环绕声系统创造具有最佳定位虚声源和准确重建原始波阵面的能力，其他如声像深度、宽度和包络感等主观因素在娱乐音频应用中与主观喜好之间也存在着紧密的联系。对这些因素的定义和测量要困难得多，但它们却对于整体品质的评价产生了决定性影响。Mason（1999）提出了用于感知评价的空间属性层级（见图 6.24），作者 Rumsey（2002）本人也发表了与音质评价相关的术语和机制的详尽分析和评论。

　　对于三维空间中的所有听音点来说，录音环境和重放环境的所有声源位置都能够进行（或有必要进行）完全的匹配，那么我们有理由认为环绕声系统获得所有声源的虚声像（包括反射）的精确性就成了对系统保真度的唯一要求。由于对空间的真实还原通常是不可能或不被需要的，通过一些方法来制造和控制充分的声音幻象以生成对用户娱乐体验最为重要的主观提示就成了录音和重放技术的首要目标。这种理念尤其和娱乐音频应用相关，但并不适用于飞行训练模拟器等应用场合。

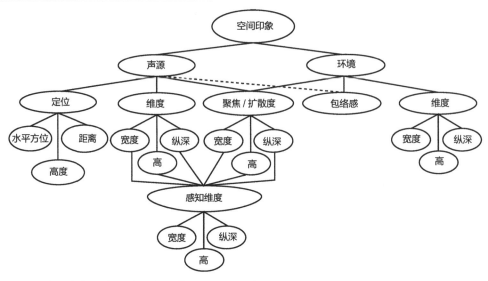

图 6.24   用于主观分析的空间属性分层（Mason，1999）。

通过对影响环绕声整体音质评价因素的研究，作者和他的同事们得到了一个有趣的结论，即音色保真度比空间保真度更为重要（Rumsey 等人，2005b）。换言之，听音者对于重放系统音色特征的关注要胜于空间特征。非专业听音者（普通消费者）很难注意到立体声声源定位的特征，但更容易受到环绕声道所带来的沉浸式效果的影响；只有那些经过训练的听音者才会对准确的虚声像产生喜好。研究还发现，空间和音色的交叉领域对音质评价所带来的影响是不可忽略的，它们相互影响着对彼此的感知（Conetta 等人，2014a）。

在对环绕声重放系统高度关注的时期，Nakayama 等人（1971）对空间品质进行的主观测试是为数不多的案例之一。他们所认定的，能够对听音者的品质评价做出解释的主观因素被诠释为(a)"声源声像纵深（Depth of Image Sources）"，(b)"丰满度（Fullness）"，(c)"清晰度（Clearness）"。对他们的研究结果进行的检验则显示，"丰满度"与其他人所说的"包络感（Envelopment）"十分相似，因为它与在听音者侧方和后方使用更多扬声器的重放条件紧密相关，且在仅使用前方双声道立体声时结果最差。丰满度最为重要，声源声像纵深次之，清晰度再次之。对于那些不符合声源和混响自然声学层次关系的录音素材在主观评价中出现的问题，作者的结论至今仍然适用。

"无需多说，现阶段研究的关注点在于多声道重放系统中音乐在听音者前方这个问题，它被证明与扩展性的环境效果密切相关……在其他类型的 4 声道重放系统中，声源的定位并不仅限于前方。与这些重放系统主观效果相关的很多问题都属于艺术的范畴，对于它们的了解和解决值得我们去期待。对这些主观感受的优化需要我们投入更多的时间去尝试、分析和研究。"

（Nakayama 等人，1971，p750）

目前，还没有人能够解决这一问题，针对娱乐应用进行的环绕声缩混诚然是一种艺术而非科学。

在针对空间声音重放感知效果的研究中，区分理性判断（Judgments）和感性情感（Sentiments）有时是十分有用的（Nunally 和 Bernstein，1994）。理性判断是与个人观点或情感反应无关的人类反应或感知，它能够从外部得到验证（例如对"琴弦有多长"或"声源的位置在哪里"这种问题的反应）。感性情感是与个人喜好相关的，或者与某种情感反应联系在一起的，无法进行外部验证的个人体验。明显的例子就是"喜欢 / 不喜欢"和"好 / 坏"这一类形式的判断。

为了了解被试者如何描述包括环绕声声音重放系统在内的空间现象，Berg 和 Rumsey（2006）在他们设计的实验中将描述性属性或概念分为情感性和评估性两类。这些描述性特征分别从情感反应和与这些情感反应之间的关系两个方面进行分析，以便于了解哪些声学特征与积极情感反应之间的联系最为紧密。实验结果表明，环绕声所营造的丰富包络感和房间印象，而非声源的准确声像还原，是与积极情感反应关系最为紧密的描述性特征。

6.6　环绕声品质的预测模型

通过将各个低级别属性以一定的权重比例结合在一起，就有可能获得对音质或听音者喜好的整体预测。但是，这种权重的分配在极大程度上取决于不同的环境和任务。听音测试需要消耗大量的时间和密集的资源，这强烈地驱使我们研发一种用于预测人类对音质各个方面反应的感知模型。在信号或声场的度量（Metrics）与听音测试的结果之间可以建立联系。用类似的方式也可以对一个常规的音质感知模型进行校准，如图 6.25 所示。音频信号（通常包含一系列的参考节目源和相同内容损坏后的版本）通过标准听音测试来进行排序，进而生成"主观"等级评价数据库。在这一过程中，关于音频信号的一系列特征得到了定义和测量，进而获得一系列度量以表达对音频信号相关特征的感知，它们有时被称为"客观度量"。随后统计模型或神经网络会基于这些数据进行校准或训练，以此给出与实际听音者尽可能接近的音质评价等级。

作者和同事开发了这样一种用于环绕声音质评价的模型，基于对探测信号（probe signal）的测量（Conetta 等人，2014b），它能够以相当高的准确性对专业听音者可能做出的等级评价做出预测。这一模型对于一系列娱乐音频内容类型具有相当程度的通用性，但数据显示，该模型仍然需要对不同的混音风格进行适应。

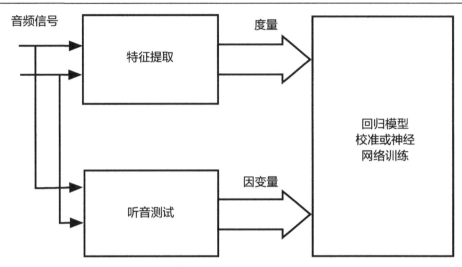

图 6.25   用于对音质预测模型进行校准的常见方法。

6.7   参考文献

AES. (2001). *Multichannel Surround Sound Systems and Operations: Technical Document AESTD1001. 1.01-10*. Audio Engineering Society, New York.

Berg, J., & Rumsey, F. (2006). Identification of quality attributes of spatial audio by repertory grid technique. *Journal of Audio Engineering Society*, *54*(5), 365-379.

Borß, C. (2014). A polygon-based panning method for 3D loudspeaker setups. *Presented at the AES 137th Convention, Los Angeles, USA, 9-12 October*. Paper 9106. Audio Engineering Society.

Bosi, M., Brandenburg, K., Quackenbush, S., Fielder, L., Akagiri, K., Fuchs, H., & Dietz, M. (1997). ISO/IEC MPEG-2 advanced audio coding. *Journal of Audio Engineering Society*, *45*(10), 789-812.

Breebaart, J., Hotho, G., Koppens, J., Schuijers, E., Oomen, W., & Van de Par, S. (2007). Background, concept, and architecture for the recent MPEG surround standard on multichannel audio compression. *Journal of Audio Engineering Society*, *55*(5), 331-351.

Conetta, R., Brookes, T., Rumsey, F., Zielinski, S., Dewhirst, M., Jackson, P., Bech, S., Meares, D., & George, S. (2014a). Spatial audio quality perception (Part 1): Impact of commonly encountered processes. *Journal of Audio Engineering Society*, *62*(12), 831-846.

Conetta, R., Brookes, T., Rumsey, F., Zielinski, S., Dewhirst, M., Jackson, P., Bech, S., Meares, D., & George, S. (2014b). Spatial audio quality perception (Part 2): A linear regression model. *Journal of Audio Engineering Society*, *62*(12), 847-860.

Faller, C., Altmann, L., Levison, J., & Schmidt, M. (2013). A multi-channel ring upmix. *Presented at the 134th AES Convention, Rome, May 4-7*. Paper 8908. Audio Engineering Society.

Garity, W., & Hawkins, J. (1941). Fantasound. *SMPTE Motion Imaging Journal*, *37*(8), 127-146.

Gerzon, M. (1992a). Compatibility of and conversion between multispeaker systems. *Presented at 93rd AES Convention, San Francisco, 1-4 October*. Preprint 3405. Audio Engineering Society.

Gerzon, M. (1992b). Optimum reproduction matrices for multispeaker stereo. *Journal of Audio Engineering*

Society, 40(7-8), 571-589.

Gerzon, M. (1992c). Panpot laws for multispeaker stereo. *Presented at 92nd AES Convention, Vienna.* Preprint 3309. Audio Engineering Society.

Glasgal, R. (1995). Ambiophonics: The synthesis of concert hall sound fields in the home. *Presented at the 99th AES Convention, New York, October* 6-9. Preprint 4113. Audio Engineering Society.

Griesinger, D. (1997). Spatial impression and envelopment in small rooms. *Presented at AES 103rd Convention, New York, September 26-29.* Preprint 4638. Audio Engineering Society.

Hamasaki, K. (2003). Multichannel recording techniques for reproducing adequate spatial impression. *Proceedings of the AES 24th International Conference: Multichannel Audio, The New Reality.* Paper 27. Audio Engineering Society.

Herre, J., Hilpert, J., Kuntz, A., & Plogsties, J. (2014). MPEG-H Audio-The new standard for universal spatial/3d audio coding. *Journal of Audio Engineering Society, 62*(12), 821-830.

Hertz, B. (1981). 100 years with stereo: The beginning. *Journal of Audio Engineering Society, 29*(5), 368-372.

Holman, T. (1999). *5.1 Surround Sound: Up and Running.* Oxford and Boston: Focal Press.

Holman, T., & Zacharov, N. (2000). Comments on "subjective appraisal of loudspeaker directivity for multichannel reproduction" (in Letters to the Editor). *Journal of Audio Engineering Society, 48*(4), 314-321.

ISO. (2010). ISO/IEC 23003-2—*Information technology—MPEG audio technologies—Part 2:Spatial Audio Object Coding (SAOC).* International Standards Organization.

ITU-R. (2012). *BS. 775-3 (2012) Multichannel Stereophonic sound System with and without Accompanying Picture.* International Telecommunications Union.

Letowski, T. (1989). Sound quality assessment: Cardinal concepts. *Presented at the 87th Audio Engineering Society Convention, New York.* Preprint 2825.

Martin, G., Woszczyk, W., Corey, J., & Quesnel, R. (1999). Controlling phantom image focus in a multichannel reproduction system. *Presented at 107th AES Convention, New York, 24-27 September.* Preprint 4996. Audio Engineering Society.

Mason, R. (1999). *Personal communication.*

Nakayama, T., Miura, T., Kosaka, O., Okamoto, M., & Shiga, T. (1971). Subjective assessment of multichannel reproduction. *Journal of Audio Engineering Society, 19*(9), 744-751.

Nunally, J., & Bernstein, I. (1994). *Psychometric Theory* (3rd ed.). New York and London: McGraw-Hill.

Pulkki, V. (1997). Virtual sound source positioning using vector base amplitude panning. *Journal of Audio Engineering Society, 45*(6), 456-466.

Pulkki, V., & Faller, C. (2006). Directional Audio Coding: Filterbank and STFT-based Design *Presented at the AES 120th Convention, Paris, May 20-23.* Paper 6658. Audio Engineering Society.

Rumsey, F. (1998). Synthesized multichannel signal levels versus the M-S ratios of 2-channel programme items. *Presented at 104th AES Convention, Amsterdam, 16-19 May.* Preprint 4653. Audio Engineering Society.

Rumsey, F. (1999) Controlled subjective assessments of 2-to-5 channel surround sound processing algorithms. *J. Audio Eng. Soc., 47*(7/8), pp. 563-582.

Rumsey, F. (2001). *Spatial Audio.* Oxford and Boston: Focal Press.

Rumsey, F. (2002). Spatial quality evaluation for reproduced sound: Terminology, meaning and a scenebased paradigm. *Journal of Audio Engineering Society, 50*(9), 651-666.

Rumsey, F., & McCormick, T. (2014). *Sound and Recording: Applications and Theory* (7th ed.). Oxford and Boston: Focal Press.

Rumsey, F., Zielinski, S., Kassier, R. & Bech, S. (2005a) Relationships between experienced listener ratings of multichannel audio quality and naïve listener preferences. *Journal of Acoustical Society of America, 117*(6), 3832-3840.

Rumsey, F., Zielinski, S., Kassier, R., & Bech, S. (2005b). On the relative importance of spatial and timbral fidelities in judgments of degraded multichannel audio quality. *Journal of Acoustical Society of America*, *118*(2), 968-977.

Scheiber, P. (1971). Suggested performance requirements for compatible four-channel recording. *Journal of Audio Engineering Society*, *19*(8), 647-650.

Smyth, S., Smith, W. P., Smyth, M. H. C., Yan, M., & Jung, T. (1996). DTS coherent acoustics: Delivering high quality multichannel sound to the consumer. *Presented at 100th AES Convention, Copenhagen, 11-14 May*. Workshop 4a-3.

Steinberg, J., & Snow, W. (1934). Auditory perspectives-physical factors. *Stereophonic Techniques*, 3-7. Audio Engineering Society.

Steinke, G. (1996). Surround sound—the new phase. An overview. *Presented at the 100th AES Convention, Copenhagen, May 11-14*. Preprint 4286. Audio Engineering Society.

Theile, G. (2000). Multichannel Natural Recording Based on Psychoacoustic Principles. *Presented at the AES 108th Convention, Paris, France, 19-22 February*. Paper 5156. Audio Engineering Society.

Theile, G., & Plenge, G. (1977). Localization of lateral phantom images. *Journal of Audio Engineering Society*, *25*(4), 196-200.

Todd, C., Davidson, G. A., Davis, M. F., Fielder, L. D., Link, B. D., & Vernon, S. (1994). Flexible perceptual coding for audio transmission and storage. *Presented at 96th AES Convention*. Preprint 3796.

West, J. (1999). *Five-channel panning laws: An analytical and experimental comparison*. Master's thesis, University of Miami, Florida.

Williams, M. (2004). *Microphone Arrays for Stereo and Multichannel Sound Recordings*. Milano: Editrice Il Rostro.

第 7 章

高度声道

Sungyoung Kim

在真实的空间中，听音者沉浸在来自各个方向的声学信息中。对声学环境垂直方向的特征进行捕捉和重放对于沉浸式音频的完整渲染是十分必要的。为了传递全方向信息，一些包含专用高度声道的多声道声音捕捉和重放系统被研发出来。通过提供从垂直方向发出的声像，包含高度声道的系统能够为听音者创造一个更具说服力、自然和具有沉浸感的三维声环境。本章将介绍与高度声道相关的扬声器布局、拾音技巧及感知特征。

7.1 背景

7.1.1 建筑声学

由于声学空间会改变原始声音的音色和空间特征，建筑声学设计师长期以来都致力于构建一种空间，这种空间包含的声场能够满足听音者对于音乐表演的需求。即使是史前时期的音乐家或神职人员也了解到，洞穴中辐射的声音会增加感知响度和人们对于神明的敬畏（Blesser 和 Salter，2006）。随着音乐的系统性发展，音乐家和观众都意识到声学环境能够显著地改变人们对于音乐表演的欣赏体验。

Forsyth（1985）在他的书中记录了莫扎特意识到声学环境对他的歌剧所产生的影响，他在给妻子的信中写道：

……顺带一提，你不知道在靠近乐队的包厢里听到的音乐是多么迷人——比楼座听上去好太多了……

（p94）

从 Johann Sebastian Bach 到 Richard Wagner，很多作曲家都充分考虑了某些场所的声学环境，并专门针对这些声学环境来创作音乐（Blesser 和 Salter，2006）。一个特定的声学环境可以被视为乐器来处理，作曲家（和演奏者）可以通过它对音乐的创造性进行有效的表达。回顾历史，音乐表演场地一直是作曲家需要考虑的重要因素。

因此，建筑设计师们为了创造一个有助于音乐家和观众领会音乐的空间而做出不懈的努力。在这一长期过程中，他们积累了关于顶部声学信息对音乐表演产生重要影响的丰富知识。例如，Beranek（2008）描述了房顶样式和空间高度能够改变初始时间间隔（ITDG：Initial Time-Delay Gap）——它被定义为直达声和初次反射声到达听音者的时间差。ITDG 的数值与"清晰度"和"亲切感"等主观属性之间存在很高的相关性。因此，经由不同的房顶样式和高度处理后的声学信息会影响听音者在空间中对于声场感知的清晰度和亲切感。Beranek 在马萨诸塞州坦格尔伍德（Tanglewood）的 Koussevitzky Music Shed 音乐厅发起了一个具有代表性的项目，该项目非常清楚地展示了房顶反射的重要性（Beranek，2007）。

"这个厅堂的声音并不清楚，被认为是'浑浊的'，音乐听上去'很远'——就像是在一个谷仓里。我们在 1959 年提出的方案是在乐队和前排观众的头顶上设置天棚。这个天棚有 50% 的表面积是开孔的，它由一系列大尺寸的三角形构成，看上去就像若干巨大的蝙蝠将翅膀连接在一起。一半的声音从开孔中穿过到达上方空间，这样可以保证混响时间不变，另一半声音则通过反射回到观众区，为声音增加清晰度和亲切感。"

（p128）

一个近期的案例（Miyazaki，2010）也展示了房顶在建筑声学中的重要性。Yamaha Ginza 音乐厅的内部空间宽度相对较窄，但是房顶很高。音乐厅狭窄的内部空间带来了很强的侧方反射和早期反射，进而造成不自然的声像宽度。为了解决这一问题，设计师 Miyazaki 先生在侧墙使用了多角度的反射板来增加侧方散射，进而减少来自侧方的直接反射。尽管如此，塑造丰富空间感所需要的声学能量仍然不足，这使得他增加了 1 个拱形表面和可移动的反射体（见图 7.1）。反射体通过在听音者前方增加反射来增强直达声以提供清晰的乐器声音，同时调整正面和侧方的声学能量的比例以获得适宜的空间印象。除此之外，通过控制反射体的高度还可以调整声源声像的感知尺寸（或范围）。

7.1.2　沉浸式音频的多扬声器重放

5.1 环绕声系统能够成功地制造一种身临其境的幻象，但这种体验仅限于水平平面。研究人员已经研发出了新的电声系统，它能够在垂直方向上扩展听觉空间印象，为听音者带来三维的听音体验。这些系统通常属于三个大类中的一种：双耳声系统、声场合成系统或者基于（离散）声道的系统。本章主要集中讨论基于离散声道的系统。一个基于离散声道的系统通过指定的通道捕捉或重放一定数量的独立信号。例如单声道、立体声和 5.1 环绕声就是基于离散声道的系统。比较新、使用音频对象（Audio Objects）的系统并不是基于声道的。混合型系统，例如 Dolby ATOMS，将基于声道和基于对象的技术进行了整合。由于本章的重点内容是基于离散声道的系统，建议读者通过本书其他章节了解其他的全方向声音系统（包括第 9 章的声场合成系统）。接下来的部分将会给出与声源高度感知相关的基本心理声学概念。

图 7.1　Yamaha 音乐厅（日本，东京）的内景。房顶采用了 1 个拱形表面和若干可移动反射体，以此为表演者和观众提供一个愉悦的、扩散的且具有空间感的声场。

7.2　高度声道感知的基本心理声学

7.2.1　方向性频段（Directional Band）

在声场的水平面上，声源的定位极大地依赖于双耳间强度差（ILD）和双耳间时间差（ITD）等双耳听觉提示。但相比于水平面上的声源而言，这些双耳间信息差对于高度声源的方向和空间信息感知的贡献则不那么重要。高度的感知主要依赖于肩膀、头部和耳郭反射所造成的频率变化，尤其是声源位于正中平面[1]的时候。

Blauert（1996）对这一现象进行了深入的研究，发现了声源位置与特定频段的提升和衰减之间的关系，并将这些频段命名为"方向性频段"。例如，以 8 kHz 为中心的频带与头顶位置相关。同样，Hebrank 和 Wright（1974）也以更窄的带宽对某些位置所对应频段进行了识别，认为头顶位置与一

---

[1]　即与人头正面相交的中垂面——译者注

个 7 ～ 9 kHz 之间 1/4 倍频程宽度的峰值相关。近期，Wallis 和 Lee（2015）对声源带宽、时长和扬声器位置等不同物理因素进行了研究，分析了它们对于位置感知的影响。研究结果显示，"1/3 倍频程带宽的猝发信号测试结果与 Blauert 在 1 kHz、4 kHz 和 8 kHz 上得到的结果一致"（Wallis 和 Lee，2015，p6），以及前文所述的因素——带宽、时长和扬声器位置——如何影响对高度声源的定位感知（见图 7.2）。尽管上述 3 个研究的结果略有不同，但它们都确认了方向性频段的存在，这个以 8 kHz 为中心频率的 1/3 倍频程频段与正中平面上的头顶位置听觉印象密切相关。

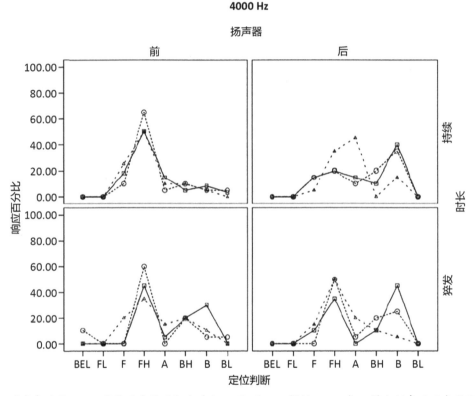

图 7.2　听音者对于 8 kHz 定位响应的百分比（由 Wallis 和 Lee 提供，2015）。横坐标表示正中平面上的 8 个区域。例如 A 表示听音者头部正上方（Above）位置——即头顶位置，FH 表示前上方（Front High）。图中给出的结果显示，无论激励信号持续的时长如何，这一区域的声源都可以为听音者提供高度定位。最多的响应发生在前上方（FH：Front High）、上方（A：Above）或后上方（BH：Back High）。

　　当高度信号被辐射时，方向性频段会影响感知高度。例如，如果将踩镲信号定位在前上方扬声器中，由于高度方向性频段在信号频谱中占据主导[2]，它的实际听感方位可能比我们预期的目标更高。

---

[2]　即踩镲的主要能量分布在 8 kHz 附近——译者注

因此，在录音和重放处理的整个过程中，应仔细考虑频率内容对信号在人头上半部分的合理分布可能产生的影响。方向性频段的另一应用是渲染一个虚拟的高度声像。方向性频段可以被用来对高度声像进行虚拟渲染。在方向性频段中对频率内容进行调整，能够在不使用实际高度扬声器的情况下提高感知声像的位置。

7.2.2　虚声源的垂直方向定位

在两只扬声器之间获得虚声源声像是使用基于声道系统的重要优势之一，但在水平（中间）扬声器和高度（上方）扬声器之间也同样能够获得一个垂直方向的虚声像吗？如果能，获得一个稳定的垂直方向虚声像需要何种声道间关系？为了回答这些问题，研究人员进行了多项心理声学实验。

Lee（2011）对正中平面上中间扬声器和上方扬声器之间的通道间强度差（ICLD：Inter-Channel Level Difference）进行了研究，发现在通道间时间差（ICTD：Inter-Channel Time Difference）小于 10 ms 的区间内，小于 6 ~ 7 dB 的 ICLD 仅仅对高度通道信号产生水平方向的定位。这意味着上方扬声器产生超过 7 dB 的强度差会带来感知声像的提升。Theile 和 Wittek（2011）也提出，10 dB 的 ICLD 可以将声像从一个水平面提升至另一个水平面。研究还表明，当两个水平面之间的 ICLD 小于 10 dB 时，听觉系统所感知的结果并非两只扬声器共同产生的虚声像，而是由于传输延时差而导致的一个不稳定的声像，在高度扬声器以 ±45° 水平方位角放置时更是如此。进一步来说，由于强烈的通道间串扰，这种不稳定的声像最终会导致整个节目声音的劣化。

Barbour 进行了一个受控实验，将一个符合 ITU-R 标准的 5 声道音频系统与人头上半球结合在一起来考察声源的定位情况（Barbour，2003）。正如标题所述，这项研究的目标是考察扬声器位置对高度虚声像感知所产生的影响。研究结果显示，相比于正中平面而言，听音者通常会在额平面[3]感受到稳定的高度虚声像。因此，他建议使用 2 个偏离中心位置 ±90° 的高度扬声器，以 +60° 的高度角来获得有效的定位和高度包络感。Kim、Ikeda 和 Takahashi（2009）的研究结果也显示，感知高度与垂直方向扬声器位置单一匹配（Monotonically Matched），尤其对于那些位于额平面的扬声器位置来说更是如此。

这些结果表明，尽管可以通过 2 只扬声器进行垂直方向定位的渲染，但高度声像定位无法像前方水平虚声像那样准确。Williams（2013）提出将 3 只扬声器以等腰三角形的布局进行摆放，并断言这种组合能够提供准确的定位。这种等腰布局成了后文即将讨论的 Williams 高度传声器阵列的基础。

---

[3]　"额平面"的原文为"Frontal Plane"，指双耳和头顶这三点所形成的平面——译者注

7.3   包含高度声道的多声道重放系统

基于听音实验和与高度声源相关的心理声学原理，多家研究机构都提出了包含高度声道的全新扬声器布局，以此为听音者提供在垂直方向上得到扩展的声场。关于多声道重放系统的扬声器分配和布局的全面阐述可以参见 ITU-R BS.2051-0 标准（ITU，2014）。文中建议从上、中、下三个分层描述扬声器的位置和朝向。中层表示水平（靠近人耳）平面，而上层和下层则分别表示高度平面和地平面。除此之外，文本给出的建议还包括每种布局在每一层所使用扬声器的数量。"U+M+B"的描述方法表示在上层使用 U 只扬声器、中层使用 M 只扬声器，下层使用 B 只扬声器。传统的 5 声道系统（ITU-R BS. 775）可以被标记为 0+5+0 布局。

不同的布局被用来捕捉和重放包含高度声道的录音。TELARC 唱片提出通过 1+5+0 的布局在录音场地中捕捉高度信息，并通过 Super Audio CD（SACD）或 DVD-Audio（DVD-A）的第 6 个声道对其进行交付，而不是使用超低声道（LFE 信号）（例如 Tchaikovsky，1880）。这种格式的变体是使用 2 个高度声道的 2+4+0 布局（德国的 MDG 唱片和瑞士的 Divox 唱片）（Sunier，2008），如图 7.3 所示。

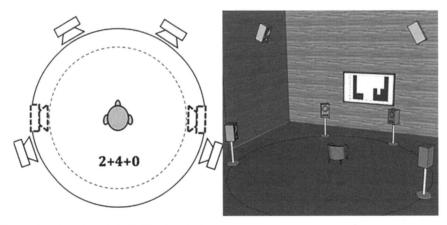

图 7.3   使用 2 个高度扬声器的多声道扬声器布局。

7.3.1   2+5+0 / 2+7+0 / 2+8+0（THX 10.2）

如图 7.4 所示，这些布局在上层使用 2 只扬声器，与中层的 5 只、7 只或 8 只扬声器配合使用。中层的扬声器增加了水平方向的重放解析度，而 2 只上层扬声器则增加了整体声像的临场感。上层扬声器的位置通常位于左前和右前扬声器之上。Dolby ProLogic IIz 也建议使用相似的包含高度声道的重放系统布局（Dolby Laboratries，2015）。Kamekawa 等人（2011）对于前方 2 个高度扬声器在三维声环境中的使用进行了充分的研究。他们认为，当高度声道内容以适宜的方式捕捉并通过 2 只上层扬声器进行重放时，听音者能够获得自然的纵深感，相比于仅使用水平面扬声器的重放系统而言，这种系统更加适合作为三维视频在听觉上的补充。尤其是 2+8+0 这种扬声器布局，Tomlinson Holman 提出在这一基础上增加 2 只超低扬声器，进而得到我们熟知的 THX 10.2 系统（Holman，2007）。

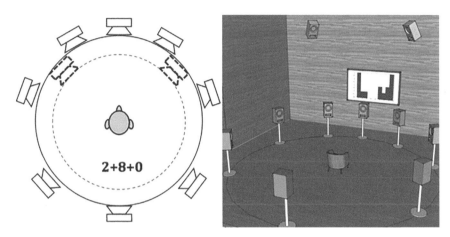

图 7.4　2+8+0 扬声器布局，也被称为 THX 10.2 格式。

尽管在前方位置上的 2 个高度声道十分受欢迎（由于它能够起到增强声像临场感的作用），我们也应注意前文中 Barbour 所展示的，两只位于额平面上的扬声器可能带来的好处。Kim 等人（2013）随后进行了针对 2 只高度扬声器在不同位置上重放效果的主观比较，发现听音者的喜好更加倾向于扬声器位于额平面上，因为它能够为整个声场提供更为连续（和均匀）的包络感。

Kim、Lee 和 Pulkki（2010）进行了一项研究以确定所需高度扬声器的数量，他们将 0、2、3 和 4 只上层扬声器布局与 9 只上层扬声器布局进行了比较。当对系统的定位和空间感进行评价时，听音者均选择了 9 只上层扬声器布局（9+12+3）。而 3 只上层扬声器布局（其中 2 只扬声器的水平方位角为 ±35° ～ 45°，高度角为 30° ～ 45°；第 3 只扬声器的水平方位角为 180°，高度角为 45° ～ 90°）与 4 只上层扬声器布局类似，能够为听音者提供可信的方向性特征。实验结果表明，3 ～ 4 只上层扬声器能够渲染出具有说服力且令人愉悦的声像。

7.3.2　4+5+0 / 5+5+0 / 6+5+0（AURO-3D）

与上述布局使用少数的高度扬声器不同，下列 3 种布局都是在现有环绕声布局（0+5+0；ITU-R BS.775）的基础上进行垂直向上的扩展，使用了 4 只或更多数量的高度扬声器。上层扬声器直接位于中层扬声器的正上方，在全新的数字影院市场中突出三维音频重放"与现有标准和格式兼容"的特点（Van Baelen，2010，p196）。一个 4+5+0（9 声道版本）的扬声器布局没有使用上层中置扬声器（见图 7.5 上图），而 6+5+0 的版本在上层与中层扬声器设置完全相同的情况下，还增加了一个头顶正上方的扬声器（见图 7.5 下图）。为了充分发挥这一头顶扬声器的功能，有时会将其设置在上层以上。这一头顶中心位置的扬声器也被称为"上帝之声（VOG：Voice-of-the-God）"，它使得声音设计师能够通过 3 个高度层获得一个真正的半球形声场。

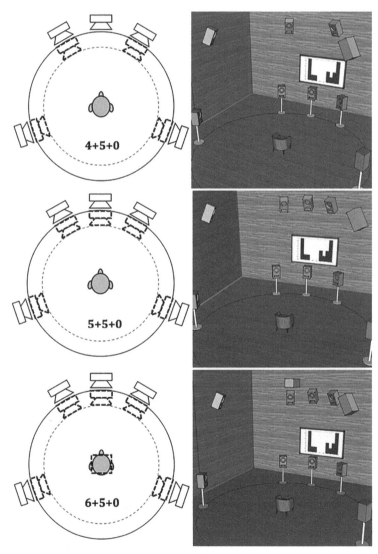

图 7.5　使用 4 只、5 只或 6 只高度扬声器的多声道扬声器布局（AURO-3D）。

这些扬声器布局由 AURO Technologies 提出。Wilfried van Baelen 在 2006 年提出了 AURO-3D 的概念（Hamasaki 等人，2006）。AURO Technologies 位于比利时 Galaxy Studio，其为家庭影院和数字影院提供高质量的多声道数字音频压缩数据存储解决方案（包含但不限于 AURO-Codec）。其专利技术 AURO-MATIC 上变换系统能够通过传统立体声和 / 或环绕声声源以及离散声道内容（Discrete Channel Contents）渲染出适用于 AURO-3D 扬声器布局的 AURO-3D 声场。

Theile 和 Wittek（2011）认为 AURO-3D 扬声器布局具有 3 个主要优势：在整个上层空间重放的早期反射能够制造适宜的空间扩散感；包络感、空间印象和增强的纵深感；有效（与中间层类似）的上层立体声声像。

7.3.3　9+10+3（NHK 22.2）

这套被称为 22.2 多声道系统（22.2 Multichannel Sound System）的扬声器布局使用了 9 只上层扬声器、10 只中层扬声器和 3 只下层扬声器，如图 7.6 所示。高度扬声器的水平方位角分别是 0°、±45°～ 60°、±90°、±110°～ 135° 和 180°，垂直角度为 +30°～ 45°。顶部扬声器位于听音位置的正上方。水平面扬声器的水平方位角分别为 0°、±22.5°～ 30°、±45°～ 60°、±90°、±110°～ 135° 和 180°。下层扬声器的水平方位角分别为 0°、±30°～ 45°，垂直角度为 15°～ 25°。两只超低扬声器则放置在地面，位于 ±30°～ 90° 的水平方位角上（Hamasaki，2011）。

这套系统最初由日本广播公司（NHK：Nippon Hōsō Kyōkai）的科技研究实验室（STRL：Science and Technology Research Laboratories）于 2003 年提出，致力于为超高清（UHD：Ultra-High Definition）视频的观众提供高精确度、自然且完全沉浸式的听音体验。超高清视频系统具有 4 000 条扫描线，所提供的观看视角达到了 100°（Hamasaki 等人，2007）。因此与之配套的音频系统需要在如此宽幅的视角范围内对听觉声像进行控制。这套 22.2 声音系统在屏幕范围内使用了 5 只中层扬声器、3 只上层扬声器和 3 只下层扬声器来生成听觉声像。除此之外，共有 11 只扬声器被用来对屏幕之外的沉浸式听觉体验进行扩展。上层所使用的 9 只扬声器能够为高度声场提供精确的定位。如前文所讨论的那样，相比于水平定位来说，高度声场中虚声像的定位精确度较差，因此需要更多的扬声器来获得更为可靠的三维（全方向）声源定位。尽管很多人都对使用多达 9 只高度扬声器所产生的相对优势提出了质疑，但主观听音测试结果显示，这种扬声器布局的确在实际听觉感知过程中存在优势。

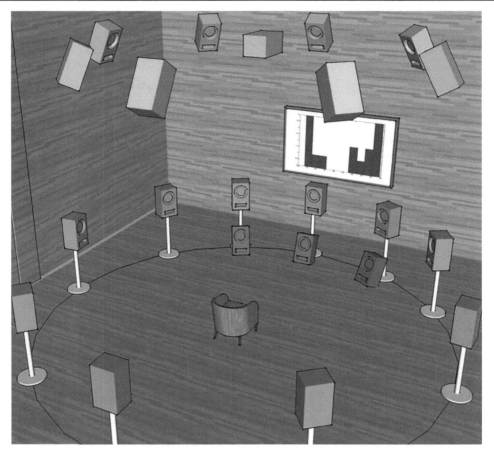

图 7.6　扬声器呈球形分布的 9+10+3 扬声器布局（也被称为 NHK 22.2 多声道音频系统）。

　　Hamasaki 等人（2007）进行了关于 2 声道（0+2+0）、5.1 声道（0+5+0 以及 1 只超低扬声器）和 22.2 声道（9+10+3 以及 2 只超低扬声器）系统主观特点的比较研究，对超高清视频的配套声音系统进行了验证。被试者认为 22.2 声道在所有测试属性（响度除外）上均超过了 2 声道系统，并且在以下 6 个方面超过了 5.1 声道系统："前 / 后"（区分度）、"上 / 下"（区分度）、"运动""方向""混响"和"包络感"。这一结果表明，相比于传统声音系统而言，22.2 系统能够提供更好的定位和空间感。正如论文的标题所示，该研究主要针对整个"听音区"，探究各种系统在听音者和大屏幕之间存在不同距离的情况下所呈现出的多种声学特性。虽然立体声和 5.1 系统给出的实验结果在不同的听音位置上并不一致，但 22.2 系统却能够在多个听音位置上产生一致的听觉印象。这也意味着 22.2 系统能够为更多听音者提供相似的听音体验。有效听音区的扩展是包含高度声道的多声道重放系统所具有的一个显著特点。

在后续论文中（Hamasaki，2011），NHK 总结了 9+10+3 扬声器布局所需要的 5 个特征，包括：

- 完整性：能够在屏幕上的任何位置对声像进行定位；
- 全向性：以听音者为中心，能够重放任何方向上的声音；
- 临场感：能够重放一个自然的、高品质三维声学空间；
- 兼容性：能够与现有多声道格式进行兼容；
- 可用性：能够支持实况录音和实况播出。

关于这一格式能否成为未来广电音频格式标准的讨论已在多家机构之间展开，这其中就包括 SMPTE 标准：SMPTE ST2036-2-2008，"超高清电视 1——节目制作的音频特征和音频通道映射"。

作者获得了独家采访 NHK 混音工程师 Kensuke Irie 的机会，他曾使用这一扬声器布局记录了 NASA 航天飞机的发射。他指出，通过头顶和后方高度扬声器能够渲染出独特的声场，其真实性和说服力是其他传统格式所无法比拟的。除此之外，他还认为人们对于 22.2 声场存在非常普遍的误解，认为它仅仅比传统的 5.1 扬声器布局所营造的声场更宽。Irie 先生认为，精确的定位和更强的包络感是 22.2 声道格式在录音和缩混过程中体现出的两个至关重要的核心特征。

7.3.4　虚拟高度扬声器

尽管使用高度扬声器所带来的优势十分明显，但一个普通消费者可能会觉得购买额外的扬声器并将其安装在房顶和墙壁上是颇具挑战的事情。即使对于 5.1 环绕声系统来说，额外的扬声器也阻碍了很多消费者去体验多声道音频。民用电子制造商以极强的竞争意识进行着实际解决方案的研发工作，力求以便携式系统来呈现多声道的音频。现有的解决方案包括使用串扰抵消技术通过扬声器进行双耳声重放（详见第 5 章）和使用条形扬声器（详见第 6 章）等。最近，Kim、Ikeda 和 Martens（2014）提出了一种方法，利用串扰抵消从一套传统的 5 声道扬声器系统中获得 2 只虚拟高度扬声器。这种方式主要在中置和后方扬声器中进行了 HRTFs 信息处理，但并未对前方左右声道的信号进行处理。由于前方 2 声道的作用就是在绝大多数应用中传递最为重要的听觉信息，因此这种方式对于音频工程师来说具有实际的价值。Lee、Son 和 Kim（2010）也提出了一种类似的方法，在 0+9+0 扬声器布局的基础上将基于矢量的振幅声像定位（VBAP）与频率提示进行整合，进而获得侧向的虚拟声源。

虽然虚拟扬声器方法在渲染全方位沉浸声场方面受到一定的制约，但它们能够以相对简单的方式让普通消费者体验到纵向扩展的声场，并且能够帮助内容创作者为未来的三维音频节目做好准备。

7.3.5　高度扬声器的重要意义

在前文"2+5+0 / 2+7+0 / 2+8+0（THX 10.2）"部分我们已经提及，Kim、Lee 和 Pulkki（2010）曾进行过一次听音测试，对多种高度扬声器格式进行比较。他们要求听音者给出系统在方向属性感知和整体音质上的评价。方向属性表明了上层运动声源的感知保真度，整体音质则被用来判断重放声音的音色和空间品质的感知愉悦程度。测试结果表明，高度扬声器对上述两种质量评价的等级有着显著的影响。该研究同时也揭示了高度扬声器从前到后进行分布的重要性。一个民用沉浸声系统需要 3 ~ 4 个高度声道才能够将多种不同的节目素材在一个较大的听音范围内进行适宜的重放。

在另一个相关研究中（Kim、King 和 Kamekawa，2015），研究人员基于 4+5+0 的扬声器布局对不同的 4 声道高度扬声器布局进行了比较。4 只高度扬声器以 8 种不同的组合方式进行比较。被试者对它们的空间品质进行评级，并对每一种扬声器布局的感知进行了描述。

研究人员将 12 只高度扬声器按如图 7.7 所示的 +30° 高度角进行放置，每次选择 4 只扬声器进行重放。例如，某一布局使用位于 ±30° 和 ±90° 水平方位角、+30° 高度角的高度扬声器，而另一种

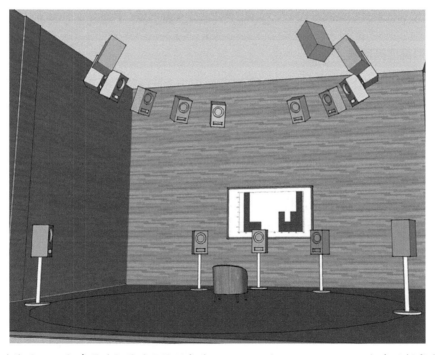

图 7.7　通过使用 17 只扬声器进行的对比性研究（Kim、King 和 Kamekawa，2015）来了解高度扬声器布局的重要性。其中 5 只扬声器遵循 ITU-R BS.775 标准进行摆放，同时从 12 只高度扬声器中选择 4 只来重放高度信息，进而得到 8 种不同的组合。

布局则使用位于 ±70° 和 ±130° 水平方位角、+30° 高度角的高度扬声器。换言之，扬声器的高度角是固定的，只有水平方位角发生了改变。研究结果显示，从音质角度而言，高度扬声器的位置比高度声道的信号内容（如混响类型和 / 或音乐选择）所带来的影响更大。此外，加拿大和美国的两组听音者所获得的测试结果相似。对于听音者描述信息（Descriptor）的进一步分析表明，听音者在进行 4 声道高度扬声器的布局选择时，会倾向于那些"前额的"和"狭窄的"声像以获得更好的空间品质。换言之，听音者在进行 4 声道高度扬声器布局的选择时，会倾向于那些能够提供具有强烈临场感的整体听觉场景的声场，而非那些能够提供更好的整体空间感的扬声器布局。研究结果表明，高度扬声器的布局（即使相同数量的扬声器采用不同的布局）也会影响其重放声场的感知特征，从而进一步影响听音者对于整体音质的评判。

7.4　使用高度声道进行录音

这一部分将介绍一些多声道拾音制式的设计准则和心理声学特征，这些制式均在近期得到了验证，能够渲染包含高度声道的沉浸式声场。总的来说，一个多声道拾音制式定义了一个被用来拾取声学事件的传声器阵列。方向信息通常会被转化为通道间强度差、通道间时间差或两者组合的形式。如前文所述，高度声道能够对空间印象进行增强，如提供全方向定位、沉浸感和包络感。设计针对高度声道的拾音制式能够有效地对传声器间的声学参数进行捕捉，同时最大限度地利用这些重要的属性，进而获得沉浸式的感知。

7.4.1　Williams 的 MAGIC 阵列

Michael Williams 对立体声和环绕声多声道拾音制式的研发做出了卓越的贡献，他所设计的阵列能够捕捉最佳的时间及强度差（例如使用心形传声器；Williams 和 Du, 2000）。后来，Williams（2012）又将阵列在垂直方向上进行了扩展，提出了一种双层阵列，同时强调高度层不应该和水平层发生定位提示的冲突。这一阵列包含由 4 只超心形传声器（45°、135°、225° 和 315°，间隔 35 cm，也被称为"Hypocardioid Williams 十字"）组成的中间层和 3 只双指向传声器（0°、90° 和 270°）组成的上层。上层传声器灵敏度最强的方向指向房顶以尽可能少地拾取直达声。Williams 将这个阵列命名为 7 声道 Hypocardioid M.A.G.I.C 阵列（Multichannel Arrays Generating Inter-Format Compatibility：多声道格式间兼容生成阵列）。

在后续研究中，Williams（2013）发现将高度扬声器置于中层扬声器的正上方无法产生具有说服力的高度还原。相反，他发现将 3 只扬声器以等腰三角形的方式进行排列时，通过控制上层和中层呈对角线关系的扬声器之间的电平能够产生有效的垂直高度还原。基于这些研究，Williams 提出了一个 12 声道的传声器阵列来进行完整的三维声场渲染。该阵列包含"Hypocardioid Williams 十字"（4 只以正方形排布的超心形传声器）作为中间层和 4 只方向朝上的双指向传声器（0°、90°、180° 和 270°，间距 1.5 m）组成的上层。该阵列可以额外在中间层使用 4 只远端传声器[4]（0°、90°、180° 和 270°，间距 2.5 m）来增强与传统 5.1 环绕声设置的兼容性，同时形成一个等腰三角形的扬声器布局，以便于在一个很大范围内的各个方向上进行精确的高度声像控制。该传声器阵列的布局请参见图 7.8。

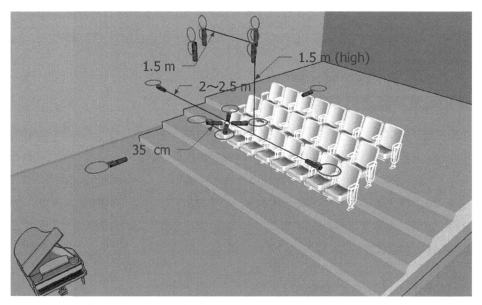

图 7.8　Williams 的 12 声道 M.A.G.I.C. 传声器阵列，包含 8 只超心形传声器（用于水平方向声道）和 4 只 8 字指向传声器（用于高度声道）。

7.4.2　OCT-9

关于多声道拾音技术，人们始终关注相邻传声器之间出现的通道间串扰（ICC：Inter-Channel Crosstalk）是否会对声音效果带来损害。这一观点的支持者声称通道间串扰所造成的失真是可闻的，并断言当 ICC 被降到最小时，才能够获得相对平衡的声音定位。

根据这一假设，由于水平拾音阵列前方 3 声道拾取的信号具有很高的相似度，这一相对严重的通道间串扰会导致三重虚声像[5]的出现。

---

[4]　"远端传声器"的原文为"satellite microphone"，可理解为附属的、周边的、远端的——译者注
[5]　三重虚声像即左 - 右、左 - 中和右 - 中 3 组传声器之间形成的虚声像——译者注

Theile（2001）深入地研究了这一问题，认为应该将通道间串扰降至最低，才能在 2 个声道间提供连续的声像定位，进而避免声染色。他发现使用 2 只面朝两侧的超心形传声器能够显著地缓解通道间的串扰问题。Theile 随后提出了 1 种包含 2 只超心形传声器的多声道传声器阵列，这 2 只超心形传声器分别被用于左声道和右声道，中置声道则使用了 1 只附加的心形传声器。这一阵列被称为最佳心形三角（OCT：Optimized Cardioid Triangle），因为它能够在不影响立体声品质的情况下提供最佳的定位稳定性。

随后 OCT 制式被扩展为 5 声道版本，被称为 OCT-Surround，它使用了 2 只面向后方的心形传声器。通过遵循以下 2 个条件，Theile 设计的环绕声阵列获得了与前述阵列相同的优化效果：（1）左环绕声和右环绕声声道应对直达声的拾取有着充分的抑制；（2）阵列能够对于侧墙和后墙的早期反射进行有效拾取。后来，这一环绕声阵列又被进一步扩展为捕捉三维沉浸声的阵列，它使用了 4 只正面朝上的超心形传声器（Theile 和 Wittek，2011），在 4 只中层传声器上方 1 m 左右（见图 7.9）。该阵列使用 9 只传声器的版本仍然遵循了同样的基本原则：最佳的定位稳定性和立体声品质。OCT 传声器阵列的使用者应仔细考量 Theile（2001）给出的建议，即任何 OCT 传声器阵列都极其严重地依赖于声源的距离和高度关系的正确选择。

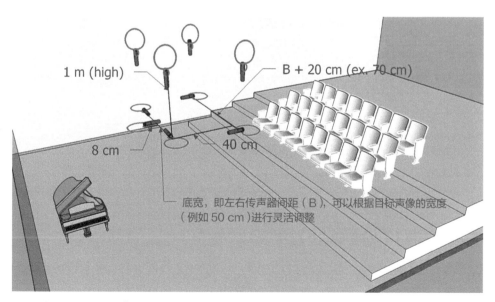

图 7.9　9 通道的 OCT-9 传声器阵列，包含 5 只用于水平声道的传声器：其中 3 只心形传声器、2 只超心形传声器，以及 4 只用于高度声道的超心形传声器。

7.4.3　2L- 立方体（2L-Cube）

来自挪威唱片厂牌 2L 的 Morten Lindberg 提出了一种包含 8 只压强式全指向传声器的阵列，这个被称为 2L-立方体的传声器阵列，如图 7.10 所示。受 Decca/Mercury Tree 拾音制式的启发，2L-立方体在中层和上层所使用的传声器均和位于 4 个边角的扬声器一一对应，配有 4 个高度声道（如 Auro-D 的 4+5+0 扬声器布局）。Lindberg 和 Shores（2006）断言该阵列能够为目标声场的沉浸式重现捕捉适宜的到达时间、声压级和轴向高频声音织体。这个立方体的尺寸可以从用于大型交响乐队的 150 cm 到用于小型室内乐的 40 cm 之间进行选择。阵列中的每一只传声器都是全指向的压强式传声器。他们还建议使用大振膜传声器，因为它能够产生更为聚焦的轴向声像织体（Focused On-Axis Texture of Sonic Image）。

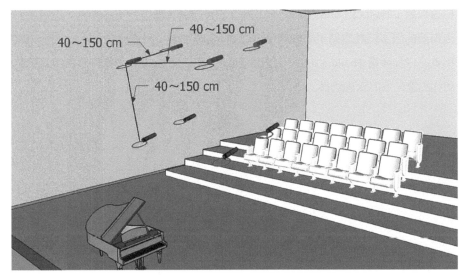

图 7.10　8 声道 2L-立方体传声器阵列。

7.4.4　双子立方体（Twins Cube）

双子立方体（Twins Cube）和双子正方形（Twins Square）阵列由 Gregor Zielinsky 提出并进行了大量的使用。该阵列使用了 Sennheiser 制造的一种特殊的双子传声器（Twin Microphone），这种传声器由一对背靠背的心形传声器头组成，两个传声器头指向相反的方向，且各自具有独立的输出[6]。

---

[6]　"双子"传声器的概念最早由瑞典的 Pearl Microphones 提出，它将两只背靠背的心形指向、矩形外形的电容传声器头整合在一起使用（其产品型号为 TL4）——作者注

由于每只传声器的输出可以分别馈送到单独的话放当中，双子传声器的指向性特征既可以进行实时的遥控，也可以在后期制作过程中进行调整。双子正方形阵列在中间层使用了一组空间间隔传声器对、一个可选的中置声道，以及在上层使用的与中间层相同的传声器对（位于中间层的正上方）。由于每个双子传声器配有 2 个输出，每个双子正方形可以生成 8 路输出：左、右、左环绕、右环绕、上左、上右、上左环绕和上右环绕。由于每个传声器头的前后两个振膜之间符合强度差关系，重放过程中前方声音串入后方传声器的几率得到了最大程度的降低。

双子立方体系统是在双子正方形后方加入了另一组正方形后形成的立方体，它模拟了配有相应高度声道的重放扬声器布局。图 7.11 给出了使用 8 只双子传声器的双子立方体阵列。通过使用全部8 只双子传声器，整个阵列在前后声道间引入了延时。录音师可以通过调整这一延时来实现最佳的空间感增强。Zielinsky（2015）建议，在没有双子传声器的情况下可以使用宽心形或心形传声器进行替代，但需要在前方 4 声道或 5 声道使用同样的传声器类型以保证声音的一致性。对于立方体来说，一旦确定了每只传声器所使用的指向极性，就可以将每个单独的输出分配给相应的扬声器。

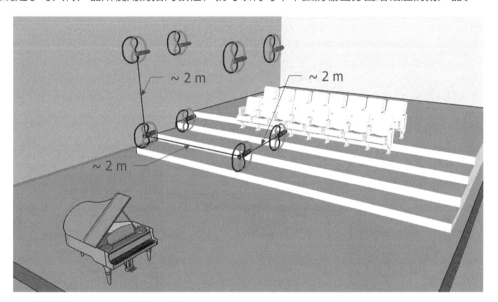

图 7.11　8 声道的双子立方体传声器阵列。

7.4.5　强度差 Z 拾音制式（Coincident Z-Microphone Technique）

基于 Ambisonic 和 MS 拾音制式，Paul Geluso 提出了一种 Z 拾音制式来记录多声道高度信息。这种拾音方式将 1 个垂直朝向的双指向（8 字）传声器与 1 个水平朝向的传声器进行配对，组成 1

个强度差 MZ 传声器对（见图 7.12）。由于 Z 传声器几乎能够和任意传声器进行匹配，多组 MZ 传声器对能够存在于一个立体声和环绕声传声器拾音制式中（Geluso，2012）。通过一个标准的 MS 解码器，可以对 MZ 传声器的垂直方向拾音角度进行实时遥控，也可以通过后期制作进行调整以获得有效的高度声道。

图 7.12　包含了 4 组垂直朝向双指向传声器与水平朝向心形传声器对的间隔式 MZ 阵列。

7.4.6　Bowles 阵列

Bowles 阵列是由 David Bowles 提出的一种包含高度声道的传声器阵列。它包含 1 个由 4 只全指向传声器和 1 只单指向中置传声器组成的环绕（水平）阵列，以及由 4 只超心形传声器组成的高度阵列，如图 7.13 所示。高度阵列被用来捕捉房顶和侧墙高处的反射。因此阵列指向的角度为水平向上 30° 而非 M.A.G.I.C. 阵列和 OCT-9 阵列那样将传声器轴向对准正上方。通过这种方式，前方 2 只高度传声器更加着重于拾取前方房顶和侧墙高处的反射；同样，后方 2 只高度传声器更加着重于拾取后方房顶和侧墙高处的反射。

与其他捕捉高度信息的传声器阵列相同，上下两层阵列之间的距离可以视具体情况进行调整。同样，它们之间的距离也取决于声学环境的共振程度，以及高度层的最佳位置（甜点）是否受到倾斜或拱形房顶的限制（Bowles，2015）。大编制乐队在录音时，也可以在必要时为阵列加入超心形传声器用作侧展或中置传声器。

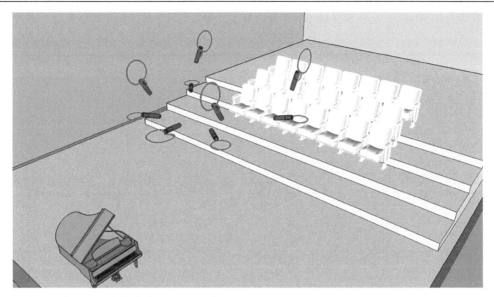

图 7.13　使用了中置心形传声器的 Bowles 阵列。

7.4.7　NHK 的强度差拾音制式

为 9+10+3 扬声器布局（22.2 系统）进行录音需要多只传声器。作为一家广播公司，NHK 意识到在实况录音中使用众多数量的传声器对于实际操作来说颇具挑战性，因此提出了一种新的强度差传声器阵列来匹配这一扬声器布局（Ono 等人，2013）。这些传声器通过 1 个声学障板进行耦合以获得"一个固定的窄波束宽度"（p2），最终减少或消除串扰。整个球体的直径为 45 cm，通过障板被分隔为 8 个水平部分和 3 个垂直部分。指向性较弱的低频部分则通过反滤波器，利用非目标方向的信号进行串扰的抵消。

7.4.8　上层传声器距离所产生的影响

Lee 和 Gribben（2014）在古典音乐录音范畴内研究了上层与水平层传声器之间的距离所产生的影响。他们将两层传声器置于音乐厅中，对上层传声器的高度进行调整。中间层使用了 5 只心形传声器，上层使用了 4 只正面朝向房顶的心形传声器，与 OCT-9 的上层阵列相似。上层阵列的高度从 0 m（与中间层左、右、左环绕和右环绕传声器位置相同）到 0.5 m、1 m、再到 1.5 m 不等。听音者对不同声源经由 4 组不同高度的 9 声道录音进行了对比，针对 2 个属性进行了评价：整体空间印象和偏好。评价结果显示，上层传声器的高度变化不会对听觉产生明显的影响，只有 0 m 间距（上层与中层传声器位置相同）会在某些类型的声源的录制过程中略好于或等同于其他高度（见图 7.14）。换言之，该研究表明上下层阵列的间距对于听音者感知的空间印象和偏好所产生的影响微乎其微。

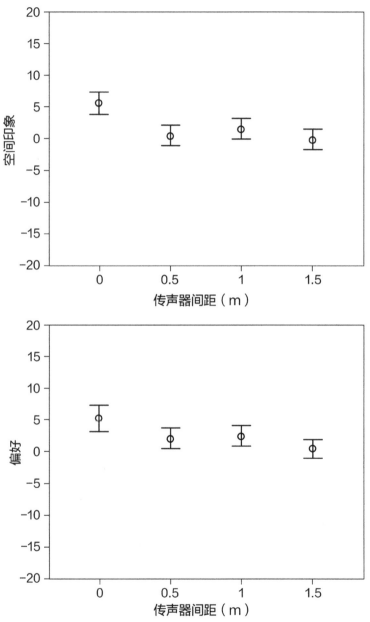

图 7.14　当改变上下层传声器阵列的间距时，听音者对于空间印象（上图）和整体偏好（下图）评级的平均值，该数据可信度为 95%。

　　将主观评价与客观测量数据（包括信号能量级、通道间强度差等）进行关联比对后，研究人员发现 0 m 间距没有导致明显的频率变化，而其他距离设置则在听音者处产生了梳状滤波效应，这可能是导致他们为 0 m 间距阵列打出高分的原因。因此，在某些录音场合中，垂直方向位置重合的高度传声器阵列可能更加具有优势，因为它削弱了中上层间物理间距导致的延时所带来的梳状滤波效应。

7.4.9 关于包含高度声道的多声道传声器阵列的结论

　　尽管上述拾音制式中的高度声道都有其独特的布局特点，一个成熟的音频工程师并不会仅仅遵循既定的制式来摆放传声器，而是会根据经验、听音训练和观察得出个人审慎的判断。如果所有音频工程师都具有同样的美学目标，每个录音听上去都将是相同的，或者至少在声学条件和技术手段上是相似的。一些音频工程师更加重视精确的声像定位，而另一些工程师则更加重视空间感。的确如此，因为实际情况所造成的妥协同样存在。本节的目的并不仅仅是对各种传声器阵列进行定量或定性的评级，而是展示了每种制式的设计理念，这样工程师就能够基于场馆的声学环境和具体案例的音乐内容对一套录音系统进行选择、调整和优化（调整阵列的通道间关系）（Kim 等人，2006）。

7.5 结论

　　高度声道能够帮助我们创造和改善沉浸式的听音体验。为了充分利用本章所讨论的系统所具有的优势，高度声道必须在遵循声学、电声学原理以及艺术创造性的基础上得到谨慎的使用。本章介绍了多种用于高度声音信息捕捉的高度声道布局和拾音制式。扬声器布局包括 2 只高度扬声器系统（2+2+2 和 THX 10.2）；4 只、5 只和 6 只高度扬声器系统（AURO-3D 9.1、10.1 或 11.1）；以及 1 套配有 9 只高度扬声器的系统（NHK 22.2）。研究结果显示，可能至少需要 3 ~ 4 只高度扬声器才能够获得明显优于传统 5 声道系统（仅有水平声道）的空间品质。

　　全新的包含高度声道的传声器阵列的出现是为了重塑全方位的声场。本章中介绍的高度传声器阵列主要基于两种方式：强度差方式（Z 制式和 NHK 制式）和垂直方向间隔方式（M.A.G.I.C.、OCT-9、2L- 立方体、双子立方体和 Bowles 阵列）。

　　基于离散声道的高度声音重放面临的挑战在于如何安装高度扬声器。高度扬声器的位置对于空间属性的感知有着显著影响。为了克服这一挑战，研究人员提出了一系列方法，以声音设计师或制作人的初始意图为目的，在任意扬声器布局下进行高度信息的重构。这种方法被称为基于对象音频（Object-Based Audio）。Dolby Atmos 系统（一种使用了基于声道音频和基于对象音频的混合方法）的应用将基于对象音频推向民用市场。本书的后续章节将会介绍和讲解基于对象的音频技术在沉浸声系统中的原理和应用。

7.6 参考文献

Barbour, J. (2003). Elevation perception: Phantom images in the vertical hemisphere. *Proceedings of Audio Engineering Society 24th International Conference on Multichannel Audio*. Banff, Canada.

Beranek, L. L. (2007). Seeking concert hall acoustics. *IEEE Signal Processing Magazine*, September, 126-130.

Beranek, L. L. (2008). Concert hall acoustics 2008. *Journal of Audio Engineering Society*, 56(7-8), 532-544.

Blauert, J. (1996). *Spatial Hearing: The Psychophysics of Human Sound Localization*. Massachusetts, USA: The MIT Press.

Blesser, B., & Salter, L. R (2006). Spaces Speaks, Are You Listening? *Experiencing Aural Architecture*. Massachusetts, USA: The MIT Press.

Bowles, D. (2015). *Personal communication with Paul Geluso*.

Dolby Laboratories (2015). Dolby Pro Logic Iiz.

Forsyth, M. (1985). *Buildings for Music: The Architect, the Musician, and the Listener from the 17th century to the Present Day*. Massachusetts, USA: The MIT Press.

Geluso, P. (2012). Capturing height: The addition of Z microphones to stereo and surround microphone arrays. *Proceedings of Audio Engineering Society 132nd International Convention*. Budapest, Hungary, AES.

Hamasaki, K. (2011). 22.2 Multichannel audio format standardization activity. *Broadcasting Technology*, 45(2), 14-19, NHK STRL.

Hamasaki, K., Burgert, M. W., Laborie, A., Levison, J., Holman, T., van Baelen, W., & Woszczyk, W. (2006). *W9 Surround Recording and Reproduction with Height*. [Workshop] Audio Engineering Social 121st International Convention. San Francisco, USA.

Hamasaki, K., Nishiguchi, T., Okumura, R., & Nakayama, Y. (2007). Wide listening area with exceptional spatial sound quality of a 22.2 multichannel sound system. *Proceedings of Audio Engineering Society 132nd International Convention*. Vienna, Austria, AES.

Hebrank, J., & Wright, D. (1974). Spectral cues used in the localization of sound sources on the median plane. *Journal of Acoustical Society of America*, 56(6), 1829-1834.

Holman, T. (2007). *5.1 Surround Sound, Up and Running*. Oxford, UK: Focal Press.

ITU Recommendation BS.2051-0. (2014). *Advanced Sound System for Programme Production*. International Telecommunications Union Radiocommunication Assembly, Geneva, Switzerland.

Kamekawa, T., Marui, A., Date, T., & Enatsu, M. (2011). Evaluation of spatial impression comparing 2ch stereo, 5ch surround, and 7ch surround with height channels for 3D imagery. *Proceedings of Audio Engineering Society 130th International Convention*. London, UK, AES.

Kim, S., de Francisco, M., Walker, K., Marui, A., & Martens, L. W. (2006). Listener preferences in multichannel audio: Examining the influence of musical selection on surround microphone technique. *Proceedings of Audio Engineering Society 28th International Conference*. Piteå, Sweden.

Kim, S., Ikeda, M., & Martens, W. L. (2014). Reproducing Virtually elevated sound via a conventional home-theater audio system. *Journal of Audio Engineering Society*, 62(5), 337-344.

Kim, S., Ikeda, M., & Takahashi, A. (2009). Investigating listeners' localization of virtually elevated sound sources. *Proceedings of Audio Engineering Society 40th International Conference on Spatial Audio*. Tokyo, Japan

Kim, S., King, R., & Kamekawa, T. (2015). A cross-cultural comparison of salient perceptual characteristics of height channels for a virtual auditory environment. *Virtual Reality, Springer*, 19(3), 149-160.

Kim, S., Ko, D., Nagendra, A., & Woszczyk, W. (2013). Subjective evaluation of multichannel sound with surround height channels. *Proceedings of Audio Engineering Society 135th International Convention*. NY, USA, AES.

Kim, S., Lee, Y. W., & Pulkki, V. (2010). New 10.2-channel vertical surround system (10.2-VSS); comparison study of perceived audio quality in various multichannel sound systems with height loudspeakers. *Proceedings of Audio Engineering Society 129th International Convention*. San Francisco, USA, AES.

Lee, H. (2011). The Relationship between Interchannel Time and Level Differences in Vertical Sound Localization and Masking. *Proceedings of Audio Engineering Society 131st International Convention*. New York, USA, AES.

Lee, H., & Gribben, C. (2014). Effect of vertical microphone layer spacing for a 3D microphone array. *Journal of Audio Engineering Society*, *62*(12), 870-884.

Lee, K., Son, C., & Kim, D. (2010). immersive virtual sound for beyond 5.1 channel audio. *Proceedings of Audio Engineering Society 128th International Convention*. London, UK, AES.

Lindberg, M., & Shores, D. (2006). SD14—Recording music in immersive audio [spatial audio demo]. *Audio Engineering Society 138th International Convention*. Warsaw, Poland.

Miyazaki, H. (2010). The acoustical design of the New Yamaha Hall. *Proceedings of the International Symposium on Room Acoustics*. Melbourne, Australia, ISRA.

Ono, K., Nishiguchi, T., Matsui, K., & Hamasaki, K. (2013). Portable spherical microphone for Super Hi-Vision 22.2 multichannel audio. *Proceedings of Audio Engineering Society 135th International Convention*. New York, USA, AES.

Sunier, J. (2008, April). First Special Feature on 2+2+2 Multichannel Discs. *Audiophile Audition*.

Tchaikovsky, P. I. (1880). *1812 Overture*. Conducted by Erich Kunzel with Cincinnati Pops Orchestra [CD], TELARC Classic (2001).

Theile, G. (2001). Natural 5.1 music recording based on psychoacoustic principles. *Proceedings of Audio Engineering Society 28th International Conference on Surround Sound*. Elmau, Germany.

Theile, G., & Wittek, H. (2011). Principles in surround recordings with height. *Proceedings of Audio Engineering Society 130th International Convention*. London, UK, AES.

Van Baelen, W. (2010). Challenges for spatial audio formats in the near future. *26Tonmeistertagung VDT International Convention*. Leipzig, Germany.

Wallis, R., & Lee, H. (2015). Directional bands revisited. *Proceedings of Audio Engineering Society 138th International Convention*. Warsaw, Poland, AES.

Williams, M. (2012). Microphone Array Design for localization with elevation cues. *Proceedings of Audio Engineering Society 132nd International Convention*. Budapest, Hungary, AES.

Williams, M. (2013). The psychoacoustic testing of the 3D multiformat microphone array design, and the basic isosceles triangle structure of the array and the loudspeaker reproduction configuration. *Proceedings of Audio Engineering Society 133rd International Convention*. Rome, Italy, AES.

Williams, M., & Du, G. L. (2000). Multichannel microphone array design. *Proceedings of Audio Engineering Society 108th International Convention*. Paris, France, AES.

Zielinsky, G. (2015). *Personal communication with Paul Geluso*.

第 8 章

基于对象的音频

Nicolas Tsingos

8.1　引言

音频内容制作或互动渲染通常是基于对声音对象的控制来展开的。通过详述音频元素到扬声器信号的转化，我们将声音对象定义为音频波形（音频元素）和体现艺术动机的相关参数（元数据）。声音对象通常使用单声道音轨，这些素材通过声音设计环节的录音或合成方式获得。这些声音元素还可以得到进一步的控制，例如通过数字音频工作站（DAW：Digital Audio Workstation）将其定位在听音者周围的水平面，或者是通过最新系统中的元数据方式将其定位在完全的三维空间（参见第6章）中。因此，可以将音频对象视为数字音频工作站中的"音轨"。同样，电子游戏或模拟器中的互动音频引擎也同样在控制声音对象——通常是点声源辐射体——以此作为构建复杂动态声音场景的模块。在这种情况下，它们可以包含非常丰富的元数据集来决定音频对象的具体行为。

对声音元素在空间中进行定位的处理自 20 世纪 40 年代 FANTASOUND 系统（Garity 和 Hawkins，1941）出现伊始就得到了应用，这种技术逐渐衍化为如今广为普及的 5.1 和 7.1 环绕声系统（参见第2章）。直到最近，由于不同的交付媒体存在的技术制约，这些声音对象被预混（Pre-Mix[1]）至少量的扬声器或声道中，并且通过与之匹配的扬声器布局直接播放出来，不需要进行进一步的处理。

最近，随着整个行业向数字电影的过渡，数据带宽和参量音频编码技术得到了整体性的提升和发展，若干方法被提出（Robinson、Tsingos 和 Mehta，2012），使得若干在制作过程中使用的原始对象能够直接在重放环境（电影院、家庭影院或移动设备等）中进行渲染。与那些以单一重放布局为目标进行的预混不同，基于对象音频能够将更高的空间解析度和艺术动机一直保留到重放终端。这为在不同环境中提供更为丰富和沉浸式的音频体验提供了更好的适应性和更多的机会。更为概括地说，基于对象音频制作和交付能够带来：

- 更强的沉浸感，在不同扬声器布局和环境之间增加高度信息和便携的音频渲染；
- 更强的个性化设置，允许用户根据自身喜好对内容进行调整；

---

[1]　这里的"预混"指"预先缩混好的，内容不可改的"，并非电影制作流程中的"预混"或"终混"概念——译者注

- 更强的适应性，确保内容能够在多种不同重放设备上获得最佳效果；

- 更强的可访问性，对于多语言的支持、视频描述（Video Description）和对白增强（Dialogue Enhancement）进行了改善；

- 高效的制作流程，内容面向未来，通过一个单独的基于对象的缩混母带，可以得到面向现在或未来的可交付产物。

在本章中，我们会深入了解对象音频横跨电影、广电和互动应用（如游戏）领域的制作、交付和渲染。首先来回顾音频对象如何进行空间呈现，如何通过相关空间元数据将对象渲染至扬声器。这里尤其要谈到一些通用的对象定位算法以及它们的优缺点。然后我们将介绍一些专用的元数据集，了解它们在空间重现之外赋予我们的互动性和对于艺术动机的精细控制能力。

相比于传统立体声或环绕声技术而言，基于对象的声音重放所面临的挑战之一就是控制、编码和传输大量音频元素所造成的复杂程度累加。让我们回顾对象域空间编码（Object-Domain Spatial Coding）所具有的优势，它能够将表示对象的大数据集转换为较小的、更为方便的，但同时保留了初始感知意图的数据集。我们也会谈到用于低比特率交付（如家庭影院）的特定音频对象参量编码策略，同时给出一些见解，解释相比于基于声道的交付格式来说，音频对象交付方式最大的进步在哪里。

通过一个基于对象的工作流程获得最佳结果需要先进的捕捉技术 [2]，尤其在现场制作环境中更是如此。基于前述章节，让我们来讨论如何使用一些新的工具和转换技术对传统拾音技术进行补充，使其适合为沉浸式和互动式应用进行声音对象的捕捉。

最后，我们会聚焦两个行业关注的话题：扩展响度表和对基于对象呈现的控制以及基于对象内容交换和交付的标准化问题。

8.2　空间重现与音频对象渲染

8.2.1　坐标系统（Coordinate Systems）与参考系（Frame of Reference）

在空间中定义某一位置需要借助参考系（Klatzky，1998）。参考系的归类方式有很多种，但最为基本的考虑因素是多中心型（或环境型）和自我中心型（观察者）参考系之间的区别（见图 8.1）。一个自我中心型参考系会以观察者或"自我"的位置（方位和朝向）为参考，将对象的位置进行编码。一个多中心型参考系会以环境中其他对象的位置和朝向为参考，将对象的位置进行编码。自我中心型参考系通常被用于感观的研究和描述；其获取和编码过程中所隐含的生理和神经处理过程大多直接与自我中心型参考相关。多中心型参考系则更加适合场景描述，它与某一观察者的位置无

2　即信号拾取技术——译者注

关，而是强调环境中各个元素之间的关系。对于互动式渲染来说，电子游戏的应用程序接口（APIs：Application Programming Interfaces）通常将音频对象的位置表达为多中心型的世界空间笛卡儿坐标系（World-Space Cartesian Coordinates）。在渲染过程中，尤其是需要渲染出一个单一视角声音场景的时候（例如使用耳机的情况），这些对象的坐标可以根据玩家的位置被转化至听音者 / 自我中心型参考系。

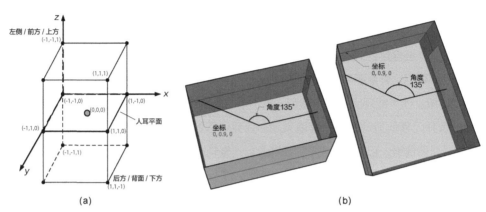

图 8.1　（a）用于描述与房间相关对象位置的多中心型单位坐标系统图例。对于后期混音来说，对象的位置和重放环境中扬声器的位置可以在一个笛卡儿空间单元（Cartesian Unit Room-Space）中表示为 $(x, y, z) \in |-1, 1| \times [-1, 1] \times |-1, 1|$。（b）在一个自我中心型坐标系中，相对于听音房间和屏幕而言，同样的角度可以转化为不同的位置。

　　在为后期制作缩混选择参考系时，需要考虑以下几个问题：（1）如何对艺术动机进行最佳捕捉；（2）如何在多种不同听音环境下对艺术动机进行最佳的保留和重现（也被称为转化）；（3）用于捕捉艺术动机的工具和人机界面；（4）如何在大范围观众区域内保持一致的性能。

　　为了了解如何对艺术动机进行最佳的捕捉和转化，我们必须考虑混音师想要创造和保留何种空间关系。总的来说，混音师倾向于多中心型的思考和缩混模式，对声像定位工具的使用基于一个多中心型的参考系——屏幕、房间墙壁——他们所期望的声音渲染方式为：这个声音应该出现在屏幕上，那个声音应该出现在屏幕外，在左右墙壁之间 1/4 的位置上，等等。声音的运动也被定义为与重放环境之间的关系，例如，一个飞行路线从屏幕的中心开始，从上方穿过房顶，最后停止在后墙的中心。使用一个自我中心型参考系会导致一个狭长的混音室中位于侧墙的对象在一个更接近正方形的重放空间中错位到后墙上[3]。如果自我中心型音频参考系是三维的，即包含距离、水平方位角和

---

[3]　例如，以自我中心型参考系为基准，在长方形的混音室中某一声音对象的位置在水平面右后方 +130° 的侧墙上；如果将同样的坐标置于一个正方形的重放房间中，位于 +130° 的声音对象可能已经出现在了后墙上——译者注

垂直高度角，那么在一个小型混录棚中位于后墙上的对象可能会出现在一个大型剧场的观众席范围内［见图 8.1（b）］。如果使用多中心型参考系，对于每个听音位置和任意屏幕尺寸来说，声音都可以在屏幕中的同一相对位置上得到描述，例如屏幕中心向左 1/3。这些相对关系因此得到保留，能够在多种不同尺寸和形状的重放环境中获得最佳的效果。

　　当代（环绕声时代）的影院声音使用的是多中心型参考系［见图 8.1（a）］。其参考点为某种标准所规定的扬声器位置（如左、中、右）或扬声器分区（如左侧环绕阵列、右上方环绕阵列）。这些位置与影院环境的组成要素——屏幕、观众和房间——之间有着已知且固定的关联映射。这些位置还和创作工具——左 / 右推子、摇杆定位、图形用户界面——之间存在着已知且固定的关联映射。在这一基础上，当混音控制将定位设定为最前方的极左位置时，我们就知道声音将会从位于屏幕左侧边沿位置的扬声器中发出。所有定位元数据的生成和解码都参考这一标准来进行。这一参照标准同时适用于对象和声道。只有对象和声道使用同样的参考系才能够确保对象和声道之间的空间关系被保留下来。

　　另一个具体的例子如图 8.2 所示，屏幕上人物角色的目光随着屏幕外声音事件的移动而移动。这一声音对象对于每一个座位上的观众来说都来自不同的方向，但这个声音在房间中的位置对于观众和屏幕上的角色来说是一致的。

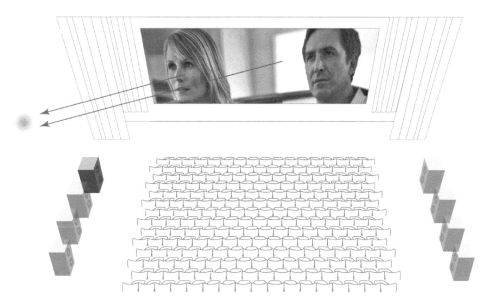

图 8.2　使用多中心型参考系的对象表达和渲染在大空间听音环境中（如电影院）具有声画一致性的优势。观众和屏幕上的角色似乎共享着同一个空间。

8.2.2　渲染方法

音频渲染是空间声音内容创作的一项基本操作。音频渲染算法将一个单声道音频信号映射到一系列扬声器中，在空间中期待声源出现的位置上生成相应的听觉事件。长时间以来，这种算法都是基于声道的环绕声节目制作的关键组成部分（Rumsey，2001；Begault 和 Rumsey，2004），基于对象的内容重放也同样需要它们。

一些渲染算法，如波场合成（de Vries，2009）或高阶 Ambisonics（Furness，1990），试图在听音区内重现基于物理原理的声场。这些技术将会在本书的第 9 章和第 10 章进行介绍。其他基于物理原理的渲染技术，如双耳声渲染，能够用于音频对象在耳机中的重放（详见第 4 章）。

另一种对象渲染器能够模拟出更高级别的感知提示，如声源定位所需的双耳间时间 / 强度差。大多数现役专业音频制作系统中使用的算法都试图通过振幅定位（Lossius，2009；Dickins，1999；Pulkki，1997）的方式来重现适宜的听觉提示。一个经过归一化的增益矢量 $[G_i]$（$1<i<n$，$\sum_i G_i^2=1$）被计算出来，同时被分配给系统中 n 只扬声器所重放的声源信号。因此，对象信号 $s(t)$ 以 (x, y, z) 为坐标，以 $G_i(x, y, z) \cdot s(t)$ 为各个扬声器重放的信号，以此为虚声源构建一个适宜的定位提示。例如，图 8.3 描述了不同的二维渲染（声像定位）算法如何利用不同的扬声器信号来模拟对象在重放环境中的定位感知。

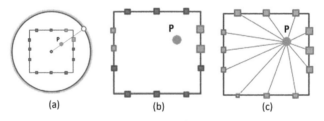

图 8.3　对于不同声像定位算法的描述：（a）方向性成对声像定位（Directional Pairwise Panning），（b）双平衡声像定位（Dual–Balance Panning）和（c）基于距离的声像定位（Distance–Based Panning）。浅灰色正方形表示渲染对象 P 所使用的扬声器（黑色正方形则是未被使用的扬声器）。每个正方形的大小粗略表示了送往各个扬声器信号振幅的大小。

对于运动对象来说，增益通常会在很短时间内被计算出来并进行内插替换，以直接或重叠相加的方式进行音频信号输出的重构。针对不同的渲染系统，对象的位置更新、增益计算和音频处理既可以是同步的，也可以是异步的。音频渲染器通常会对输入对象的坐标更新进行重新采样，从较低的频率（如最初的 30 Hz）到某一固定音频帧率（如 100 Hz），该频率为系统不断计算以更新声像定位增益的频率。随后，增益以每个采样为单位进行内插替换，与音频处理速率（如 48 kHz）进行匹配（Tsingos 和 Gascuel，1997；Tsingos，2001）。

　　尽管出于效率的考虑，大多数渲染器计算的都是宽频带增益数值，但 Pulkki 等人（1999）和 Laitinen 等人（2014）进行了若干频率相关定位（Frequency-Dependent Localization）和方向性定位算法响度偏差（Loudness Bias of Directional Panning Algorithms）的研究，并且展示了频率相关定位增益所带来的额外优势。

方向性、基于矢量的声像定位（Directional，Vector-Based Panning）

　　方向性成对声像定位 [见图 8.3（a）] 是一种常用定位策略，它仅依赖于从参考点（通常是听音甜点或房间中心）到对象目标位置之间的方向矢量。在重放过程中，囊括相关方向矢量的一对扬声器被用来放置（渲染）对象在空间中的位置。基于矢量的振幅声像定位（VBAP：Vector-Based Amplitude Panning）（Pulkki，1997）是将方向性声像定位扩展至三维扬声器布局的重要例子，它使用 3 只扬声器（见图 8.4）在听音者所需要的三维入射方向上渲染出相应的声音。

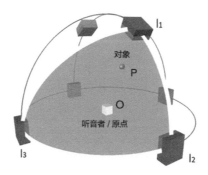

图 8.4　基于矢量的振幅声像定位（VBAP）使用 3 只扬声器，以听音者（O）所需要的入射方向来渲染声音对象（P）。3 只扬声器 l1、l2 和 l3 构成的区域囊括了声源的入射方向（OP）。

　　通过三角形凸包络（Convex Hull）可以将扬声器阵列排列成 3 只扬声器的组合，例如，可以使用 Delaunay 三角剖分算法来获得三角形网格来和重放扬声器的特定几何布局相匹配（Barber、Dobkin 和 Huhdanpaa，1996）。对于已知对象位置 p 和甜点 O，将方向矢量 $d = p\text{-}O/\|p\text{-}O\|$ 和三角形凸包络相交，从中挑选出 3 只扬声器（见图 8.4）。方向 d 可以表示为 3 只相应扬声器单位方向 l1、l2 和 l3 的函数：$d = g_1 l1 + g_2 l2 + g_3 l3$。因此每只扬声器增益的矢量 $G = [g_1\ g_1\ g_3]$ 可以通过下式获得：

$$G = d^T L^{-1}$$

其中，L 是扬声器方向矢量的 3×3 矩阵。

　　一些专利的扩展技术，如 MPEG-H 标准，已经通过通用三角形剖分和 VBAP 算法来改善其性能，这种改善和优化尤其针对任意扬声器设置情况（Herre 等人，2015）来展开。

首先，三角形剖分算法的设计使得它们能够将扬声器三角形凸包络以左 – 右和前 – 后的对称性分割成三角形，这避免了对称定位声音对象的非对称渲染。为了解决非对称问题，还可以使用四边形和三角形（或 n 角 / 边形）构成的混合式网格对 VBAP 方法做进一步扩展。一旦对象的方向矢量和网格的交叉点确定后，声像定位增益就可以作为三角形交叉点的重心坐标或多边形交叉点的广义重心坐标的函数进行计算（Warren 等人，2007）。

VBAP 还需要扬声器之间形成的凸包络能够覆盖整个球体（或上半球）的方向。为了防止出现不均匀的声源运动，避免裁剪对象坐标，一些系统在目标系统中未使用物理扬声器覆盖的区域采用了虚拟扬声器。在渲染过程中，VBAP 被施加给一个通过虚拟扬声器进行扩展的系统设置。为虚拟扬声器计算出的信号随后被下变换至实际的物理扬声器。从虚拟扬声器映射到物理扬声器的下变换增益是通过将虚拟扬声器中的能量均等地分配给相邻（即由三角形剖分边界所定义）的扬声器来获得的。重放系统的扬声器仅分布在水平面上的情况是虚拟扬声器最为重要的应用场合：在这种情况下，将一个虚拟扬声器放置在听音区中心正上方的顶点，进而获得一个平滑的声音运动轨迹，如从头顶飞过的声音对象（Herre 等人，2015）。

由于基于矢量的声像定位仅仅利用了声源与参考位置的相对方向，因此它无法分辨同一方向矢量上不同位置的对象声源。不仅如此，一些三维环境下的应用可能会将渲染的对象限制在一个单位球面上，进而导致对象不得不"从上方穿过"，而无法从房间内部通过。方向性声像定位解决方案还可能在对象位于房间中心时出现突然的扬声器信号跳变，在这个位置上，对象位置的微小移动并不总是能够转化为扬声器增益 $[G_i]$ 的微小变化。解决这些问题需要某种形式的基于距离声像定位的调节，例如当对象到达参考系原点（即甜点或房间的中心）时，使声像定位算法从初始的基于方向的行为模式转变为向所有扬声器馈送相同的增益。

基于位置的声像定位（Position-Based Panning）

另一种声像定位方法依赖于对象的位置而非方向，它为上述问题提供了解决方案。

"双平衡（Dual-Balance）"声像定位算法是当下在 5.1 或 7.1 声道环绕声制作中最为常见的方法 [见图 8.3（b）]。这种方法使用了广泛用于环绕声声像定位的左或右以及前或后的声像电位器。通过这种方式，双平衡声像定位通常适用于以 4 只为一组的扬声器来获得对象在二维平面中的预期位置。

从二维平面扩展到三维空间（如使用位于听音者上方垂直层的扬声器）需要一个分层的"三重平衡（Triple-Balance）"声像电位器。它会生成 3 组一维（1 Dimension）增益来分别对应左或右、前或后以及上或下的平衡数值。这些数值相乘后会得到最终的扬声器增益：$G_i(x, y, z) = Gx_i(x) \times$

$Gy_i(y) \times Gz_i(z)$。无论是二维还是三维环境，这种方法都能够让对象在房间中获得完全连贯的定位，也使得对中间层或高度层扬声器何时以及如何工作进行精确的控制变得更加容易。

以下背景资料和方程为我们展示了如何通过简单的正弦或余弦定律来实现简单的声像定位算法。其他的声像定位法则也同样可行。

一个典型的一维（立体声）渲染可以利用音频对象的 x 坐标 $[-1, 1]$，通过下式获得：

$$G_{\text{left}} = \cos\left(\frac{x+1}{2} * \frac{\pi}{2}\right)$$

$$G_{\text{right}} = \sin\left(\frac{x+1}{2} * \frac{\pi}{2}\right)$$

一个象征性的 3/2/0（3 个前方声道：左、中、右；2 个环绕声道：左环绕、右环绕；0 个 LFE 声道）系统可以利用 (x, y) 坐标 $[-1, 1] \times [-1, 1]$ 进行二维渲染，具体步骤如下。

- 将所有增益设置为 0.0。
- 利用 x，参考前文立体声的例子，针对前方和后方扬声器计算左右声道的声像电位器数值（其中 ls 为左环绕，rs 为右环绕，l 为左，c 为中，r 为右）：

$$G(ls) = \cos\left(\frac{x+1}{2} * \frac{\pi}{2}\right)$$
$$G(rs) = \cos\left(\frac{x+1}{2} * \frac{\pi}{2}\right)$$

当 $(x \leqslant 0.0)$ 时，

$$G_l = \cos(-x\ \pi/2)$$
$$G_c = \sin(-x\ \pi/2)$$

否则，

$$G_c = \cos(x\ \pi/2)$$
$$G_r = \sin(x\ \pi/2)$$

- 利用 y，计算前 / 后声像电位器的数值，并与左 / 右声道增益相结合：

$$f = \cos\left(\frac{y+1}{2} * \frac{\pi}{2}\right) \quad b = \sin\left(\frac{y+1}{2} * \frac{\pi}{2}\right)$$

$$G_l^* = f;\, G_r^* = f;\, G_c^* = f$$
$$G_{ls}^* = b;\, G_{rs}^* = b$$

- 根据 $\sqrt{(\Sigma_i\ G_i^2)}$ 将所有增益 G_i 进行划分，将功率归一化至 1.0。遵循同样的原则，这些例子可以很容易被扩展到包含高度信息的三维系统。

与方向性定位方法和基于平衡的定位方法不同，基于距离的定位方法（Lossius 等人，2009；

Kostadinov，2010）[见图 8.3（c）] 利用二维或三维对象所在位置 p 与每一只扬声器 L_i 之间的相对距离来确定定位增益：

$$G_i(p) = \frac{1}{\varepsilon + \left(\|L_i - p\|\right)^a}$$

其中 a 为距离指数（通常数值为 $a = 1$，或更为适宜的 $a = 2$），ε 是一个"空间模糊"系数，它控制着一个独立扬声器能够对一个对象进行渲染的程度。

因此，这种方式基本上使用了所有可用的扬声器而非有限的少数扬声器，它能够带来更为平滑的对象定位，但是这也需要与容易造成音色失真的问题进行权衡。除此之外，随着对象数量的增加，即使在所有扬声器之间出现很少的串扰也会导致整个混音听上去分离度下降（Less Discrete）。

但是，无需内在的拓扑结构（例如扬声器分布网格）是这种方式所具备的优势之一，这种直截了当的实现方式能够以最佳的灵活性对扬声器布局提供最大的支持。

将对象在任意扬声器布局中进行定位的普遍解决方案是确定一个最优的（非负数的）增益数据集 $[G](G_i \geqslant 0)$，对各扬声器位置（或方向）进行加权后求和，进而获得所需的对象位置（或方向）（Dickins 等人，1999）。这可以通过最小二乘算法（Least-Square Approach）进行求解。由于可能存在多个解，通常需要额外的正则项（Regularization Term）来确保运动对象具有平滑变化的增益，例如，强制让增益的数值尽可能地小。相比于直接在一个特定的拓扑结构（如三角形网格）中选择若干扬声器进行增益分配的解决方案，这种优化方式似乎需要更大的计算量。但是对于多种扬声器布局的支持、声像聚焦控制和甜点稳定性来说，它具有更强的通用性。

8.2.3　不同振幅声像定位策略的取舍

对象声像定位 / 渲染算法的设计最终必须要在音色保真度、空间准确性、平滑度以及对于听音区中观众位置的敏感度之间做出平衡和取舍，上述所有因素都会影响听音者对于空间某一位置上对象的感知。

例如，Kostadinov、Reiss 和 Mladenov（2010）针对基于距离的振幅定位（DBAP）和基于矢量的振幅定位（VBAP）的声源定位效果进行了比较，发现这两种方式的效果相似，但是他们并未对声源的音色保真度进行评价。

不同的渲染方式可能会对重放环境中对象运动轨迹的感知产生显著影响。将图 8.3 中的 3 种声像定位算法分别用于 1 个配有 25 只扬声器的 250 座电影院中进行二维声像定位（Tsingos 等人，2014），它们的比较结果如图 8.5 所示。总的来看，这些结果显示渲染策略极大地受到听音者与房间中心（即方向性定位策略中自我中心型参考系的原点）距离的影响，双平衡定位策略在房间中心附近的表现出色，而基于方向的定位策略在远距离下，尤其是在靠近或超出房间边界的位置上取得了良好的效果。

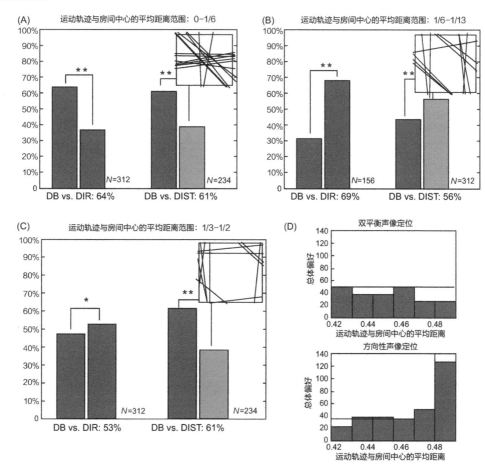

图 8.5 对 3 种声像定位算法［方向性声像定位（DIR）、双平衡（DB）和基于距离的声像定位（DIST）］渲染不同线性运动轨迹（详见插图）的偏好判断。评价结果聚焦于 3 组运动轨迹，它们与房间中心的平均距离越来越大。相应的运动轨迹显示在插图中。右下图是左下图的详细分解视图。N 表示所有纳入平均结果的项目和听音者总数。

8.2.4 点状对象和宽度对象

大多数对象音频渲染器都能够控制对象的感知尺寸，帮助混音师创造一种声源在空间中展开的听觉印象。对象的感知尺寸可以通过将对象延伸到多只相邻扬声器中进行扩展，同时应对这些馈送信号进行去相关处理（Decorrelation）以避免虚声像的产生（见图 8.6）。被扩展的对象在各扬声器中的增益通过空间积分（Spatial Integration）进行计算，为若干覆盖二维表面或三维空间的基础点声源进行增益求和（见图8.7）。关于去相关和对象尺寸算法的相关内容，我们建议读者参考 Potar 和 Burnett（2004）的著作。

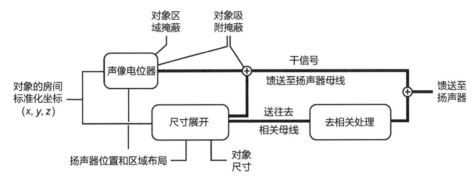

图 8.6　对象渲染器进行尺寸展开和去相关处理的高阶视角（High-Level View）。对象向空间中扩展的部分被渲染至 1 个 N 声道的去相关母线，向 N 个去相关处理器馈送信号，这些去相关处理器对应 N 只用于重放的扬声器。额外的元数据控制可以被用来微调哪只扬声器应该被用于对象的渲染。

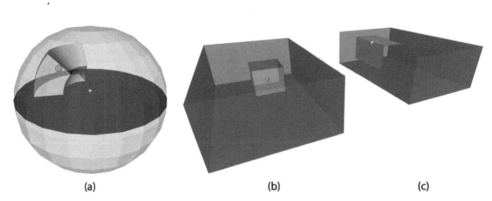

图 8.7　对象尺寸控制示意图。在图 8.7（a）中，对象尺寸通过自我中心型参考系参数（水平方位和高度角展开以及距离展开）和听音点之间的相对关系进行控制。在图 8.7（b）和 8.7（c）中，通过与房间的相对关系来控制对象尺寸，例如当对象到达房间边界时，会形成一个盒形区域（a）或类似于火炬形状的二维平面（c）。一个独特的参数 [0, 1] 能够有效地对各向同性（Isotropic）对象尺寸进行建模，0 代表一个点声源，而 1 则表示覆盖整个房间或墙面。

　　对象尺寸的扩展可以通过不同的解决方案来进行建模。以自我中心型参考系为基准，一些接口和渲染器将对象展开建模成水平方位、高度以及距离的角度展开 [见图 8.7（a）]。例如，MPEG-H 三维音频的展开算法基于多方向振幅定位（MDAP：Multiple Direction Amplitude Panning）（Herre 等人，

2015；Pulkki，1997）。其他渲染方式可以将对象展开建模成一个三维的盒形空间，当原始对象被定位在墙面边界时，它们能够将扩散限制在墙面上（见图 8.7（b）和图 8.7（c）（Robinson 等人，2012）。

8.3　高级元数据与基于对象的应用

8.3.1　电影声音中对象渲染的艺术控制

尽管我们期望使用具有一致性的核心音频渲染技术，但却无法假设某一特定渲染技术总是能够在不同的重放环境下提供一致且美感上令人愉悦的结果。例如，电影混录工程师通常会针对不同的基于声道的格式［如 7.1/5.1 或立体声］对同一声轨进行不同版本的混音，以便于在每一种制式下都能够获得他们所期望的艺术效果。在上百个音轨进行可闻度竞争的情况下，保持混音的分离度并为所有关键元素找到相应的位置对于所有电影混音师来说都是一个挑战，这要求他们所遵循的混音原则能跟随物理模型进行刻意的变化，或者在不同的扬声器布局中进行直接的再渲染。

近期的电影混音格式（Robinson 等人，2012；Robinson 和 Tsingos，2001）在音频对象这一层级引入了更多的控制，如扬声器区域元数据，它可以用来对对象渲染器进行动态的重新设置，以对某些扬声器进行"掩蔽"［见图 8.6 和图 8.8(a)］。这确保了掩蔽区域中的扬声器不会被用于对象的渲染。制作中常用的区域掩蔽包括："无侧面""无后方""仅在屏幕区域""仅在房间区域"和"高度开 / 关"。在这一部分，让我们来了解混音师如何使用这种技术为数量众多的观众改善对象定位，或者在没有顶部扬声器的情况下渲染头顶对象，以及它们将如何影响对象感知尺寸的渲染。除此之外，我们还会介绍一种额外的"吸附到扬声器（Snap-To-Speaker）"渲染元数据，通过它来控制渲染的分离度以及位于屏幕前对象（即在房间中离屏幕很近的对象）的下变换。

扬声器区域掩蔽的应用

扬声器区域掩蔽的一个重要用途，就是帮助混音师严格地控制每个对象的渲染将会使用哪些扬声器，以此将预期的感知效果最大化。例如无侧面掩蔽保证房间侧墙上的扬声器［见图 8.8（a）］不会被使用。对于从屏幕到房间后方的飞行运动来说，这种方式能够为更多观众带来更加稳定的运动轨迹感知。如果侧墙上的扬声器被用来渲染这些轨迹，它们就会被最靠近侧墙的观众听到，对于这些座位来说，这些运动轨迹会出现失真，变成从侧墙划过而非直接从前到后穿过房间。

区域掩蔽功能的另一个重要用途，就是在没有房顶扬声器的情况下对头顶对象的渲染进行微调。考虑对象本身的情况，以及它是否和屏幕上的元素直接相关，一个混音工程师可以选择"仅在屏幕区域"或"仅在房间区域"对该对象进行渲染。在没有实际头顶扬声器时，这两个选项分别对应了仅使用屏幕后方扬声器或仅使用环绕扬声器的情况。以头顶方向的音乐对象为例，此类对象通常会通过"仅在屏幕区域"这一掩蔽方式来进行制作。它可以直接通过以对象高度坐标（z）为变量的函数来获得。如果 $z = 1$，对象会完全通过所有可用的顶部扬声器来进行渲染。当没有实际顶部扬声器可用时，对象会被投射到基准平面上（即 $z = 0$）进行渲染，区域掩蔽开始起作用。

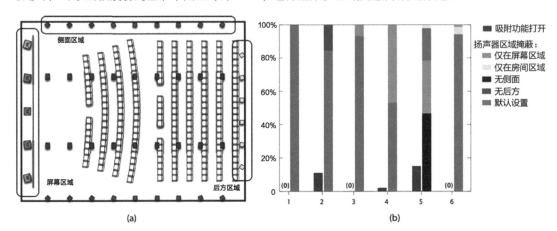

图 8.8　（a）剧院重放环境下扬声器分区的例子。（b）近期的 6 个 Dolby Atoms 电影片段（1 ~ 6）使用艺术性元数据（吸附到扬声器和扬声器区域掩蔽）的分布情况，通过所有对象中非静音状态音频帧百分比的方式来表达。第 1 个片段保持默认设置，没有使用吸附到扬声器和区域掩蔽，而第 5 个片段则大量使用了吸附到扬声器和区域掩蔽设置。

　　扬声器区域掩蔽能够提供有效的手段对扬声器的使用做进一步控制，这种控制也是对混音分离度进行优化处理的一部分。例如，可以通过"高度关闭"掩蔽功能对一个尺寸较宽的对象进行控制，使其仅在二维平面得到渲染。为了避免为屏幕后方声道增加更多的能量负担而导致对白可懂度的下降，也可以使用"仅在房间区域"选项。

虚声像定位声源与离散声源

　　另一个有效的美学控制参数是"吸附到扬声器"模式。一旦混音工程师选择这一模式，就意味着音色重放一致性比定位重放一致性更为重要。这一模式被激活后，对象渲染器不会使用虚声像定位方式来获得对象所需的定位，而是通过距离目标定位最近的单只扬声器来进行对象的渲染。通过单只扬声器进行的重放能够获得一个点状的、音色自然的声源，相比于那些更为扩散的、需要通过基于声道方式重现和影院扬声器阵列进行渲染的元素来说，它可以被用来在整个缩混中凸显关键效果。

　　吸附到扬声器模式也可以与区域掩蔽和尺寸控制相结合，尽管尺寸通常被规定为零（即没有扩展），因为我们的主要目标还是制造一个锐化的点声源。为了在吸附模式打开和关闭时获得较好的一致性，"最近的"扬声器通常被规定为（吸附功能关闭时）接收虚声源最大能量的扬声器。为了避免将对象吸附到远离其初始位置的扬声器上（这种情况会在松散的扬声器布局中发生），系统还提供了吸附释放阈值（Snap-Release Threshold）设置。如果吸附位置与目标位置间的距离超过了这一阈值，渲染器则会重新回到虚声像定位方式。

对于电影音轨来说，吸附参数的重要用途就是通过吸附到屏幕前扬声器获得靠近屏幕的对象或者沿电影院侧墙分布的一对很宽的对象。这对于音乐元素来说十分有用，例如将交响乐队展至屏幕之外。当针对松散的扬声器布局进行再次渲染时（如传统的 5.1 或 7.1 声道），这些元素会被自动吸附到屏幕的左 / 右声道。吸附元数据的另一种使用方式是制造"虚拟声道"，例如将传统多声道混响插件的输出在三维环境下进行重新定位，避免出现"双重定位"的问题。

图 8.8（b）展示了 6 个近期的电影片段中基于艺术性考虑对元数据使用的总体情况。我们可以看到，仅根据对象位置进行工作的默认渲染处理在进行基于对象内容缩混的大多数时间都得到了使用。但在很多例子中，基本的渲染无法带来最佳效果，而通过额外的艺术性元数据计算条件对默认渲染处理进行调整则是十分有益的。

电影的虚拟现实和耳机重放

一种新兴的电影内容以虚拟现实（VR）终端为目标。虚拟现实终端使用头戴式显示设备（HMDs：Head-Mounted Displays）和耳机渲染来为用户提供一种沉浸式的 360° 立体体验。渲染空间化的声音对于这种应用场合来说至关重要，而基于对象的描述方式对于需要高空间解析度的听觉场景来说也十分合适。尽管如此，额外的渲染元数据可以被用来帮助混音师对每一个对象进行精细调整以带来更好的耳机听音体验。例如，根据节目内容的类型来对渲染算法进行控制是十分有益的。一个立体声背景音乐在不经过双耳空间处理和头部追踪（即与头部相关）处理的情况下，其声音效果仍然能够获得空间渲染和头部追踪 [即与世界相关（World-Relative ）]。混音师通常会选择将打击乐（如鼓）渲染为立体声信号以避免双耳滤波造成的瞬态模糊。针对终端的元数据可以让虚拟现实耳机音频适应扬声器重放场合，例如可将头戴式视频显示设备与家庭影院音频系统结合使用。

8.3.2 实况播出的互动性和个性化处理

传统的直播混音师将所有现场话筒信号缩混为高品质的 5.1 声道或立体声节目。后期制作混音工程师也会在得到最终的节目之前制作不同的混音组（Submix）（例如环境或效果、音乐和对白）。

这些混音组构成了声床（Audio Bed）（即传统的多声道环境声），音频对象可以被分别送往重放设备，根据个人喜好进行调整和渲染。例如，可以将一个环境或效果混音组通过 5.1 声道声床来表示，每一个不同的对白混音组（例如多位解说员或多种语言）都可以通过一个音频对象来呈现。通过这种方式，现有的话筒和拾音方案可以针对现场直播活动制作出基于对象的定制化音频内容。更多的话筒（例如捕捉高度信息或近距离拾取的观众声音）可以被用来提供更具沉浸感的音频体验。

如今，基于声道的直播声音制作由若干元素构成，其中包括：

- 众多声源构成的观众声（扩散的）；
- 声源点（如踢球或篮球弹地声）；
- 屏幕外对白（如解说或评论）；
- 屏幕内对白（如录影棚连线和单机采访）；
- 伴随屏幕图像变化的音效；
- 预先录制的音 / 视频重放素材（如精彩内容回顾或活动现场的片段回放）；
- 合成的补充性声音（例如直升机、赛道维修站的声音或对观众声音的补充）。

一个基于对象的音频制作也由同样的元素构成，但其与基于声道的音频制作的不同之处在于，部分元素不会在制作时加入节目声音之中，而是作为若干不同的音频内容（由一个或多个子数据流组成）被同时送往接收端。随后，被选中的内容会通过接收器针对最终的扬声器布局进行渲染（Mann 等人，2013）。

还有一层元数据定义了音频节目中个性化的方面，这些个性化元数据具有两种用途：定义一组特定的音频呈现内容供用户选择；对构成这些特殊呈现的音频元素（对象）之间的相关性（即约束）进行定义，以确保个性化选择始终具有最佳的声音效果（Riedmiller 等人，2015）。

呈现元数据（Presentation Metadata）

制作人和混音工程师可以为节目定义多个音频呈现以便于用户在若干预先定义的音频设置之间进行切换。例如，一个体育赛事的混音师可以为观众总体效果定义一个默认的混音，同时提供突出各队的支持者声音的倾向性混音选择、对解说员的喜好选择以及没有解说员的混音选择。这些定义取决于内容的类型（如体育或戏剧），并随子类型（不同的体育赛事）的不同而有所区别。呈现元数据定义了这些不同声音体验的组成细节。一个音频呈现定义了哪些对象元素或对象组应该被激活，以及激活后的定位和音量。对默认音频呈现的定义确保节目始终存在音频输出。呈现元数据还能够提供附带的渲染操作指南，详细说明了不同音频对象在不同扬声器布局下的位置或音量。例如，相比于音 / 视频接收器（A/V Receiver）的重放条件而言，对白对象在通过移动设备进行重放时应具有更高的增益。每一个对象或声床都应该被归类，如对白或音乐。这种分类信息既可以被用于后续制作环节的进一步处理，也可以引导重放设备激活特定的功能。例如，将某一对象归类为对白能够使重放设备控制对白对象与环境声之间的音量关系。这种分类也可以用于使非重要元素进行条件性闪避（Ducking）以突出重要对象，进而改善语言可懂度。呈现元数据还可以对节目及其他特征（如何种体育赛事或哪些队伍在比赛）进行识别，以便于自动调用类似节目播放时的个性化设置细节。例如一个用户在观看棒球比赛时总是选择广播解说，重放设备能够记住这种基于内容类型的个性化选择，自动为后续棒球比赛选择广播解说进行播放。无论是针对节目内容、每一种呈现方式还是每一个声音对象，呈现元数据都包含了特殊的识别符号。这使得重放设备用户界面上的各个元素与个性化节目播放的各个方面关联起来。呈现元数据通常不会随时间发生逐帧的改变，但是它们可能在整个节目进行的过程中偶尔变化。例如，呈现的数量可能在比赛过程中，如中场休息时发生改变。

互动元数据

用户可能需要对音频节目在个性化设置方面进行完全的控制。为了确保每一种个人定制结果都是最佳的声音缩混，内容制作者或播出商可以提供互动元数据。互动元数据定义了一系列仅用于个人定制的渲染规则，它能够规定对象参数的最小值或最大值、对象间相互排斥、对象间位置、音量或闪避规则以及整体的混合规则等。互动元数据通常在用户界面中防止不良渲染（混音）的出现。例如，如果英语和西班牙语对白同时出现在音频流中，互动元数据会阻止用户同时打开这两个对象。互动元数据可以通过混合图形结构来进行内容呈现（见图 8.9）。

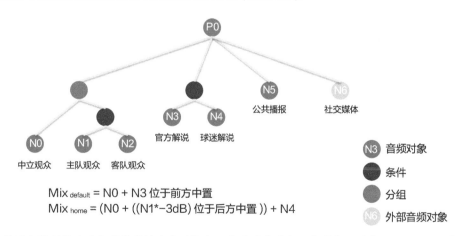

图 8.9　该混合图形展示了体育赛事播出应用场合下基于对象的个人定制或互动式呈现。默认混音预置（例如 $Mix_{default}$ 或 Mix_{home}）可以通过图中的分支对象进行定义。约束条件可以通过具体的控制节点来表示，它可以防止用户获得不良的结果。例如，条件节点表示"非此即彼（Either/Or）"的约束条件。

8.3.3　电子游戏与仿真

音频对象在游戏引擎中的概念通常可以延伸到剧场或广电应用之外的广阔领域。它包含特定的声源建模（如指向性）和传播元数据（如随距离衰减的模型和混响参数）。在此我们建议读者查看相关著作（Savioja 等人，1999；Funkhouser、Jot 和 Tsingos，2002）以了解游戏和仿真音频渲染的相关内容。与后期制作的应用不同，这些效果通常已经作为本质属性被预先植入对象音频中，因此并非是对象元数据在下游传输过程中（如影院或家庭影院重放）需要考虑的要素。此外，游戏引擎中的音频对象可以包含多种元素，这些元素都通过特定的控制参数与游戏逻辑绑定在一起，进而定义了包括脚本行为（Scripted Behavior）在内的非常复杂的混合场景，例如，通过这种方式实现实时连续的声音合成（Roads，1996）。

为了渲染基于对象的游戏声音内容，一些标准和应用程序接口（API）曾被研发出来。例如，DirectSound（Bargen 和 Donelly，1998）和 OpenAL（2000）曾被用来进行点声源对象在三维空间中的渲染，在此基础上加入标准化（IASIG level 2.0，2016）及专利性（EAX，2004）的扩展技术以实现封闭环境或混响效果的渲染。一些环境渲染扩展技术同时也是 MPEG4 音频中二进制场景描述格式（BIFS：Binary Format for Scene）[4]（Jot、Ray 和 Dahl，1998）的一部分。如今，电子游戏开发者借助中间件（Middleware）解决方案（FMOD、WWISE）或者为专利音频引擎创建的特定插件开展工作，其灵活性远远超过了通过有限元数据进行实际捕捉的方式。这种引擎将实时对象渲染、动态总线和类似于后期制作数字音频工作站或调音台的音频效果插件架构整合在了一起。

然而，与制作环境相似，传统的游戏引擎渲染的是基于声道的音频输出。尽管基于对象的音频输出以某种方式使渲染设置变得抽象，但它仍然受到青睐，在那些支持高度信息渲染的新系统中更是如此。从这个意义上讲，基于对象音频输出的观念与我们在后期制作应用中面临的情况相符。在 Sony PS4 或 Microsoft Xbox One 这些最新的游戏机中，这种功能已经在系统层面得到实现，其支持的插件能够将基于对象信息编码为外部 A/V 接收器所支持的专有格式。

8.4　基于对象内容的管理复杂性

无论是音频后期制作还是互动式游戏，音频的缩混往往同时包含了上百种元素。我们常常希望通过一种与重放技术无关的方式对所得的听觉场景信息进行压缩，以此使信息的传递、渲染或后期处理变得更为高效。通过利用一些听觉感知属性，我们能够在尽可能不影响音频整体感知品质的前提下对一个基于对象的复杂声音场景渲染进行简化。总的来说，我们需要通过以下两个步骤将声音

---

[4]　场景的二进制格式——译者注

场景进行重组：（1）根据其组成部分的相对重要程度进行排序；（2）降低其空间复杂程度。

8.4.1　对象的优先选择与剔除

管理复杂的基于对象音频场景的第一种方法就是对对象进行优选，同时放弃那些最不重要的元素。这一解决方案建立在基于听觉掩蔽所展开的感知音频编码领域的研究工作之上。当众多声源同时出现在同一环境中，由于人类听觉系统存在掩蔽效应（Moore，1997），这些声音不可能同时都被听见。这一掩蔽机制在感知音频编码（PAC：Perceptual Audio Coding）领域得到了充分的利用，例如众所周知的 MPEG I 第 3 层（MP3）标准（Painter 和 Spanias，2000）和该领域所研发的其他高效率计算模型。尽管当前的应用中通常并不包含明确的连续幻象现象（Illusion of Continuity Phenomenon，Kelly 和 Tew，2002）模型，但这种方法仍然与之相关联。通过隐含的方式将这一现象与掩蔽效应结合使用，可以保证最终的混合音频在不产生可察觉失真或空洞的条件下舍弃整帧的原始音频内容（Gallo，Lemaitre 和 Tsingos，2005）。

对于声音场景的最佳渲染方式以及与之相关的优化问题来说，通过计算方式对所有可能的解决方案进行评估是十分困难的。我们可以使用贪心法（Greedy Approach）来替代上述计算，贪心法能够评估每个声源的相对重要性，以此获得一个好的起点。动态地适应音频内容也是这种方式具备可行性的关键因素。能量、响度或突出性等度量标准可以被用于上述比较（Kayser 等人，2005）。近期研究对这些度量进行了比较，结果表明，不同的度量会对不同特性的信号（语言、音乐、环境声）带来不同的结果。总的来说，响度比较会带来较好的结果，而能量比较则会在数据复杂性和声音品质之间获得较好的权衡（Gallo 等人，2005）。

遵循这些原则，近期的游戏音频引擎采用了"高动态范围"音频，其动态范围窗能够根据当前响度动态地适应音频内容。这种技术能够在控制整体声音动态范围的同时剔除音量相对较弱的音频对象，释放系统计算资源（Frostbite，2009）。

8.4.2　空间编码

人耳空间听觉的局限性，如距离感知和角度感知阈值（Begault，1994），也可以被用来提升渲染速度（与后续信号处理无关）。研究表明，我们的听觉定位感知在多声源环境下会受到极大的影响。听觉系统的定位能力会随着"竞争"声源数量的增加而下降（Brungart、Simpson 和 Kordik，2005），根据并存声源在时间和频率上交叠的情况，表现出如推搡效应（Pushing Effect，由于掩蔽声源的排斥导致声源定位偏离）或牵引效应（Pulling Effect，由于掩蔽声源的吸引导致声源定位偏离）等现象（Best 等人，2005）。因此，随着声音场景复杂程度的提高，尤其随着声源数量的增加，对于空间信息的简化可以更加夸张。但是，如果在渲染过程中存在互动，例如听音者需要对整个声音场景进行浏览，或者某些对象需要得到突出时，这种方式可能会导致失真出现，除非特定的声音元素能够获得相应的优先级。另一个挑战则来自对特定对象渲染元数据的空间编码（参见"基于对象表达的高级元数据及应用"一节）。在这种情况下，必须对空间编码方式进行扩展，将包含不同元数据的对象保存在不同的分组中。

如果已经提前知晓重放系统的格式，可以通过牺牲下游灵活性（Downstream Flexibility）为代价，将一些对象渲染到复杂程度处于制作环境和重放环境之间的、数量较少的声道上，这不失为降低空间信息复杂程度的一种直接方法。这种方式通常被用于互动式游戏引擎，使用声音场景中提前混合好的音频对象为"效果 - 发送"母线（如多声道混响器）馈送信号。

对于重放格式或目标设备并不明确的应用场合而言，空间信息的编码 / 简化必须在场景空间（Scene-Space）内完成，直接针对原始对象进行则是最理想的情况。一种解决方案是将对象转化为一组固定的空间基函数（Spatial Basis Functions），以此获得与初始对象数量无关的、全新的替代表现形式。例如，Ambisonics（Malham 和 Myatt，1995；Daniel 和 Moreau，2004）对听音点接收的声压进行球谐函数分解（读者可通过本书第 9 章内容来了解 Ambisonics 和高阶 Ambisonics 的更多信息）。

但是，我们通常需要保留声音场景基于对象的本质特征，因此需要对初始对象中包含的信息进行缩减并且获得具有相同听感的对象（见图 8.10）。我们将这种解决方案称为空间编码，它可以被分为 3 类。

- 在对象空间（Object-Space）中实施的固定聚合方法（Fixed Clustering Approaches）：直接将属于同一个方向锥（Cone of Directions）内的相邻声源（Herder，1999）进行编组，或者使用固定网状结构或分层式网状结构（Wand 和 Straßer，2004）对对象进行编组。

- 动态的独立对象编组聚合（Dynamic Per-Object Clustering）：这种由 Sibbald（2001）提出的基于对象的聚合方法致力于完整地渲染由若干基础声源组成的复杂对象。与某个对象或区域相关的若干声源会根据与听音者距离的不同来进行编组。这种方式会在近场产生辅助性声源，它通过动态变化的去相关处理来提升空间感。在远场，声源被聚合在一起以加快空间渲染的速度。这种方式的缺陷在于对象的聚合是各自独立的，并不考虑整个场景下所有声音元素之间的相互作用。

- 动态的全局聚合：这是一种动态的声源聚合方法（Tsingos、Gallo 和 Drettakis，2004），它同时兼顾了场景的几何形状和每个声源所辐射信号的情况。这种方法尤其适用于那些声音对象的形状、能量和位置发生频繁变化的场景。这种算法可以灵活地分配所需的聚合组，因此不会出现不必要的资源浪费。动态聚合可以"贪心地"通过如 Hochbaum-Shmoys 的启发性算法推导求得。聚合的成本函数结合了即时响度（Moore、Glasberg 和 Baer，1997）和对象间距离（多中心型编组）或对象相对于听音者的距离和入射方向（自我中心编组）。随后，每个聚合组的等效信号就会作为各声源混合后的信号来进行计算。根据 Tsingos 等人（2004）的理论，每个初始对象都被分配到一个单独的聚合组中，但根据相对位置关系，它们也可以被重新分配到多个聚合组中。根据所需的重放设置，一个具有代表性的响度加权形心（Centroid）被用来对聚合组进行空间化处理。

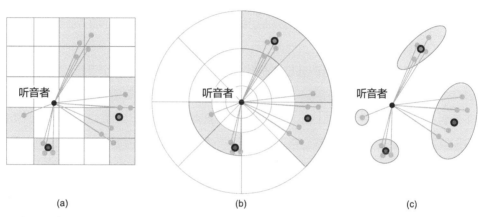

图 8.10　空间对象编组的 3 个例子：（a）使用一个常规的网格结构进行多中心型编组，获得 10 个对象聚合组，（b）针对靠近听音者的对象，使用精确度逐步提高的结构进行自我中心型编组（6 个对象聚合组）和（c）使用自我中心型自适应性聚合方法（4 对象聚合组）。

在互动式方针模拟和游戏的应用场景下，自适应性聚合技术已经被证明能够保留良好的渲染品质，同时对定位的影响非常小，即使在聚合组数量较少的情况下也是如此（Tsingos 等人，2004）。近期，类似的方法已经被成功用于将同时包含多个对象的复杂影院声音数据转换为用于内容交换和家庭影院发行的压缩版本（Riedmiller 等人，2015）。

8.5　音频对象编码

空间音频编码这种能降低数据复杂程度的方法能够显著地减少基于对象节目所需的存储和传输带宽。尽管如此，通过这种方式得到的节目仍然需要若干 Mbit/s 的传输带宽，这与家庭环境接收码流所需的几百 kbit/s 的目标比特率无法匹配（如 192 ～ 640 kbit/s 是目前 5.1 和 7.1 声道的 Dolby Digital Plus 的水准）。在这个量级的比特率下交付基于对象内容需要额外的编码工具。

8.5.1 对象的独立编码

对于需要满足充分互动性和音频对象控制（如自由地调整它们的电平）的应用场景而言，对单一对象进行独立编码是一种受到青睐的解决方案。这种方式通常用于电子游戏，对象音频被分别编码为单声道文件，这些文件可以通过硬件进行快速解码（如使用 AAC、MP3 或 WMA 编解码器）。对于封闭式系统而言，无论是无损还是有损编解码器，从理论上来说都可以被使用。但是，对象的单声道编码为制作内容的线性呈现带来了若干挑战。首先，它无法直接向下与传统的立体声或 5.1 环绕声等重放格式兼容，并且需要对所有音频对象进行解码和渲染后才能获得传统的基于声道的输出。其次，电影重放或其他无需充分互动性的应用场合并不需要保持对象之间的完全隔离，因此可以利用更加高效的数据压缩手段。

为了向下兼容常规的基于声道的环绕声格式，图 8.11（a）给出了一个可行的工作流程，对象信号通过有损或无损方式进行独立编码，为了在重放过程中单独得到重新渲染，它能够在核心对象进行向下兼容的渲染过程中（如 5.1 或 7.1 环绕声）被抵消。核心对象和独立对象被同时传输。如果使用有损算法，对象应在渲染至核心声道前进行编码和解码，这样就能够使编码失真在重放过程中被完全抵消。对全部音频对象进行解码的代价是很高的，因为所有对象必须被解码和渲染两次（一次是为了从核心声道中抵消，另一次是为了进行实际重放）。但是，这种方法十分适合可扩展解码（Scalable Decoding），对象可以根据优先级来进行提取，如果解码器的运算资源吃紧，那么优先级最低的对象就会被保留在核心声道中。有损算法也十分适合承载对音频对象起补充作用的基于声道环境声素材或"声床"。但是，这种方式在处理动态对象属性时会面临挑战，即从核心声道进行对象的时变（Time-Varying）提取可能会导致音频的失真。

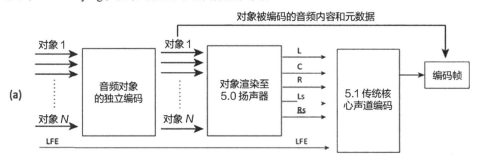

图 8.11 音频对象向下兼容编码的 2 种选择。（a）音频对象和向下兼容的基于声道渲染数据同时被输出。对象可以从基于声道的核心内容中抵消，从而在重放时单独进行重新渲染。（b）音频对象根据一定的参量进行编码，并通过向下兼容的基于声道核心内容进行重构。这种方式的效率更高，但其重放要求全部对象得到解码。

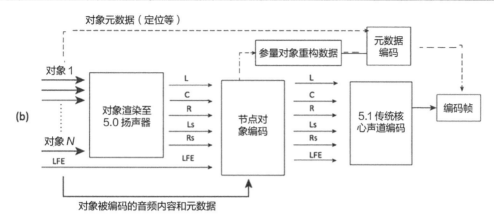

图 8.11　音频对象向下兼容编码的 2 种选择。（a）音频对象和向下兼容的基于声道渲染数据同时被输出。对象可以从基于声道的核心内容中抵消，从而在重放时单独进行重新渲染。（b）音频对象根据一定的参量进行编码，并通过向下兼容的基于声道核心内容进行重构。这种方式的效率更高，但其重放要求全部对象得到解码。（续）

8.5.2　音频对象的参量节点编码（Parametric，Joint Coding）

MPEG-SAOC（Herre 和 Disch，2007）等参量节点音频对象编码克服了上述缺陷，具备更高的编码效率。这种技术被用于在一个包含 K 个下变换声道的音频信号中传输 N 个音频对象，其中 $K<N$，K 的取值通常为 2、5 或 7 这些符合标准基于声道格式的设置。例如，下变换核心信号可以通过将原始音频对象渲染至标准的立体声或 5.1 扬声器布局来获得。随后，该核心信号可以通过传统的感知编码技术进行编码［见图 8.11（b）］。与向下兼容的下变换核心信号一起，对象重构元数据［通常存储在时间-频率数据块（Time-Frequency Tiles）中］会通过一个专用的比特流传输至解码器。

虽然对象重构数据随着对象数量的增加而线性增长，但相比于基于声道下变换信号本身所需的比特率而言，它仅仅增加了少量的额外负担。这种方式所具备的优势在于核心下变换可以被直接解码，不需要传统编解码之外的其他技术即可通过传统的基于声道系统进行重放。同时，这种方式还能够对核心下变换内容进行控制，使得混音师能够对这些重要的传统格式内容进行微调。

需要指出的是，在那些对下变换兼容性要求不高的应用场合中，编码的核心内容并非一定要和常规的基于声道重放系统完全匹配。事实上，核心内容本身也可以是基于对象的，通过它也能够获得一个分层式（Hierarchical）的基于对象内容呈现（例如 15 个对象可以通过 4 个对象进行重构来获得）。递归地（Recursively）使用空间编码技术是构建这种分层式基于对象内容呈现的解决方案。这种方式通常可以更好地重构初始对象。包含音频对象数量较少的核心内容在解码时效率更高，同时仍然能够灵活地针对不同的扬声器布局进行渲染，这种方式通常被用于移动设备的高效虚拟化以延长电池寿命。

8.6 捕捉音频对象

8.6.1 好的对象是"干净"的对象

在常规的后期制作工作流程或互动式渲染系统中，声音对象通常依附于单声道音频元素。由于一个单一的单声道元素无法完全还原自然声音景象的空间特征，因此一个基于对象的节目通常通过多个单声道、立体声和三维空间的声音采集来组成。对单声道音频内容进行单独采录是最理想的情况，这样能够获得尽可能干净的信号来确保素材具有最大程度的灵活性。这种方式使用户能够灵活地对每个对象进行控制和定位，在最终呈现的听觉场景中自由地穿行。捕捉干净的信号还能够避免对象混合所带来的噪声累加。在某些情况下，对单个素材进行过度降噪，并在终混时通过特定的房间染色或背景环境声来掩盖可能出现的失真痕迹是颇具实际应用价值的方法。在广电领域，话筒之间存在时间差的串音会导致音频对象在扬声器数量较少的重放布局（如立体声）中进行重新渲染时出现梳状滤波失真。这一问题的解决方法是对拾取信号进行去相关处理，或者调整话筒布局，让不同话筒拾取的信号更加不同。传统的指向性话筒拾音方式（如近距离拾音或使用枪式话筒）（Rayburn，2012；Viers，2012）可以获得所需的隔离度。指向可变的话筒阵列，无论是线性还是球形阵列（Meyer 和 Elko，2004），在提供类似控制的基础上，还能够在后期制作过程中提取某一特定话筒单元拾取的素材，以此获得更多的声音对象。最后，指向性话筒与方向追踪器的结合使用（如手机等移动设备）能够同时记录音频素材和方向数据，进而作为方位信息直接用于对象的渲染（Tsingos 等人，2016）。

Cengarle 等人在研究成果（2010）中提出，对体育赛事直播的音频制作进行自动化操作，动态地改变分布在足球场四周的点话筒在混音中所占的比重来满足特定位置的需求（见图 8.12）。这一特定位置就变成了具有相应信号的音频对象，即根据话筒与该位置的距离远近来决定它们在混合信号中所占的比重。这个特定位置的音频对象可以由用户进行手动追踪，也可以根据实时视频信号进行自动追踪。每支话筒的增益都作为电平自动化信息发送至调音台，以此为混音师提供更多的手动控制选项。

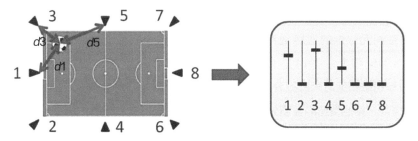

图 8.12　一个特定位置的音频对象通过足球场周围多个非相关的指向性话筒信号混合而成（来自 Cengarle 等人，2010）。每只话筒 i 在混音时的音量都是它与该位置之间距离 (di) 的函数。

8.6.2　从空间捕捉到对象

那些对声场的方向分量进行编码的空间录音技术（Merimaa，2002；Meyer 和 Elko，2004；Soundfield，2016）也可以将现实世界的听音环境作为一个整体直接进行获取和重放。如何将这些录音素材转换为更加结构化的基于对象格式是一个新的问题。

目前，已经有若干解决方案被提出，它们通过实际工作中使用的强度差或时间差录音来提取参数化的、类对象化的音频信息。例如方向音频编码（DirAc）（Pulkki，2006；Vilkamo，Looki 和 Pulkki，2009）针对不同的频率子带进行声音入射方向信息的重构，所分析的对象通常来自 B-format 录音或 MEMS 声速探针或由全指向话筒构成的小型阵列（Ahonen，2013）。这种将空间录音转换为更加参数化、类对象化格式的处理还能够带来更好的、分离度更高的渲染。例如，通过 DirAc 将 B-format 录音转换为类对象格式的效果要超过传统的 1 阶解码（Vilkamo、Lokki 和 Pulkki，2009）。这种方式的另一个优势在于它有助于提升编码效率，便于通过下变换信号或中间渲染（如单声道或立体声）对原始录音进行传输分配。它的传输效率更高，同时在参量解码过程中借助预估性空间元数据，使其仍然能够再现更加丰富的空间信息。近期研究表明，这种方法能够通过通用的 X/Y 立体声拾音制式获得包括高度信息在内的、令人信服的三维声场（Tsingos 等人，2016）。

类似的方式也被用于通过时间差录音来重构三维定位（Gallo 等人，2007；Gallo 和 Tsingo，2007）。声源到达话筒的时间差可以被用来重构话筒阵列凸包（Convex Hull）中不同时间 - 频率数据块的三维定位。对于在 2 只话筒间移动的听音者来说，根据其大致位置就能够通过渲染来重现一个空间。距离听音点最近的话筒组合可以被用来表示每个时间 - 频率数据块 / 对象。不同的子带信号和它们的大致方向或定位可以作为音频对象引入后期制作流程，与其他元素进行混合或进行进一步处理。例如，Gallo 等人（2007）展示了在虚拟现实或游戏场景下，通过引入虚拟障碍物来移动原始要素或对它们进行动态遮挡的功能。

对声强和空间元数据的追踪通常还可以实现虚拟波束成型或盲源分离（BSS：Blind Source Separation）（Yu、Hu 和 Xu，2014）。但这种方法无法对具有语义性的对象进行完全的、细致的分离（如完美地将汽车引擎和狗叫声进行分离），因此无法在不引入可闻失真的条件下对捕捉到的听觉场景进行完全的控制。其他类型的盲源分离算法试图对声源进行更加细致的分离，但这些算法并不直接依赖空间信息，而更多地依赖一种假设的、信号本身所具有的统计独立性，如通过独立成分分析（Yu 等人，2014）方式进行的计算。他们通常需要事先知晓或通过其他算法获取声源的数量，以此作为一个预处理环节。

8.7　基于对象音频呈现的权衡与折中

前文已经对基于对象音频的内容创作、编码和渲染的核心部分进行了探究。在这一部分，让我们来了解一些与基于声道节目（如扬声器重放或 B-format）完全不同的，与基于对象内容创作和交付相关的，对作出决定和判断具有指导意义的若干权衡与折中的思路。

8.7.1　渲染的灵活性和可扩展性

基于对象形式的交付无疑是针对高端重放环境进行高品质内容分发的不二选择，如使用大量扬声器的电影院（例如 Dolby Atmos 影院通常会配备 40 ～ 64 只扬声器）。相比于将若干扬声器阵列进行信号编组的传统影院重放系统而言，在大量具有独立信号路由的扬声器系统中重放空间音频具有若干优势：更好的音色、更为明确的点状声源，以及在大面积听音区域中更好的音 / 视频空间一致性。对象式音频还使得放映商（Exhibitors）能够区分和适应不同市场对重放品质的不同需求。为满足不同重放环境的需求而交付多个不同的基于声道渲染对于内容发行来说是一场噩梦，这是大家都不希望面临的情况。基于对象的音频制作模式能够简化内容创作者的工作流程，在创作出包含高度信息的空间音频渲染的同时，不仅能够一次性地为传统的立体声、5.1 和 7.1 格式进行渲染，还能够生成音频编组以供后续处理和国际声信号的制作。

对于家庭应用场景来说，不仅扬声器数量远少于影院环境，还会涉及耳机重放的情况——有人会质疑基于对象的音频在这种情况下是否还能够保证空间音频呈现具有同样的优势。图 8.13 展示了一个通过耳机重放不同内容的偏好测试结果，听音者在基于声道的虚拟化重放（即使用若干独立的头部相关传递函数来处理每个重放声道）和基于对象的虚拟化重放（使用高精度的连续头部相关传递函数模型）之间进行对比。如测试结果所示，在使用高精度或连续头部相关传递函数模型进行渲染的条件下，基于对象的虚拟重放结果要优于基于声道的虚拟重放。

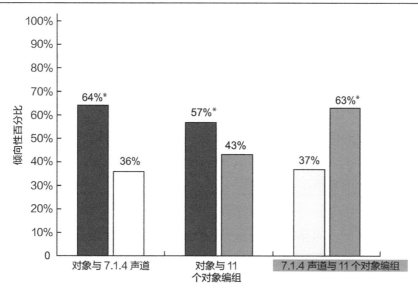

图 8.13 基于声道虚拟化重放和基于对象虚拟化重放的偏好测试。参与对比的 3 种方式为：1. 将原始的基于对象内容渲染为 7.1.4 声道节目，随即将每个声道的内容渲染至耳机；2. 将所有原始对象直接渲染至耳机；3. 将原始对象分为 11 个组，随即将对象组渲染至耳机（详见前文"空间编码"部分）。共有 10 位被试者进行了 13 个短片段的测试。星号 * 表示统计学显著。

8.7.2 编码效率与传输

在影院应用场景下，基于对象内容在单一时间节点上重现电影原声所需要的音频通道数量比大量的预渲染（Pre-Rendered）通道要少得多。因为总的来说，基于对象内容通常会分散地出现在不同的时间点上。因此可以进行高效无损的编码，获得比基于声道的 LPCM 更小的文件。在一些影院重放格式中，峰值比特率在同时还原 128 个音频对象时仍然很高（Robinson 等人，2012），但在实际应用中这种情况较为罕见，同时也不会对平均文件大小产生过多的影响。平均来看，一个无损编码的 Dolby Atmos 数字影院数据分组的大小会在 3 Gbit/s 到 10 Gbit/s 之间浮动，这大致是一个 7.1 声道 24 bit LPCM 无损交付文件大小的 0.6 倍到 1.5 倍。

在家庭影院这种低比特率有损交付场景下，由于发送对象元数据会付出额外代价，且编码效率略有下降，因此基于对象重放的品质会趋于劣化。此时必须与其他接收终端的内容交付品质进行权衡，如图 8.13 所示。

最后，对于需要互动性或条件性渲染的应用场景（如前文所述的体育赛事转播）来说，基于对象的编码提供了一种频带效率更高的方式来替代通过多个完全分离的多声道信号编组。通过将空间化对白表示为一个或若干对象，这种方式还能带来对白声道重放效能的提升（Playback-Time Enhancement）、同时具有更好的声音品质。对于电影虚拟现实等新兴的应用场景来说，相比于交付多个 B-format 信号编组等方式,通过使用对象音频来进行耳机渲染的艺术性控制(例如立体声与双耳声,带有头部追踪与非头部追踪声音) 具有更高的比特效率。

8.8　基于对象音频的响度预估和控制

由于基于对象音频的呈现开始从后期制作或者互动式游戏向实况转播等更为强调双端传输的工作流程转化,确保具有一致性的响度预估和控制就变得至关重要,因为这一问题和很多地区的法律法规相关联。

ITU-R BS.1770 (2015) 等国际建议标准为基于声道的节目内容响度预估提供了方法,它们在整个音频领域都得到了广泛的应用。

关于基于对象音频的制作,有 2 个问题成了关注点:(1) 将现有标准扩展至基于对象内容的响度电平表监测和修正;(2) 无论通过何种渲染方式都能够获得一致的响度。

重新修订的 ITU-R BS. 1770 能够测量任意基于声道格式的响度 (见图 8.14)。由于其响度是通过能量的频率加权 (Frequency-Weighted Energies) 方式将所有单声道对象音频内容混合而获得的,这种向任意声道数量的扩展也为基于对象音频的响度测量打下了基础。与当前基于声道的工作流程相似,这种扩展可以在信号传输之前测量和校正基于对象节目的响度,以此确保多个节目(无论是基于声道的还是基于对象的)的混合与交付都能够保持一致的响度。在重放端,确保针对不同终端进行的渲染不发生显著的响度变化是被切实需要的。综上所述,对象渲染采用能量守恒而非响度守恒就成了一种被广泛接受的要求。

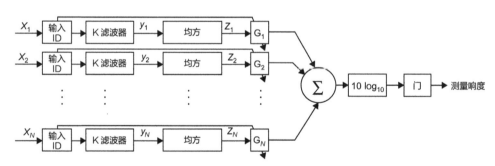

图 8.14　对 ITU-R BS.1770-4 标准进行修订,使其能够测量任意数量通道的响度。这一解决方案也可以作为基于对象内容响度测量的基础。

图 8.15 (a) 对若干基于对象的音频片段被渲染至几种不同的输出格式 (从立体声到沉浸式的7.1.4 声道布局) 所测得的响度进行了比较。该测量使用的是图 8.14 中所示的 ITU-R BS.1770 的最新修订版本。我们可以看到,一个能量守恒的渲染器为保证不同目标格式的渲染响度一致提供了良好的基准线 (基于对象的响度测量结果在 2.5 dB 偏差范围内)。可以预料的是,测量响度的结果通常会随着

重放声道数量的减少而增加，立体声重放会获得最大的响度。这是更多的音频对象在更少的输出声道上进行电学叠加所导致的，这与通过扬声器重放的声学能量叠加来获得能量守恒的模型是背道而驰的。

与频率相关的渲染（Frequency-Dependent Rendering）是获得更好的音色和响度一致性的解决方案，随着频率的降低，这种渲染器会从能量守恒的声像定位机制逐渐过渡到振幅守恒的声像定位机制（Laitinen 等人，2014）。但是，这种方法会导致渲染成本的显著增加。另一种渲染器可以通过元数据控制来进行电平的微调，以此获得更好的美学结果和响度一致性，这种方式与当前基于声道的编解码机制所使用的下变换系数（Downmix Coefficient）类似。图 8.15（b）展示了这种基于对象电平微调的机制 [每个对象的增益都取决于它的（x, y, z）坐标和重放扬声器的数量]，它被用来改变能量守恒的渲染模式。电平微调在渲染进行前直接作用在对象音频的内容上。基于对象电平微调的渲染方式可以在不增加渲染复杂程度的前提下缓解不同渲染目标的响度差异。

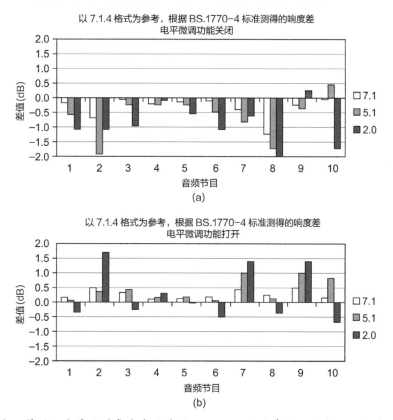

图 8.15　图（a）：将同一个基于对象内容渲染至 7.1、5.1、立体声和沉浸式 7.1.4 格式，并以 ITU-R BS.1770 为标准测量它们的响度差。正如我们所预期，随着目标声道的减少，相干性更强的信号叠加会导致更大的响度差异。图（b）：针对不同的扬声器布局对每个对象进行电平微调的渲染方式，这使得混音师在达成美学目标的同时减少响度差异。

8.9　基于对象节目的交换与交付

前文所介绍的空间编码处理使得具有无数种组合的空间对象编组数据可以进行交换，这也简化了沉浸式和个性化体验的实现。图 8.16 所示的例子是用于沉浸式和 / 或个性化节目数据交换（包括民用终端交付）所需要的空间对象编组和基于声道编组节目要素，通过方框 A-G 来表示。每个方框都可以通过一个基于对象的音频总输出来生成。在图 8.16 的每个方框（AC）中，N 表示空间对象编组的数量，每个编组都包含了一个单声道音频信号和元数据。这个数量可以灵活地分配给不同的工作流程，满足不同的兼容性需求。这种方法可以让用户对空间解析度作出权衡以满足他们在商业和 /或操作层面的需求。

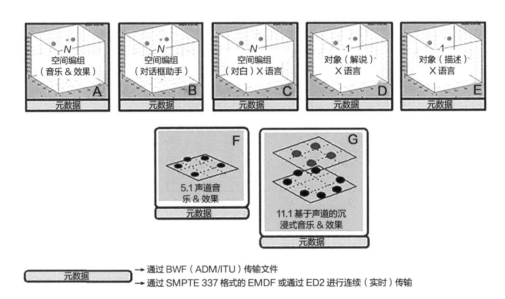

图 8.16　用于复杂的、基于对象或基于声道和对象混合的沉浸式节目的模块样本。

每个节目模块的音频内容和相关元数据都可以通过近期 ITU 所建议的 Broadcast Wave 文件格式和音频定义模型（BWAV/ADM）（ITU-R BS 2076-0，2015；ITU-R BS 2088-0，2015）来承载。音频内容既可以进行线性 PCM 编码，也可以是 Dolby E 这种夹层压缩格式与可扩展元数据交付格式（EMDF）的延伸（ESTI TS 102 366 Annex H，2014）的组合。对于实时应用场景而言，EMDF 元数据还可以通过 SMPTE 337 标准（2015）来进行 AES 数字音频编码。除了这些适用于传统音频制作的格式外，业界也在为更加丰富的文件格式的标准化工作作出努力，如 Interactive XMF（2008）可以被用于未来电子游戏和互动应用场景下的数据交换和重放。

基于对象内容在家庭环境进行数据交付的商业格式使用了一个向下兼容的核心和若干扩展层，并且对现有的编解码格式（如 Dolby Digital Plus、Dolby TrueHD 或 DTS Master Audio）产生了影响。基于对象音频还是下一代编解码技术（如 Dolby AC-4 和 MPEG-H）中不可或缺的组成部分，它们也是下一代 ATSC 3.0，ETSI（2015）和 DVB 广电标准的一部分。这些新的编解码技术极大地扩展了基于对象内容的表达方式，丰富了它在用户设备端的应用。

8.10　结论

长久以来，互动式游戏或互动式制作一直受到技术的制约，由于新的工具、编解码技术和标准出现，基于对象音频能够在音频领域进行自上而下的扩展，最终让消费者受益。基于对象音频的缩混和交付概念与内容制作人群有着强烈的共鸣。音频对象很快成了电影原声缩混和交付的首选方法（2016 年获得奥斯卡提名的 10 部影片中，有 9 部都采用了基于对象格式的声音剪辑和缩混技术），并且在广电领域快速发展着。新的游戏引擎和操作界面包含了基于对象音频输出，为家庭环境提供了愈发灵活的重放选项，这其中还包含了三维的扬声器布局或虚拟房顶扬声器。音频对象还初次涉猎了音频制作、交付和现场 DJ 领域，随着与消费者的距离愈发靠近，它势必将对新兴的虚拟现实或增强现实电影起到至关重要的作用。

更加重要的是，整个音频行业对基于对象制作、数据交换和交付的接受程度逐渐加大，这也为未来的革新与发展带来了前所未有的潜能。随着渲染和捕捉技术的改进，新兴的标准化音频及元数据基础架构将会更好地服务于内容创作者，让更多的听众以更低的成本听到更好的声音。

8.11　致谢

在此感谢 Jeff Riedmiller、Scott Norcross、Charles Robinson、Sripal Mehta、Dan Darcy 和 Poppy Crum 对本文的投入与贡献，同时也感谢 Dolby 实验室强大的声音技术团队予以的支持。

8.12　参考文献

Ahonen, J. (2013). *Microphone Front-ends for Spatial Sound Analysis and Synthesis with Directional Audio Coding*, Doctoral Thesis, Department of Signal Processing and Acoustics, Aalto University.

Barber, C. B., Dobkin, D. P., & Huhdanpaa, H. (1996). The quickhull algorithm for convex hulls. *ACM Transactions on Mathematical Software*, *22*(4), 469-483.

Bargen, B., & Donelly, P. (1998). *Inside Direct X* . Microsoft Press.

Begault, D. R. (1994). *3D Sound for Virtual Reality and Multimedia*. Academic Press Professional.

Begault, D. R., & Rumsey, F. (2004). *An Anthology of Articles on Spatial Sound Techniques: Part 2—Multichannel Audio Technologies*. New York: Audio Engineering Society.

Best, V., van Schaik, A., Jin, C., & Carlile, S. (2005). Auditory spatial perception with sources overlapping in frequency and time. *Acta Acustica united with Acustica, 91*(8), 421-428.

Brungart, D. S., Simpson, B. D., & Kordik, A. J. (2005). Localization in the presence of multiple simultaneous sounds. *Acta Acustica United with Acustica, 91*(9), 471-479.

Cengarle, G., Mateos, T., Olaiz, N., & Arumı, P. (2010). A new technology for the assisted mixing of sport events: Application to live football broadcasting. *Proceedings of the 128th Audio Engineering Society Convention*, Barcelona, Spain.

Daniel, J., & Moreau, S. (2004). Further study of sound field coding with higher order Ambisonics. *Proceedings of the 116th Audio Engineering Society Convention*, Berlin, Germany.

de Vries, D. (2009). *Wave Field Synthesis*. AES monograph.

Dickins, G., Flax, M., McKeag, A., & McGrath, D. (1999). Optimal 3D-speaker panning. *Proceedings of the 16th AES International Conference, Spatial Sound Reproduction*. Rovaniemi, Finland.

EAX. (2004). Environmental Audio Extensions 4.0, Creativeqc.

ETSI. (2014). Digital Audio Compression (ac-3, enhanced ac-3) Standard, ESTI TS 102 366 Annex H.

ETSI. (2015). Digital Audio Compression (ac-4) Standard part 2: Immersive and Personalized Audio, ESTI TS 103 190-2.

Faller, C., Favrot, A., Langen, C., Tournery, C., & Wittek, H. (2010). Digitally enhanced shotgun microphone with increased directivity. *Proceedings of the 129th Audio Engineering Society Convention*, San Francisco, USA.

FMOD Music and Sound Effects System. Retrieved from www.fmod.org.

Funkhouser, T., Jot, J. M., & Tsingos, N. (2002). *Sounds Good to Me! Computational Sound for Graphics, vr, and Interactive Systems*. Siggraph 2002 course #45, 2002.

Furness, R. K. (1990). Ambisonics—An overview. *Proceedings of the 8th Audio Engineering Society Conference*. Washington, DC.

Gallo, E., Lemaitre, G., & Tsingos, N. (2005). Prioritizing signals for selective real-time audio processing. *Proceedings of International Conference on Auditory Display* (ICAD). Limerick, Ireland.

Gallo, E., & Tsingos, N. (2007). Extracting and re-rendering structured auditory scenes from field recordings. *Proceedings of the 30th Audio Engineering Society International Conference on Intelligent Audio Environments*, Saariselka, Finland.

Gallo, E., Tsingos, N., & Lemaitre, G. (2007). 3D-Audio matting, post-editing and re-rendering from field recordings. *EURASIP Journal on Applied Signal Processing, Special Issue on Spatial Sound and Virtual Acoustics*.

Garity, W. E., & Hawkins, J. N.A. (1941). Fantasound. *Journal of the Society of Motion Picture Engineers*, 37.

Herder, J. (1999). Optimization of sound spatialization resource management through clustering. *The Journal of Three Dimensional Images, 3D-Forum Society, 13*(3), 59-65.

Herre, J., & Disch, S. (2007). New concepts in parametric coding of spatial audio: From SAC to SAOC. *Proceedings of the IEEE International Conference on Multimedia and Expo*, Beijing, China.

Herre, J., Hilpert, J., Kuntz, A., & Plogsties, J. (2015). MPEG-H 3D audio-The new standard for coding of immersive spatial audio. *IEEE Journal of Selected Topics in Signal Processing, 9*(5).

High Dynamic Range Audio in the Frostbite Game Engine. (2009).

Interactive Audio Special Interest Group (IASIG), 3D Audio Working Group. (2016).

Interactive XMF File Format. (2008). Format for non-pcm audio and data in an aes3 serial digital audio interface (2015). SMPTE ST 337:2015, 1-17.

International Telecom: Union. *Method for the subjective assessment of intermediate quality level of coding systems*. Recommendation ITU-R BS.1534-1, 2001-2003.

International Telecom: Union. *Advanced Sound System for Programme Production*. Recommendation ITU-R BS.2051-0, 2014.

ITU-R. Algorithms to measure audio programme loudness and true-peak audio level, ITU-R BS 1770-4. 2015.

ITU-R. Audio definition model, ITU-R BS 2076-0. 2015.

ITU-R. Long-form file format for the international exchange of audio programme materials with metadata, ITU-R BS 2088-0. 2015.

Jot, J. M., Ray, L., & Dahl, L. (1998). *Extension of Audio BIFS: Interfaces and Models Integrating Geometrical and Perceptual Paradigms for the Environmental Spatialization of Audio*. ISO Standard SO/IEC JTC1/SC29/WG11 M.

Kayser, C., Petkov, C., Lippert, M., & Logothetis, N. K. (2005). Mechanisms for allocating auditory attention: An auditory saliency map. *Current Biology*, *15*, 1943-1947.

Kelly, M. C., & Tew, A. I. (2002). The continuity illusion in virtual auditory space. *Proceedings of the 112th Audio Engineering Society Convention*. Munich, Germany.

Klatzky, R. L. (1998). *Allocentric and Egocentric Spatial Representations: Definitions, Distinctions, and Interconnections: Spatial Cognition*. Berlin Heidelberg: Springer-Verlag.

Kostadinov, D., Reiss, J., & Mladenov, V. (2010). Evaluation of distance based amplitude panning for spatial audio. *Proceedings of ICASSP2010*, 285-288.

Laitinen, M. V., Vilkamo, J., Jussila, K., Politis, A., & Pulkki, V. (2014). Gain normalization in amplitude panning as a function of frequency and room reverberance. *Proceedings of the 55th International Audio Engineering Society Conference on Spatial Audio*.

Lossius, T., Baltazar, P., & de la Hogue, T. (2009). DBAP—distance-based amplitude panning. *Proceedings of the International Conference on Computer Music (ICMC)*. Montreal, Canada.

Malham, D. G., & Myatt, A. (1995). 3D sound spatialization using ambisonic techniques. *Computer Music Journal*, *19*(4), 58-70.

Mann, M., Churnside, A., Bonney, A., & Melchior, F. (2013). Object-based audio applied to football broadcasts. *Proceedings of the 2013 ACM International Workshop on Immersive Media Experiences, ImmersiveMe'13*, 13-16. New York, NY.

Merimaa, J. (2002). Applications of a 3D microphone array. *Proceedings of the 112th Audio Engineering Society Convention*, Munich, Germany.

Meyer, J., & Elko, G. (2004). Spherical microphone arrays for 3D sound recording. In Yiteng (Arden) Huang & Jacob Benesty (Eds.), *Audio Signal Processing for Next-Generation Multimedia Communication Systems* (Chap. 2). Boston: Kluwer Academic Publisher.

Moore, B. C. J. (1997). *An Introduction to the Psychology of Hearing* (4th ed.). San Diego, CA: Academic Press.

Moore, B. C. J., Glasberg, B., & Baer, T. (1997). A model for the prediction of thresholds, loudness and partial loudness. *Journal of the Audio Engineering Society*, *45*(4), 224-240. Retrieved from http://hearing.psychol.cam.ac.uk/Demos/demos.html.

OpenAL: An Open Source 3D Sound Library. (2000).

Painter, E. M., & Spanias, A. S.(2000). Perceptual coding of digital audio. *Proceedings of the IEEE, 88*(4), 451-515.

Potard, G., & Burnett, I. (2004). Decorrelation techniques for the rendering of apparent source width in 3D audio displays. *Proceedings of the 7th International Conference on Digital Audio Effects (DAFX'04).* Naples, Italy.

Pulkki, V. (1997). Virtual sound source positioning using vector base amplitude panning. *Journal of the Audio Engineering Society, 45*(6), 456-466.

Pulkki, V. (1999). Uniform spreading of amplitude panned virtual sources. *Proceedings of the IEEE Workshop on Applications of Signal Processing to Audio and Acoustics.* New Paltz, NY.

Pulkki, V. (2006). Directional audio coding in spatial sound reproduction and stereo upmixing. *Proceedings of the 28th AES International Conference.* Pitea, Sweden.

Pulkki, V., Karjalainen, M., & Valimaki, V. (1999). Localization, coloration, and enhancement of amplitude-panned virtual sources. *Proceedings of the 16th AES International Conference on Spatial Sound Reproduction.* Rovaniemi, Finland.

Rayburn, R. A. (2012). *Eargle's Microphone Book.* Amsterdam: Focal Press.

Riedmiller, J., Mehta, S., Tsingos, N., & Boon, P. (2015). Immersive and personalized audio: A practical system for enabling interchange, distribution, and delivery of next-generation audio experiences. *Motion Imaging Journal, SMPTE, 124*(5), 1-23.

Roads, C. (1996). *The Computer Music Tutorial.* Cambridge: MIT Press.

Robinson, C., & Tsingos, N. (2001). Cinematic sound scene description and rendering control. *Annual Technical Conference Exhibition, SMPTE 2014,* 1-14.

Robinson, C., Tsingos, N., & Mehta, S. (2012). Scalable format and tools to extend the possibilities of cinema audio. *SMPTE Motion Imaging Journal,* 121(8).

Rumsey, F. (2001). *Spatial Audio.* US: Taylor & Francis.

Savioja, L., Huopaniemi, J., Lokki, T., & Vaananen, R. (1999). Creating interactive virtual acoustic environments. *Journal of the Audio Engineering Society, 47*(9), 675-705.

Sibbald, A. (2001). *MacroFX Algorithm: White Paper.* Soundfield microphones. Retrieved from www.soundfield.com.

Tsingos, N. (2001). *Artifact-free Asynchronous Geometry-based Audio Rendering.* ICASSP'2001, Salt Lake City, USA.

Tsingos, N., Gallo, E., & Drettakis, G. (2004). Perceptual audio rendering of complex virtual environments: ACM Transactions on Graphics. *Proceedings of SIGGRAPH 2004.*

Tsingos, N., & Gascuel, J. D. (1997). Soundtracks for computer animation: Sound rendering in dynamic environments with occlusions. *Proceedings of Graphics Interface'97,* pp. 9-16.

Tsingos, N., Govindaraju, P., Zhou, C., & Nadkarni, A. (2016). XY-stereo capture and upconversion for virtual reality. *AES International Conference on Augmented and Virtual Reality.* Los Angeles.

Tsingos, N., Robinson, C., Darcy, D., & Crum, P. (2014). Evaluation of panning algorithms for theatrical applications. *Proceedings of the 2nd International Conference on Spatial Audio (ICSA).* Erlangen, Germany.

Viers, R. (2012). *The Location Sound Bible.* Studio City, CA: Michael Wiese Productions.

Vilkamo, J., Lokki, T. & Pulkki, V. (2009). Directional audio coding: Virtual microphone based synthesis and subjective evaluation. *Journal of Audio Engineering Society*, *57*(9), 709-724.

Vries, D. de. (2009). *Wave Field Synthesis*. AES monograph.

Wand, M., & Straßer, W. (2004). Multi-resolution sound rendering. *Symposium on Point-Based Graphics*, Zurich, Switzerland.

Warren, J., Schaefer, S., Hirani, A., & Desbrun, M. (2007). Barycentric coordinates for convex sets. *Advances in Computational Mathematics*, *27*(3), 319-338.

WWISE by Audiokinetic.

Yu, X., Hu, D., & Xu, J. (eds.) (2014). *Blind Source Separation: Theory and Applications*. Singapore: Wiley.

第9章

声场

Rozenn Nicol

9.1 引言

总的来说，立体声和多声道环绕声可以被定义为以扬声器和听音者为中心的基于声道的方法，即声音重放是基于特定的、与某种扬声器布局相关联的音频声道。在使用这种系统时，每个声道都为位于甜点的听音者听到的聚焦声像做出贡献。与立体声和多声道环绕声不同，声场方式对于声波的物理表达并非以扬声器为中心。

"声场"这一术语指对于声波的捕捉、重放和描述，这与双耳声、立体声或环绕声这些以制造感知对象或听觉事件为目的系统不同。这些方向信息被听觉系统转化为空间属性。对于声场方式来说，用于控制或还原声音的属性是声波的物理属性，而双耳声、立体声或环绕声技术所控制的属性则处于感知层面。声波从发出点到接收点所产生的所有声学现象都和声场属性相关联。

自由场传播是最简单的情况，声波以一条直线传播（至少在较短距离的空气中传播）。声源指向性和传播距离所决定的到达时间和振幅衰减是最为重要的属性，这些属性描述了直达声波。然而在一个房间中，或者存在障碍物的环境下，声波会受到声反射、扩散、散射和/或衍射的影响，带来一系列发生变化且滞后的直达声复制品。一个声场是所有这些分量（直达声波、反射声波、扩散声波和衍射声波等）的叠加，这些分量可以通过获取房间的脉冲响应同时捕捉到。每个分量都可以通过到达时间、频率内容和入射角度等参数来进行描述。这些参数描述了声源和它所处环境的声学属性和几何属性。

本章共分为 5 个部分。首先是关于声场方式的基本思路和发展历史，从 Blumlein 发明的强度差立体声拾音技术到 Ambisonics 和 High Order Ambisonics（HOA）都会涉及。然后是对采集方式、录音制式和声场还原做进一步的详细阐述。与声场方式相关的物理和数学工具将会在最后给出，以供大家进行更为深入的了解。

9.2　声场方式的发展历史

9.2.1　起始点：X/Y 与 M/S 拾音制式

最初的声场方式可以追溯到 Blumlein 先锋式的 X/Y 和 M/S 立体声拾音制式（Blumlein，1931）。X/Y 制式由 2 个指向性传声器组成，它们相互垂直。M/S 制式则由 1 个朝前（被称为"Mid"或 M 信号）的传声器和 1 个轴向与左右方向重合的 8 字指向（即双指向）传声器（也被称为"Side"或 S 信号）组成。在上述两种情况下，2 只传声器从理论上来说都位于同一位置，但实际应用中需要将其中一只放置在另一只的上方。由于心形传声器可以被认为是 1 只压强式传声器（即全指向传声器）和 1 只 8 字传声器的组合，我们很容易发现由 2 只心形传声器组成的 X/Y 制式和 M/S 制式（M 传声器为心形指向）是相同的（Hibbing，1989）。

M 传声器拾取声场的前方信息，而 S 传声器拾取侧方信息。通常左侧信号具有正极性，右侧信号相对来说具有负极性。这样 2 只传声器就可以从某种程度上实现对声源方位的振幅和相位编码。在重放环节，这种空间编码被用来复原声场中所有分量的方位。由于 S 传声器所拾取的左侧信息与前方信息极性相同，将 M 传声器和 S 传声器的输出相加会提取出声场的左半部分。反之，由于 S 传声器拾取的右侧信息与前方信息极性相反，它们是相互抵消的关系，因此使用同样的方式，将 M 传声器和 S 传声器的输出相减，就可以在提取右侧信息的同时将左侧信息抵消。对 M 信号和 S 信号进行如下矩阵处理，可以推导出一组用于立体声重放的左信号和右信号。

$$
\begin{aligned}
L &= M + S \\
R &= M - S
\end{aligned}
\tag{9.1}
$$

上述表达式解释了如何从 M/S 信号中提取空间信息（即左 / 右分离）。M/S 拾音制式可以被理解为初级的声场录音，它仅应用于水平平面。关于 X/Y 和 M/S 拾音制式的详细探讨请参见第 3 章。

9.2.2　Ambisonics

基于 Copper、Shiga 和 Bruck 所做的工作，Michael Gerzon 提出了一套能够对来自所有方向的声音作出均等响应的系统，它能够同时呈现水平和垂直方向的声音。Gerzon（1973）认为这个系统可以通过在一个与各方向等距的球面上记录声压的数值来实现。由于当时录音、广播和重放系统的实际制约，Gerzon 提出了能够满足基本心理声学需求以实现水平和垂直声音感知的最少扬声器通道数，即听音者应身处一个被扬声器包围的立方体空间中（详见图 9.1）。尽管 Gerzon 意识到了随着球谐函数阶数的增加系统的方向精度也会得到改善，但他需要的是一个可以实现的系统。他随后推出了 Abmisonics Technology 作为基于声道立体声和环绕声系统的替代品。Gerzon 定义了一个与立体声和四声道环绕声重放系统相兼容的四声道系统（使用 X、Y、Z 和 W 信号，后文会进行详述），用他的原话，这是一个"方向信息的完整球面肖像"（Gerzon，1985，p859）。

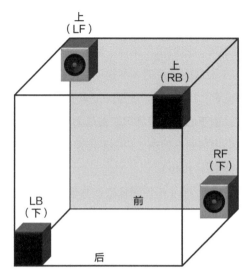

图 9.1　嵌入在 1 个立方体中的四面体扬声器布局（Gerzon，1973）。

9.2.3　1 阶声场捕捉

声压和空气粒子速度是完整描述声波的 2 个必要的物理变量，前者通过压强式传声器记录，后者则通常通过 8 字传声器记录。声场式拾音技术能够获得完整且精确的声波呈现[1]，这样做的第一个结果就是扬声器的输入信号并非总是各个传声器直接输出的独立信号。需要通过一个处理步骤（例如使用 M/S 矩阵或 Ambisonics 解码器）从传声器信号中提取送往扬声器的信号。第二个结果就是声音的还原不仅限于一个单独的点，而是能够扩展到较大的区域，其边界则取决于所记录的声场信息的准确性。声场方式与传统的多声道环绕声还有一个重要的区别：所有方向都是等同的，不存在任何前方"焦点"。

四面体传声器由 Craven 和 Gerzon（Craven 和 Gerzon，1977；Farrar，1979a，b）提出，它将 4 只心形[2]传声器组成了 1 个四面体（见图 9.2）。四面体传声器的基本目标是捕捉（W, X, Y, Z）分量，

---

[1]　8 字指向的铝带传声器对于粒子速度非常敏感。8 字指向还可以通过将 2 个位于同一位置、背靠背的、心形指向的压力梯度传声器组合在一起，并将其中 1 个进行反极性处理来获得——作者注
[2]　但此处必须要指出，第一个实际投入使用的声场式传声器采用的是次心形（Sub-Cardioid）而非心形传声器——作者注

它们代表了声场球谐函数展开的 0 阶和 1 阶分量。记录这些信号最为直观的方式是使用 1 只全指向传声器（用于 0 阶分量 W）和 3 只 8 字传声器（用于 1 阶分量 X、Y 和 Z），它们的轴线分别位于 x、y 和 z 轴上。4 只心形传声器所组成的四面体也可以取代上述设置，尤其是在无法将 4 只传声器（3 只 8 字指向和 1 只全指向）设置在同一位置的情况下，四面体传声器（Craven 和 Gerzon，1977）提供了一种优雅的解决方案。需要说明的是，四面体传声器并非直接提供分量信号（W，X，Y，Z），而需要通过一个矩阵处理［参见式（9.2）］将传声器的输出信号（LF，RF，LB，RB）进行转化。这一过程通常被称为编码。

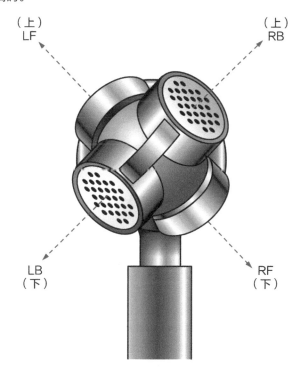

图 9.2　四面体传声器图例。

与 X/Y 拾音制式相似，每个心形传声器都可以被分解为 1 个全指向传声器和 1 个 8 字指向传声器。通过对这些元素进行合理的再组合，我们可以认为四面体传声器等同于 1 个全指向传声器（W 分量）和 3 个 8 字指向传声器（X、Y 和 Z 分量），它们分别指向 x 轴、y 轴和 z 轴（Farrar，1979a），参见图 9.3。从理论上来说，所有传声器都位于同一位置。4 个心形传声器分别被定义为 LF（左前）、RF（右前）、LB（左后）和 RB（右后），分量（W，X，Y，Z）则可以通过这些信号（LF，RF，LB，RB）的线性和来表达，如下式：

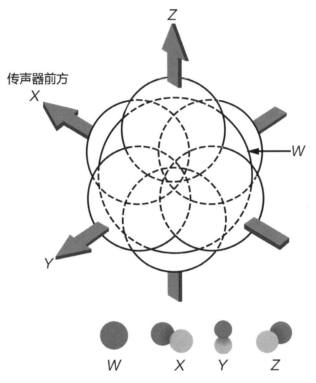

图 9.3　分量（W, X, Y, Z）图例。

$$W = LF + LB + RF + RB$$
$$X = LF - LB + RF - RB$$
$$Y = LF + LB - RF - RB$$
$$Z = LF - LB - RF + RB$$

（9.2）

　　分量（W, X, Y, Z）使我们能够针对四面体传声器所进行的空间分析进行修改。W 分量代表对声场的全指向录音，是一种对空间信息的"0 阶"分析。X、Y 和 Z 分量则分别提供了前 / 后、左 / 右、上 / 下的分离。同样，X/Y 和 M/S 拾音制式也可以被认为是 1 个全指向传声器和 2 个分别指向 x 轴和 y 轴的 8 字指向传声器的组合。因此 X/Y 和 M/S 可以被视为 2 维空间内的声场式录音方式。

　　前文已经强调过，一个声场具有某些具体的特征。首先，它由多种分量构成（即直达声和反射声），它们都拥有时间、频率和空间属性。其次，一个声场的定义在本质上代表了一个广阔的区域。正如前文所述，至少通过 2 只传声器才能够提取一些空间信息的差别。更加概括地说，一个声场的捕捉可以通过传声器阵列所进行的空间采样来完成。但是这种方案也带来了一些问题。与时域采样类似，最低采样率是由声场所包含空间信息的最高频率决定的。对于时域采样来说，香农定理（Shannon Theorem）建议在一个周期内至少采集 2 个样本。同样对于空间采样来说，每个波长也需要采集 2 个样本。以 17 kHz 为例，假设声速为 340 m/s，波长为 2 cm。因此，为了对 17 kHz 进行正确的采样，需要传声器的间距不大于 1 cm。这样带来的结果，就是需要大量的传声器来覆盖大片区域。出于这些原因，针对空间进行理想的空间信息采样几乎从未实现过。

一个具有前景的替代方案就是通过不规则传声器阵列进行稀疏采样（Sparse Sampling）。因此就需要通过声源分离和声源定位方法从传声器信号中提取所有的声音分量以及相关的空间信息（Gallo、Tsingos 和 Lemaitre，2007）。目前的研究表明，这些必要的处理很容易造成可闻失真。在大多数时候，这些系统的音质都无法满足商用音频工程师的需求，但是与之相关的信号处理方法则不断得到改进。

前文已经提及，四面体传声器的实质是 X/Y 和 M/S 拾音技术在三维空间的扩展，它为声场记录提供了一个有效且可行的解决方案，它的理念可以从几种不同的角度来进行解释。最为直观的解释是，由于四面体传声器是由 4 只规则分布在球面上的心形传声器组成的，因此每个声音分量的方向都通过这 4 只传声器之间的强度差进行编码。从更加物理的角度来说，我们知道传声器的输出可以合并为（W，X，Y，Z）信号，它们与声场的球谐函数展开的第一分量［参见式（9.B.4）和式（9.B.6）］相对应。通过后文的解释，我们能够了解 HOA 就是将这个概念扩展到更多数量传声器所组成的球形阵列，从更高阶数的球谐分量中提取空间信息。

9.2.4　1 阶声场的还原

我们已经知道，M/S 拾音制式需要通过一个矩阵处理［见式（9.1）］来获取扬声器信号。Ambisonics 的重放也需要类似的处理过程。扬声器的输入信号需要通过（W，X，Y，Z）分量的加权和来推导。这个矩阵处理在 Ambisonics 中的术语为“解码”。由于 Ambisonics 不是以声道为中心的重放系统，因此它并不会受到某种特定的标准化扬声器布局的限制。相反，不同数量和布局的扬声器系统都可以得到使用。除此之外，对于每一种扬声器布局来说都可以通过几种不同的方式将（W，X，Y，Z）分量解码成扬声器信号。在声场还原上的灵活性是 Ambisonics 的主要优势。Ambisonics 信号甚至还能够和单声道或立体声重放进行兼容。W 分量等同于对声场进行单声道录音，因此可以用于单声道重放。

对于立体声重放来说，有几种方式能够对（W，X，Y，Z）信号进行矩阵处理并获得具有说服力的立体声信号。其中一个解决方案是从中获取（M_v，S_v）信号来对应一个虚拟的 M/S 制式。

$$M_v = \frac{W}{\sqrt{2}} + X$$
$$S_v = Y \tag{9.3}$$

式（9.1）被用于从真实的 M/S 录音中计算立体声信号。同样，一个虚拟的 X/Y 录音可以通过下式进行模拟：

$$X_v = \frac{X+Y}{\sqrt{2}}$$
$$Y_v = \frac{X-Y}{\sqrt{2}}$$

（9.4）

信号（X_v，Y_v）被直接馈送至左右扬声器。

对于专门的 Ambisonics 重放来说，解码过程则不那么直观，具体情况则取决于扬声器的布局。即使可以对扬声器的数量和布局进行自由选择，但仍应符合一些规则（主要是一些常识）。首先，由于空间信息需要通过 4 个信号 [即（W，X，Y，Z）分量] 进行表达，因此至少需要 4 只扬声器（见图 9.1）。其次，扬声器布局越规则，解码就越简单（也更稳定）。还原完整的三维空间信息需要有三维的扬声器阵列。一个规则的布局意味着扬声器位于规则多面体的顶角，与对球面的规则采样相对应，最为简单的例子就是一个立方体。我们同样也可以将注意力集中在水平方向的空间信息上，相应的二维 Ambisonics 重放仅需要（W，X，Y）分量。在这种情况下可以使用和等间距圆形扬声器阵列相对应的规则布局，最简单的例子就是一个正方形。

为了描述解码过程，让我们看看以下两个例子（见图 9.4）：一个用于二维重放的正方形扬声器布局（即以听音者为中心，由 4 只扬声器构成 1 个正方形）和一个用于三维重放的立方体扬声器布局（即 8 只扬声器分布在立方体的顶角）。总的来说，Ambisonics 重放就是将空间信息重新分布在扬声器阵列中，从而使所有扬声器输出的总和正确地重构听音区的声场。因此每只扬声器的输入信号都是（W，X，Y，Z）分量的加权和，加权系数则被定义为与扬声器位置相关的函数。关于解码矩阵的计算有几种方式（Gerzon，1992；Daniel，2001），它们都是从（W，X，Y，Z）分量中获取扬声器信号。每种方法都和声场重构的某种特定属性相对应。这些内容我们会在后文进行详述。在这里，我们仅展示一种被称为基础解码（Basic Decoding）的方法，加权系数就是扬声器的空间坐标。位于（ϕ_l, θ_l）方向的扬声器中馈送的信号为

$$L_l = \frac{1}{N_L}\left(\frac{W}{\sqrt{2}} + X\cos\phi_l\cos\theta_l + Y\sin\phi_l\cos\theta_l + Z\sin\theta_l\right)$$

（9.5）

对于正方形扬声器布局来说，4 只扬声器获取的信号可以表达为：

$$L_{RF} = \frac{1}{\sqrt{2}}(W + X - Y)$$
$$L_{LF} = \frac{1}{\sqrt{2}}(W + X + Y)$$

$$L_{LB} = \frac{1}{\sqrt{2}}(W - X + Y)$$

$$L_{RB} = \frac{1}{\sqrt{2}}(W - X - Y)$$

（9.6）

其中信号 L_{RF}、L_{LF}、L_{LB}、L_{RB} 分别代表右前、左前、左后和右后方扬声器。同样对于立方体扬声器布局来说，8 只扬声器获取的信号可以表达为

$$L_{RFU} = \frac{W}{\sqrt{2}} + \frac{1}{2}(X - Y) + \frac{Z}{\sqrt{2}}$$

$$L_{LFU} = \frac{W}{\sqrt{2}} + \frac{1}{2}(X + Y) + \frac{Z}{\sqrt{2}}$$

$$L_{LBU} = \frac{W}{\sqrt{2}} + \frac{1}{2}(-X + Y) + \frac{Z}{\sqrt{2}}$$

$$L_{LBD} = \frac{W}{\sqrt{2}} + \frac{1}{2}(X - Y) - \frac{Z}{\sqrt{2}}$$

$$L_{LFD} = \frac{W}{\sqrt{2}} + \frac{1}{2}(X + Y) - \frac{Z}{\sqrt{2}}$$

$$L_{LBD} = \frac{W}{\sqrt{2}} + \frac{1}{2}(-X + Y) - \frac{Z}{\sqrt{2}}$$

$$L_{RBD} = \frac{W}{\sqrt{2}} - \frac{1}{2}(X + Y) - \frac{Z}{\sqrt{2}}$$

（9.7）

其中字母"U"和"D"分别表示上方和下方扬声器。

速度矢量和能量矢量（Gerzon，1992）是由 Gerzon 提出的两个定位条件，通过它们可以对扬声器阵列所还原的虚拟声源的感知定位进行估算。这些条件则来自 Makita 针对立体声系统提出的定位模型（Makita，1962）。如果单位矢量 $\vec{x_l}$ 表示第 l 个扬声器的方向，送往它的信号为 $s(l, \omega)$，速度（$\vec{V}$）和能量（$\vec{E}$）的矢量可以分别表示为

$$\vec{V} = \frac{\sum_{l=1}^{N_l} s(l, \omega) \vec{x_l}}{\sum_{l=1}^{N_l} s(l, \omega)}, \quad \vec{E} = \frac{\sum_{l=1}^{N_l} |s(l, \omega)|^2 \vec{x_l}}{\sum_{l=1}^{N_l} |s(l, \omega)|^2} = r_E \vec{x_E}$$

（9.8）

矢量的方向与到达能量的平均方向相对应，它可以被理解为重放声场的空间重心。矢量的模值体现了它在空间中的宽度；如果模值接近 1，就意味着声音能量仅仅聚集在少数几个扬声器上。速度矢量是一个适用于低频的标准（Criterium），这样的考虑是基于听觉对相位的感知仅和低频信号相关，因此扬声器信号的相位只需在低频区间纳入考虑。能量矢量则可以视为这一标准针对高频的版本，此时只需考虑扬声器信号的能量，因为听觉系统对于高频的相位并不敏感。

对于声场的还原引发了一些具体问题。系统在一个大范围区域内生成了复杂的声波，它们具有多种多样的时间、频率和空间属性。为了满足这一目标，就需要使用扬声器阵列。每只扬声器都可

以被视为一个辐射小波（Wavelet）的次级声源，因此这些扬声器所贡献的总和使得目标声场在重放区域中的任何位置上都能够进行重构。扬声器之所以被视为次级声源，是因为它们仅仅创造出目标声场的合成复制品，而非真实的或虚拟的声源——即声场的创造者。虚拟或实际声源也因此被称为初级声源。

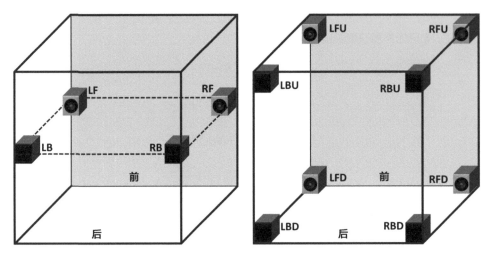

图 9.4　正方形（左图）和立方体（右图）扬声器布局，与式（9.6）和式（9.7）描述的内容相对应。

　　馈送给每个次级声源信号的振幅和相位都得到了控制，以此精确地制造出重放声场的正确特征。为了计算这些扬声器信号，可以使用声场合成（Sound Field Synthesis）技术，详见式（9.A.11）或式（9.A.12）。其中的一个例子就是波场合成（Wave Field Synthesis），我们将在第 10 章对其进行探讨。

　　另一个更为常用的方法是声场控制（Sound Field Control），其中，扬声器信号通过约束优化解决方案（Constrained Optimization Solution）获得。进一步来说，重放系统由 L 只扬声器和 M 个误差传感器（Error Sensor）组成，它们都分布在重放阵列的控制点上。这里的误差被计算为目标声场和扬声器阵列合成的声场之差。在 M 个传感器位置上的误差评估被定义为一个误差矢量。理想情况下的误差应为 0。因此我们的目标是尽可能减小扬声器振幅的误差矢量（Gauthier 和 Berry，2006），随后利用将一个特定成本函数最小化的解决方案来获取扬声器信号，该解决方案可以表达为平方误差（Quadratic Error）的函数，它可能包含 1 个正则项（Regularization Term）以避免任何病态问题的出现。

9.3　高阶 Ambisonics（HOA）

　　四面体传声器提供了能够完整捕捉三维声场的工具。但由于它仅由 4 只传声器组成，所以空间解析度较低，这意味着它对于声音分量的区分并不准确。显然，使用包含更多数量传感器的球形传声器阵列将这一概念做进一步的扩展是具有实际意义的。为了实现这一扩展，Bamford 和 Daniel 指出了 Ambisonics 和球谐函数之间的联系（Bamford，1995；Daniel，2001）。球谐函数是空间函数，它可以将任何声波表示为方向性分量的线性和 [参见式（9.A.2）和式（9.A.11）]。全指向分量（W）是 0 阶球谐函数，而双指向（即 8 字指向，也就是 X、Y、Z）分量则是 3 个 1 阶球谐函数。阶数高于 1 的分量具有更为复杂的指向性（见图 9.5）。因此，通过（W，X，Y，Z）对声场进行的表达可以通过使用高阶球谐函数进行扩展。随着传声器数量的增加，将它们放置于同一物理位置的可能性也越来越低。不仅如此，与最高阶球谐函数指向性相对应的指向性传声器并不存在。与四面体传声器方式相似，对于声场进行空间采样的实用解决方案就是构建球形的心形传声器阵列。与式 9.2 类似，通过一个适宜的矩阵处理从传声器输出信号中提取空间信息，从而得到声场的高阶 Ambisonics（HOA）表达，即将 1 阶 Ambisonics [即（W，X，Y，Z）分量] 扩展至更高阶。

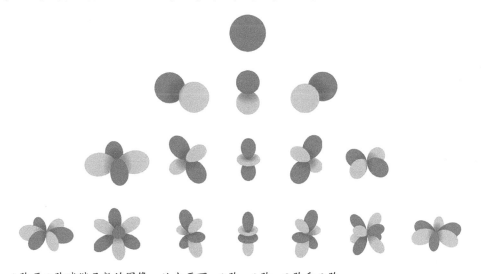

图 9.5　0 阶至 3 阶球谐函数的图像。从上至下：0 阶、1 阶、2 阶和 3 阶。

球形阵列所包含的传声器数量限制了所能提取分量的最大阶数。一个例子是 Eigenmike®（见图 9.6），它由 32 只传声器组成，可以进行 4 阶的 HOA 编码。对于声音的重放来说，需要一个适宜的解码步骤将 HOA 分量中所包含的空间信息正确地分配到扬声器阵列中，计算出扬声器的输入信号。

根据最初的定义，Ambisonics 只是基于 0 阶和 1 阶分量的球谐函数展开。通过 m（$m>1$）阶展开来获得更多的分量，HOA 将这一概念进行了扩展，参见 Bamford（1995）和 Daniel（2001）的相关成果。如果球谐函数的展开阶数截止于 $m = M$，则对于声压的 HOA 表达就由 $(M+1)^2$ 个分量所组成，即系数为 $(M+1)^2$ $B_{mn}^{\sigma}(\omega)$ 的球谐函数展开 [见式（9.A.11）]。这些 HOA 分量作为水平和垂直角的函数传递了空间差异（Spatial Variation）（见图 9.5）。m 阶中的每一阶都包含了（$2m+1$）个具有不同指向性的分量。值得一提的是，一些分量在水平平面的响应为 0，这导致了它们无法提供任何水平方向上的空间信息。相反，其他分量的指向性以水平平面为中心呈对称状态，这些分量被称为"二维 Ambisonics 分量"。从某种意义上来说，如果对声场的还原仅限于水平平面（即扬声器的设置仅限于水平平面），则只需且必须要考虑这些分量。反之，如果需要还原三维声场，所有的分量都会被使用，重放系统也同时需要水平和高度扬声器来进行空间高度信息的渲染。

图 9.6　em32 Eigenmike® 传声器。

空间的 0 阶分量和直流分量对应，其特征就是没有空间差异。换言之，0 阶分量 W 是通过压强式传声器对声场进行的单声道录音。3 个 1 阶分量具有 8 字指向的空间差异响应特征（即余弦或正弦函数）。随着阶数的增加，空间差异以角度函数的形式越来越快，如图 9.5 所示。使用更高阶数分量的第一个好处在于提升声场还原的空间准确性和解析度（精度），这是相应的空间谱（Spatial Spectrum）的高频截止频率提升导致的 [3]。这对于最终还原出的声场所施加的影响

---

[3]　与时域变化相同，空间差异可以分别通过 2 个域来进行表达：空间坐标域（Domain of Spatial Coordinates）或空间频率双域（Dual Domain of Spatial Frequencies）。以平面谐波为例，空间频率可以被视为是波长的倒数。因此空间谱是声场在空间频率域的表达。举例来说，HOA 表达式的 $B_{mn}^\sigma(\omega)$ 系数是在球谐函数双域中获得的空间谱。时间谱是通过傅里叶变换从时域信号中获取的，它与空间谱截然相反——作者注

是十分复杂的：听音区的大小和"时间谱（Time Spectrum）"的带宽都会受到影响。事实上，1 阶 Ambisonics 重放受限于"甜点"现象：声场的还原仅在靠近扬声器布局中心的位置才是正确的。除此之外，对于一个特定的重放区域来说，波长较长、空间差异较慢的低频能量比高频能量的还原结果更好。提升 M=1 的 Ambisonics 的阶数，增加分量可以同时扩大听音区范围和时间谱的高频截止频率。因此听音者的微小移动是被允许的。图 9.7 以平面波为例，给出了不同阶数的 Ambisonics 系统的重放结果。我们可以看到一个低频平面波（f = 250 Hz）通过一个 4 阶系统可以在很大的区域内进行良好的还原。如果将频率提升至 1 kHz，准确重放的区域会大幅缩减。将系统提升至 19 阶才能够让 1 kHz 获得与 250 Hz 在 4 阶系统中相同的听音区。因此，如果在固定的区域上考察声场的还原，则高频截止频率会随着 Ambisonics 最大阶数 M 的减少而减少。同样地，如果从一个固定的频率来考察声场的还原，能够得到准确还原的区域面积会随着 Ambisonics 最大阶数 M 的减少而减少。在 Ward 和 Abhayapala（2001）的研究成果中，关于估算重放阶数的经验法则是将其作为波数（Wave Number）k 和重放球形半径 r 的函数，将截断误差的最大阈值调整为 4%。阶数 M 可以通过下式求得：

$$M = \lceil kr \rceil$$

其中 $\lceil . \rceil$ 表示四舍五入到相邻的整数。例如，如果我们需要在一个半径为 8.5 cm（接近人头的平均半径）的球体范围内进行重放，通过 1 阶 Ambisonics 对声场进行重构所能实现的有效（截断误差在 4% 以下）频率上限仅为 637 Hz。如果要在同样的区域内将截止频率提升至 16 kHz，所需的 HOA 分量 M 应为 25 阶。

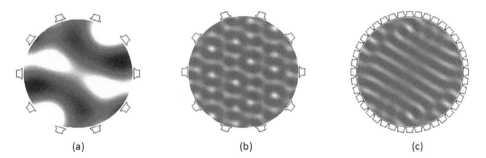

图 9.7 增加更高阶数 Ambisonics 分量所带来的优势：（a）250 Hz 平面波可以通过一个 4 阶系统进行良好的重构；（b）将频率提升至 1 kHz，同一个 4 阶系统的重构结果显著下降；（c）为了获得与图（a）相同的 1 kHz 重构精度，系统必须被提升至 19 阶。

9.3.1 HOA 传声器

HOA 的理念是通过一系列 $B_{mn}^{\sigma}(\omega)$ 信号对声场进行表达，它们是对声场进行球谐函数展开的系数

[参见式（9.A.11）]。四面体传声器是记录 0 阶和 1 阶分量 $B_{mn}^{\sigma}(\omega)$ 最为便捷的解决方案，但我们该如何记录高于 1 阶的分量来获得 HOA 信息呢？实际的解决方案和四面体传声器采用的策略十分类似。最为直接的方式是通过若干个指向性传声器来记录 $B_{mn}^{\sigma}(\omega)$ 分量，它们的指向性应当与球谐函数的指向性保持一致（见图 9.5）。而这一解决方案对于 0 阶和 1 阶分量的获取尚不可行，对于高阶分量的获取就更不可行了，因为这需要将更多数量的传声器置于同一物理位置，它们的指向性也更加复杂。对于 HOA 来说，我们建议使用球形传声器阵列（即四面体阵列），通过适宜的矩阵运算从传声器输出信号中获取 Ambisonics 分量 [参见式（9.2）]。这为 HOA 传声器通用概念的形成带来了启示。这种录音系统从概念上来说就是一个球形传声器阵列，在整个球面上对声压和压力梯度或声速度（Acoustic Velocity）进行捕捉。此外，这个传声器阵列还搭配 1 个编码矩阵处理来获取 HOA 分量。

更为准确地说，这一解决方案是基于 HOA 分量的数学定义获得的。它们（HOA 分量）被定义为球谐函数展开的系数。任何声场都可以通过加权球谐函数的线性和来进行表达，因为球谐函数是声波的特征函数，这就好像任何的时间函数都可以进行傅里叶级数展开，通过正余弦函数的线性加权和来进行表达。换言之，球谐函数在描述空间差异的层面上等同于正弦函数和余弦函数。因此根据特征函数的定义，球谐函数展开的系数是通过声场在球谐函数正交基（Orthonormal Basis）上的投影来计算的 [参见式（9.A.4）]。如果 $U_{mn}^{\sigma}(\omega)$ 是声压 $p(r, \varphi, \theta, \omega)$ 在整个球面的球谐函数 $Y_{mn}^{\sigma}(\phi, \theta)$ 上的投影结果 [（参见式（9.A.6）)]，则分量 $B_{mn}^{\sigma}(\omega)$ 为：

$$B_{mn}^{\sigma}(\omega) = E_q(m, kr) U_{mn}^{\sigma}(\omega) \qquad (9.9)$$

其中 $E_q(m, kr) = \dfrac{1}{i^m j_m(kr)}$ 可以被视为一个均衡项（Equalization）。因此为了获得 Ambisonics 分量，第一步需要测量半径为 r 的球面上的声压，从中计算出 $B_{mn}^{\sigma}(\omega)$ 信号。然后再通过式（9.9）求出 $B_{mn}^{\sigma}(\omega)$ 信号。

9.3.2 HOA 所面临的挑战

尽管前文已经给出了计算方法，但这一过程也带来了两个主要的问题：一个是第一类球贝塞尔函数（Spherical Bessel Function）[即 $j_m(kr)$] 的 0 值，另一个是声场的空间采样。诚然，当函数 $j_m(kr)$ 为 0 时，均衡项 $E_q(m, kr)$ 就不再存在。更重要的是，随着函数 $j_m(kr)$ 趋近于 0，均衡项 $E_q(m, kr)$ 的数值会急剧增大，进而导致对信号进行过度的放大，这种处理会转化为对传声器噪声的提升，最终影响音频信号的质量。一种解决方案是使用另一种声学变量来替代声压对声场进行描述，以此对均衡项进行调整，例如可以使用心形传声器来替代压强式传声器。如前文所述，这些心形传声器可以被视为压强式传声器和压力梯度式传声器的线性和。因此均衡项变为（Moreau、Daniel 和

Bertet，2006）：

$$E_c\left(m,kr\right)=\frac{1}{i^m\left[\,j_m\left(kr\right)+k\,\dfrac{\partial j_m\left(kr\right)}{\partial r}\right]} \tag{9.10}$$

在这种情况下，分母永不为 0。通常，我们可以对传声器的指向性函数进行调整（例如通过某种固体结构引入声波衍射），以此来设计与目标属性相匹配的均衡项 $E_q(m,kr)$（Epain 和 Daniel，2008）。

关于第二个问题的解决，在理想情况下，Ambisonics 分量应该通过分布在半径为 r 的球面上连续声场的信息来推导。但在实际应用中，声学信号无法在任意位置进行测量，而是限定在传声器阵列所定义的有限数量的位置上，这就涉及空间采样。分布在球体上的传声器形成了一个球面阵列。这里的主要问题在于为这些传声器选择合适的位置来对声场信息进行最佳捕捉，以此对 $B_{mn}^\sigma\left(\omega\right)$ 信号进行准确预估。最终的解决方案在以下几个限制条件之间形成了最佳的平衡：对 $B_{mn}^\sigma\left(\omega\right)$ 信号预估的误差最小化、最少的传声器数量，以及获得一个可行的传声器阵列几何形状。与时域采样类似，空间采样的可行性也是基于声场存在空间带宽限制（Spatially Band-Limited）的假设，即对于任何大于最大阶数 m_{max} 的 m 阶取值，分量 $B_{mn}^\sigma\left(\omega\right)$ 都应为 0。如果满足此条件，在水平和高度方位角都分别得到规则采样的情况下（Driscoll 和 Healy，1994），声场可以被正确的采样，$B_{mn}^\sigma\left(\omega\right)$ 信号也可以被正确预估。这种解决方案的缺陷在于需要大量的传声器：例如通过 M 阶方式对声场进行记录，就需要至少 $4(M+1)^2$ 只传声器。为了减少传声器数量 N_c，就需要做近似处理。假设使用心形传声器，根据心形传声器指向性的理想化定义，位于坐标 (r,ϕ_q,θ_q) 的第 q 只心形传声器的输出为：

$$c(q,\omega)\equiv c\left(r,\phi_q,\theta_q,\omega\right)=p\left(r,\phi_q,\theta_q,\omega\right)-\frac{\vec{\nabla}p\left(r,\phi_q,\theta_q,\omega\right)\cdot\vec{n}}{ik},q\in\left[1,\cdots,N_c\right] \tag{9.11}$$

摒弃计算球谐函数正交基上投影的方式来推导 $B_{mn}^\sigma\left(\omega\right)$ 信号，而是通过式（9.11）中的球谐函数展开来替换声压的方式［参见式（9.A.11）］来获取 Ambisonics 分量，则有：

$$c(q,\omega)=\sum_{m=0}^M i^m\left[\,j_m\left(kr\right)+k\,\frac{\partial j_m\left(kr\right)}{\partial r}\right]\sum_{n=0}^m\sum_{\sigma=\pm1}B_{mn}^\sigma\left(\omega\right)Y_{mn}^\sigma\left(\phi_q,\theta_q\right) \tag{9.12}$$

此式定义了一个线性式系统，可以转换为矩阵形式：

$$C=Y_cW_cB \tag{9.13}$$

其中 C、B、Y_c 和 W_c 为：

$$C=\begin{bmatrix}c(1,\omega)\\c(2,\omega)\\\vdots\\c(N_c,\omega)\end{bmatrix},B=\begin{bmatrix}B_{00}^1(\omega)\\B_{10}^1(\omega)\\\vdots\\B_{MM}^{-1}(\omega)\end{bmatrix},Y_c=\begin{bmatrix}Y_{00}^1(\phi_1,\theta_1)&Y_{10}^1(\phi_1,\theta_1)&\ldots&Y_{MM}^{-1}(\phi_1,\theta_1)\\Y_{00}^1(\phi_2,\theta_2)&Y_{10}^1(\phi_2,\theta_2)&\ldots&Y_{MM}^{-1}(\phi_2,\theta_2)\\\vdots&\vdots&\vdots&\vdots\\Y_{00}^1(\phi_{N_c},\theta_{N_c})&Y_{10}^1(\phi_{N_c},\theta_{N_c})&\ldots&Y_{MM}^{-1}(\phi_{N_c},\theta_{N_c})\end{bmatrix},$$

$$W_c = \begin{bmatrix} j_0(kr) + k\dfrac{\partial j_0(kr)}{\partial r} & 0 & \cdots & 0 \\[2ex] 0 & i\left[j_1(kr) + k\dfrac{\partial j_1(kr)}{\partial r} \right] & \cdots & 0 \\[2ex] \vdots & \vdots & \vdots & \vdots \\[2ex] 0 & 0 & \cdots & i^M\left[j_M(kr) + k\dfrac{\partial j_M(kr)}{\partial r} \right] \end{bmatrix}$$

假设传声器数量 N_c（即表达式的数量）大于或等于未知数的数量（即 Ambisonics 分量的数量：$(M+1)^2$），式（9.13）可以通过 Y_c 的广义逆（Moore-Penrose Pseudoinverse）来进行求解：

$$\hat{B} = E_c(Y_c^t Y_c)^{-1} Y_c^t C \tag{9.14}$$

其中 $E_c = \begin{bmatrix} E_c(0, kr) & 0 & \cdots & 0 \\ 0 & E_c(1, kr) & \cdots & 0 \\ \vdots & \vdots & \vdots & \vdots \\ 0 & 0 & \cdots & E_c(M, kr) \end{bmatrix}$，且 Y_c^T 表示 Y_c 的共轭转置（Transpose Conjugate）。

我们应牢记这仅仅是 Ambisonics 分量 $B_{mn}^\sigma(\omega)$ 的大致预估。传声器的内部噪声或摆放不当也可能引入误差。矩阵 E_c 会造成不稳定，需要通过正则化的方式将其最小化（Moreau 等人，2006）。此外，式（9.14）的 $Y_c^t Y_c$ 项应引起特别的注意：如果对声场的空间采样（即传声器阵列的几何形状）保持球谐函数的正交属性 [参见式（9.A.4）]，这一项可以简化为 $Y_c^t Y_c = 1$（其中 1 为恒等矩阵）。在这种情况下，考虑心形传声器而非压强式传声器式，式（9.14）就变成了式（9.9）的简化版本。如果任意选择传声器阵列的几何形状，则通常无法满足标准正交属性，此时 $Y_c^t Y_c$ 的数值表示了空间混叠（即正交性误差）的程度。但是要找到一个使 $Y_c^t Y_c = 1$ 的几何形状是很困难的。规则或半规则多面体仅在最大阶数 $max_{\max}$ 的情况下才有效（Moreau 等人，2006）。因此必须对传声器阵列的几何形状进行仔细的检查。

9.3.3　HOA 的实际应用

在实际应用中，HOA 传声器设计的第一步就是选择所期望的球谐函数展开的最大阶数 M。第二步，M 的取值决定了最少传声器数量：$N_c = (M + 1)^2$。第三步是确定 N_c 个传声器单元所组成阵列的几何形状（最好是半规则多面体），将标准正交误差最小化。第四步和传声器阵列的半径 r 相关，它影响着式（9.10）中的均衡项。最佳半径的取舍是非常困难的，减小 r 有助于降低空间混叠，而保持 Ambisonics 分量对低频的可靠预估则需要更大的 r（Moreau 等人，2006）。四面体系统就是 $M = 1$ 情况下的设计样例，它由 $N_c = (M + 1)^2 = 4$ 只传声器组成，采用四面体这种最为简单的规则多面体。

这一设置隐含地提供了对声场的粗略空间采样，能够对 0 阶和 1 阶 Ambisonics 分量进行预估。

另一个解决方案由 Zotkin、Duraiswami 和 Gumerov（2010）提出。宽泛地说，就是找到能够对传声器收集的声压进行最佳描述的若干平面波。该方案的处理过程与 Ambisonics 编码十分相似：传声器信号通过 1 个加权矩阵来推导平面波展开的系数。

9.3.4　HOA：一个具有前景的声场描述格式

HOA 对声场的呈现（即信号 B_{mn}^{σ}）对于描述声音场景而言是一个颇具吸引力的格式，这一格式有 3 个宝贵的属性：通用性、普遍性和可扩展性。

首先，为某种布局计算扬声器信号的矩阵处理可以被理解为 Ambisonics 分量向扬声器信号域的转码［参见式（9.15）和式（9.19）］。因此 HOA 表达是一种真正的通用格式，所谓"通用"指的是它与录音格式（即传声器信号）和重放格式（即扬声器信号）均不相关。这样的优势在于，任何对声音场景的编辑或后期制作（如旋转、向前突出角变形等空间转换）在 HOA 域进行都是非常理想的（Daniel，2009），它无需计算一套新的扬声器信号。扬声器的输入信号在声场还原时仅需要做一次解码。HOA 信号相当于数据存储。

其次，如果球谐函数展开项的数量为无穷大，HOA 格式对声波的精确表达决定了它具有普遍性。此外，它对于具有任何空间和传输属性的声波都有效。误差仅仅来自球谐函数展开阶数为有限值 M 所造成的限制和对 HOA 传声器 $B_{mn}^{\sigma}(\omega)$ 信号的预估误差。

最后，可扩展性意味着低阶的 HOA 分量传递了对声音场景的完整描述。在极端情况下，0 阶 HOA 分量（即等同于单声道录音的 W 分量）是对声场的完整表达（尽管没有任何空间信息），听音者能够在这种情况下识别出一个包含多个声源的连贯的声音场景。

增加更高阶数的分量仅对声场的空间解析度起改善作用。因此在任何时候都可以通过放弃最高阶分量来控制 HOA 的最大阶数 M，以此获得适合传输 / 存储的码流或与听音区的扬声器设置（扬声器数量）进行匹配。

9.3.5　Ambisonics 和 HOA 的重放

HOA 的重放目标是通过扬声器阵列对初始声场 p 进行合成。为了达到这一目的，Ambisonics 分量 $B_{mn}^{\sigma}(\omega)$ 被混合在一起，为每一只扬声器构建适宜的输入信号，使所获得的合成声场 p 尽可能地与初始声场相同。使用一个 $N_l \times (M+1)^2$ 的解码矩阵 D 从 $B_{mn}^{\sigma}(\omega)$ 信号中获取扬声器输入信号，该矩阵表示为：

$$S = DB \tag{9.15}$$

其中 S 是由 N_l 个扬声器信号 $S = \begin{bmatrix} s(1,\omega) \\ \vdots \\ s(l,\omega) \\ \vdots \\ s(N_l,\omega) \end{bmatrix}$ 组成的矢量。通过使合成声场与初始声场相等，求得

解码矩阵 D，合成声场可以表示为：

$$\hat{p}\left(\vec{r},\omega\right) = \sum_{l=1}^{N_l} s(l,\omega) p_l\left(\vec{r},\omega\right) \tag{9.16}$$

其中 p_l 表示由第 l 只扬声器发出的初级声波。根据式（9.A.11），该初级声波可以通过球谐函数基（Spherical Harmonics Basis）得到：

$$\hat{p}\left(\vec{r},\omega\right) = \sum_{l=1}^{N_l} s(l,\omega) \sum_{m=0}^{+\infty} i^m j_m(kr) \sum_{n=0}^{m} \sum_{\sigma=\pm1} L_{mn}^{\sigma}(l,\omega) Y_{mn}^{\sigma}(\phi,\theta) \tag{9.17}$$

当且仅当合成声场与目标声场 p 各自的球谐函数展开系数相等时，两者完全一致，即：

$$B = LS$$

其中　　$L = \begin{bmatrix} L_{00}^{1}(\phi_1,\theta_1) & L_{00}^{1}(\phi_2,\theta_2) & \dots & L_{00}^{1}(\phi_{N_l},\theta_{N_l}) \\ L_{10}^{1}(\phi_1,\theta_1) & L_{10}^{1}(\phi_2,\theta_2) & \dots & L_{10}^{1}(\phi_{N_l},\theta_{N_l}) \\ \vdots & \vdots & \vdots & \vdots \\ L_{MM}^{-1}(\phi_1,\theta_1) & L_{MM}^{-1}(\phi_2,\theta_2) & \dots & L_{MM}^{-1}(\phi_{N_l},\theta_{N_l}) \end{bmatrix}$　（9.18）

矩阵 L 表示每只扬声器发出声波的球谐函数展开系数。换句话说，矩阵 L 包含了扬声器的空间坐标信息。我们需要这些信息将声场的空间信息分布到扬声器阵列中。

式（9.18）定义了一个包含 $(M+1)^2$ 个线性式的系统，它有 N_l 个未知数（扬声器输入信号）。在实际应用中，我们建议将扬声器数量定为 $N_l = (M+1)^2$，以确保对声场的最佳还原（Poletti，2005）。因此，如果 $N_l < (M+1)^2$，可以舍去最高阶的 Ambisonics 分量 $m_{max} < m < (M+1)^2$，直至 $N_l = (m_{max}+1)^2$。相反，如果 $N_l > (M+1)^2$，应对部分扬声器做哑音处理，维持 $(M+1)^2$ 只发声。否则重放的声场会变得不稳定，出现诸如"相位失真"[4] 的可闻失真（Daniel，2009）。

9.3.6　解码矩阵

从理论上来说，任意几何形状的扬声器阵列都可以使用，这是 HOA 重放系统相比于 5.1 或 22.2 等基于声道格式最为显著的优势。解码矩阵 D 的作用就是将 HOA 分量 $B_{mn}^{\sigma}(\omega)$ 调整为扬声器信号（即"扬声器域"相对于球谐函数域的转换），同时能够针对任意扬声器布局进行补偿。解码矩阵实际上

---

[4] "相位失真"的原文为"phasiness"——译者注

将矩阵 L 中扬声器的位置和声学辐射特性同时进行了考量［见式（9.18）］。例如，如果扬声器辐射的声波为平面波（远场假设），则矩阵 L 为［见式（9.B.5）］：

$$L = Y_l = \begin{bmatrix} Y_{00}^1(\phi_1, \theta_1) & Y_{00}^1(\phi_2, \theta_2) & \dots & Y_{00}^1(\phi_{N_l}, \theta_{N_l}) \\ Y_{10}^1(\phi_1, \theta_1) & Y_{10}^1(\phi_2, \theta_2) & \dots & Y_{10}^1(\phi_{N_l}, \theta_{N_l}) \\ \vdots & \vdots & \vdots & \vdots \\ Y_{MM}^{-1}(\phi_1, \theta_1) & Y_{MM}^{-1}(\phi_2, \theta_2) & \dots & Y_{MM}^{-1}(\phi_{N_l}, \theta_{N_l}) \end{bmatrix} \quad (9.19)$$

即使扬声器分布的几何形状不受限制，我们仍然倾向于选择一个规则的布局，因为规则分布的扬声器阵列所需要的解码矩阵从数学上来说更加简单和稳定。因此，扬声器通常会分布在 1 个半径为 r_l 的球体的表面。在这种情况下，如果将平面波替换为球面波，矩阵 L 变为 $L = W_l L_l$（Morse 和 Feshback，1953；Morse 和 Ingard，1968；Daniel，2001），其中：

$$W_l = \begin{bmatrix} (-i) & 0 & \dots & 0 \\ 0 & -\dfrac{h_1^-(kr_l)}{k} & \dots & 0 \\ \vdots & \vdots & \vdots & \vdots \\ 0 & 0 & \dots & \dfrac{h_M^-(kr_l)}{k} i^{-(M+1)} \end{bmatrix} \quad (9.20)$$

扬声器在球面上的具体位置必须为规则分布，这样球谐函数的标准正交属性才能够通过空间采样予以保留［见式（9.A.4）］。换言之，扬声器必须被放置在 1 个规则或半规则多面体的顶角上，这样能够获得最佳的 $Y_l^t \, Y_l = 1$。如果重放被限制在水平平面上（即二维重放），等间距分布的圆环扬声器阵列则能够满足要求。在还原平面波的情况下，如果一个规则的扬声器布局满足了 $Y_l^t \, Y_l = 1$，那么解码矩阵就变为 $D = L^t$。

9.3.7　解码规则

式（9.18）中的解码矩阵是 HOA 重放策略中的一种，它的目的是完美重构声场（即使得记录声场和重放声场完美匹配），它有一个专门的术语叫"基础解码"。除了这种方式之外，还有很多重放策略（Daniel，2001）。我们在第一部分介绍的速度和能量矢量［见式（9.8）］对于优化声场重放是十分有效的（Gerzon，1992）。尤其是随着频率的升高，完美的重构已经变得不再可行，至少对于大面积的听音区域来说是如此。在这种情况下，可以通过对一系列限定条件进行优化来计算近似解决方案，这使得我们可以对声场渲染的结果进行改善。因此，速度和能量条件可以作为特定的限定条件用于优化处理。例如在声场重构的过程中，通过将能量矢量的模值最大化，$maximum \, r_E$ 限制条件会使用与虚拟声源方向最近的扬声器。同样，$in\text{-}phase$ 限制条件会对与虚拟声源方向相反的扬声器做哑音处理，以此改善偏离中心位置听音者的声场渲染效果，这些都是计算解码矩阵时可以选择的解码规则。在实践中，不同的解码规则可以作为频率的函数来进行实施，例如为低频使用基础解码，为高频使用 *maximum* r_E 解码。

9.4 声场合成

为了描述 HOA 对于声场的重放，图 9.8 描述了一个半径 r_l = 3 m 的二维圆环扬声器阵列所合成的声波。目标声场是一个频率为 1 kHz、水平入射角 ϕ = 60° 的平面谐波。扬声器信号是通过基础解码对理论上的 HOA 分量进行计算而获得的［见式（9.B.5）］，此时假设扬声器辐射的是平面波。扬声器的数量被固定为最靠近最佳数值 N_l = (2M + 1)。通过 4 阶 HOA 系统合成的声波仅在紧邻扬声器阵列中心的位置才是正确的。当把 HOA 合成的阶数上升到 M = 19 时，期望中的平面波几乎在整个扬声器阵列覆盖的区域都能够被正确还原。高阶分量对于扩展有效听音区的作用是十分明显的。

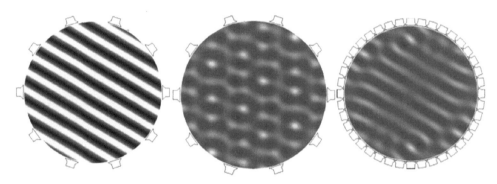

图 9.8 由 HOA 阵列合成的平面波（ϕ = 60°，f = 1 kHz）由于球谐函数展开最大阶数 M 的不同而获得的不同效果（从左至右：目标声波、M = 4 时 HOA 的合成声波、M = 19 时 HOA 的合成声波）。

为了评估重放声场对虚拟声源定位感知的结果，在听音区内的若干位置对 ITD（双耳间时间差）和 ILD（双耳间强度差）数值进行了预估（见图 9.9）。为了进行这一模拟，每只扬声器和听音者双耳之间的声波传递将 HRTFs（头部相关传递函数）考虑在内，以模拟听音者的生理形态（尤其是耳郭）对声波产生的衍射效应。假设听音者面向 0° 方向，理想情况下的 ITD 和 ILD 应分别在 −500 μs 和 −12 dB 左右。通过图 9.9 我们可以看到，尽管无法进行精确定位，但大多数位置对于虚拟声源的侧方定位（即水平方向感知）是大致正确的。但是 ITD 会受到很多空间不稳定性因素的影响，这些失真在 HOA 阶数 M 增加时会得到缓解。此外，作为第三个评估指标，ISSD（被试对象之间的频谱差异）被用来对频谱失真进行评估量化。ISSD 是对两个频谱幅度响应差别的衡量（即目标频谱和实际系统在某一位置产生的频谱差），它被定义为幅度分贝值差别的不一致性[5]（Middlebrooks，1999）。图 9.9 的结果表明听音区中几乎所有位置的频谱失真都很严重，这意味着会出现音色失真。

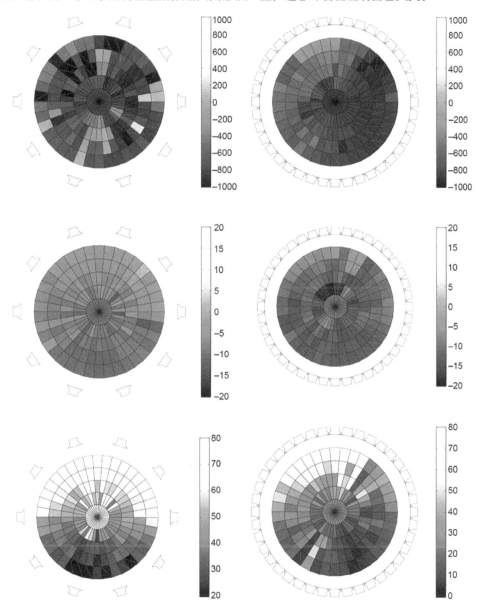

图 9.9 对由 HOA 阵列合成的平面波（$\phi = 60°$，$f = 1$ kHz）进行的定位提示（ITD 和 ILD）和频谱失真（ISSD）评估（从上到下：ITD、ILD 和 ISSD；从左到右：$M = 4$、$M = 19$）。

---

[5] "幅度分贝值差别的不一致性"的原文为"the variance of the difference of the dB-magnitudes"——译者注

图 9.10 和图 9.11 展示了一个球面波的重放情况，它由位于扬声器阵列之外的声源发出。4 阶 HOA 系统无法成功地对波阵面的形状进行正确地还原。在听音区中对球面波进行更好的重放需要更高的阶数 $M = 19$。对于定位提示来说，ILD 的还原要好于 ITD，因为 ITD 具有强烈的空间不均匀性。同样的现象也出现在对扬声器阵列以内的声源所发出的球面波进行还原的过程中（见图 9.12 和图 9.13）。仅在 HOA 为 19 阶时，系统才能够对球面波的波阵面进行正确的重构。

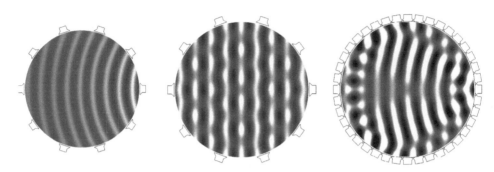

图 9.10 由外部声源发出的球面波（$r = 3\,\text{m}$，$\phi = 0°$，$f = 1\,\text{kHz}$）通过一个 HOA 阵列进行还原，由于球谐函数展开阶数最大值 M 的不同而获得的不同结果（从左到右：目标声波，$M = 4$ 时的 HOA 合成声波，$M = 19$ 时的 HOA 合成声波）。

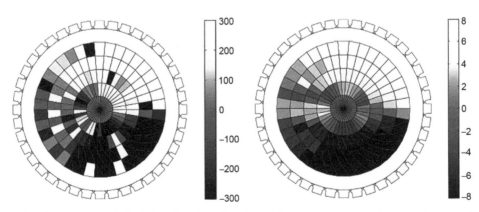

图 9.11 对一个 19 阶 HOA 合成的外部声源所辐射的球面波（$r = 3\,\text{m}$，$\phi = 0°$，$f = 1\,\text{kHz}$）的定位提示（左图为 ITD，右图为 ILD）的预估结果。

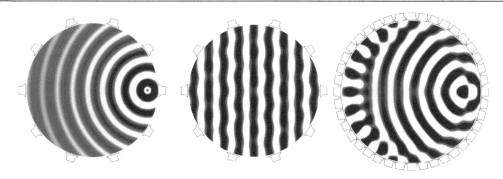

图 9.12　通过一个 HOA 阵列还原由内部声源发出的球面波（$r = 1.25$ m，$\phi = 0°$，$f = 1$ kHz），由于球谐函数展开阶数最大值 M 的不同而获得的不同结果（从左到右：目标声波，$M = 4$ 时的 HOA 合成声波，$M = 19$ 时的 HOA 合成声波）。

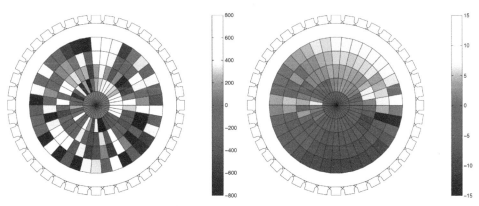

图 9.13　对一个 19 阶 HOA 合成的内部声源所辐射的球面波（$r = 1.25$ m，$\phi = 0°$，$f = 1$ kHz）的定位提示（左图为 ITD，右图为 ILD）的预估结果。

9.5　声场格式

Ambisonics 术语中的 A、B、C 和 D 格式

　　所谓格式，就是通过一系列信号对声场进行表达。从录音到重放环节有很多种格式可供选择。传声器的输出信号可以被视为一种录音格式，它与扬声器输入信号所定义的重放格式有所不同。Ambisonics 和 HOA 技术正是这样一种情况。对于声场的 1 阶表达（即 Ambisonics）来说，四面体传声器的输出信号（即 LF、RF、LB、RB 信号）是被称为 A 格式的录音格式，它应当与包含（W，X，Y，Z）分量的 B 格式区分开来。B 格式与录音设置和重放系统布局完全无关。一系列扬声器输

入信号则定义了 D 格式，也称为 G 格式。最开始，G 格式是与 5.1 扬声器布局的扬声器信号相对应的，后来则对任意扬声器布局通用。

C 格式，常常被称为 UHJ 格式，它是另一种 Ambisonics 格式，被用于广电系统和传播（CD、DVD、电视或广播），其中"C"代表"消费者（Consumer）"（Gerzon，1985）。UHJ 格式的主要目标是提供与传统的单声道和立体声重放系统直接匹配的信号，它至少由左和右立体声信号组成。此外，T 信号和 Q 信号也可以加入 C 格式以增强水平方向的空间准确性（T 信号）并获得高度信息（Q 信号）。更准确地说，将 B 格式编码为 UHJ 格式的过程是基于 6 个信号获得的，它们的构成以信号和（S：Sum）与差（D：Difference）为基础

$$S = 0.9396926W + 0.18555740X$$
$$D = j(-0.3420201W + 0.5098604X) + 0.6554516Y \qquad (9.21)$$

从另一方面来说，（L，R，T，Q）信号可表示为

$$L = 0.5(S + D)$$
$$R = 0.5(S - D)$$
$$T = j(-0.1432W + 0.6512X) - 0.7071Y \qquad (9.22)$$
$$Q = 0.9772Z$$

其中 j 为 $+90°$ 相移。

为了获得左右立体声信号，矩阵式借用了 M/S 技术 [见式（9.1）]。单声道重放仅使用 S 信号。从 UHJ 格式回到 B 格式的矩阵式为

$$S = 0.5(L + R)$$
$$D = 0.5(L - R)$$
$$W = 0.982S + 0.197j(0.828D + 0.768T)$$
$$X = 0.419 - j(0.828D + 0.768T) \qquad (9.23)$$
$$Y = 0.187j\,S + (0.796D - 0.676T)$$
$$Z = 1.023Z$$

这些概念同样也适用于 HOA。通过球形传声器阵列进行录音，对球面上的声压进行空间采样，进而获得录音格式。然后从传声器信号 [见式（9.4）] 获取 HOA 分量 $B_{mn}^{\sigma}(\omega)$（空间编码），对 Ambisonics 链路中的核心格式进行定义。这一格式与录音和重放的设置均无关联，因此可以被视为声场的通用表现形式。最后，通过对 $B_{mn}^{\sigma}(\omega)$ 信号进行矩阵运算，以适宜的方式（再编码或转码）与空间信息进行重新整合以获取扬声器信号，进而使扬声器阵列能够进行正确的声场合成。在目前使用的音频格式术语范畴内，信号 $B_{mn}^{\sigma}(\omega)$ 通常被认为是基于声场的格式，它对应了由扬声器信号组成的基于声道格式（例如 5.1、10.2 或 22.2），以及基于对象格式这种通过一系列基础要素（即声源）的空间坐标和运动轨迹相结合来描述声音场景的方式（Geier、Ahrens 和 Spors，2010；Bleidt 等人，2014）。

9.6　结论

通过本章对声场的探讨可知，我们关注的要点是如何在一个较大的听音范围内实现声波的还原。这其中所包含的 3 个主要问题是：如何记录、表达和重现一个声场。在了解了一些基本理念后，对上述问题的探讨集中在了 HOA 这一特定技术上（包括传声器、格式、编码、解码矩阵和扬声器设置）。在本章的最后我们给出了通过 HOA 重放平面波和球面波的案例。

在实际应用中，HOA 录音对实际声源的捕捉质量极大地影响了重放的结果。相位准确度、振幅频率响应匹配度和信噪比等传声器参数都是需要考虑的重要因素。HOA 重放系统和听音环境也会带来很大的影响。目前，随着工程师、节目提供者和消费者都开始将视野转向声场技术，对传声器和重放系统的高要求支撑着新的消费级沉浸式音频格式的发展，这也驱动了 HOA 技术的创新和改进。对 HOA 重放感知音质的进一步评估也是必要的。在大多数现有系统中，最高的阶数为 $M=4$ 或 5。一个仍未解决的问题是：考虑到阶数的限制，声场重构技术的进步不易被感知。但是为了研究这一问题，对于声场多维度感知的评估方法也应该得到进一步的发展。

9.7　参考文献

Bamford, J. S. (1995). *An Analysis of Ambisonics Systems of First and Second Order*, Ph.D. Thesis, University of Waterloo, Ontario, Canada.

Bleidt, R., Borsum, A., Fuchs, H., & Merrill Weiss, S. (2014). Object-based audio: Opportunities for improved listening experience and increased listener involvement. *SMPTE Conference Proceedings*, October 2014.

Blumlein, A. D. (1931). U.K. Patent 394325.

Craven, P. G., & Gerzon, M. A. (1977). U.S. Patent 4,042,779.

Daniel, J. (2001). *Représentation de champs acoustiques, application à la transmission et à la reproduction de scènes sonores complexes dans un contexte multimédia*, Ph.D. Thesis, University of Paris VI, France.

Daniel, J. (2009). Evolving views on HOA: From technological to pragmatic concerns. *Ambisonics Symposium 2009*, June 25-27, Graz.

Daniel, J., Nicol, R., & Moreau, S. (2003). Further investigations of higher order Ambisonics and wavefield synthesis for holophonic sound imaging. *114th AES Convention*, April 2003. Amsterdam.

Driscoll, J. R., & Healy, D. M. (1994). Computing Fourier transforms and convolutions on the 2sphere. *Advances in Applied Mathematics*, *15*, 202-250.

Epain, N., & Daniel, J. (2008). Improving spherical microphone arrays. *124th AES Convention*, May 2008. Amsterdam, Netherlands.

Farrar, K. (1979a). Soundfield microphone. *Wireless World*, October 1979, 48-50.

Farrar, K. (1979b). Soundfield microphone—2. *Wireless World*, November 1979, 99-103.

Gallo, E., Tsingos, N., & Lemaitre, G. (2007). 3D-Audio matting, postediting, and rerendering from field recordings. *EURASIP Journal on Advances in Signal Processing*, *2007*(1), 047970.

Gauthier, P. A., & Berry, A. (2006). Adaptive wave field synthesis with independent radiation mode control for active sound field reproduction: Theory. *Journal of the Acoustical Society of America*, *119*(5),May 2006, 2721-

2737.

Geier, M., Ahrens, J., & Spors, S. (2010). Object-based audio reproduction and the audio scene description format. *Organised Sound*, *15*(3), 219-227.

Gerzon, M. A. (1973). Periphony: With-height sound reproduction. *Journal of Audio Engineering Society*, *21*(1), 2-10.

Gerzon, M. A. (1985). Ambisonics in Multichannel broadcasting and video. *Journal of Audio Engineering Society*, *33*(11), 859-871.

Gerzon, M. A. (1992). General metatheory of auditory localisation. *Proceedings of the A.E.S. 92nd Convention*, 1992.

Hibbing, M. (1989). XY and MS microphone techniques in comparison. Presented at 86th AES Convention, Hamburg. Preprint 2811 (A-5).

Makita, Y. (1962). On the directional localisation of sound in the stereophonic sound field. *E.B.U. Review,* June 1962, 102-108.

Middlebrooks, J. (1999). Virtual localization improved by scaling nonindividualized external-ear transfer functions in frequency. *Journal of Acoustical Society of America*, *106*(3), 1493-1510.

Moreau, S., Daniel, J., & Bertet, S. (2006). 3D Sound Field Recording with higher order ambisonics—objective measurements and validation of a 4th order spherical microphone. *120th AES Convention*, May 2006. Paris, France.

Morse, P. M., & Feshback, H. (1953). *Methods of Theoretical Physics*. New York: McGraw-Hill.

Morse, P. M., & Ingard, K. U. (1968). *Theoretical Acoustics*. New York: McGraw-Hill.

Nicol, R., & Emerit, M. (1999). 3D-sound reproduction over an extensive area: A hybrid method derived from Holophony and Ambisonic. *AES 16th International Conference on Spatial Sound Reproduction*, April 1999, Rovaniemi.

Poletti, A. (2005). Three-dimensional surround sound systems based on spherical harmonics. *Journal of Audio Engineering Society*, *53*(11), 1004-1024.

Ward, D. B., & Abhayapala, T. D. (2001). Reproduction of a plane wave sound field using an array of loudspeakers. *IEEE Transactions on Speech and Audio Processing*, *9*(6), September 2001, 697-707.

Zotkin, D. N., Duraiswami, R., & Gumerov, N. A. (2010). Plane-wave decomposition of acoustical scenes via spherical and cylindrical microphone arrays. IEEE *Transactions on Audio, Speech and Language Processing*, *18*(1), 2-16.

与声场技术相关的数学与物理

9.A.1 波动方程

任何声波都是一般问题的解，对于一个空间 - 时间域 $\Omega \times [t_1, t_2]$ 来说，该一般问题可以被定义为：

- 波动方程，由下式给出：

$$\left(\Delta - \frac{1}{c^2}\frac{\partial^2}{\partial t^2}\right)\psi(\vec{r},t) = -s(\vec{r},t) \quad \forall \vec{r} \in \Omega, \forall t \in [t_1,t_2] \tag{9.A.1}$$

其中 $\psi(\vec{r},t)$ 表示速度势（在位置 $\vec{r}$ 和时间 t），它与声压 $p(\vec{r},t)$ 和粒子速度 $\vec{v}(\vec{r},t)$ 之间的关系可以表示为：$p(\vec{r},t) = \rho_0 \frac{\partial \psi(\vec{r},t)}{\partial t}$，且 $\vec{v}(\vec{r},t) = -\vec{\nabla}\psi(\vec{r},t)$。在这些表达式中，$c$ 和 ρ_0 分别表示声速和传播介质的容积质量密度。$s(\vec{r},t)$ 表示声源。

- 界面条件定义了 $\psi(\vec{r},t)$ 或 $\vec{\nabla}\psi(\vec{r},t)$（或者两者）在 Ω 域中界面 $\partial\Omega$ 上的值，与界面条件结合可以引入房间中墙壁所产生反射、散射或衍射等声学现象的影响。

- 与初始条件相结合，可以表示 $\psi(\vec{r},t)$ 和 $\frac{\partial \psi(\vec{r},t)}{\partial t}$ 在起始时间的值。

在这个表达式中，所有的变量都表示为时间的函数。通过对该表达式做傅里叶变换，可以推导频域中的等效问题。这一问题有多种解法。

9.A.2 通过球谐函数求解波动方程

一种求解波动方程的方式是使用一个包含标准正交基的特征函数，它能够表示任何声波。如果坐标系统为球形（即任何位置 $\vec{r}$ 都是通过半径 r、水平方位角 ϕ 和高度角 θ 来描述，见图 9.A.1），波动方程的特征函数由球贝塞尔函数（也称为第一类球贝塞尔函数 $j_m(kr)$ 和第二类 $n_m(kr)$，和 / 或第一类球汉克尔函数 $h_m^+(kr)$ 和第二类 $h_m^-(kr)$，它们分别用于描述 r 减小和增大时的传输声波）和球谐函数

$Y^\sigma_{mn}(\phi,\theta)$（Morse 和 Feshback，1953；Morse 和 Ingard，1968）组成。球贝塞尔函数描述了半径变化所造成的空间域变化，而球谐函数则通过水平方位角和高度角的变化来描述空间域变化（见图 9.5）。球谐函数可以通过下式表达：

$$Y^\sigma_{mn}(\phi,\theta) = \sqrt{(2m+1)\epsilon_n \frac{(m-n)!}{(m+n)!}} P_{mn}(\sin\theta) \times \begin{cases} \cos(n\phi)\,\mathrm{si}\,\sigma = +1 \\ \sin(n\phi)\,\mathrm{si}\,\sigma = -1 \end{cases} \quad (9.A.2)$$

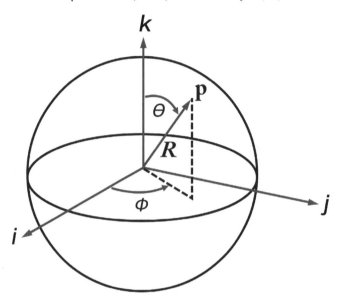

图 9.A.1　垂直球面极坐标。

其中，如果 $n=0$，系数 $\subset_n$ 等于 1；如果 $n > 0$，系数 ϵ_n 等于 2。函数 $p_{mn}(\sin\theta)$ 为勒让德多项式，它被定义为：

$$P_{mn}(\sin\theta) = \frac{d^n P_m(\sin\theta)}{d(\sin\theta)^n} \quad (9.A.3)$$

其中函数 p_m 是 n 阶第一类勒让德多项式。球谐函数为任意平方可积的函数在单位球面上构成了一套完整的标准正交函数。因此对于下式所表示的乘积来说，它们满足标准正交属性。

$$\frac{1}{4\pi} \int_{\phi=0}^{2\pi} \int_{\theta=\frac{-\pi}{2}}^{\frac{\pi}{2}} Y^\sigma_{mn}(\phi,\theta) Y^{\sigma'}_{m,n}(\phi,\theta) \cos\theta\, d\theta\, d\phi = \delta_{mm'}\, \delta_{nn'}\, \delta_{\sigma\sigma'} \quad (9.A.4)$$

其中 $\delta_{mm'}$ 表示克罗内克符号，当 $m = m'$ 时它的值为 1，否则为 0。

为了表示位置 r 处的声压，围绕该点构建一个"听音"区域。这个区域通过半径分别为 R_1 和 R_2

的两个球体进行限定，例如 $R_1 < r < R_2$，同时这个区域中不存在任何声源。通过前文所述的特征函数对声波进行展开。我们可以看到，位于听音区外的声源所产生的任何声波在位置 $\vec{r}$ 上所产生的声压 p 都可以表示为球贝塞尔函数和球谐函数的线性和。

$$p\left(\vec{r},\omega\right)=\sum_{m=0}^{+\infty}i^{m}h_{m}^{-}\left(kr\right)\sum_{n=0}^{m}\sum_{\sigma=\pm1}A_{mn}^{\sigma}\left(\omega\right)Y_{mn}^{\sigma}\left(\phi,\theta\right)+$$
$$\sum_{m=0}^{+\infty}i^{m}j_{m}\left(kr\right)\sum_{n=0}^{m}\sum_{\sigma=\pm1}B_{mn}^{\sigma}\left(\omega\right)Y_{mn}^{\sigma}\left(\phi,\theta\right) \quad (9.A.5)$$

其中 ω 表示波动（Pulsation）（即 $\omega=2\pi/f$，f 为频率）。系数 A_{mn}^{σ} 和 B_{mn}^{σ} 是特征式的加权，它们定义了声波在相应基上的表达。在其他项中，这些系数等同于傅里叶级数的系数，但是在当前情况下，我们需要考虑的是空间域变化而非时间域变化。这里需要指出的是，系数 A_{mn}^{σ} 和 B_{mn}^{σ} 的值取决于频率 f，通过这种方式来传递频域 / 时域信息。为了对声场进行精确的表达，需要式（9.A.5）中的无穷极限项。但这个级数可能会被截断为有限项：例如当球谐函数分量的阶数 $m=M$ 时，级数由 $(M+1)^2$ 个项所组成。这一结果塑造了通过 Ambisonics 表示声场的基本概念。

由于信号 $A_{mn}^{\sigma}\left(\omega\right)$ 和 $B_{mn}^{\sigma}\left(\omega\right)$ 是球谐函数展开的系数［见式（9.A.5）］，它们通过球谐函数的正交属性获得［见式（9.A.4）］。每个分量 $A_{mn}^{\sigma}\left(\omega\right)$ 和 $B_{mn}^{\sigma}\left(\omega\right)$ 的振幅是通过将声压 $p(r, \phi, \theta, \omega)$ 在相应球谐函数 $Y_{mn}^{\sigma}\left(\phi,\theta\right)$ 上的投影结果 $U_{mn}^{\sigma}\left(\omega\right)$ 与式（9.A.4）所定义的乘积相结合来推导的。

$$U_{mn}^{\sigma}\left(\omega\right)=\frac{1}{4\pi r^2}\int_{\phi=0}^{2\pi}\int_{\theta=-\frac{\pi}{2}}^{\frac{\pi}{2}}p\left(r,\phi,\theta,\omega\right)Y_{mn}^{\sigma}\left(\phi,\theta\right)\cos\theta d\theta d\phi \quad (9.A.6)$$

为了计算 $U_{mn}^{\sigma}\left(\omega\right)$，仅需要知道半径为 r 的、以坐标系原点为球心的球面上任意一点的声压 $p\left(r,\phi,\theta,\omega\right)$。我们的目标是通过 $U_{mn}^{\sigma}\left(\omega\right)$ 推导 $A_{mn}^{\sigma}\left(\omega\right)$ 和 $B_{mn}^{\sigma}\left(\omega\right)$。为此，将式（9.A.6）中的声压替换为式（9.A.5）中对声压进行球谐函数展开，根据其正交性，可得

$$U_{mn}^{\sigma}\left(\omega\right)=i^{m}h_{m}^{-}\left(kr\right)A_{mn}^{\sigma}\left(\omega\right)+i^{m}j_{m}\left(kr\right)B_{mn}^{\sigma}\left(\omega\right) \quad (9.A.7)$$

然而这一表达式并不足以计算信号 $A_{mn}^{\sigma}\left(\omega\right)$ 和 $B_{mn}^{\sigma}\left(\omega\right)$，还需要第二个表达式。除了声压外，还需要使用辐射声速 $v_r\left(r,\phi,\theta,\omega\right)$ 来推导 $V_{mn}^{\sigma}\left(\omega\right)$（Daniel 等人，2003）。

$$V_{mn}^{\sigma}\left(\omega\right)=\frac{1}{4\pi r^2}\int_{\phi=0}^{2\pi}\int_{\theta=-\frac{\pi}{2}}^{\frac{\pi}{2}}v_r\left(r,\phi,\theta,\omega\right)Y_{mn}^{\sigma}\left(\phi,\theta\right)\cos\theta d\theta d\phi \quad (9.A.8)$$

与声压相同，使用球谐函数展开［见式（9.A.5）］，同时利用欧拉公式通过声压来推导声速，式（9.A.8）变为

$$V_{mn}^{\sigma}\left(\omega\right)=\frac{i^{m-1}}{cr}\frac{\partial h_{m}^{-}}{\partial r}\left(kr\right)A_{mn}^{\sigma}\left(\omega\right)+\frac{i^{m-1}}{cr}\frac{\partial j_{m}}{\partial r}\left(kr\right)B_{mn}^{\sigma}\left(\omega\right) \quad (9.A.9)$$

通过式（9.A.7）和式（9.A.9），可以提取出信号 $A_{mn}^{\sigma}\left(\omega\right)$ 和 $B_{mn}^{\sigma}\left(\omega\right)$。

$$A_{mn}^{\sigma}(\omega) = i^{-m} \frac{\dfrac{\partial j_m}{\partial r}(kr)U_{mn}^{\sigma}(\omega) - icr j_m(kr)V_{mn}^{\sigma}(\omega)}{\dfrac{\partial j_m}{\partial r}(kr)h_m^{-}(kr) - j_m(kr)\dfrac{\partial h_m^{-}}{\partial r}(kr)}$$

$$B_{mn}^{\sigma}(\omega) = i^{-m} \frac{\dfrac{\partial h_m^{-}}{\partial r}(kr)U_{mn}^{\sigma}(\omega) - icr h_m^{-}(kr)V_{mn}^{\sigma}(\omega)}{j_m(kr)\dfrac{\partial h_m^{-}}{\partial r}(kr) - \dfrac{\partial j_m}{\partial r}(kr)h_m^{-}(kr)}$$

（9.A.10）

　　式（9.A.10）展示了如何在已知半径为 r 的球面上的声压和声速的条件下，计算任何声波在球谐函数域的表达。让我们回到式（9.A.5），它可以通过类型为 $h_m^{-}(kr)Y_{mn}^{\sigma}(\phi,\theta)$ 和 $j_m(kr)Y_{mn}^{\sigma}(\phi,\theta)$ 的小波叠加的方式被重新推导为声波的展开。前者的振幅为 $A_{mn}^{\sigma}(\omega)$，后者的振幅为 $B_{mn}^{\sigma}(\omega)$。第一类小波随着半径 r 增加的方向传播，所以应归为位于半径为 R_1 的球体内的声源，而第二类小波是位于半径为 R_2 的球体外声源所产生的（Daniel，2003）。因此，球谐函数展开使得我们能够区分声场内和声场外的分量。在大多数情况下，半径为 R_1 的球体内部都不存在声源，我们可以认为所有的信号 $A_{mn}^{\sigma}(\omega)$ 均为 0。因此式（9.A.5）变为：

$$p(\vec{r},\omega) = \sum_{m=0}^{+\infty} i^m j_m(kr) \sum_{n=0}^{m} \sum_{\sigma=\pm1} B_{mn}^{\sigma}(\acute{E}) Y_{mn}^{\sigma}(\phi,\theta)$$

（9.A.11）

　　在默认状态下，球谐函数展开的表达式就是如此。因此，声场仅通过 $B_{mn}^{\sigma}(\omega)$ 就可以得到完整的描述。

9.A.3　通过格林函数推导波动方程的解

　　为了求解波动方程［见式（9.A.1）］，一个球谐函数展开的替代方法是使用和此问题相关的格林函数（Morse 和 Feshback，1953）。和前文所述的方法相似，我们可以将研究域 Ω 划分为 2 个子区域，Ω_1 和 Ω_2。所有声源都位于 Ω_1，因此 Ω_2 定义了一个没有声源干扰的"听音"区。根据格林定理，任意位置 $\vec{r} \in \Omega_2$ 处的声压 p 可以被表达为"基尔霍夫 - 赫姆霍兹"二维积分。

$$p(\vec{r},\omega) = \iint_{\partial\Omega_0} \left[g(\vec{r}-\vec{r_0},\omega)\vec{\nabla}p(\vec{r_0},\omega) - p(\vec{r_0},\omega)\vec{\nabla}g(\vec{r}-\vec{r_0},\omega) \right] \cdot \vec{n} \, \mathrm{d}S_0$$

（9.A.12）

　　其中 g 是相关格林函数，$\partial\Omega_0$ 是分隔子区域 Ω_1 和 Ω_2 的界面，$\boldsymbol{n}$ 是与界面 $\partial\Omega_0$ 垂直的单位矢量。与式（9.A.5）类似，在式（9.A.12）中，声波是基础分量（小波的另一种类型）之和，这与惠更斯原理十分类似。第二个注意点对于球谐函数展开来说是常规问题，即同时需要声压 $p(\vec{r_0},\omega)$ 和压力梯度 $\vec{\nabla}p(\vec{r_0},\omega)$（即欧拉公式中的声速）来完整地描述声波（Daniel，2003）。我们应注意，式（9.A.5）和式（9.A.12）是等效的，它们都是对声压的精确表达。此外，在 Nicol 和 Emerit（1999）的著作中曾提到，式（9.A.5）可以在满足一些假设条件（即声波为平面波，界面 $\partial\Omega_0$ 是一个可以延伸至无穷的圆环）的情况下通过式（9.A.12）进行推导。

W, *X*, *Y*, *Z* 的数学推导

关于分量（*W*, *X*, *Y*, *Z*）存在另一种解读。分量 *W* 是通过压强式的全指向传声器记录的，换句话说，可以将 *W* 分量比作声压。以同样的方式，分量（*X*, *Y*, *Z*）通过将压力梯度传声器组合而成的 8 字传声器来进行记录。由于压力梯度和粒子速度之间存在欧拉关系［见式（9.B.2）］，分量（*X*, *Y*, *Z*）可以比作粒子速度（*X*, *Y*, *Z*）的 *x*、*y* 和 *z* 分量。那么，从声场捕捉的视角来看，（*W*, *X*, *Y*, *Z*）信号具有什么意义？让我们以平面波为例，声压可以表示为

$$p(\vec{r}, \omega) = p_0 e^{j\vec{k} \cdot \vec{r}} \tag{9.B.1}$$

其中 p_0 是声波的振幅，$\vec{k}$ 为声波的矢量。根据欧拉公式，可以通过压力梯度推导粒子速度。

$$\vec{v}(\vec{r}, \omega) = j\vec{k} p_0 e^{j\vec{k} \cdot \vec{r}} \tag{9.B.2}$$

让我们将（*W*, *X*, *Y*, *Z*）这 4 个信号视为原点 $\vec{r} = 0$ 处测得的声压和粒子速度。

$$
\begin{aligned}
W &= p(\vec{r}, \omega) = p_0 \\
X &= v_x(\vec{0}, \omega) = jp_0 k_x \\
Y &= v_y(\vec{0}, \omega) = jp_0 k_y \\
Z &= v_z(\vec{0}, \omega) = jp_0 k_z
\end{aligned}
\tag{9.B.3}
$$

对上述结果的直接解读是，信号 *W* 实际是声波的振幅，而信号（*X*, *Y*, *Z*）是声波矢量的 *x*、*y* 和 *z* 分量，这意味着这些信号包含了声波传播的方向信息。换言之，它们包含了空间信息。因此，信号（*W*, *X*, *Y*, *Z*）组成了对声波的完整表达。如果声波的传播方向可以通过水平方位角 ϕ_0 和高度角 θ_0 来进行定义，那么信号（*W*, *X*, *Y*, *Z*）就变为

$$
\begin{aligned}
W &= p_0 \\
X &= jp_0 k \cos\theta_0 \cos\phi_0 \\
Y &= jp_0 k \cos\theta_0 \sin\phi_0 \\
Z &= jp_0 k \sin\theta_0
\end{aligned}
\tag{9.B.4}
$$

　　现在我们可以证明，信号（W，X，Y，Z）是平面波球谐函数展开的 0 阶和 1 阶分量。与任何声波相似，由式（9.B.1）所定义的平面波可以表示为球谐函数 $Y_{mn}^{\sigma}(\phi,\theta)$ 的线性和 [见式（9.A.11）]。对于平面波来说，球谐函数展开的系数，即信号 $B_{mn}^{\sigma}(\omega)$，由 Morse 和 Feshback 于 1953 年、Morse 和 Ingard 于 1968 年分别提出。

$$\boldsymbol{B}_{mn}^{\sigma}(\omega) = p_0 \boldsymbol{Y}_{mn}^{\sigma}(\phi_0,\theta_0) \tag{9.B.5}$$

　　如果球谐函数展开被限制在阶数 $M=1$，只有 4 项能够得到保留，这对应了 0 阶和 3 个 1 阶分量。

$$\begin{aligned}
B_{00}^{1}(\omega) &= p_0 Y_{00}^{1}(\phi_0,\theta_0) = p_0 \\
B_{11}^{1}(\omega) &= p_0 Y_{11}^{1}(\phi_0,\theta_0) = p_0 \cos\theta_0 \cos\phi_0 \\
B_{11}^{-1}(\omega) &= p_0 Y_{11}^{-1}(\phi_0,\theta_0) = p_0 \cos\theta_0 \sin\phi_0 \\
B_{10}^{1}(\omega) &= p_0 Y_{10}^{1}(\phi_0,\theta_0) = p_0 \sin\theta_0
\end{aligned} \tag{9.B.6}$$

　　上述结果是根据式（9.A.2）和式（9.A.3）对球谐函数 $Y_{mn}^{\sigma}(\phi_0,\theta_0)$ 的表达式进行定义后得到的。将式（9.B.4）和式（9.B.6）进行比较可知，信号（W，X，Y，Z）的确是平面波的 0 阶和 1 阶球谐函数展开系数 $B_{mn}^{\sigma}(\omega)$，这让我们进一步了解了信号（W，X，Y，Z）的物理意义，确认了它们能够对声场进行完整的表达（尽管由于阶数截止于 $M=1$，这种完整表达是粗略的）。

最优扬声器数量

式（9.18）定义了一个由 $(M+1)^2$ 个线性表达式组成的系统，它包含 N_l 个未知数（扬声器输入信号）。我们应对 3 种情况进行区分（Poletti，2005）。第一，如果 $N_l < (M+1)^2$，该问题为超定的（Overdetermined），可以通过二次极小化（Quadratic Minimization）予以解决。第二，如果 $N_l = (M+1)^2$，矩阵 L 为正方形。假设它存在逆矩阵 L^{-1}，可通过 $D = L^{-1}$ 得到解码矩阵。第三，如果 $N_l > (M+1)^2$，该问题为欠定的（Underdetermined），存在无数个解。将信号能量最小化的解是通过 L 的伪逆矩阵获得的，解码矩阵为 $D = L^t(LL^t)^{-1}$。在实际应用中，建议扬声器数量为 $N_l = (M+1)^2$，以确保对声场的最佳重放（Poletti，2005）。

波场合成

Thomas Sporer、Karlheinz Brandenburg、Sandra Brix 和 Christoph Sladeczek

10.1　动机与历史

　　或许最早的沉浸声系统案例就是由 Steinberg 和 Snow 在 AT&T Bell 实验室研发，于 1934 年发布的声学幕（Acoustic Curtain）（Steinberg 和 Snow，1934）。在录音室中将若干只传声器放置在一排，在重放房间中将它们的信号 1∶1 送入同等数量的扬声器中，如图 10.1 所示。

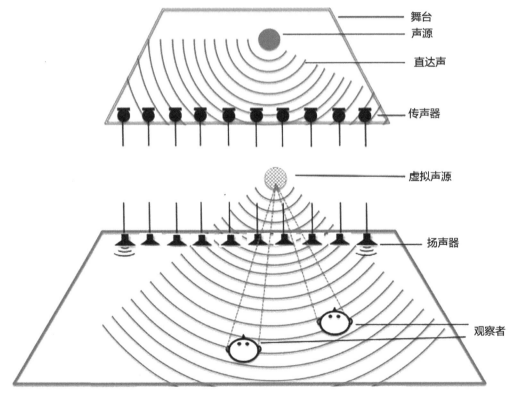

图 10.1　声学幕的初始概念于 1934 年提出（Snow，1955）。原始图见图 6.1。

若干年后，Bell 实验室建议将声学幕的扬声器数量降至 3 个声道。Snow 分别在 1953 年和 1955 年的报告中提到"声道数量取决于舞台和听音房间的尺寸，以及对于定位精度的要求"（Snow，1955，p.48）。与所获得的效果提升相比，增加声道所带来的技术和经济层面上的额外付出代价过高（Snow，1955）。Snow 的建议也的确得到了应验，双声道立体声系统最终成了很多家庭系统的标准。

在第 6 章中已经探讨过，立体声系统在还原虚声源时无法进行精确的定位。此外，立体声系统的甜点也限制了在听音房间中体验准确空间印象和沉浸感的区域。通过使用 2 个以上扬声器来克服这些制约的多种不同系统已经被提出，波场合成（WFS：Wave Field Synthesis）就是其中一种。

WFS 由 Gus Berkhout 于 1988 年提出，其原理来自地震研究和石油开采。爆破所产生的波动在穿过不同土壤层中发生反射和折射，这些波阵面被传声器阵列所记录下来以分析这些土壤层的某些属性。基于这一理论，Berkhout 产生了用扬声器替代传声器的念头，使声场重现成为可能。

WFS 可以被认为是一种全息式声音重放，它能够通过扬声器在目标范围内呈现虚拟声源，同时保持原始声场的时间和频率属性。使用 WFS 时，虚拟声源不仅可以出现在扬声器阵列的位置上，还可以出现在阵列的前方或者后方。这一特殊的功能使得 WFS 与传统的立体声和环绕声系统区别开来。由于能够对虚拟声源进行自由定位，WFS 可以被归类为基于对象音频，与基于声道的音频重放相比具有若干优势。随着近期微电子领域的发展和数据计算、扬声器和功率放大器成本的降低，WFS 系统变得愈发触手可及，并且开始出现在商业市场中。

10.1.1　数学背景——从波动方程到波场合成

由于扬声器阵列通过 WFS 来合成一个包含若干虚拟声源的声场，因此，需要一个驱动函数（Driving Function）来计算每只扬声器的信号。在这一部分我们将介绍 WFS 背后的数学概念。如果读者需要对 WFS 的数学背景做进一步了解，可以参考引用文献。

波场合成的概念是基于 1690 年发布的惠更斯原理提出的，如图 10.2 所示。

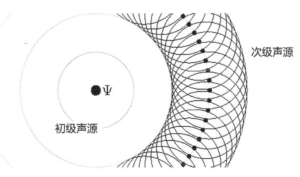

次级声源

初级声源

图 10.2　惠更斯原理。初级 Ψ 的波阵面可以由无限个次级声源来合成。

　　惠更斯原理指出，初级声源 Ψ 的波阵面可以通过无限多个次级声源合成，与初级声源的波阵面重合。为了重构波阵面，所有次级声源接收的信号都是由初级声源发出的。所有次级声源信号的叠加会形成初级声源波阵面的准确复制。如图 10.3 所示，我们可以假设初级 Ψ 在 V 中的 R 上产生了 $P(\vec{r}_R,\omega)$。如果已知初级声源在 S 上的声压和速度，那么 R 处的声压场可以通过无数个单极声源和偶极声源在三维 S 上进行重构。这一原理在频域的数学描述由 Kirchhoff 于 1883 年提出，被称为基尔霍夫 - 赫姆霍兹积分。

$$P\left(\vec{r}_R,\omega\right)=\frac{1}{4\pi}\iint_{-\infty}^{\infty}\left[\left(\underbrace{-\nabla P\left(\vec{r}_0,\omega\right)\frac{-jk|\vec{r}|}{|\vec{r}|}}_{\text{单极声源}}+\underbrace{P\left(\vec{r}_R,\omega\right)\nabla\frac{-jk|\vec{r}|}{|\vec{r}|}}_{\text{偶极声源}}\right)\right]dS_0 \qquad (10.1)$$

为了计算波阵面的声压，ω 为角频率，波数 $k=\omega/c$，c 为声速，n 是 S 的法向量，$\vec{r}=\vec{r}_R-\vec{r}_0$。

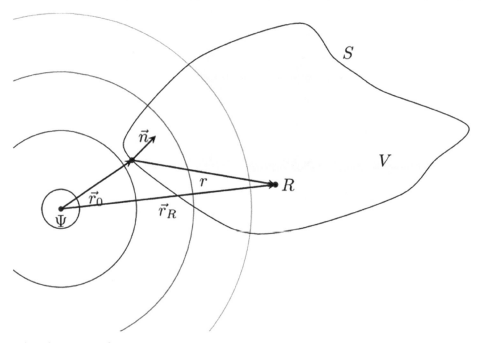

图 10.3　基尔霍夫 - 赫姆霍兹积分的几何示意。

　　这一积分很难实现，因为它意味着要使用无数个单极和偶极扬声器来覆盖听音区所在的空间。通过去除一种次级声源类型并为 V 选择特殊的几何形状，可以将基尔霍夫 - 赫姆霍兹积分简化为包含若干限定条件的 Rayleigh 积分（Start，1997）。假设次级声源仅具有单极特性，Rayleigh 积分可以表示为：

$$P\left(\vec{r}_R, \omega\right) = \iint_{-\infty}^{\infty} \underbrace{\frac{1}{2\pi}\left(-\vec{n}.\nabla P\left(\vec{r}_R, \omega\right)\right)}_{Q(\vec{r}, \omega)} \frac{e^{-jk\Delta r}}{\Delta r} dx dz \tag{10.2}$$

几何形状如图 10.4 所示。

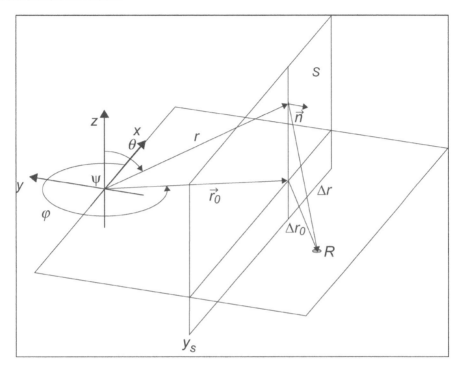

图 10.4　用于 Rayleigh 积分及 2.5 维次级声源驱动函数推导的几何形状。

在这种情况下，初级声源 Ψ 的声场不再通过四周环绕的次级声源来合成，而是通过一个单极声源组成的平面阵列 S 来合成。此外，波场合成的范围限于 $y < y_s$ 的区域（见图 10.4）。除了少数特殊应用场景外，完全使用平面扬声器阵列并不具有实用性（Reussner 等人，2013）。

为了将次级声源从平面阵列简化为线阵列换能器组，需要对式（10.2）做被称为稳相近似（Stationary-Phase Approximation）的数学处理。基于这种近似手段，我们可以确认 y 轴上的扬声器对于听音点 R 上的声压有着最为显著的影响。由于声源辐射的能量随着距离的增加而衰减，我们发现那些距离足够远的扬声器可以被忽略。为了推导一个简单波场合成驱动函数，我们假设初级声源为全指向声源。可以通过下式进行描述：

$$P_\Psi\left(\vec{r}, \omega\right) = S(\omega)\frac{e^{-jkr}}{r} \tag{10.3}$$

将式（10.3）代入式（10.2）并进行简化处理，通过线性扬声器阵列对应的次级声源驱动函数可得到如下表达式（Verheijen，1998）：

$$Q(\vec{r},\omega) = S(\omega)\sqrt{\frac{jk}{2\pi}}\sqrt{\frac{\Delta r}{r+\Delta r}}\cos\varphi\frac{e^{-jkr}}{\sqrt{r}} \tag{10.4}$$

合成积分为：

$$P(\vec{r}_R,\omega) = \int_{-\infty}^{\infty} Q(\vec{r},\omega)\frac{e^{-jk\Delta r}}{\Delta r}dx \tag{10.5}$$

式（10.4）被称为 2.5 维合成算子（Operator），而 $S(\omega)$ 是虚拟声源在频域的输入信号。前缀 2.5 维与 3 维相对，指当 $z=0$ 时，虚拟声源的声场仅在水平平面得到合成。其底层几何形状如图 10.4 所示。作为近似处理的结果，与距离相关的虚拟声源声压损失与实际声源无法匹配。这可以通过将合成算子的最后一项与式（10.3）进行比较后观察得到。虽然虚拟声源随距离衰减的特性符合线声源 $1/\sqrt{r}$ 的规律，但我们需要的规律为 $1/r$。为了补偿这种特性，需要将一个独特的、由 $\sqrt{\frac{\Delta r}{r+\Delta r}}$ 项描述的个体压强变化特性与一条参考线进行匹配。

数学近似处理所带来的另一个结果是 $\sqrt{(jk/2\pi)}$，它表示一个与虚拟声源位置无关的固定高通滤波器。余弦项描述了另一个增益，它取决于初级声源相对于次级声源的方向。最后一部分 e^{-jkr} 定义了一个与频率无关的延时，它与时域中初级声源到次级声源的距离相关。使用这种合成技术可以获得听音者视角下位于扬声器阵列后方的虚拟声源。虚拟波阵面则根据这些声源对象的位置和距离来进行构建。图 10.5 显示了对于两个位置的模拟。图 10.5（a）对应了位于扬声器阵列后方 1 m 的虚拟声源，而图 10.5（b）则对应了位于扬声器阵列后方 1 000 m 的虚拟声源。

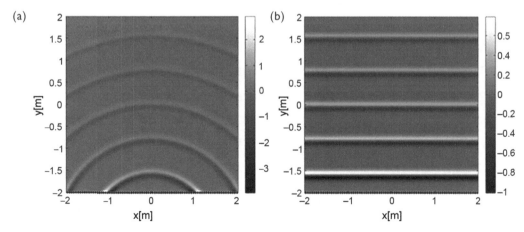

图 10.5   通过驱动函数 $Q(\vec{r},\omega)$ 对一定虚拟距离之外的声源进行合成。在图（a）中，虚拟声源位于扬声器阵列后方 1 m；在图（b）中，声源被放置在次级声源阵列后方 1 000 m。

10.1.2 聚焦声源

时间反转原理在信号处理中是一种常见的技术（Fink，1992）。它基于一种假设，即声源和接收者之间的路径，也就是虚拟声源和听音者之间的路径是可逆的。Verheijen（1998）将这一技术应用于 2.5 维的 WFS 算子，得到了聚焦算子：

$$Q_f\left(\vec{r},\omega\right) = S(\omega)\sqrt{\frac{k}{2\pi j}}\sqrt{\frac{\Delta r}{\Delta r - r}}\cos\varphi\frac{e^{jkr}}{\sqrt{r}} \tag{10.6}$$

合成积分变换为：

$$P\left(\vec{r}_R,\omega\right) = \int_{-\infty}^{\infty}Q_f\left(\vec{r},\omega\right)\frac{e^{-jk\Delta r}}{\Delta r}dx \tag{10.7}$$

图 10.6 展示了对出现在扬声器阵列前方的聚焦声源的模拟。

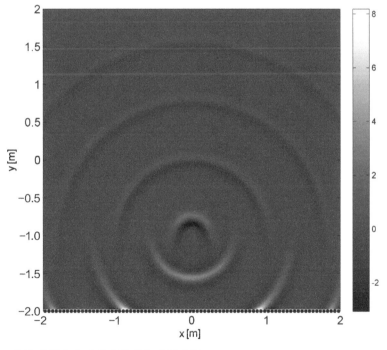

图 10.6　使用 2.5 维聚焦算子生成的聚焦虚拟声源声场。

10.1.3　任意形状的扬声器布局

2.5 维合成算子仅对线性扬声器阵列有效，对于聚焦算子而言亦是如此。在推导 2.5 维合成算子的过程中我们使用了稳相近似法。为了减少扬声器数量，使用线性分布的扬声器阵列替代平面阵列，根据各阵列对于听音点 R 的整体声压贡献，它们都通过 Rayleigh 积分得到了分析。为了获得一个 2.5 维合成算子，距离最近的扬声器相关性最高。如果将这一概念施加在线性扬声器阵列上，我们可以看到，对于参考线上的一个听音者而言，有一只扬声器会对合成声压产生最主要的影响（Start，1996；Verheijen，1998）。示意图请参见图 10.7。贡献最大的扬声器总是位于虚拟声源和接收点的连线上。次级声源所形成的连线与参考线可以采用任意形状，通过增益来补偿对虚拟声源声压级的不正确还原。这种补偿可以针对每一只扬声器来分别进行。唯一的制约在于 Δr、次级声源线和参考线之间存在交叠区域。次级声源和虚拟声源位置之间的路径也同样存在这种情况。出于上述原因，扬声器阵列的形状可以为一条直线，或者存在轻微地弯曲。

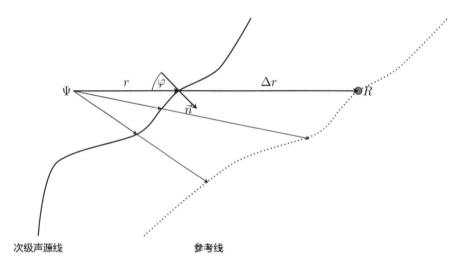

图 10.7　2.5 维合成算子所能够使用的几何布局。

10.2　声音对象与房间的分离

使用 WFS 系统可以同时还原点声源和平面波。自然环境下的声场通常包含前景声音对象，即距离较近的语言和音乐信息，同时也包含房间信息。通常，前景声音对象需要在重放空间中获得明确的定位。在录音过程中，它们通常会通过特定的传声器来记录点声源的最佳状态。房间信息通常包含早期声反射和一些扩散混响。早期声反射的模式受到房间中声源与听音者相对位置关系的影响。在多数应用场景下，尤其是在小型重放房间中，听音者不会靠近虚拟房间的墙面。因此，听音者的准确位置对于获取虚拟早期反射来说并不起决定性作用 [1]。同样，获得扩散混响也是一种随机处理。在代尔夫特理工大学进行的一项小房间感知实验结果显示，8 组平面波足以对完整的反射模式信息进行编码（de Bruijn、Piccolo 和 Boone，1998）。通过 8 组平面波来呈现虚拟房间声学，使得将前景对象和房间信息进行分离成为可能。

通过以下方法，可以在后期制作过程中对前景声音对象进行某种程度的位置或电平调整。

- 前景对象通过近距离点传声器进行拾取，它们的音频信息和位置信息都被记录下来，并且在重放过程中得到使用。

- 在录音过程中，所有的声源的反射模式都被同时记录或者分别得到模拟，这些信息被整合为 8 个均匀分布的平面波。任何环境（背景声）都应该被加载在这 8 个平面波上。

但是，对于前景对象的大量处理并不会带来对房间反射模式的正确处理。我们可以改变存储和重放策略，通过如下方式来解决这一问题（Brix、Sporer 和 Plogsties，2001）。

- 前景对象通过近距离点传声器进行拾取，它们的音频信息和位置信息都被记录下来，并且在重放过程中得到使用。

- 背景（环境）声被存储在 8 个平面波中。

- 针对对象在重放房间中的位置，在每个位置上将房间信息存储为 8 个脉冲响应，这些脉冲响应以 8 个平面波的方式进行记录和处理。

- 在重放过程中，每个声音对象的信息都与离它最近的脉冲响应采集点的 8 个平面波进行卷积。

通过这种方式可以对声源的位置和大小进行调整。房间印象也可以被完全改变，因此也能够将目标空间的房间声学特性施加在其他任意空间所采集的声音对象上。为了尽可能做到精确，在尽可能多的位置对房间声学信息进行采集就显得颇有必要，但这一过程代价太大，也太过耗时。WFS 对于房间信息的还原也可以基于房间模拟或混合方法。基于对象在房间中的位置，反射模式可以通过房间模拟模块来生成。例如，如果使用映像模型（镜像声源）模拟技术，将一些低阶镜像声源直接作为点声源纳入渲染过程是十分有用的。遵循镜像声源模拟法，虚拟声源在每个房间平面进行镜像。映像声源的再次镜像会带来 2 阶、3 阶等更高阶数的映像声源。因此，可以通过无数个房间模式对原始房间进行表达。作为平面波，高阶镜像声源或测量得到的扩散混响尾声都被包含在内（Melchior，2011）。

---

[1]　根据心理声学原理可知，听音者通过将房间的一次反射和直达声进行混合以对声音对象进行定位。这些早期反射受到声源和听音者位置的影响。在小型重放房间中，听音者位置对此产生的影响很小——作者注

10.2.1 捕捉和重放的分离

Steinberg 和 Snow 的声学幕使用的传声器和扬声器数量比为 1∶1，这在后期制作环境下是无法实现的。这里所描述的 WFS 数学背景仅仅考虑了音频对象的重放，并未考虑对于声音的捕捉。一些实用的方法可以被用于生成 WFS 重放所需的内容。

10.2.2 点传声器

点传声器距离声源很近。如果声源位置固定，传声器的相对位置经过测量后可作为该音频对象的元数据来使用。如果音频对象的位置会随时间发生变化，则有必要通过自动或手动追踪方式来获取与该对象相关的元数据。在上述两种情况中，每个对象的位置和声学属性能够分别得到调整。通常这种方法可以和主传声器或房间模拟处理结合使用，主传声器能够捕捉所有音频对象造成的房间反射，而房间模拟可以分别为每个音频对象生成反射信息。如果在后期制作中需要改变声音对象的位置，那么通过房间模拟的方式就能够对早期反射情况进行相应的正确改变，因此比主传声器方式具备一定的优势。在记录复杂场景时，不同对象的传声器之间所捕捉到的串音通常是无法避免的，这种串音可以通过传声器选型或后期处理做最小化处理。那些指向性不一致或存在空间扩展的声源（如合唱）则需要使用虚拟声像定位点（详见后文）。

10.2.3 声学场景分析

使用声学场景分析技术可以将若干传声器放置在声学空间附近。后期制作的第一步是将这些信号分离为声音对象和余音（Residual Sound）。余音中通常包含了环境噪声、房间反射和扩散混响。传声器的数量和位置限制了对象的分离。此外，每只传声器也会带来一些噪声。随着传声器数量的增加，总体噪声水平也会上升。因此我们建议尽可能使用最少数量的传声器来进行声音对象的捕捉。

10.2.4 虚拟声像定位点

在点传声器和声学场景分析之间存在着虚拟声像定位的概念。体积较大的声源，如合唱，可以通过较少数量的传声器进行记录，并最终得到一个双声道立体声录音。在 WFS 重放过程中，这些传声器信号都被视为点声源，并不通过实际扬声器来重放立体声信号。通过这种方式，可以利用虚拟扬声器还原虚拟声源（Theile、Wittek 和 Reisinger，2002）。通过调整虚拟扬声器的位置，可以对大型声音对象的宽度进行调整。

10.3　WFS 重放：挑战与解决方案

获得一个完美重放的前提是满足 WFS 驱动函数的所有假设；但是在实际应用中，有一系列的制约条件会对 WFS 系统的性能产生制约。有些制约是 WFS 自有的，其他则来自更为实际的因素。在这一部分，我们将解释 WFS 在应用中所面临的挑战，以及如何通过特殊算法来提升系统的性能。

10.3.1　扬声器间距与混叠频率

基尔霍夫 - 赫姆霍兹积分和 Rayleigh 积分都基于连续驱动函数，它假设存在无限多个体积无穷小的扬声器。显然在实际应用中，扬声器的体积不是无穷小，且扬声器之间的间距会受限于换能器和箱体的尺寸。通常出于配件和安装成本的考虑，必须增加扬声器之间的距离。

使用分散的扬声器布局与模数转换（ADC）的时域采样十分相似。在模数转换的过程中，一个连续的音频信号被离散化，混叠项（Alias Terms）位于频域。在 WFS 理论中，音频对象与无限多个扬声器的对应关系也是连续的。在 WFS 系统中，采样处理会带来离散的扬声器布局。由于对波长进行空间采样会导致空间混叠，这种对扬声器数量的减少会引入误差。值得一提的是，在模数转换时，混叠发生在内容捕捉环节，而在 WFS 中，混叠发生在重放环节。与模数转换时混叠频率仅取决于采样率不同，空间采样的混叠频率会受到重放房间位置和波阵面方向的影响。混叠频率 $f_A = \dfrac{\omega_A}{2\pi}$ 取决于波阵面相对于扬声器的距离。平面波的情况请参见图 10.8。通过下式可得到混叠频率：

$$f_A = \frac{c}{2\Delta x \sin \alpha} \qquad (10.8)$$

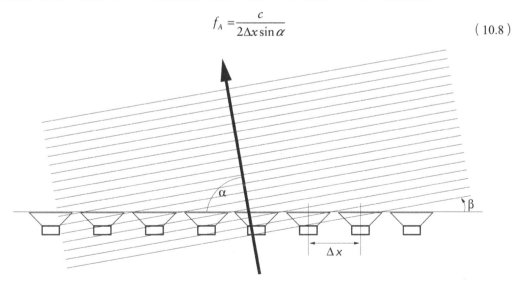

图 10.8　WFS 对平面波的还原。混叠频率取决于夹角。图例所示的 α 为 80°。

其中 Δx 是扬声器的间距，α 是扬声器阵列和波阵面的夹角。我们可以看到，当波阵面和扬声器阵列平行时出现了最低混叠频率，尽管这是最坏的情况。为了让生成波阵面的传播方向与扬声器阵列垂直，混叠频率应为无穷大。

图 10.9 展示了一个频率高于混叠频率的虚拟声源在空间中某一时刻的振幅状态。靠近扬声器阵列的区域失真最为严重。随着听音者和扬声器阵列距离的增加，声场也变得愈发平滑（Corteel，2006）。

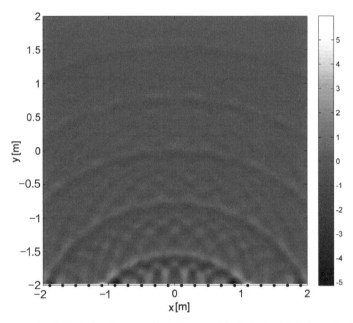

图 10.9　WFS 重放：位于扬声器阵列后方 2 m、频率高于混叠频率点声源的声场示意图。底部的黑点表示扬声器阵列。

相邻振膜中心的间距被用来计算扬声器的间距。常见的 17 cm 间距在最坏情况下的混叠频率约为 1 kHz。基于数字模拟（Numerical Simulations）的计算表明，在混叠频率之上，声场会出现严重的失真。但是听音测试却显示，混叠所带来的失真通常是不可闻的。有如下原因可以解释这种效应。

- 空间混叠造成的是声压的陷波式衰减而非峰值提升。衰减所造成的听感不适要远远弱于峰值提升，但是对于听感的模拟通常仅考虑自然声场与合成声场之间的绝对差别，因此总的来说，对于误差的感知效应往往被夸大了。

- 在略高于混叠频率的区间，误差仍然很小。最大的误差则出现在更高的频率上。这些与位置相关的高频衰减带宽很窄，但是人类听觉系统在这些频率的分辨率很低。因此窄带陷波衰减仅在输入信号带宽极窄的情况下才能够被察觉，而这种情况在实际应用中极少出现。

- 在略高于混叠频率的区间，衰减的频带相对较宽，陷波程度不深。在更高的频率上，衰减变得越来越深，带宽越来越窄。然而通过由无数个小型传感器所组成的理想传声器进行的模拟实验表明，人类听觉系统会在外耳对其周围声音进行平均。因此，窄带的频率陷波是无法被听到的。

- 自然室内环境中存在着大量导致窄带频率染色的声反射。人类通常会适应环境，因而不会感知到持续的声染色。

有两种情况会导致空间混叠产生的染色被听觉系统感知：一是双耳接收到的染色截然不同，二是听音者和 / 或声源在房间中快速移动。

在过去，人们针对缓解空间混叠问题作出了若干尝试。由 Helmut Wittek 发明的 OPSI（Optimized Phantom Source Imaging）[2] 概念（2007）将重放低频的 WFS 和重放高频的传统立体声系统进行了结合。在混叠频率以下，扬声器阵列通过 WFS 来控制，在混叠频率以上，仅有最靠近声源的两只扬声器被用来获取振幅定位。Wittek 证实了这种方式所带来的声染色要比纯 WFS 方法更加不容易被感知。但是 OPSI 方法仍然存在一些缺陷。首先，以高频内容为主导的对象总是听上去位于扬声器之间；其次，它无法还原对象的距离和尺寸。

其他尝试则是基于一种假设，即听音者通常不会遍布听音区，而是集中在一个较小的听音范围内。基于这种假设，可以通过某种方式来控制声场以减少该区域的染色（Franck 等人，2007；Spors，2006；Spors，2007；Ahrens 和 Spors，2008；Melchoir 等人，2008）。

10.3.2　有限长度扬声器阵列——声压

WFS 的数学推导基于无限长的扬声器阵列这一假设。在实际应用中，重放房间的尺寸和阵列长度是有限的。如果一个虚拟声源靠近扬声器阵列，与虚拟声源最近的扬声器会对其能量辐射做出最大的贡献。对于这些声源而言，位于房间之外的那些并不存在的扬声器仅需要在听音者位置上贡献极少的能量。如果一个声源距离扬声器阵列后方很远，所有扬声器都需要辐射几乎相等的能量。由于扬声器缺失所造成的能量衰减是相当明显的。在音 / 视频集成系统中，虚拟声源在四处移动，这种制约可能导致视觉和听觉定位的不匹配，因为由于扬声器的缺失，虚拟声源损失响度的速率要比它在自然声学环境中更快。

解决这一问题的简单方法，是根据以下步骤使用合成分析法（Analysis-by-Synthesis Approach）：渲染器首先对现有扬声器阵列在重放房间内听音点上所产生的声压与理想重放系统所能够产生的声压进行模拟和比较。随后，对所有扬声器的驱动信号进行放大，使上述两种情况获得相同的声压级。由于这一矫正因数仅取决于扬声器阵列的几何形状和虚拟声源的位置，因此矫正因数可以被预先计

2　OPSI 指波场合成技术中虚拟声源高频内容的优化虚拟声像——作者注

算并保存。这种合成分析法也解决了扬声器阵列间的空隙问题。在很多集成安装工程中，在一些位置上无法安装扬声器，如电影院屏幕侧面安装幕布的位置。如果虚拟声源移动至该空隙附近，其重放声压会变得很小。通过合成分析法就可以自动对靠近空隙的扬声器进行能量分配。

10.3.3　有限长度的扬声器阵列——截断

　　除了前文所描述的声压问题之外，有限长度的扬声器阵列还会导致失真。对这种效应的模拟可以通过图 10.10 来展示。阵列的边缘发出了暗影波（Shadow Wave）。这种效应与施加了矩形数据窗的离散傅里叶变换类似。在离散傅里叶变换过程中，需要通过数据窗函数来减少数据块首尾的采样强度。Hann 窗或者余弦递减窗就是这种数据窗的例子。针对 WFS 可以使用一个类似的解决方案。对位于扬声器阵列末端的扬声器驱动函数做窗函数处理。在绝大多数应用场景下，WFS 不会采用绝对的直线阵列，而是通过围绕在听音者周围的若干个阵列构建系统。在这种布局下，侧方阵列的扬声器可以对前方阵列对能量贡献的缺失进行补偿。为了避免移动声源在转角处出现问题，应避免矩形的扬声器阵列布局。通常，应在房间的转角布置少量的、朝向 45° 的扬声器（见图 10.11）。结合这种布局，采用前文所述的合成分析法，利用这些位于角落的扬声器阵列可避免截断效应所导致的空间失真[3]。

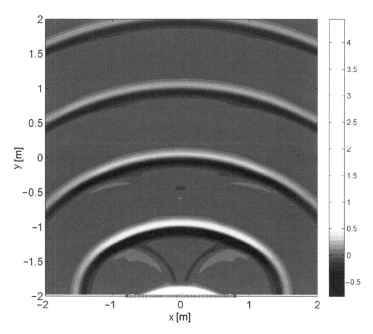

图 10.10　截断所造成的失真（受限于扬声器阵列的长度）。扬声器阵列位于 x 轴的 -0.8 至 0.8 之间。

---

[3]　在研究过程中也使用了环形扬声器阵列。虽然环形阵列不存在截断问题，但这种几何形状并不适合大多数实际应用场景——作者注

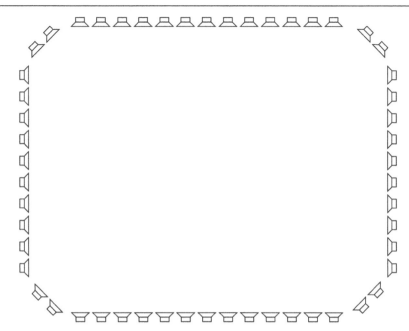

图 10.11　用于缓解截断失真的常见扬声器阵列布局。

10.3.4　与位置相关的滤波效应

用于纯 WFS 的驱动函数包含 $\sqrt{(jk/2\pi)}$ 项，它表示一个每倍频程衰减 3 dB 的搁架式滤波器，用于补偿采样所造成的过度低频放大。驱动函数的推导假设虚拟声源位于远场，并不靠近扬声器阵列。如果一个虚拟声源靠近阵列，那么对低频的放大就会减少。如果声源恰好被放置在扬声器所在的位置上，则不需要补偿滤波器。那些有必要使用的滤波器则取决于声源位置、波阵面传输方向和扬声器阵列的几何形状。合成分析法是获取正确滤波器的最为实用的方法。大多数的实际系统不会为每只扬声器使用不同的滤波器设置；相反，每个声音对象都会使用一个通用滤波器。由于计算滤波器系数需要消耗大量的运算资源，滤波器数值通常是经过预先计算并存储下来的。总的来说，为每个空间区域设置一个滤波器系数足以满足实际应用的需求。

10.3.5　扬声器的指向性

在 WFS 理论部分我们已经提及，基尔霍夫 - 赫姆霍兹积分意味着将无数个单极和偶极扬声器围绕重放空间布置，这样才能够获得完美的重放效果。这也意味着听音空间之外的重放声场不会扩展到扬声器后方。实际应用中的 WFS 通常基于单极扬声器。实际扬声器的指向性既不是一个理想的单极，也非一个理想的偶极，而是一个心形。不同的振膜尺寸会使得扬声器在某些频率之下表现出单极特性，但是在较高的频率上具有更强的指向性。因此对于立体声重放而言，2分频和3分频系统分别为低频、中频和高频能量使用不同的驱动器，并通过分频系统来对信号进行相应的划分。总的来说，相位一致性问题会出现在交叠区域。WFS原理基于扬声器叠加的相位一致性。因此，单只扬声器相位特性的不明确会对系统产生危害。尽管如此，声源指向性所造成的感知问题比相位一致性不明确所造成的问题要严重得多，对于运动声源来说更是如此（Klehs和Sporer，2003）。

过去，人们对补偿扬声器指向性所带来的问题做出了一系列尝试（de Vries，1996；de Vries，2009；Ahrens和Spors，2008）。但这些处理要么由于缺乏灵活性而无法被用于实际系统，要么运算极其复杂，要么同时存在上述两种问题。

10.3.6　重放房间所产生的影响

仅使用单极扬声器还会造成另一种负面影响；扬声器会向听音者和阵列后方投射相等的能量。扬声器后方往往是反射墙体，它会将部分能量反射到听音区。这种不良反射会造成扬声器前方辐射信号与反射波阵面之间的叠加。反射模式则取决于扬声器与重放房间墙面之间的相对关系。听音者的感知处理也会受到这种反射模式的影响，使声音定位更加靠近扬声器。如果这种情况发生，扬声器信号经过叠加产生的波阵面会出现失真，虚拟声源的感知位置比理想情况要更加靠近扬声器阵列。这种效应对于聚焦声源来说尤其强烈。

解决这一问题最简单的方法就是对重放房间进行声学处理。如果没有来自墙面、房顶和地板的硬反射，扬声器的位置摆放就不再是问题。对重放房间进行声学处理还能够解决一个更为普遍的问题。通常，录音室（例如音乐厅）要比重放空间（例如客厅）体积更大。如果重放房间的反射模式存在硬面反射，它们会先于录音中的反射更早地到达。强烈的早期反射会导致人们先感知到小房间，最终感知到的是大小房间的混合，而非感知目标中的大房间。

从另一方面来说，人们发现重放房间中存在的一些扩散混响会改善整体的听音体验。扩散分量使得声音包络变得更加丰富，并且有可能对一些可闻的空间混叠失真起到掩蔽作用。

10.3.7　大型扬声器阵列的时域效应

在大型场地，如奥地利布雷根茨湖畔7000座的露天舞台，纯WFS系统会带来可闻失真。总的来说，这种失真通常不会在重放持续声源时被感知，但对于瞬态声源来说就十分明显。为了理解这种效应，我们有必要了解脉冲响应和感知因数。与扬声器阵列平行的平面波需要所有扬声器同时发出声音才能够形成。对于较长的阵列来说，靠近中间的扬声器信号会早于阵列两端的扬声器信号被接收。如果上述时间差超出了回声感知阈值[4]，来自扬声器阵列的信号不再能够汇集成一个单一的声音事件。对这种效应的感知阈值要高于对纯反射的感知阈值，因为有很多扬声器信号来填补最近和最远扬声器之间的间隙，也因为距离衰减的缘故，最远的扬声器提供了较弱的能量。解决这一问题的方案是将长阵列划分为几个部分，进而避免由长阵列发出平面波。

10.4　通过 WFS 重放高度信息

在传统的、没有高度声道的基于声道重放系统中，少量的扬声器被放置在一个单一的平面上。甜点（最佳听音点或听音区）十分有限，因此一个挑剔的听音者需要尽可能靠近或位于甜点。高度声源信息和 / 或来自天花板的反射被混合到常规扬声器声道中。由于听音者的位置被严格定义，原始录音所携带的双耳提示得以还原，因此听音者能够感觉到来自上方的声音。如果听音者离开甜点，他所接收的空间信息会出现失真，所感知的高度信息也会出现错误。由于水平面上出现的误差很大，与反射相关的误差并不会被听音者所察觉。在 WFS 系统中，有效听音区几乎囊括了整个重放房间。当听音者体验 WFS 时，往往会觉得来自上方的信息缺失。水平方向空间定位的改善使得高度信息的缺失变得更加明显。为了解决这一问题，人们做了若干尝试。

最为自然的解决方案是将 WFS 系统扩展为一套 3 维的 WFS 系统，额外的扬声器应当被放置在若干间隔较小的高度位置上。但是这种方式十分昂贵，并不适用于多数应用场合。有 3 个因素可以帮助我们减少扬声器的数量：第一，人耳位于头部的侧面，并且高度大致相同，因此人们对于高度定位的感知精度要远低于水平方向。第二，在大多数情况下，房顶反射等次要声音元素与来自水平面的声音同时被呈现。第三，如果一个占据听觉主导的声音来自上方，人们会抬头看向声音发出的位置。如果声源无法被看到，就不存在所谓的定位误差；因此，大致感觉到声源来自上方的某个位置就可以满足听觉上的需要。高度扬声器的数量取决于重放空间的大小。

针对高度信息的还原，较新的 WFS 系统倾向于使用数量较少的的额外扬声器。为了使得内容具有空间上的可扩展性，音频对象的定位被存储为 3 维的笛卡儿坐标（x, y, z）或者极坐标（水平角，高度角，距离）。高度声源与实际扬声器布局之间的对应在渲染过程中完成。而靠近水平面的声音对象仅通过 WFS 来进行重放（即作为点声源和聚焦声源来重放），高度声音对象可以通过 WFS 和基于矢量的振幅定位（VBAP）结合的方式来进行重放。对于家庭影院等不具备安装顶部扬声器条件的小型重放场合来说，双耳提示被用来模拟高度扬声器。那些应该从顶部扬声器发出的信号通过 Blauert 的方向性频带进行滤波处理，并通过水平方向现有的扬声器来进行重放。对此算法的详细描述是 MPEG-H 3D 音频标准（ISO/IEC 23008-3，2015）的一部分。

---

[4]　瞬态信号的回声感知阈值在 50 ms（语言信号）和 100 ms（音乐信号）之间（Blauert，1996）——作者注

10.5　音频元数据与 WFS

WFS 中有 3 种音频对象：点声源、聚焦声源和平面波。点声源和聚焦声源的主要区别在于计算扬声器驱动信号的算法。根据重放系统尺寸的不同，一个对象可能会在扬声器阵列之内或者之外进行重放。因此，元数据无法区别这两种情况。对于点声源和聚焦声源来说，元数据包含了对象的位置。对于平面波来说，仅有方向信息被保存下来。在过去，人们通过笛卡儿坐标来记录声源位置（Brix 等人，2001），但如今的系统则是建立在极坐标之上，水平方位角从前方开始，从 0° 到 360° 或者从 −180° 到 180° 逆时针读取。垂直角从水平面开始，从 −90° 到 90° 读取。距离数据也被存储下来。合理的水平角和垂直角记录精度分别为 8 个和 6 个。某些情况下，点声源和平面波使用相同的元数据集。将最大距离这一特性予以保留作为平面波声源的标识。这种格式具有可行性的原因是听音者无法察觉 15 m 之外波阵面出现的微小弯曲[5]。因此无需对大于该数值的距离进行精确编码。在很多应用场景下，一些额外的数值 / 标识是十分有用的（Ruiz、Sladeczek 和 Sporer，2015）。

- 与距离相关的延时：当渲染移动对象时，WFS 会产生自然的多普勒频移。这种效应被大多数混音师所诟病。因此需要设置一个标识来改变渲染器的动作以避免多普勒效应的出现，一个音频对象到达重放区域中心所需的时间被改变。通过关闭这种与距离相关的延时，到达时间变得与距离无关。这里需要指出的是，当关闭与距离相关的延时时，距离听音者较近的声源的波阵面曲率要大于远离听音者的声源。

- 与距离相关的声压级：随着音频对象与听音者之间距离的增加，WFS 会产生自然的声压衰减。一个标识会指示渲染器对这种声压衰减进行补偿。

- 声音对象可见：在电影中，声音对象可能具有可视性。对于这种应用场合来说，建议针对屏幕尺寸对音频对象进行位置调整。这一标识告知我们一个音频对象是否需要被调整。

对重放系统的校准也是与元数据相关的要素。在每个扬声器位置已知的情况下，WFS 渲染器会产生正确的驱动信号。尽管如此，扬声器之间应当通过校准来尽可能保持性能的一致。根据 MPEG-H 3D 音频标准，适用于 WFS 的校准步骤如下。

- 在重放系统的中心放置 1 个全指向传声器。

- 对每只扬声器进行均衡处理，使它们在传声器处的频率响应达到平直。

- 对每只扬声器的延时进行调整，使得任何一只扬声器所发出的脉冲都能够同时到达该传声器。

- 对每只扬声器的电平进行调整，使得任何一只扬声器所发出的信号都能够在传声器处产生相同的声压级。

---

[5]　在传播距离足够远的情况下，点声源的波阵面可近似为平面——译者注

总的来说，均衡、时间和电平校准都通过 FIR 滤波器施加在每只扬声器上。

10.6　基于 WFS 与混合机制的应用

WFS 的早期研发者们设想了很多应用场景以及与之相关的系统。由欧盟联合资助的项目 CARROUSO（Brix 等人，2001）展示了一个完整的系统链，包含分布式传声器和通过 MPEG-4 和基于 WFS 渲染的音频对象编码。一套类似的系统于 2003 年在 Ilmenau 电影院进行了展示。一组适用于任何电影的 5.1 声道音频被映射到虚拟扬声器上，实时渲染至 1 套包含 192 只扬声器的 WFS 系统。此外，一些原生的基于对象的演示内容也得到了重放。

WFS 的应用场景包括电影院、音乐会、天文馆、展览、主题公园、汽车、医学康复和虚拟现实模拟器。虽然在家庭影院中使用 WFS 是从一开始就存在的目标，但适用于家庭环境的 WFS 系统原型仅有少数几例。一方面，这种现状是由于缺乏面向更广泛受众群体的节目内容所导致的；从另一方面来说，家庭环境中的声学条件对于沉浸式音频渲染而言远远称不上理想。将 WFS 推向多数场馆的一大障碍在于它所需要的扬声器数量。根据前文的讨论，缓解空间混叠所需的理想扬声器间距为 17 cm 或更小。这也就意味着要在客厅中安装几十只扬声器，在大型剧场中安装几百只扬声器。尽管后者已经得到了实施，但成本因素和不可忽视的视觉美观因素都会对其产生阻碍作用。为了克服上述限制，若干整合了 WFS 理论和基于矢量振幅定位（VBAP）（Pulkki，1997）原理的混合系统已经得到了使用。过去几年中，几乎所有的沉浸声应用都归属于这一范畴。

10.7　WFS 与基于对象声音的制作

多声道音频系统具有还原空间声音的潜力。制作的任务则包含了制造声音从某些方向入射的听觉印象。对音频信号进行声像定位是实现这一效果的一种方式。调音台和数字音频工作站为这一功能提供了专门的工具。但是，这些工具都是基于音频信号通过标准化的 2.0、5.1 和 7.1 等扬声器布局来工作的。当对现有的扬声器布局进行更改或引入新的重放格式时，这种条件就不会得到满足。因此，每一种新的重放格式都需要一种新的声像定位工具。

在电影音频后期制作领域，现有的音频制作过程是高度平行和分离的。引入新的空间音频系统会带来包括空间创作在内的更多的制作步骤，进而为观众带来更加丰富的听觉体验。

目前，多数混音和声音设计过程都是基于声道范式的，编码格式定义了重放系统的布局。对于这些系统而言，任何修改都需要进行重新缩混。正如下文所述，如果用于重放的 WFS 处理器知晓目标扬声器布局，就能够渲染出与目标布局完美匹配的扬声器信号。

为波场合成系统进行混音是一种基于声音对象的范式。这种方法克服了基于声道方式带来的制约。一个音频场景中声音对象的位置需要在混音过程中予以确定。音轨和声道在这一过程中并非直接关联，它们所构建的声音对象可以通过 WFS 创作工具在音频场景中进行移动。除了音频信息，声音对象可以包含指向性信息，并且与虚拟空间环境进行互动。基于虚拟对象位置，直达声、早期反射和扩散混响的信息可以被计算、处理并渲染至任意扬声器布局。房间声学信息可以基于真实的或人工定义的空间数据。因此，最终的 WFS 缩混成品并不包含与扬声器相关的素材。在终混节目中，所有代表声音对象的音频信号都被送往 WFS 渲染处理器，由它为所有扬声器计算重放信号。

10.8　参考文献

Ahrens, J., & Spors, S. (2008). Notes on rendering focused directional virtual sources in wave field synthesis. 34: *Jahrestagung für Akustik (DAGA)*. Dresden, Germany, Deutsche Gesellschaft für Akustik (DEGA).

Berkhout, A. J. (1988). A holographic approach to acoustic control. *Journal of the Audio Engineering Society (JAES)*, *36*(12), 977-995.

Blauert, J. (1996). *Spatial Hearing*. Cambridge: The MIT Press.

Brix, S., Sporer, T., & Plogsties, J. (2001). Carrouso—an European approach to 3d-audio. *Proceedings of the 110th Audio Engineering Society (AES) Convention*. Amsterdam.

Bruijn, W. de, Piccolo, T., & Boone, M. M. (1998). Sound recording techniques for wavefield synthesis and other multichannel sound systems. *Proceedings of the 104th Audio Engineering Society Convention*. Amsterdam.

Corteel, E. (2006). On the use of irregularly spaced loudspeaker arrays for Wave Field Synthesis, potential impact on spatial aliasing frequency. *Proceedings of the International Conference on Digital Audio Effects (DAFx-06)*. Montreal, Quebec, Canada.

de Bruijn, W., Piccolo, T., Boone, M.M. (1998). "Sound recording techniques for wavefield synthesis and other multichannel sound systems," *In: Proceedings of the 104th Audio Engineering Society Convention*, Amsterdam.

de Vries, D. (1996). "Sound reinforcement by wave_eld synthesis: Adaptation of the synthesis operator to the loudspeaker directivity characteristics," *Journal of the Acoustical Society of America (JASA)*, *44*(12): 1120-1131.

de Vries, D. (2009). *Wave Field Synthesis, Audio Engineering Society (AES)*, 2009, AES Monograph.

Fink, M. (1992). Time reversal of ultrasonic fields. i. basic principles. *Ultrasonics, Ferroelectrics, and Frequency Control, IEEE Transactions on*, *39*(5), 555-566.

Franck, A., Gräfe, A., Korn, T., & Strauß, M. (2007). Reproduction of moving sound sources by wave field synthesis: an analysis of artifacts. *Proceedings of the 32nd International Conference of the Audio Engineering Society (AES)*. Hillerrod, Denmark.

Huygens, C. (1690). *Traité de la Lumière*. Leiden: Pieter van der Aa.

ISO/IEC 23008-3. (2015). Information technology: High efficiency coding and media delivery in heterogeneous environments-Part 3: 3D audio. *Standard, International Organization for Standardization*. Geneva, CH, October 2015.

Kirchhoff, G. (1883). Zur Theorie der Lichtstrahlen. *Annals of Physics*, *254*, 663-695.

Klehs, B., & Sporer, T. (2003). Wavefield synthesis in the real world: Part 1-in the living room. *Proceedings of the 114th Audio Engineering Society Convention*. Amsterdam.

Melchior, F. (2011). *Investigations on Spatial Sound Design Based on Measured Room Impulse Responses*, Ph.D. thesis, Technische Universiteit Delft, June 2011.

Melchior, F., Brix, S., Sporer, T., Roder, T., & Klehs, B. (2003). Wave field syntheses in combination with 2d video projection. *Proceedings of the 24th International Audio Engineering Society Conference: Multichannel*

Audio, the New Reality, Banff, Canada.

Melchior, F., Sladeczek, C., de Vries, D., & Fröhlich, B. (2008). User-dependent optimization of wave field synthesis reproduction for directive sound fields. *Proceedings of the 124th Convention of the Audio Engineering Society (AES)*. Amsterdam.

Pulkki, V. (1997). Virtual sound source positioning using vector base amplitude panning. *Journal of Audio Engineering Society*, 45(6), 456-466.

Reussner, T., Sladeczek, C., Rath, M., Brix, S., Preidl, K., & Scheck, H. (2013). Audio network based massive multichannel loudspeaker system for flexible use in spatial audio research. *Journal of the Audio Engineering Society (JAES)*, 61(4), 235-245.

Ruiz, A., Sladeczek, C., & Sporer, T. (2015). A description of an object-based audio workflow for media productions. *Proceedings of the 57th Audio Engineering Society Conference: The Future of Audio Entertainment Technology—Cinema, Television and the Internet.*

Snow, W. B. (1955). Basic Principles of Stereophonic Sound. *Audio, IRE Transactions on Audio*, 3(2), 42-53.

Spors, S. (2006). Spatial Aliasing Artifacts produced by Linear Loudspeaker Arrays Used for Wave Field Synthesis. *Proceedings of the 2nd International Symposium on Communications, Control and Signal Processing (ISCCSP)*. IEEE Signal Processing Society.

Spors, S. (2007). Extension of an analytic secondary source selection criterion for wave field synthesis. *Proceedings of the 123rd Audio Engineering Society (AES) Convention*. New York, USA.

Start, E. (1996). Application of curved arrays in wave field synthesis. *Proceedings of the 100th Audio Engineering Society (AES) Convention*. Copenhagen, Denmark.

Start, E. (1997). *Direct Sound Enhancement by Wave Field Synthesis*, Ph.D. thesis, Technische Universiteit Delft, June 1997.

Steinberg, J. C., & Snow, W. B. (1934). Physical factors. *Bell System Technical Journal*, 13(2), 245-258.

Theile, G., Wittek, H., & Reisinger, M. (2002). Wellenfeldsynthese-Verfahren: Ein Weg für neue Möglichkeiten der räumlichen Tongestaltung. 22: *Tonmeistertagung, Hannover, Germany, November 2002*. Verband Deutscher Tonmeister e.V.

Verheijen, E. (1998). *Sound Reproduction by Wave Field Synthesis*, Ph.D. thesis, Technische Universiteit Delft, January 1998.

Weinzierl, S. (2008). Handbuch der Audiotechnik. *Springer Science & Business Media, in German.*

Wittek, H. (2007). *Perceptual Differences Between Wave Field Synthesis and Stereophony*, Ph.D. thesis, University of Surrey, 2007.

第 11 章

多声道技术的扩展应用

Brett Leonard

当前的沉浸式音频技术为内容制作者们的创造性和再创造性提供了前所未有的可能。这些系统能够为视频提供更强的现实感、为电子游戏提供多感官的沉浸式体验，或者提供丰富的、满足感官的音乐性景观。它对声音的定位能力不仅限于前方，而是以 360° 的形式环绕听音者，甚至将声音置于他们的上方或下方，进而极大地扩展了录音师和混音师能够处理和创造的声学空间。

即便如此，无论声音格式如何，制作高质量音频内容的基础都始终保持不变。对具有适宜频谱的内容、动态范围和环境信息的需求都与单声道制作时代无异。从另一方面来说，与时俱进的沉浸式音频系统为工程师们提供了无与伦比的创意可能性。但是，由于沉浸式音频为我们带来了如此令人激动的进步，这些新系统也使得在整个制作过程中采用新的技术手段成为必要。对于某些工程师来说，这意味着使用全新的、独特的工具，然而我们更常看到的情况是工程师们以非常规手段来使用现有工具以达到所期望的结果，这些新手段往往背离了工具设计者的本意。持续发展的技术格局与对内容需求的不断增长的相互促进往往超过了内容制作工具的发展速度。

因此，工程师必须要利用他们所掌握的沉浸式音频知识所带来的种种可能性，结合现有系统，利用其工作原理，同时通过手边工具来适应不断变化的沉浸式音频格局。

基于作者、广大工程师和研究者的经验，本章既给出具体的理念，也给出较为宽泛的概念，从事沉浸式音频制作的工程师们将同时在创意和实用层面受益。这些话题包含声源展开、如何利用现有的立体声或低阶环绕声内容、对声像电位器的创造性使用，对时间效果和混响的使用，以及有关最新一代沉浸式音频系统的混音基础知识。尽管本章中的部分话题已经在前面的章节得到了探讨，但我们仍将以混音师或录音师的角色从务实的视角来审视这些问题。以人类听觉感知知识、混音和声像定位技术、声学和标准制作实践所带来的相关知识为杠杆，每位工程师都可以拥有属于自己的沉浸式音频制作工具箱。

11.1　声源定位与展开

一旦工程师有了在沉浸式系统中进行混音的机会，"将声音展开"很可能是他 / 她会最先尝试的事情之一。但是，获得这一结果的方法值得进行深入讨论，因为将声源在一个区域的声音场景中进行定位或展开所使用的技术会对最终结果产生极为显著的影响。

11.1.1　用于沉浸式混音的声源定位和声像构建技术

用于声源定位的系统数量众多，每个工程师也会做出自己的选择。尽管声像电位器技术在不断发展，但很多工程师仍然依赖来自传统环绕声制作的、经过时间检验的技术，这其中一部分原因是这些技术能够在众多新型沉浸式音频格式之间进行转换。对这些技术的了解能够帮助我们在任何格式或系统中进行创造性的选择。

对虚声像的使用

即使在多声道环绕声系统中，使用虚声像也绝不是一个全新的概念。一个虚拟的或幻象声源可以被定位在 2 只扬声器之间（或者在精确控制的条件下定位在多只扬声器之间，例如基于矢量的振幅定位），这一概念在立体声和众多环绕声格式出现之初就成了这些技术的关键（Blumlein，1933）。尽管如此，对于当今扩展至多维度的沉浸式音频系统来说，虚声像所扮演的角色及其有效性都存在争议。

虚声像的主要用途就是对听音区内不同定位提示所存在的可能性进行探索。沉浸式音频允许我们利用听音者四周的整个空间包络将声源放置在水平、垂直和远近的任何位置上。尽管如此，如果听音者十分靠近多声道系统中的一只扬声器，虚声像会被这只距离最近的扬声器所取代。这种情况所导致的结果就是虚声像的崩坏，进而导致对声源的重新定位。这种现象在家庭影院和电影院环境中尤其需要得到重视，因为总有一些观众会比其他人更加靠近侧方和 / 或后方的扬声器。电影混音师和声音设计师付出了相当的努力来确保声源的感知定位在整个听音房间之内都是稳定的，并且最靠近扬声器的那些观众的听感不会被那些位于环绕声道的声源所主导。通过将声源放置在一个单独的扬声器上，听音者的感官可能会随着与该扬声器距离的不同而发生改变，但是声源将会被固定在扬声器所在的点上。同样，将声音分配到多只扬声器（没有进行信号改变或去相关处理）会增加可闻相位抵消的可能性，尤其是听音者在扬声器之间移动时更是如此。

从另一方面来说，一些工程师特别注意避免将声源仅放置在一只扬声器上。在历史上曾有一些针对单一扬声器声源的应用的现实考量，即关于消费者在家庭环境中分离声源的难易程度。在早期的环绕声音乐混音中，对于人声的探讨是十分普遍的，据说一些歌手不允许将他们的声音仅通过中置声道 / 扬声器来进行呈现。对于今天的工程师来说，一个更为实际的考量是不同重放系统所采用的不同扬声器布局，以及不同扬声器所具有的不同辐射特性。尽管这些问题绝不可能通过虚声像来消除，但它们从理论上保证了一个经过正确调校的重放系统能够提供稳定可靠的声源定位。尽管不同的扬声器之间一定存在音色差异，虚声源仍然会出现在扬声器之间同样的相对位置上。这一概念在基于对象音频系统的领域中引出了一个逻辑性结论，即对声源的还原实质上应与重放系统无关（参见第 8 章以了解针对基于对象沉浸式系统的完整讨论）。对基于对象声源的渲染是根据已知听音空间扬声器的布局，将相关信号分配至各扬声器声道来完成的。

　　然而对于从事创意性工作的工程师来说，上述任何一种声源定位方法都会带来某种程度的限制。创意的契机则来自特定扬声器布局和基于虚声源的声像定位的结合。工程师们在使用虚声源时应注意避免的问题恰恰可以作为一种工具，帮助我们将 2 个占据相同位置的声源区分开来。虚声源和实声源在听感上的差别可以体现为声源感知深度的差别。通常，相比于处在同一位置的虚声源来说，一个定位在单只扬声器上的声源听上去更加突出和集中。这带来了一种常见的处理手段，即在单只扬声器发出声源的后方设置一个内容相同的、扩散度更好的虚声源。

　　虚声像与实际扬声器定位的典型应用就是多声道 / 沉浸式流行音乐或摇滚乐混音中对底鼓、军鼓、贝斯和人声的声像定位。通常在立体声混音过程中，这些声音元素都会被定位在虚声源的中间位置。将这些元素全部放置在同一位置通常会导致响度和频带的竞争，最终影响观众对于这些元素的感知。工程师可以反其道而行之，将底鼓、军鼓和贝斯放置在虚声源的中间位置，仅将人声放置在中置扬声器中（见图 11.1）。虽然它们都处于同一物理位置上，但这种方式会帮助人声比其他几种声源稍稍突出。此外，这种方式还能够降低互调失真，同时增加特定声道的峰值余量。这种方式在常规的电影和电视节目混录过程中也十分常见，中置声道几乎仅供对白使用，而临近的扬声器声道则被用于音效、铺垫效果，或者在相似的位置重放其他音轨。

延时声像定位

　　在沉浸式音频系统中，在扬声器之间使用短延时也可以对声源进行有效的声像定位。将同一个信号放置在 2 只扬声器中，给其中一只加入若干微秒至 20 毫秒量级的延时能够利用先导效应，对声源定位的感知会偏向声音发出较早的那只扬声器。实际上，这种技术模拟了基于时间差的立体声拾音系统（例如一对存在时间间隔的全指向传声器）。这种技术可以被认为是一种强大的混音工具，能够为一个或多个声道声音施加少量的频谱变化。通常一个少量衰减的高频搁架滤波器或低通滤波器可以增强延时定位的真实感，因为它模拟了声源围绕人头产生衍射时在身体对侧耳产生的高频损失。

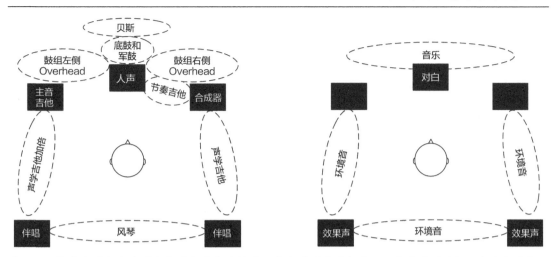

图 11.1　将虚声源和实声源定位进行重叠的例子。虚声源用虚线框表示，实声源则被标记在它们被分配的声道上。左图：一个流行音乐的 5 声道环绕声混音，底鼓、军鼓、贝斯和人声都处于同一位置。将人声直接分配到中置扬声器以获得相对纵深感，这种实声源定位也突出了人声在音乐中的重要性。右图：仅使用左右声道将立体声音乐进行前方声像定位。将对白放置在中置声道，避免了它与音乐之间可能出现的干涉。

　　延时声像定位在大型环绕声和沉浸式混音中具有卓越的效果，例如 NHK 的 22.2 格式。尽管没有把声源定位在前方中间，但延时声像定位对于那些需要始终保持位置靠前的重要声源来说最为有效（见图 11.2）。即使听音者的头部偏离声源定位的方向，对这些声源施加延时声像定位也可以得到更高的整体输出声压级和感知响度。从本质上来说它构成了一个稀疏的波场合成系统，声源通过大量经过精确延时计算的换能器来进行呈现。尽管大多数沉浸式系统都无法通过足够精确的控制来满足惠更斯 - 菲涅尔原理的要求（详见 Berkhout，1998；Spors 等人，2008），但可以获得一个近似结果：在扬声器阵列覆盖范围内任何地方获得稳定的声源定位。

　　延时声像定位的另一个优势在于几乎任何现代数字音频工作站或大多数数字调音台都可以实现这种技术。无论是使用极小的延时还是用于延时补偿和扬声器时间对齐的插件，简单的母线分配和很短的延时调整都能够带来显著的效果。

高度声像定位

　　有关高度这一维度的处理是当前三维沉浸式系统面临的最大挑战之一。即使在很多的新型系统中，在听音者上方获得声源定位也变得很困难。我们对于高度信息相对粗略的感知使得工程师通过创意性方式将听音者头顶的声源进行突出和强化变得十分必要。

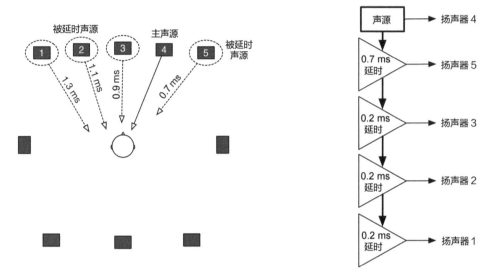

图 11.2　在 NHK 22.2 系统的中间层进行延时声像定位的实例。左图：在这种情况下，声源位于右中扬声器，但通过相邻的 4 只前方扬声器（标记为"被延时声源"）共同重放。无论听音者位于何处，这种做法都会帮助我们进一步获得稳定的声源定位。右图：延时声像定位机制方框图。图中给出了一种延时的情况，但具体的延时数值则取决于声源的频率成分以及对其纵深感的要求。

　　在耳平面以上制造声像并不是重放系统的短板，而是对人类听觉定位能力的一种挑战。只要工程师为声源选择一个位于听音者头顶的位置来进行定位，就应该牢记以下问题：听觉提示中的双耳间强度差提示和双耳间时间差提示无法影响高度感知（Williams，2012）。也就是说，我们利用听觉提示来进行声源定位的手段无法用于高度感知。除了在听音者上方设置扬声器等物理对象外，工程师还必须通过某种方式来增强声源的高度感。

　　增强声源高度感的一种主要方式就是研究其频率内容并使其发生改变。来自权威沉浸式音频混音师的经验表明，包含较高频率内容和音色偏亮的声源被定位在头顶上方时，其感知高度更加具有说服力。反之，包含强烈低频内容的声源则不容易被定位在听音者平面之上。似乎很多听音者都很难想象贝斯音箱或者底鼓从他们头上飞过去是什么感觉，这在很大程度上是因为肩膀和躯干对来自上方声音的轻微反射产生了听觉提示。而低频会在肩膀和躯干发生衍射，从而完全消除了这种定位提示。根据 Roffler（Roffler 和 Butler，1968）的早期研究结果，人的听觉系统需要大量的 7000 Hz以上的高频信息才能够较为轻松地在垂直平面获得稳定的定位（参见第 1 章和第 7 章）。牢记这一点就能够在处理高度定位时获得更加具有说服力的结果。

　　一个量级较大的延时声像定位也可以被用来对声源进行高度定位。在前文关于声源展开的讨论中已经提及，声源位置的移动能够有助于增强或提示听觉系统注意高度声源定位。其中一种技巧就是通过一系列延时将声源从目标高度位置向下移动。声音将以听音者上方的某一位置为起点，然后向下移动，以此引发听觉系统对其初始位置的关注。这种方法通常在 10 ～ 80 ms 的延时区间内最为有效，不同延时所对应的信号电平通常存在显著的衰减。我们还可以在延时器的输入端加入低通滤波器或高频搁架衰减滤波器来增强声音从听音者上方"泼下来"的感觉。我们还可以通过混响（在本章随后的部分会做详细阐述）来替代延时，或与延时进行串联的方式来填补这种从上向下运动过程中所产生的间隙。

在沉浸式声音制作中，尽管对于高度定位的注意力主要集中在听音者上方，但这并不意味着下方声源对于混音师来说不具备等同的作用。当前的一些沉浸式系统忽略听音者下方的区域，这可能是扬声器 / 声道 / 对象数量的投资回报比较低所导致的结果。但是，这一区域的声音定位可以被用来获得非常出众的效果。尽管将声源移动至听音者下方的技巧与将其升高的技巧相似，我们有必要指出，在耳平面以下获得声源定位是十分有益的。脚步声、地面运动、飞行中的动作或风声等音效，以及根基性的节奏乐器（如底鼓和贝斯）能够得益于占据属于它们自己的空间区域，进而为听音者正前方的主要区域留出空间，更好地还原对白或独奏乐器等更加重要的声源。

11.1.2　基于对象系统的声像定位

基于对象的沉浸式音频系统的声像定位可以从前文的讨论内容中剥离出来。与工程师通过传统的声像定位方式来获取声源定位的方式不同，基于对象系统为声音提供的 X 轴、Y 轴和 Z 轴坐标分配，所有的定位或矩阵处理都由系统来提供。第 8 章内容对现有基于对象音频的理论和技术做了深入的讨论，但针对这些系统的混音范例还处于逐渐走向成熟的状态。

关于基于对象的混音技巧的讨论和演进都围绕声床音轨展开。声床音轨是一组标准的多声道音轨，不具备基于对象音频独有的 X，Y，Z 定位系统。通常，1 个声床音轨是以传统方式进行分配的 5.1 或 7.1 声道音轨，它们贯穿整个混音过程，不像对象音频那样在需要时出现，在不需要时消失。这些声床音轨为混音师提供了显著的优势，也就是当基于对象音频为目标格式时，可以通过一个传统发行的文件格式直接进行上变换而无需重新进行缩混。虽然它能够为节目制作者节省大量的时间，但同时也成了误区和困惑的来源。一个混音师应该如何决定哪些声源应该作为对象出现，而哪些内容更加适合分配至声床音轨中呢？

对于对象和声床音轨来说，一个安全的方法是将声源分为两类：关键声源和特殊效果。在这种方法中，所有和故事讲述相关的重要素材都被置于声床音轨中。那些对于故事讲述至关重要的对白、音乐和音频效果都通过传统的基于声道方法进行缩混并且置于声床音轨中。那些能够刺激听觉的效果，如观众头顶飞过的弓箭，或轮流出现的、引人注意的噪声则被归类为对象。这种缩混的思路所带来的显著优势在于不依赖音频对象做基础的故事讲述。即使缩混成品在一个剧场中没有得到正确的对象渲染，观众们也能够正确地接收到节目内容。这种方式的第二个好处在于生成基于对象混音成品时需要的时间较少。多数制作仍然需要一个传统的环绕声（5.1 或 7.1）缩混成品，因此这种方式能够以最少的额外工作时间来生成基于对象的缩混成品。

尽管如此，很多混音师都倾向于以更加大胆的方式来使用音频对象。即便如此，多数制作也会与其他制作一样，将音乐和对白分配到声床音轨中，当然，将这些元素从声床中分离出来也并非罕见。一些混音师选择通过音频对象为音乐分配额外的空间，比如将部分或所有音乐升高至屏幕正上方，以及 / 或将它分配到左右主扬声器外侧的扬声器中。对于这些混音师来说，将音乐从荧幕后方主扬声器中移出可以为对白定位带来更好的灵活性，将掩蔽效应出现的风险降至最低。同样，相比于传统的虚拟像定位来说，音频对象对于对白定位也更加有益，因为基于对象的渲染比基于声道的环绕声定位的结果具有更好的可预测性。通过这种方式，很多声音效果都可以被转换为音频对象，借助其定位机制被设置在隔离度更好的区域（如听音者上方），进而产生明显的或引人注意的效果。同时，我们应牢记，通过音频对象更容易获得声源移动效果。将这些处于动态位置变化状态的声源作为音频对象来处理，可以将它们从水平面的声音景观中提取出来，在脱离声床的同时强调它们的运动。同样，将环境声扩展至听音者侧方、后方和上方能够为声床音轨和缩混中的关键要素释放出水平面上的空间，同时不以牺牲声音环境的清晰度和密度为代价。而一些声音设计师则采用了混合式的方法来使用音频对象。对于合成声音（将一些音效预先混合在一起）来说，可以将一部分声音放在声床音轨中以保持其清晰度和功率，而音效的其他部分可以作为音频对象来处理，这就使得混音师能够通过精妙的定位或运动效果创造出一种更具动态的声音表达方式。

在基于对象条件下处理环境声也是十分有趣的。关于环境声和混响应该定位在何处这一问题存在广泛的意见分歧。一些混音师将绝大多数混响能量限制在声床音轨中，这种方式与非对象格式更加一致。其他混音师则尝试将混响和环境声作为特定的对象来处理。在拥有真正的沉浸式混响器的前提下，将一些混响能量定位在听音者周围和上方的处理方式具有极佳的优势。例如一些混音师使用超过 10 个音频对象作为静态的混响返回，它们在整个节目过程中都处于被激活的状态。

11.1.3　声像的展开

在某些情况下，将单声道声源定位在环绕声场中的一个特定位置可能就足够了，但对于很多工程师而言，一个沉浸式的混音可能包含将声源的感知尺寸扩展到声场中比单只扬声器更大的范围上。我们将在后文详细探讨的每一种方法都存在各自的优点和缺陷，建议所有的音频工程师都去理解这些能够增加单声道声源感知尺寸的常用方法。

　　通常，对于一个刚刚接触环绕声或沉浸式混音的工程师而言，扩展声源尺寸的第一直觉就是将单声道信号源分配给多个相邻的扬声器。将声源的输出分配给 2 个或更多相邻扬声器的确在物理上增加了它所辐射的区域和感知响度，但是对于其感知尺寸的增加所带来的效果甚微。这种多扬声器方式能够在相邻扬声器之间生成新的虚声源定位。我们在后文会谈到，这种方式是一种有效的声像定位技巧，但是对于增加声源的感知尺寸而言毫无作用。为了真正增加声源的尺寸，对相邻扬声器辐射的声音做去相关处理是十分必要的。也就是说，从这些扬声器中辐射的声音需要与原始声源相关，但应存在少许差别；应避免在扬声器之间生成单一的虚声像，而应对其做少许扩散。使多只扬声器重放信号发生少许变化有助于扩展声源尺寸（Kendall，1995）。基于时间的改变（即延时或混响）通常被用于信号的去相关处理，我们会在本章第 2 部分单独讨论这种方法。此外，我们还可以通过若干种基于频率的方法来实现信号的去相关处理。

基于频率的去相关处理

　　对于接收同一个单声道信号源的 2 只或多只扬声器来说，最简单的去相关处理就是改变每只扬声器输出的频率内容。通过让相邻 2 只扬声器的频率内容变得不同，声源听上去像是占据了更大的空间，不同的物理区域与不同的频率范围相对应。尽管这 2 个信号在时域中仍然高度相关，但这种频率变化已经足以在 2 只扬声器之间获得声源的展开，避免在它们之间形成单一的虚声源。这些技巧非常适用于扩展那些基频范围宽，但是通过单声道方式记录的声源。一个经典的例子就是单声道的电钢琴，当它通过一个单独的扬声器重放时声音平淡无奇，无法给人留下深刻的印象，在和通过多只扬声器重放的类似乐器（如声学钢琴）相比较的情况下更是如此。接下来所描述技巧的精妙之处不仅在于它们的有效性，还在于它们的简单易行；所有处理仅通过常规的数字音频工作站母线分配以及现代音频制作软件中常规的滤波器和均衡器就可以实现。

　　实现频率调整的最为常规和简单的方法就是为每个输出通道配置一个类似于分频器的滤波器。这种方式被称为"钢琴"立体声，就好像近距离聆听钢琴音符从低音向高音变化的过程。该滤波器和一个多驱动器扬声器所使用的分频器十分类似，通过交叠的高通滤波器和低通滤波器将相应的频率范围分配到对应的驱动器中，在这里，这些对应着各个频率范围的滤波器与扬声器通道相对应（见图 11.3）。最终得到的结果，是随着声源频率的变化产生微小的偏移，进而带来一种声源尺寸增大的感觉。

　　对于超过 2 只相邻扬声器的情况可以使用类似的方法。在高通滤波器和低通滤波器之间加入带通滤波器可以将 1 个单声道声源进一步分配给更多的扬声器通道。这种方法十分有效，除了增加感知宽度外，带通滤波器的频带宽度还决定了声源的稳定程度。对于一个宽频带声源来说，将较宽的带通频带内容分配到某只扬声器上能够使该声源聚集在该扬声器周围，而一个较窄的带通频带可以让声源的扩展程度增加，如图 11.4 所示。

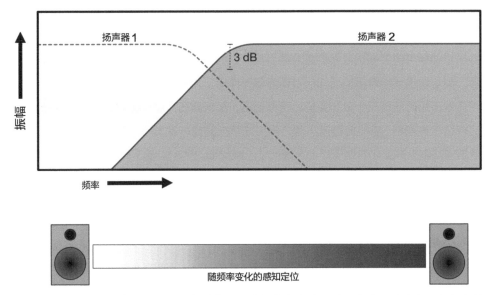

图 11.3 基于"钢琴"立体声或分频器方式的声源尺寸扩展滤波器示例。在这一例子中，分频点被设置在 −3 dB，以此确保输入信号在通过分频方式进行扩展的同时不出现能量上的损失。这组滤波器的分频点并没有对能量做均匀分配，较多的频率被直接送入扬声器 2。下方的灰度渐变条显示了该滤波器设置下能量从扬声器 1 向扬声器 2 过渡的情况。

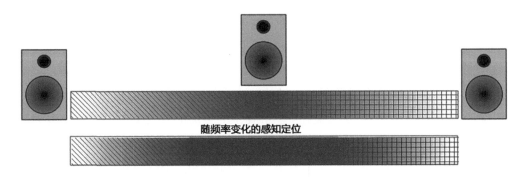

图 11.4 灰度 / 织体渐变条展示了通过将带通滤波器处理后的内容送入中间扬声器来进行声源体积三分频扩展的 2 种方式。在上方的渐变条中，高通（斜条纹）、带通（纯灰色）和低通（横条纹）滤波器的频段分配基本均衡，而下方渐变条中的带通滤波器所占的频段要多得多，将声源全频段信号中的大部分能量都送入了中置扬声器。

但是对于一些声源来说，将不同频率范围的内容进行空间展开会造成音质的劣化。此时可以考虑通过使用单一滤波器和全频段信息重叠的方式来进行处理。图 11.5 显示了如何通过高通滤波器来实现这种处理方法，此外，低通滤波器或带通滤波器在这种处理中的应用也十分容易。这种处理方式带来的声源扩展效果只有在某些频率内容出现时才能够体现出来。这种处理对于单声道的鼓组 Overhead 传声器或房间传声器等声源来说尤其有效。在使用高通滤波器的情况下，底鼓和军鼓可以稳定地定位在中间，而镲片的感知宽度则会相应地增加。这种处理方式对于失真电吉他来说也十分有效，那些"法兹（Fuzz）"和噪声被扩展到较宽的空间上，而其肢体则被固定在一个单独的扬声器当中。

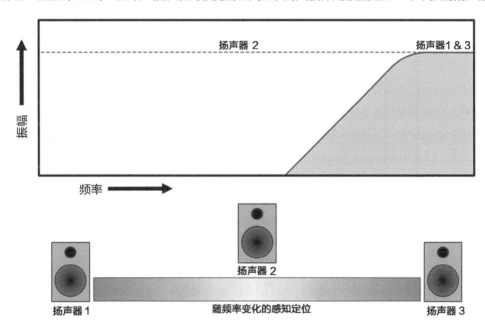

图 11.5 将 1 只重放全频段信号的扬声器和 2 只重放带阻信号的扬声器重叠使用，以此获得一个稳定的中间定位，同时在特定频率范围上获得声源宽度的展开。图例展示了将高通滤波器处理后的信号馈送到两侧的扬声器，同时始终将全频带信号送入中间扬声器，这样当声源发出相应高频能量时，声像就会得到展宽。

立体声声源扩展

相比于单声道而言，立体声声源的尺寸扩展为工程师们带来了些许不同的挑战。上述技巧诚然可以被应用在立体声（或更多声道）声源的每个声道上，但有可能带来一个不一致的、不连续的声音。因此其他的声源扩展方法可能更加适合立体声素材。将和差处理与基于频率的扩展方式相结合可以获得若干有趣的声源扩展方法。

和差处理（通常也被我们熟知为 M/S）可以将中间信息从立体声信号中提取出来。左右声道中包含的相同信息作为立体声的中央声像出现，因此可以被认为是两个声道的叠加和，或者中间信息。

左右声道中不同的信息（即差别信息）组成了 S 信号。关于 M/S 处理和相关立体声拾音方式的深入解释可以参见第 6 章。这种基本的解码处理可以帮助我们将 1 个双通道的声源（左 / 右）分配到 3 声道输出（左、中和右）当中。然而，对这种方式提取的 M/S 数据进行的进一步处理对于扩展立体声声源来说是更加有趣的。

　　将 M/S 解码和基于频率的声源扩展进行综合运用的最简单的方法，就是对左侧 S 信号和右侧 S 信号分别施加 1 个或几个滤波器（一侧使用高通 / 低通滤波器或高通 / 带通滤波器，另一侧使用带通滤波器和低通滤波器），并将它们分配到相邻的扬声器上。这样的结果就是将信号从 2 只扬声器扩展至 5 只扬声器，M 信号被分配至单独的扬声器，左 S 声道和右 S 声道则扩展至 M 信息所在定位外侧的 2 只扬声器上（见图 11.6）。需要指出的是，这种设置将会导致声像在某种程度上丢失精确度，使得主传声器或类似充满细节的立体声声源变得不太理想，但是对于细节不那么充分的立体声信号而言，这种方法能够带来显著的声源尺寸扩展和细微的声源运动。这种技巧可能还会破坏一些更加敏感的信号，例如人声，它所引入的相位失真可能十分明显，以至于无法得到有效的使用。这种扩展性的和差扩展方法在不使用滤波器的情况下也是可行的，但是可能会使可闻相位问题变得愈发严重。

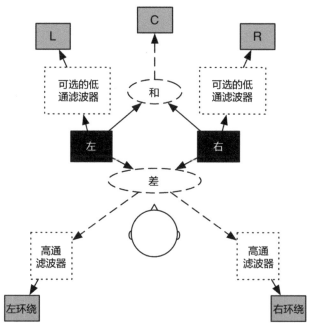

图 11.6　通过和差技巧及相应的滤波处理将立体声声源扩展至 5 声道环绕声的示意图。立体声信号之和被送入中置声道，而未经矩阵处理的左右信号经过滤波处理后对前方声像进行补充。后方扬声器被馈送差分信息，同时通过滤波器处理来补充前方左声道和右声道，如图 11.3 所示。作为信号分离的一种方法，可以在右环绕声道上加入极性反转，以此获得前方声道和差处理的镜像。

声源扩展的创造性应用

截至目前，关于声源扩展的所有讨论都仅限于相邻扬声器。将声源扩展至非相邻扬声器所具有的潜力为我们开启了全新的创新可能性。通过将上述声源扩展方法用于对角线方向的非相邻扬声器，声音可以浸入环境当中，而非仅仅存在于声场的边缘。只要被使用的 2 只扬声器之间的距离足以构建一个连贯一致的声源，最终获得的声像就可以在声场中的任意方向得到扩展。正如第 1 章和第 7 章所讨论的那样，人们在高度方向上的定位能力相对粗糙（不精确），这种方式对于高度域的声源扩展尤其有效。声源扩展技巧能够在高度平面上制造与频率相关的微小运动，这种现象甚至比声源本身的精确定位更加易于感知。

11.2　对已有内容进行沉浸式改造

在沉浸式内容制作过程中，录音师和混音师所面临的最大问题之一，是通过声音设计或录音获取的原始音频素材格式与项目所需要的沉浸式交付格式不一致。尤其是为了适应新的沉浸式发行格式，为已有的非沉浸式素材进行重新混音或母带处理时，这一问题就显得更加突出。通过单声道或立体声格式所记录的素材数量要远远超过低阶沉浸式格式，更不用说最新的基于对象格式了。这对于希望进入沉浸式音频领域的音 / 视频内容制作者来说是非常严峻的问题，因为他们习惯于依赖一些不断重复播放的内容来填充广电节目的需求。对于电视和广播节目制作者而言，针对沉浸式音频格式将所有常用的现有素材进行重混的成本高昂。从另一方面来说，消费者通常会因为接收内容的声道数量少于最新的发行格式而觉得被怠慢，即使是老素材也会如此。有句老话说得好：没有人会去买那些不出声的音箱！

上变换（Upmixing）

对于已有的非沉浸式素材而言，将其转换为新的沉浸式格式的快速解决方案就是上变换。简单地说，上变换这一术语指的是将一个声道数量较少的混音成品转换为声道数量较多的素材的处理过程（Rumsey，1998）。例如，立体声转 5.1 上变换将一个完整的双声道立体声转换为 5.1 声道环绕声格式，通过复制、分离或生成信息的方式为原始素材所不使用的扬声器声道提供内容。在如今的语境下，上变换这一术语大多指的是一种近乎自动化或完全自动化的过程，而非仅仅依赖工程师的努力来生成新的、更具沉浸感的内容。

对于常规的上变换工作来说，可用的方式很多，对于那些以 5.0 或 5.1 环绕声为目标交付格式的方式来说更是如此。很多用于上变换的系统或公式都受到了消费者需求的驱动，通过旧内容获得多声道环绕声体验，同时能够保持低缓存和计算负担的实时渲染。从另一方面来说，消费者渴望获得沉浸式体验，但是不能以牺牲便利性为代价。尽管本书没有囊括多个现有商业系统的细节，但基本的操作原则是值得进行探讨的，因为它们提供了多种能够同时用于上变换和沉浸式音频系统声源扩展的技术。

　　一个最为常见的，凑巧也是最容易实施的上变换方法是最近扬声器法。除单声道声源外，多数已有音频素材的各声道内容之间多少存在一些不同，或者在某个声道中出现完全不同的内容。同样，多数立体声或多声道内容会在某种程度上利用虚声源。"伪造"沉浸式内容最为简单的方式就是将现有声道的内容扩展到目标格式规定的相邻声道。这几乎无法为听声者带来任何新的体验，但是的确能够满足使用全部声道，并且通过声音将听音者包围起来的要求。

　　一个更加有趣并且容易实现的选择是在所有相邻声道之间对声源素材使用和差（即 M/S）处理。加和信号被放置在与之前虚声源位置最接近的扬声器中，而差分素材则保留在距离原始格式中离声源所在通道最近的扬声器中，如图 11.7 所示。一些实验正在试图从非相邻声道中进一步提取和差信息，以此生成高度信息，但到目前为止，其效果都无法让节目制作者和部分听音者感到满意。

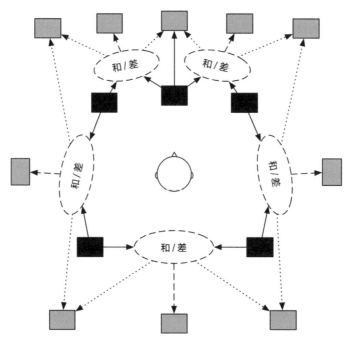

图 11.7　该图展示了如何通过和差方式将一个标准的 5 声道环绕声素材进行上转换。在这个例子中，从原始 5 声道中提取的和差信息通过靠内侧的黑色方框表示，它们被分配到了一个 NHK 22.2 格式中间层的 10 个声道上，即浅灰色方框。扬声器之间的黑色实线表示声道信息的直接映射，而椭圆形虚线则表示来自相邻声道的、经过和差处理后的信息。来自这些椭圆形的虚线表示最终的加和信息，点状连线表示差分信息的映射。将中置声道进行直接映射是十分常见的做法，这样可以避免人声对白等关键声源出现不必要的变化。

11.3　对电影和游戏混音的考量

沉浸式音频系统能够为内容创作者带来无与伦比的可能性，但重要的是不能忽略内容本身的目标。创意很容易与故事讲述的焦点及进程发生冲突。无论格式如何，在进行媒体内容缩混时必须牢记一些指导性原则。

首先，也是最重要的，对白为王。在绝大多数电影、游戏，甚至是音乐中，人声是故事讲述的核心要素。如果人声缺失了可懂度和清晰度，听音者 / 观影者会变得疑惑、疲惫，甚至因为理解对白内容过于费力而丧失对节目内容的兴趣。这里值得一提的是，即便是绝对的音质有时也要让位于语言可懂度；当单独听对白音轨时，我们可能会觉得奇怪，或是均衡处理过量，但是这种处理是为了在整体声音中将语言可懂度最大化。刻意使对白变得模糊可以作为一种艺术处理而偶尔为之，但在大多数情况下应该避免。无论何种格式，对白通常被定位在前方声场中间或靠近中间的位置上，并且很少发生移动。中置声道扬声器通常是对白在系统中的归属。这种设置从一方面来说是因为 0°水平角方向入射的声音具有良好的清晰度，从另一方面来说则是在使用虚声源时，听音者会接收到来自扬声器偏轴向辐射带来的声染色。上述考量诚然十分重要，但同样重要的是到当视觉内容出现在屏幕上，而对白位于侧方或后方时会造成视听认知的不一致。即便一个角色在大屏幕上穿过，视觉感官也会在很大程度上掩盖静态的人声定位，这比将对白定位在扬声器之间所带来的潜在危害要小得多。尽管这并不是一条绝对法则，但它是经过时间检验的指导原则，遵循这一原则通常可以避免不良的人声染色、相位抵消和大面积观众区域中出现的定位错误。角色的运动可以通过听觉视角中发生的变化来进行有效的增强，这种通过改变音色或空间的技巧在电影的单声道时代就已经获得了成功。

将对白限制在中置声道的第二个原因是避免掩蔽效应。有了专门的对白声道，其他定位居中的声源可以通过虚中声源进行重放，同时与最为重要的对白之间产生最少的干涉。对于音乐来说尤其如此。通常电影和游戏音乐被定位在前方，同时可能会在后方加入一些混响能量以增强沉浸感，实质性声源则被定位在前方 ±30° 附近的位置。与很多纯音乐应用不同，电影音乐定位靠中间的素材可能会在某种程度上被抑制或衰减。即使存在专门的对白声道，保持虚中位置上的留白，去除那些分散注意力或制造掩蔽的素材（尤其是处于人声频率范围上的素材）能够帮助我们在音乐存在的情况下保证对白具有良好的可懂度（见图 11.1）。如果有必要，可以将一些音乐信号少量地送入中置声道，这样靠近侧墙的观众就不会觉得声音完全从屏幕的一侧发出。

音效的呈现方式往往和音乐类似，但更加不会将声源放置在中间位置。在电影、电视或游戏的环绕声制作中，多数效果声都会被定位在听音者的侧方和后方。这有助于将听音者带入情境，同时将他们置于整个场景的中心，而非被动的观察者。音效也可以起到扩张整个故事场面的作用，通过在前方左 / 右位置进行夸张的定位，将声音事件扩展到视觉屏幕之外。

氛围声和环境声同样能够在音 / 视频呈现的过程中帮助我们制造沉浸感。绝大多数环境声都会被定位在听音者的侧方或后方以帮助他们融入声音场景之中，同时不和前方的声音内容产生冲突。但需要注意的是，从前方声像中将氛围声或环境声完全去除会破坏对特定环境的感知。通常混音师会将一些氛围和环境声定位在前方声场中以获得一个连续的声音场景，但是会削弱这部分内容在前方扬声器中的低频或降低音量，以避免和对白、音乐及特定的音效产生频率或响度竞争。

11.4　包围感

多数沉浸式音频内容的目标就是制造包围感（Envelopment）。包围感这一术语最早被用来描述一个建声条件良好的音乐厅所带来的被声音环绕或包围的体验（Beranek，1996 和 Barron，1988）。音乐厅中的这种包围感由滞后于直达声到达听音者的侧向声能提供（Morimoto 和 Maekawa，1989）。如今，通过从水平和垂直方向上的各个角度向听音者辐射声音也可以轻松地制造包络感。

将声源以 360° 的方式围绕在听音者周围是制造包围感的一种方法，这种形式的包围感对于纯音乐内容来说尤为有效。通过将器乐和效果从前方移动至环绕声道，听音者能够建立与乐队一起坐在舞台上，甚至成为乐队成员的听觉印象。这能够制造出极具融入感的声音场景，但是潜在的声音脱节可能会偶然导致真实包围感的缺失。为了使声音的呈现更加平滑，或填充声源之间的空隙，我们必须求助于同样能够提供声学包围感的效果：混响。

11.4.1　混响

到目前为止，本章内容还未对混响进行探讨。混响与声源尺寸扩展和上变换的话题都存在着直接的联系，但由于它突出的独特性和重要性，我们需要对它进行单独探讨。混响诚然是传统立体声和多声道音频制作的重要效果，而在需要全方位包络感或增加高度信息的情况下，混响就成了一个更加强大的工具。

通过反射能量进行声源扩展

无论是否刻意为之，利用声反射进行声源扩展已经成为录音过程中极为重要的因素。录音师通常会极为仔细地选择声源在录音棚中的位置（甚至细致地选择录音棚本身），以便于生成并捕捉令人愉悦的反射能量。这种对声反射的精细使用与谨慎的拾音技术的结合能够使我们在录音环节就获得大于实际尺寸的声源。对这种技术的应用已经反复在鼓组录音中得到了验证，通常我们会将鼓组放置在不同材质的地面上，让它靠近墙面，甚至放置在录音棚的角落，通过这种方式对 Overhead 和房间传声器中拾取的鼓组声音的尺寸和形状施加显著的影响，这种影响对于军鼓来说尤为明显。同样，音乐厅中强烈的早期侧方反射能够增加声源宽度、扩展其尺寸且增加其响度。因此利用同样的效果来进行人工的声源扩展处理是十分合理的。

通过算法混响或卷积混响精准地为声源施加早期反射能够获得与在房间中捕捉声音相同的听音效果。反射能够通过对原始信号进行延时和复制来提供自然的声源展开，这些被复制信号的振幅 /频率关系各不相同，它们分别对应略有不同的反射位置。这一分析对我们如何使用反射能量来扩展声像起到了关键性作用。在绝大多数情况下，常规房间中的声反射能够提供具有方位一致性的延时信号和入射角度，它们能够对原始声源的定位起增强作用。先导效应认为直达声会为声源定位提供最强的听觉提示，而紧随其后的反射能量则会增加声源的感知宽度。如果反射在空间中得到扩展的同时能够与初始声源定位保持一致，那么声源尺寸就可以被放大，同时保持对声源发出点的正常感知。

通过标准的、采用任何设计原理的立体声或更多声道的混响器都可以实现声源尺寸的扩展。我们更倾向于使用那些可以根据输入信号定位来生成早期反射的多声道混响器，但一些声源扩展可以通过最基本的、与输入信号定位无关的（单声道输入）的立体声混响来实现。在使用立体声混响时，可以将 2 个输出声道分别放置在与声源初始位置相邻的扬声器中，或者位于声源两侧形成一个虚声源。使用"预延时"或输入通道上的延时有助于在不改变声源定位的情况下对其进行增强。仅仅若干毫秒的精细调整就十分有助于保持声源初始位置不变，且音色不发生改变。它实际上相当于模拟声音通过更长的距离和时间到达与声源距离更远的界面，但不会影响混响器中固定的反射模式。通常，由于反射和声源的时间区别较为明显，因此在声源和反射能量间使用较长的延时时间能够确保声音的一致性和自然听感。让我们接着说立体声混响，如果混响器的输出声道被分得太开（比如分配到并非与声源直接相邻的扬声器中），它们之间所构成的形象就会失效，变成 2 个独立的、包含明显二次扩散声源的发声点。在这种情况下，可以考虑复制混响器的输出信号，并对分配至不同扬声器的信号使用不同的预延时 [1]。假设通过 5 只扬声器来重放一个初始位置居中的声源，与之相邻的扬声器接收到的混响能量仅有很少量的预延时，而位于声源外侧的非相邻扬声器则接收较长的输入延时。这种方式构建了一种声音扩散开来的听感，而不是仅仅通过一个单一的墙面对听音者听到的声音施加影响。

混响与高度维度

正如反射能量能够帮助声源在水平平面得到扩展，早期反射和混响也能够帮助我们获得对高度的感知。沉浸式音频所使用的传统混响器中并没有包含真正的高度维度，而是利用现有水平平面声

---

[1] 即使用多个采用不同预延时设置的混响器——译者注

道的信号来填充头顶上方的扬声器，例如将多个四方声的 Yamaha SREV1（采样混响）级联在一起。而理想情况则是能够对真实的三维房间反射进行捕捉并将其用于沉浸式音频的混音。尽管"环绕声"混响器并不存在什么缺陷，它能够在水平平面捕捉、建模或模拟反射，但是很少有混响器能够冒险进入高度信息的领域。这种情况诚然会随着沉浸式系统对高度信息的普及而得到改变，因为高度域包含了有趣且独特的声学信息。对于一个音乐厅来说，房顶可能是离最佳听音位置最远的反射面，乐团上方的房顶则向外反射其直达声，以此加强观众对于表演者的听觉印象。听音者后方存在一系列来自眺台和夹层的复杂反射。从舞台上方的硬反射体到观众上方远距离的扩散声场，听音者上方的混响信息的确与环绕在水平面上的反射能量不同。

包含高度信息的卷积混响

目前能够提供高度数据的混响器大多为算法混响。但是有众多研究者和公司都在探索如何通过卷积混响器来捕捉高度信息，这其中就包括 TC Electronics 6000 系列混响的全新工具包，以及 Auro 3D 和 Atmos 制作工具中所包含的混响器。不同场地环境下不同的房顶、穹顶、管风琴台、夹层与建筑结构相结合，使得对每个房间的测量都能够获得独特且有趣的全新声学特征。我们仅需要在较高的空间位置以向上的角度布置 2 只或更多的传声器来捕捉脉冲响应，就可以采集到准确的、具有包络感且自然的头顶信息。在理想状态下，这些高度声道仅对应房顶、高处侧墙和顶部反射体所提供的信息，同时将与水平平面相关的数据排除在外。通过排除人耳平面上接收的数据，这些经过去相关处理的高度数据可以被听觉感知系统进一步分离，不会受到水平面较强反射能量的影响。为了获得恰当的去相关处理，突出高度定位所需的高频内容，建议使用单指向或双指向传声器来捕捉高度信息脉冲响应，而非水平面数据采集所使用的标准全指向传声器。

合成高度混响

在退而求其次的情况下，工程师可以使用前文所述的声源扩展技巧，将其翻转 90° 来完成声源在高度维度上的扩展。在这种情况下，使用额外的预延时、均衡和一些低电平的混响器控制仍然能够获得具有说服力的结果。这其中最为重要的就是使用恰当的延时数值。通过模仿声源从发出到反射再到达听音者的时间来表现模拟空间的房顶高度是十分重要的。如前文所述，常规音乐厅来自头顶的反射时间比来自任何水平方向上的反射时间都要长。而当我们试图模拟一个较小尺寸的房间时，选择一个少于水平方向的预延时时间可能是更为适宜的。

对于扩散的使用也能够有效地模拟来自高处的反射和混响。在大空间、配有华丽装饰的教堂、音乐厅、城堡和舞厅中，房间上方边界的复杂雕刻和石像连同房顶本身都会带来独特的高度反射扩散。

大多数算法混响器都采用某种类型的"扩散"或"扩展"控制来模拟扩散性的房顶反射。从另一方面来说，减少扩散可能会在模拟带有硬质平面房顶的小型住宅或商用空间时具有更强的说服力。

高通滤波处理也可以在合成高度混响的过程中起辅助作用。如前文所述，高频信息对于高度定位来说是极为重要的，而低频信息则会在听音者上方造成混沌和混乱。尽管很多混响器都试图制造一个温暖或丰富的混响声场，但将这种信息定位在听音者上方会分散高度感知的注意力，较多的低频信息会造成声音仍然停留在地面的听觉印象。

利用反射声进行上变换

反射声同样可能缓解前文所述的简单上变换方式所产生的问题，换言之就是在高度维度进行完善。相比于合成整个高度维度而言，这些仅对水平方向上的扬声器声道进行填充的上变换方法是十分简单的。而我们已经了解到，反射能量可以很轻松地生成新的信息来填充垂直方向上的高度扬声器。通过使用一系列早期反射，来自单声道或多声道内容的能量可以被扩展至新的声道，同时对水平域和垂直域进行填充。

最初的基于反射的上变换方法利用了完整的房间脉冲响应将现有内容进行扩展后填充至沉浸式音频系统所提供的更大空间中。很快人们就发现，在原始素材上施加的额外混响尾巴会带来浑浊和可懂度的降低。而早期反射能量则能够提供一些有趣的可能性。以脉冲响应为数据获取和表现形式，一系列包含完整水平和垂直平面信息的早期反射被用来将已有环绕声内容扩展至更大规模的沉浸式系统中，而内容制作者只需要做少量的工作就可以获得良好的效果（Woszczyk 等人，2010）。

尽管效果不如环绕声的上变换那样令人印象深刻，但这种原理对于立体声来说也同样成立。在上变换这一应用情境下，对早期反射的选择是关键。一些混响器所能控制的一次反射时间间隔很短（通常为算法混响），而很多卷积混响器很难或无法对早期反射进行控制。为了避免在上变换过程中造成明显的音质劣化，就需要使用一系列短时间的、具有中性声学特性的反射能量。在使用卷积混响的情况下，一个勤勉的工程师可以对脉冲响应进行编辑，仅保留所需的早期反射，从而将混响的尾巴完全去除。那些包含低密度反射的房间脉冲响应通常更加适用于上变换处理。尽管高密度的反射可能增加声源的感知宽度，但它们也很容易降低已有内容的清晰度和可懂度。当上变换需要透明度和中性的音质时，由反射所导致的剧烈声染色会带来很大的问题。尽管在某种程度上与我们的直觉相悖，但大空间的早期反射通常能够在不显著改变声音素材音色和清晰度的情况下对声源尺寸进行扩展。

11.4.2　其他基于时间的效果

混响绝不是沉浸式音频中唯一有效的基于时间的效果。任何有现代摇滚或流行音乐混音经验的工程师都知道延时效果的能力。在现有的大规模沉浸式音频格式中，空间化的延时效果可以帮助我们构建一个动态的、有趣的混音。乒乓延时（下一个回声信号出现在与上一次相反的声道中）在多声道（多于双声道）应用情境下能够呈现出新的生命力。

在沉浸式音频中对于延时最具能动性的使用方法就是交叉定位（Cross-Panning）。与传统的左右乒乓延时不同，将一个重复次数最少的短延时信号送入听音者和初始声源连线的对角线，这样可以使声源从扬声器中跳出来，让人们注意到一个原本并不突出的声源（见图 11.8 左图）。这种交叉延时还能够起到在非相邻扬声器中增加声源能量的作用，从听感上让声源跳出扬声器所在的平面，使之更加靠近听音者。这种效果对于领奏声部、独奏乐器甚至人声都非常有效。这种技巧还能够扩展到多只扬声器中。通过 2 只或更多扬声器来还原延时信号能够通过单一声源填充整个声学空间（见图 11.8 右图）。这一效果可以通过使用非相邻扬声器进行扩展，例如位于对角轴上的扬声器，甚至可以通过使用更多数量的扬声器来进行延时信号的重放。使用多只扬声器存在着一个与直觉相违背的好处，就是增加细节。当通过多只扬声器重放延时信号时，仅需要较低的声压级就可以听得清楚，要注意确保延时信号更多地承担效果信号而非实际声源本身的作用。当延时信号被定位在多只扬声器时，即使其电平很低，也能够制造一种跳动感。这种技巧既可以为听音者增强包络感，也能够为一个混音的律动部分增强节奏特征。

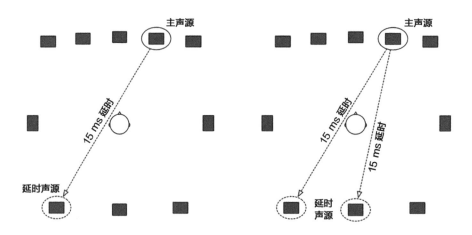

图 11.8   延时映射技巧，以 NHK 22.2 的水平面扬声器布局为例。左图：将延时信号送入声源和听音者对角线上的扬声器，声源位于右前方扬声器，延时信号位于左后方扬声器[2]。右图：双延时信号作为直达声被送入听音者另一侧的多只扬声器中。

---

[2]   原文在此处存在错误，将"左""右"颠倒了，在此予以更正——译者注

11.4.3　声源运动

　　沉浸式音频系统的另一个显著优点就是能够呈现声源的运动。尽管声音的运动并不能够作为包络感的来源，但它能够帮助听音者获得一个更加愉悦且具有沉浸感的体验。即使声音不是持续地出现在听音者的前、后和上方，让声源在这些方位上发生运动也能够将听音者吸引到声音当中。一旦听音者在某一维度上体验到了声源运动，他们就会敏锐地注意到自己在声场中的位置。沉浸式音频为声源可能进行的运动提供了更大的范围。尤其在有了顶部扬声器之后，让声音"飞过头顶"成了一种令人激动的全新效果，对于声音设计者而言更是如此。这里有一些构建动态运动声音，尤其是对屏幕上可见的运动效果进行增强的技巧，它们可能会对节目内容制作者有所帮助。

　　当我们试图让一个声源动起来，更多的扬声器并不总是带来更好的效果。使用大型重放阵列所带来的诱惑就是不间断地使用所有的扬声器声道。然而在移动声源时，让它在 2 ~ 3 只扬声器之间运动可能比在更多数量的通道之间进行运动来得更加有效。对于后者而言，当声源运动时会被定位在各个声道上，听上去像从一组扬声器通过并传递到相邻扬声器（见图 11.9 左图）。虽然与直觉不符，但通过较少的扬声器实现声源运动能够在整个路径中获得更为平滑的效果（见图 11.9 右图）。

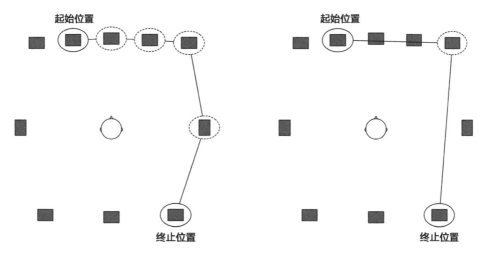

图 11.9　在 NHK 22.2 扬声器布局中，从前方中－左声道向后方右声道做顺时针运动的两种运动轨迹。左图：声音沿扬声器阵列的外围从一个声道移动到另一个声道，在其运动轨迹中增加了定位在各个实际声道上的潜在可能。右图：声音通过尽可能少的声道围绕听音者运动。这种方式能使声源在运动路径中，尤其是在中间位置上获得稳定定位的可能性最小化。

　　对于频率调整的谨慎使用有助于获得平滑的、具有说服力的声音运动。在声源定位部分我们已经讨论过，频率内容的细微变化可以增强声音在扬声器之间的运动感。尤其是声源在听音者上方移动时，衰减低频成分能够有效地增强上方定位感。同样，当声源移动至听音者后方时可以通过衰减高频来增强其真实性，这种处理突出了声源位于听音者后方时头部和耳郭遮挡所造成的高频衰减。最后，可以通过改变运动声源音高的方式模拟多普勒效应，以此模仿实际声源经过听音者时所产生的现象（Ahrens 和 Spors，2008）。尽管我们无法通过某个单一效果来获得运动感，但它们能够帮助我们构建一个更具说服力的声源运动感知。

11.5　对于沉浸式混音的深思

沉浸式音频为工程师和内容制作者进行混音和声音场景构建带来了多种无与伦比的创造性选项。我们一直身处下一代沉浸式音频技术的最前沿，这意味着我们在制定规则的同时必须要打破规则！沉浸式音频领域中的大量工作仍然依赖于成熟的单声道、立体声或传统环绕声技巧。无论采用何种格式，对于细节的重视，对声源特定音色的拿捏，以及对恰当动态范围的保持都应是我们首先关注的重点。在这些基本规则之外才是那个充满创造性选择的世界。

显然，随着大型沉浸式系统的出现，混响所扮演的角色变得愈发突出，对于那些包含高度信息的系统来说更是如此。在三维空间内对于音频内容的真实呈现都需要真实的环境声对干声进行增强和扩展。由于现有的选择有限，工程师们可能需要自行生成高度信息，或者在更好的条件下自行捕捉高度信息。无论是通过录音，还是通过捕捉脉冲响应，获取高度信息所需要的创造性为工程师们打开了一片值得探索的新天地。随着包含高度信息的沉浸式系统的不断普及，它很有可能引领全新的、用于录音棚的三维混响工具出现在市场当中。

如今的沉浸式音频所面临的挑战来自制作工具的匮乏。先进的混响、延时、声像电位器，甚至多声道均衡和动态处理工具从研发到进入内容制作者的工具箱要经历一个缓慢的过程。从经济角度而言，这一现状延缓了工程师的工作流程，进而验证了工程出资方"沉浸式音频制作过于昂贵或费时"的悲观预测。在标准制作环境（数字音频工作站）中引入沉浸式声像电位器为制作速度带来了难以置信的提升，同时它也使得更多的工程师开始投身于沉浸式内容的制作。到目前为止，对于一个成功的沉浸式音频内容制作者来说，更为关键的决定性因素是富有智慧，且能够对现有工具进行创造性的使用。通过对前文和本书其他章节所探讨的技术进行深入的研究，就有可能在几乎不借助更多处理设备和特殊制作工具的情况下获得高品质的结果。

11.6　参考文献

Ahrens, J., & Spors, S. (2008, May 1). Reproduction of moving virtual sound sources with special attention to the Doppler Effect. *Proceedings of the 124th Convention of the Audio Engineering Society*. Amsterdam, Netherlands: Audio Engineering Society.

Barron, M. (1988). Subjective study of British symphony concert halls. *Acoustica, 66*(1), 114.

Beranek, L. (1996). *Concert and Opera Halls—How They Sound. Woodbury*, NY: Acoustical Society of America/American Institute of Physics.

Berkhout, A. J. (1988). A holographic approach to acoustic control. *The Journal of the Audio Engineering Society, 36*(12), 977-995.

Blumlein, A. (1933, June 14). *Improvements in and Relating to Sound-transmission, Sound Recording and Sound-reproducing Systems*. British Patent Office.

Kendall, G. (1995). The decorrelation of audio signals and its impact on spatial imagery. *The Computer Music Journal, 19*(4), 71-87.

Morimoto, M., & Maekawa, Z. (1989). Auditory spaciousness and envelopment. *Proceedings of the 13th International Congress on Acoustics, 2*, 215-218. Belgrade, Serbia: Dragan Srnic Press, Sabac.

Roffler, S., & Butler, R. (1968). Factors that influence the localization of sound in the vertical plane. *The Journal of the Acoustical Society of America, 43*(6), 1255-1259.

Rumsey, F. (1998). Synthesised multichannel signal levels versus the MS rations of 2-Channel programme items. *Proceedings of the AES 104th Convention of the Audio Engineering Society*. Amsterdam, Netherlands: Audio Engineering Society.

Spors, S., Rabenstein, R., & Ahrens, J. (2008, May 1). The theory of wave field synthesis revisited. *Proceedings of the 124th Convention of the Audio Engineering Society*. Amsterdam, Netherlands: Audio Engineering Society.

Williams, M. (2012, April 26). Microphone array design for localization with elevation cues. *Proceedings of the 132nd Convention of the Audio Engineering Society*. Budapest, Hungary: Audio Engineering Society.

Woszczyk, W., Leonard, B., & Ko, D. (2010, October 8). Space builder: An impulse response based tool for immersive 22.2 channel ambiance design. *Proceedings of the 40th International Conference of the Audio Engineering Society on Spatial Audio*. Tokyo, Japan: Audio Engineering Society.